蒋金锐　主编

周溪竹　李　宁　吕　云　杨　光　黄智高　范晓虹　韩　旭　编著
宋珊珊　刘淑丽　郑惠群　侯　萱　刘　英　李玲艺

服装设计与技术手册
CLOTHING DESIGN & TECHNOLOGY GUIDE
——设计分册

U0226209

金盾出版社

蒋金锐

北京服装学院服装艺术与工程学院副教授，高级设计师,硕士研究生导师。从事服装设计和服装艺术教育四十余年。主要教授《服装设计学》课群和指导硕士研究生。注重中国传统服饰和少数民族服饰研究。立足于服装设计和服装技术较全面的基础，具有合理的知识结构，涉及服装艺术和服装产业的广泛领域。在教学实践中,长期与企业合作，坚持以产、学、研紧密结合的方式。曾经多次担任学院和北京市教委的科研项目负责人。例如，《裘皮材料深加工研究》、《中西服饰审美比较》。在项目研究过程中，紧密结合企业的横向课题，取得理论研究成果的同时,帮助企业获得显著的经济效益。曾出版服装专业的专著数十部，数百万字，发表论文百余篇。专业著作曾获得金盾出版社"优秀畅销书奖"。

周溪竹

本科和硕士研究生均就读于北京服装学院，在校期间设计作品曾多次获奖；并多次参与服装专业书籍的编写工作；现在服装企业担任服装设计相关工作。

李 宁

北京服装学院硕士，现任北京工业大学艺术设计学院服装系副教授；从事服装设计、服装版型的教学研究；多次在专业刊物上发表论文；曾获"真皮标志杯"中国时尚皮革裘皮服装大赛铜奖。

吕 云

毕业于北京服装学院服装设计专业，台及表演服装设计专业攻读硕士研究生学位，曾参与奥运会闭幕式服装设计工作。

杨 光

毕业于北京服装学院获得服装设计专业。在校期间设计作品曾多次获奖；现在服装企业担任时装个人定制设计师。

黄智高

河南科技学院艺术学院服装系讲师，主讲课程《服装设计学》、《时装摄影》等。专业研究方向为男装设计与色彩。多次与企业合作。现任艺术学院学术委员会委员、河南省科技成果网专家库成员、中国服装设计师协会理事兼学术委员会委员、中国流行色协会理事兼色彩教育委员会委员。

范晓虹

北京服装学院设计硕士研究生毕业，现任中华女子学院艺术学院院长助理、服装设计教研室主任，担任服装设计专业课程教学，并在本校建立了服装设计工作室，与服装企业保持密切合作。

韩 旭

于吉林工程技术师范学院获得服装设计专业学士学位，于北京服装学院获得服装艺术设计硕士研究生学位。曾发表多篇专业论文。曾任教于吉林省长春市广播电视大学。在企业从事电子时尚信息整理分析及电子商务工作。现从事时尚行业培训工作。

宋珊珊

毕业于北京服装学院针织设计专业；在校期间设计作品曾多次获奖；现就职于某公司，担任针织服装设计。

刘淑丽

毕业于哈尔滨师范大学艺术学院服装设计专业，现为河南科技学院艺术学院服装系讲师，主讲课程有《服装设计基础》、《服饰配件设计》、《针织服装设计》等。专业研究方向为服饰品艺术、服饰手工艺。现任河南省工业设计协会会员。

郑惠群

北京服装学院服装设计专业本科，苏州大学服装设计与工程专业研究生，工程硕士学位。现任教于北京工贸技师学院服装系，从事服装设计、时装画、服装史、艺术鉴赏等专业课程的教学，工作之余不断钻研，从事专业文章、书籍和教材的编写工作。

侯 萱

2003年毕业于北京服装学院服装设计专业。2009年至今任职于北京经济技术开发区实验学校，担任校长办公室副主任。2009年至今在北京师范大学管理学院攻读公共管理硕士。

刘 英

毕业于浙江丝绸工学院服装系，获学士学位。后于北京服装学院服装艺术设计专业攻读硕士学位。曾任教于北京FID国际服装设计学院，多次参与国内外企业服装及家纺品牌的设计和展示，并在专业刊物发表多篇论文。现供职于一家传媒公司。

李玲艺

毕业于中国科技经营管理大学服装设计系，曾在北京服装学院进修。于2007年参加北京"百荣杯"职业装设计大赛，设计作品获铜奖。现任企业针织服装设计师。

2011 银奖《暗涌》赵顿 江帆

2011 获铜《听》董萌萌 刘璟

2010 银奖《记忆》白鸽（总监）谢萌 潘零陵 钟琬萍

2010 银奖《言丁》张妍（总监）颜林林 许阳阳 鲁镇

2009 银奖 尹鹏 薛珊

2009 最佳针织设计奖 张瑞霞

2001 真皮标志杯二等奖 《黑白显影》 周莹 范晓虹

水粉时装画技法范例 杨光

综合时装画技法范例 王婕萍　PHOTOSHOP 时装画技法范例 高阳

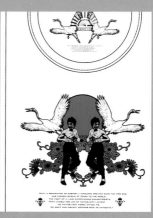

服装设计与技术手册

——设计分册

主 编

蒋金锐

编 委

周溪竹　李　宁　吕　云　杨　光　黄智高

范晓虹　韩　旭　宋姗姗　刘淑丽　郑惠群

侯　萱　刘　英　李玲艺

金盾出版社

内 容 提 要

《服装设计与技术手册——设计分册》与姊妹篇《服装设计与技术手册——技术分册》共同构成《服装设计与技术手册》，是服装从业人员的必备系列工具书。

作为服装设计师的专业工具书和指导教材，《服装设计与技术手册——设计分册》力图从系统的、准确的服装专业概念入手，为读者确立正确的设计基础和操作规程。为此，本手册分析了设计与着装者和构成服装的材料、工艺两要素的关系，以及设计与流行、市场形成的关联性；收录了历史、民族的服装精粹和著名设计师的经典作品；阐述了青年人的参赛设计、毕业设计操作流程；论述了各类别服装的设计特点和传统的成衣设计师、定制设计师以及各种新型设计师的职能；指明了服装设计师素质要求和进入服装设计师岗位前必要的职业准备等。本书在诸方面集合了大量的理论知识和实际指导。

《服装设计与技术手册》以"实用、可靠、全面、便查"为原则，为服装设计师和广大服装行业从业人员以及服装爱好者提供了一本可供系统学习和阅读，并根据需要随时查阅的专业手册，本手册必然成为服装专业院校有益的教学和学习的教科书或参考教材。

图书在版编目（CIP）数据

服装设计与技术手册·设计分册/蒋金锐主编. -- 北京：金盾出版社，2013.2
ISBN 978-7-5082-6952-8

Ⅰ.①服… Ⅱ.①蒋… Ⅲ.①服装设计—技术手册 Ⅳ.①TS941.2-62

中国版本图书馆 CIP 数据核字（2011）第 054319 号

金盾出版社出版、总发行

北京太平路 5 号（地铁万寿路站往南）
邮政编码：100036 电话：68214039 83219215
传真：68276683 网址：www.jdcbs.cn
封面印刷：北京蓝迪彩色印务有限公司
彩页正文印刷：北京印刷一厂
装订：海波装订厂
各地新华书店经销

开本：787×1092 1/16 印张：25.25 彩页：16 字数：552 千字
2013 年 2 月第 1 版第 1 次印刷
印数：1～6 000 册 定价：58.00 元

前　　言

随着我国经济的振兴与繁荣,服装产业、服装市场、服装文化艺术领域均面临迅速发展的形势和巨大的商机。我国的服装业也面临亟待人才的局面。优秀的服装设计师和服装工艺师不仅是服装行业所期盼的人才,也已经成为广大有志于服装业的年轻人的追求和梦想。《服装设计与技术手册》就是为顺应服装业的渴求,为满足服装从业人员和广大服装爱好者的愿望而出版的集理论和实用功能兼备的手册类书籍。

《服装设计与技术手册》由上、下两分册组成,即《服装设计与技术手册——设计分册》和《服装设计与技术手册——技术分册》。作者和出版者力图以"实用、可靠、全面、便查"为原则,向服装设计师、服装工艺师和广大服装行业从业人员以及服装爱好者提供既可以供系统学习和阅读,又可以根据需要随时查阅的专业手册和工具书,本手册也必然成为服装专业院校有益的教学和学习的教科书或参考教材。

在本书《服装设计与技术手册——设计分册》中,作者注重从系统的、准确的服装专业概念出发,为读者确立正确的设计基础、设计构思方法和规范的设计操作程序。为此,《服装设计与技术手册——设计分册》详细分析了设计与着装者和构成服装的材料、工艺两要素,及其与服装流行、市场两条件所形成的关联性。《服装设计与技术手册——设计分册》中刻意收录并简述了中外历史的、民族的服装精粹和国内外著名设计师的经典作品,以供欣赏与设计借鉴。

《服装设计与技术手册——设计分册》设置了有关毕业设计和参赛设计的章节,指导服装专业学生、从业人员和爱好服装事业的青年人在毕业设计和参赛设计中规范的设计创作和实操过程。《服装设计与技术手册——设计分册》更着重于阐述成衣设计师、定制设计师以及各种新兴设计师的职能和职业指导,并且对各种类服装的设计特点提供了原则性的、规律性的论证。

《服装设计与技术手册——设计分册》从专业设计师素质要求和职业要求到进入服装设计师职业准备等方面集合了大量的理论知识和实际指导。

《服装设计与技术手册——技术分册》强调服装技术和服装工艺的重要性。在各种服装技术的阐述中突显了全面性和系统性的两大特点。其全面性表现在服装技术无论整体与细微均渗透和贯穿于服装制作全过程的每一道环节之中。其系统性反映于服装制作科学的、合理的程序和各种服装技术既相对独立又彼此衔接,并且相互联系而并非割裂的关系之中,而且每一种服装技术都是若干技术子系统的集成。例如,制板、裁剪、缝制、熨烫、检验、计算机辅助设计等。

《服装设计与技术手册——技术分册》阐述了服装技术具有的双重性,既具有入门浅、上手快,可以点滴领会,简单容易的性质,又具有在不间断的时尚流行变化、不确定的服装审美因素的引领下必须不断创新和永无止境地发展的性质。因此,学习服装技术在其简单易学之中蕴含着规范的原则,学不到"规矩",技术则无从谈及。同时,还需要摒弃僵化、呆板和教条,采取灵活的原则。

在《服装设计与技术手册——技术分册》中,并非简单地以量化的技术指标检验服装技术人员掌握技术的程度。服装技术的真谛在于其综合性,在于永远以技术和审美的转化为追求。本手册强调将"熟能生巧"作为掌握服装技能最恰当的标准和规则。

《服装设计与技术手册》的作者作为我国最早的高等服装设计专业教育工作者,同时常年与企业密切合作,直接培养和训练在第一线的设计师、工艺师等服装专业人才,积累了40余年的丰富经验,并且通过实际运作和市场检验,证实了作者关于服装设计、服装技术的理论和实践的正确性、权威性和实用性。因此,此手册周全而严谨,且理论大胆,实例新颖,具有独到的视角。

《服装设计与技术手册——设计分册》和《服装设计与技术手册——技术分册》是互为补充的姊妹篇,两册自成系统,但相辅相成、各有侧重、互相补充。服装的工艺技术是服装设计的实现和延伸,是将审美物化的过程,将审美转化为可操作的技术的过程。所以成功的服装设计依托于服装技术的发挥,不懂得工艺技术的服装设计师不可能设计出时尚的,而且完美的作品。同样,不具备审美能力和素养的服装工艺师也不可能体现恰当、精湛的技艺,准确把握设计师的意图对作品实施再次创造。服装设计和技术的高层次追求必然是技术与审美相得益彰,实现最大程度的融合。

衷心希望《服装设计与技术手册》成为服装企业、服装专业人员的必备工具书、顾问和助手,在您的事业发展中与您相伴。

北京服装学院副教授、硕士研究生导师
蒋金锐

目　　录

第一章　服装设计基础

第二章　掌控服装材料

第三章　驾驭服装工艺

第四章　服装流行与市场

第五章　传统服饰精粹

第六章　服装设计名师名作

第七章　参赛（毕业）服装设计规范程序

第八章　各性别服装与童装设计特点

第九章　各材料服装设计特点

第十章　成衣设计师职能

第十一章　定制服装设计师职能

第十二章　新兴服装设计师职能

第十三章　服装设计师性格与入职准备

第一章　服装设计基础

第一节　服装基本词汇定义

学习服装设计理论与技能必须从了解词汇定义、建立基本的专业概念开始。

一、服装与服装设计

（一）服装及相关词汇

服装、服饰和成衣作为专业词汇具有特定的概念。

1. 服

"服"在《现代汉语词典》中的一种解释为"衣服"；另一种解释为"穿衣服"。

2. 装

"装"在《现代汉语词典》中的一种解释为"修饰；打扮；化妆"。另一种解释为"演员化妆时穿戴涂抹的东西"。

3. 衣

"衣"在《现代汉语词典》中的解释为："衣服"。

4. 衣服

"衣服"一词在《现代汉语词典》中被解释为"穿在身上遮蔽身体和御寒的东西"。"衣裳"一词的解释与之相同。

5. 裳

"裳"（chang）在《现代汉语词典》中的解释为"古代指裙子"。

6. 服装

"服装"一词在《现代汉语词典》中被解释为"衣服鞋帽的总称。"按照动宾词组的另一种解释为"穿衣服，或者将衣服穿在身上（的状态）"。

7. 服饰

"服饰"一词在《现代汉语词典》中被解释为"衣着和装饰。"即为"服"与"饰"二义的总合，与服装相似（如某服饰公司、某服饰展览等）；另一种按照定名词组解释，特指衣服上的饰品、装饰。

（二）服装设计及相关词汇

"设计"一词在《现代汉语词典》中被解释为"用符号表示计划"。"服装设计"是由"服装"和"设计"组成的名动词组。服装设计的专业概念则产生于其组成词汇的概念之组合。按照服装的两种定义，建立完整的"服装设计"专业概念，即一种应解释为用符号表示出对于衣服的计划；另一种解释为对于某人的某种着装状态的计划。

1. 着装状态设计

在服装设计的两种形式中，对于以某人的某种着装状态为内容的设计包括：尽可能多地把握被设计者的信息（包括其外部特征和内部条件）；根据被设计者的特征和条件确定服装的材料、款式造型、色彩等；将设计意图表现于图纸并取得其认定；选择面料、采购辅料；指导制板、裁剪、缝制；让被设计者试穿、修改、再缝制、熨烫等全过程的整个计划。此外，还包括从发式、妆面、装饰到帽子（围巾）、箱包、鞋等全方位的计划，直至满足被设

计者的诉求。

2. 衣服设计

在服装设计的两种形式中,以衣服为内容的设计包括:对于服装的材料、款式造型、色彩等要素的确定;将设计意图表现于图纸;选择面料、采购辅料;指导制板、裁剪和缝制完成样衣;生产诸环节;包装、运输、出售等全过程的整个计划。一般批量生产的成衣设计属于此种形式。但是成衣设计也要针对消费对象,需要尽可能多地把握被设计者的信息,包括其外部特征和内部条件,再根据消费对象的特征和条件确定服装的设计方案,不过被设计者不是具体的个人,而是特定的群体。除此之外,实施设计之前还需要参考市场的信息反馈,了解消费对象的各种变化趋向,考虑所设计的成衣需要的搭配组合形式等,从而不断地对原设计进行调整。因此,任何形式的服装设计都是从人的着装诉求出发,完成对于人的着装状态的设计。

3. 服装设计内涵

服装设计形式并非仅仅体现为一张图纸或者 T 台上的表演,服装设计概念的建立应该在对着装者——"人"的相关信息的充分把握,以及着装诉求的了解过程之中;对服装构成各要素的逐一认识,对服装生产、供应和销售各环节逐步认识的过程之中。服装设计是一项系统工程实施之前的预见和筹划。作为一门专业技能,服装设计工作不但具有综合性和全面性,而且具有前瞻性和周密严谨性。只有经过反复地实践和不断的经验积累,设计师才能逐渐理解服装设计的真谛,正确解读服装设计的内涵。

二、成衣及相关概念

(一)成衣、号型、规格

1. 成衣

"成衣"一词作为专业词汇具有特定的意

义,即按照统一号型规则、成批量生产的服装。成衣可以被目标顾客直接购买。

2. 号型

"号型"一词中"号"和"型"分别的定义决定其整体定义。"号"在《现代汉语词典》中的解释为"名称,或者标志;信号"。《中华人民共和国服装鞋帽标准》中规定,"号"特指人体的身高,以厘米为单位表示,是设计和选购服装长短的依据。"型"在《现代汉语词典》中被解释为"类型"。在中华人民共和国国家标准规定中,"型"特指人体的胸围或腰围,是设计和选购服装肥瘦的依据。

3. 规格

"规格"一词在《现代汉语词典》中被解释为"产品质量的标准,如一定的大小、轻重、精密度、性能等,或泛指规定的要求或条件"。成衣规格作为专业词汇具有特定的定义,即成衣的各部位尺寸要求或条件。

(二)体型分类与号型应用

"体型"一词在《现代汉语词典》中被解释为"人体的类型(主要指各部分之间的比例)"。

1. 体型分类

中华人民共和国国家标准依据男子人体的"胸围"与"腰围"的差数,将男子体型分为四类。体型分类的代号和范围:Y 型——胸围与腰围的差数 22～17 厘米;A 型——胸围与腰围的差数 16～12 厘米;B 型——胸围与腰围的差数 11～7 厘米;C 型——胸围与腰围的差数 6～2 厘米。

依据女子人体的"胸围"与"腰围"的差数,将女子体型分为四类。体型分类的代号和范围:Y 型——胸围与腰围的差数为 24～19 厘米;A 型——胸围与腰围的差数为 18～14 厘米;B 型——胸围与腰围的差数为 13～9 厘米;C 型——胸围与腰围的差数为 8～4 厘米。

2. 号型表示方法

号与型之间用斜线分开，后接体型分类代号，如 170/88A。

3. 号型应用

（1）号

服装上标明的"号"的数值，表示该服装适用于身高与此号相近的人。例：170 号（服装）适用于身高 168～172 厘米的人。依此类推。

（2）型

服装上标明的"型"的数值及体型分类代号，表示该服装适用于胸围或腰围与此型相近及胸围与腰围的差数在此范围之内的人。例：上装 88A 型，适用于胸围 86～89 厘米并且胸围与腰围的差数在 16～12 厘米之内的人，依此类推。下装 76A 型，适用于腰围 75～77 厘米以及胸围与腰围的差数在 16～12 厘米之内的人，依此类推。

（三）中间体与号型系列

1. 中间体

"中间体"亦称中间标准体，是某一国家或某一地区最具有代表性的人体。中间体的各部位数据是成衣生产的重要依据。根据中华人民共和国 1992 年国家服装鞋帽标准，中国男子的中间体为身高 170 厘米，胸围 88 厘米，腰围 76 厘米，其号型表示为 170/88；女子中间体为身高 160 厘米，胸围 84 厘米，腰围 72 厘米，其号型表示为 160/84。各种体型的中间体表示为 170/88A、160/84A 等。中间体号型是服装号型系列的基础号型。

2. 号型系列

以各体型中间体为中心，向两边递增或递减组成"号型系列"。服装规格亦应以此系列为基础，同时按需加放松量进行设计。

3. 档差

在号型系列中，各临近号型之间各部位的数值差数为"档差"。一般身高以 5 厘米档差组成系列。胸围与腰围分别以 4 厘米、3 厘米、2 厘米为档差组成系列。

4. 号型系列类别

身高与胸围搭配分别组成 5.4、5.3 号型系列。身高与腰围搭配组成 5.2 号型系列。

三、时尚与时装

（一）时、时兴、时髦、时尚

1. 时

"时"一字在《现代汉语词典》中的释义有很多，其中与时尚相关的意思为"当前；现在"。

2. 时兴

"时兴"一词在《现代汉语词典》中被解释为"一时流行"。

3. 时髦

"时髦"一词在《现代汉语词典》中被解释为"形容人的装饰衣着或其他事物入时"。

4. 时尚

"时尚"一词在《现代汉语词典》中被解释为"当时的风尚"。

5. 流行

"流行"一词在《现代汉语词典》中被解释为"传播很广"。

（二）时装

"时装"一词特指服装之中具有时兴、时髦、时尚特点，并且可能流行的服装。时装还具有三种形式存在，多用三个英文单词来区分其含义：

1. Fashion

Fashion 指时装正在流行的、时髦的样式，并且包含大批量生产和被人们广泛穿用的意义。

2. Look

Look 指已经流行过，并且被固定下来的样式。在英文中使用 Style 一词。有时历史上的某种服装风格也具有流行过，并且被固定下来的样式的意义。

3. Mode

Mode 指带有尝试性的、流行的先驱作品。样式必须是新鲜的、创造性的,甚至是前所未有的。

(三)高级时装与高级时装店

1. 高级时装

"高级时装"具有如下特点:由优秀设计师专门设计,使用高档面料,由最好的裁缝师手工缝制,经过量体裁衣,多次假缝、多次试衣和多次修改,总工时须达 600 小时以上。高级时装每件独一无二,件件都是艺术品。目前全世界仅约两千人有能力享用,宜由皇室成员、著名歌星等在重大礼仪场合穿用。

2. 高级成衣

"高级成衣"一词特指将高级时装的设计元素简化,保持高级时装的高品质,小批量生产的服装。因此,高级成衣的价格比高级时装实惠许多。高级成衣是在成衣业蓬勃发展并对高级时装业形成威胁之后,由高级时装店逐渐推出的新型经营方式和内容。

3. 高级时装店

"高级时装店"一般特指具有上百年历史的巴黎高级时装经营店,即高级裁缝店。其法文为 Haute-Couture。高级时装店自 18 世纪诞生以来经久不衰,时至今日许多著名的高级时装店仍然十分活跃,他们的经营品种除了高级时装外,还有高级成衣和与之配套的高级箱包、时装鞋、香水等。

四、时装画类别及作用

(一)时装画与服装效果图

1. 时装画

"时装画"特指艺术作品的一种门类,是以时装及时装人物为表现题材的绘画作品。一般时装画并非以表现时装的具体设计内容为目的,而是追求其画面的艺术性,表达设计师的某种意愿。

2. 服装效果图

"服装效果图"特指服装设计师在完成了服装设计构思之后,将所设计的时装样式、材质绘制出的人物着装彩色效果图。服装效果图主要是用于表达服装设计师的意图。

(二)服装结构与制图

1. 服装结构定义

"服装结构"的定义源于"结构"的定义。"结构"一词在《现代汉语词典》中被解释为"各个组成部分的搭配和排列"。服装结构特指服装各个组成部分的搭配和排列。例如,服装身片上不同位置的分割线可以形成不同的结构特征,如公主线结构、刀背形结构等;又如,由于服装衣片与袖片的缝合位置差异而形成了服装的装袖结构或连袖结构;又如,在中国传统服装上,因极少分割和无省道特征所形成的整体印象,被称为平面结构。

2. 服装结构设计

"服装结构设计"特指在服装的造型设计完成之后,实现其造型的分割设计,以及各个分割片局部的比例与细部数值。服装结构设计是将服装设计意图变成为可能,体现其可操作性的第一步骤。

3. 服装结构平面图

"服装结构平面图"特指服装的结构设计完成之后的平面示意图。服装结构图以单线条形状明确地表现服装的分割位置和比例关系,以及服装的前、后身结构特点与细节。在服装结构图上必须标明重点细节和重要数据,甚至具体位置的材料、色彩等。服装结构图是直接指导服装制作过程的蓝图。

4. 服装制图

"服装制图"的定义源于"制图"的定义。"制图"一词在《现代汉语词典》中被解释为"把实物或想象物体的形象、大小等在平面上按一定比例绘制出来(多用于机械、工程等设计工作)"。服装制图特指把服装的形象、大小等在平面上按一定比例绘制出来的工作，是服装结构设计完成之后，实施制板的绘图过程。因此，服装制图亦称"服装结构制图"。服装结构制图可以使用不同比例进行缩小，最常见的比例形式有1：4、1：5等。

服装结构制图的实际操作必须将服装所有部位数据化，使各部位缝合关系合理化，并且预见裁剪和缝制过程中的对位、吃缝量等问题。服装结构制图是产生服装板型、进行裁剪的基础，带有很强的技术性。服装结构制图是体现设计造型和设计意图的关键步骤。

（三）服装CAD

"服装CAD"特指服装计算机辅助设计。在服装设计的各个环节中，应用计算机的专业软件可以简化设计和制作过程，并且明显提高成衣质量。服装CAD的最实用功能如下。

1. 绘制彩色效果图

使用服装CAD绘制彩色效果图，可以使色彩均匀、涂改方便、换色自如、效果直观。

2. 完成结构制板

使用服装CAD完成结构制板可以使服装缩小比例制图转换成1：1的服装板型。过程简单易行。

3. 推放成衣号型系列板型

使用服装CAD可以使中间号型服装制图和服装板型完成后的简单方便，不仅减少了劳动时间，而且提高了板型的准确性。

4. 成衣裁剪排板

使用服装CAD成衣裁剪排板除了可以使这一工序省时、省力，还可以使排板质量达到手工操作不可能达到的程度：保证排板的合理性、完整性和精确度；确保各个部位板型所对应裁片的丝道正确无误；实现最大程度的材料节约与整体成本的下降。

五、服装设计比赛

每年全国性的服装设计赛事很多。服装设计比赛的实际功能一方面在于造声势、扩大影响，使主办方受益；另一方面使年轻的设计师得到充分的展现能力、获得自信和被社会认同的机会。因此，评价某一次服装设计比赛成功与否的标准在于是否实现了双赢。

青年设计师积极参与设计比赛可以从设计构思、选择面料、打板缝制到装饰、配搭，完成服装设计的整个过程，这一过程无论对于服装设计学习还是对于设计工作基本功的锻炼都是十分有益的。服装设计比赛是一个大平台，参赛将为年轻人带来更多思索和众多的机遇。

（一）创意时装设计比赛

"创意"时装是针对时装的个性和实用性而言的。创意时装设计比赛一般采取规定主题的形式，注重时装设计的创新意识和创新形式，在设计中追求艺术表现力和艺术感染力。时装的实用性表现在其可穿性上。

1. 权威性与影响力

一些在行业中、国际上有影响力的赛事，主办方的意图是广泛的社会效应和中长期的社会影响力，以倡导年轻人大胆创新和张扬个性为赛事宣传热点和凝聚力，调动年轻人的创作热情和参赛积极性。此类赛事往往主办和协办单位是行业中的权威机构，出资者有较大的投入，赛事奖项较多、奖金可观，而且有些赛事以定期的方式举办，具有较为长久的影响力。因此，创意时装设计比赛对于参赛者颇具吸引力，赛事的获奖者将受益颇丰。

2. 赛事隆重、周期长

在较重要的创意时装设计赛事的决赛中，时装设计作品、表演和新闻发布均会以隆重形式同时进行。创意设计赛事通知往往提前半年甚至一年确定、公布，以形成广泛的宣传面，并且使参赛者有充分的准备，以保证参赛作品的质量。

（二）实用时装设计比赛

1. 普遍性与时效性

"实用"时装设计比赛往往以某一行业协会、某一地区或某一企业为主导,或以此为赛事冠名。例如,某城市毛织服装设计比赛、某某杯休闲服装设计比赛等。实用时装设计比赛的目的在于加强宣传、扩大影响,同时直接发现和选拔行业新秀,甚至直接获得新的设计理念、适合的设计方案。实用时装设计比赛一般会较严格地要求设计作品的种类或用途,较为注重服装材料的质量和工艺制作质量,甚至要求时装规格的合理性。

2. 实用的相对意义

实用时装的实用性是相对而言的,实用并非意味着以实现成衣的产品性能为标准,每一项赛事对设计作品实用性的程度和特点均不尽相同,有些赛事的实用要求可能具有特殊意义。

（三）时装设计比赛形式

时装设计比赛形式分为两类:

1. 单一程序比赛

单一程序比赛即只有一轮就产生奖项的时装设计赛事,此类赛事有多种形式。

（1）时装设计图比赛

时装设计图比赛是以征集时装设计效果图为作品的时装设计比赛,是最简单的时装设计比赛形式之一。此类赛事属于单一程序比赛,赛事的操作性很强,不需要太多资金的投入。对于参赛者也同样易于参与,不需要许多设计成本。

（2）网络时装设计比赛

网络时装设计比赛也属于此类比赛的新形式。其特点是更广泛、更易于操作,而且更为学生所青睐。

（3）时装实物设计比赛

时装实物比赛是直接以时装实物参赛,这种赛事并不多见,一般为某种比较单纯的目的举办的赛事。如,某某时装纸样公司的时装实物设计比赛,其明确规定所参赛作品必须使用本公司纸样为裁剪样板。许多赛事的服装单项奖为人们所熟悉。例如,电影奖项、舞蹈赛事等都可能产生服装的奖项。

2. 多程序比赛

多程序比赛即要经过多轮才产生奖项的时装设计赛事。此类赛事有多种形式,但是大同小异。一般比较大规模的赛事均采取多程序比赛形式。

赛事要求时装设计比赛的全过程分初赛、复赛、决赛等 2～3 个阶段程序进行。初赛要求以时装效果图的形式完成;复赛要求完成设计作品的缝制,以时装实物的形式参赛;决赛的形式以时装实物的表演为主,也可能配合其他形式,以全面、准确地产生比赛的奖项,并且区分奖项的级别和层次。

六、服装模特

"模"在《现代汉语词典》中被解释为:"法式;规范;标准。仿效。或者模范"。模特是专门关于服装的词汇,其含义为用于服装的标准、规范的人体及人体模型。因此,服装模特分为两类,即人造模特与真人模特。

在服装裁剪、缝制、设计和展示等许多环节中均离不开人造模特。作为辅助工具,人造模特的形式是多种多样的,有些形式是专用的、不可替代的。人造模特大体可以分为两类,即人形台和仿真模特。

（一）人形台

"人形台"是服装制作过程不可缺少的辅助工具。为了方便使用者选择,人形台上均标明其所对应的人体号型。如,170/88A 或 165/84C 等。

在不同品种服装的生产制作中,使用的人形台是不同的。例如,最为常见的上衣用人形台,是从人体颈部至臀部的模型;大衣用人形台,是从人体颈部至大腿部的模型;制作裤子的人形台是从人体的腰部至脚部的模型,其中裆部以上是整体的,裆部以下只有一条腿的模型。

在不同环节服装制作中所使用的人形台也不尽相同。

1. 标准人形台

"标准人形台"的各部位尺寸直接采用人体各部位测量数据。例如,160/84A 人形台的胸围尺寸是 84 厘米,其他部位尺寸查看相关国家标准中此号型人体尺寸即可获得。

标准人形台适合用于高级时装制作过程。

2. 工业用人形台

"工业用人形台"是专门用于成衣工业生产的人形台。工业用人形台的各部位尺寸及组合设计为服装立体裁剪提供了最大方便。例如,160/84A 的人形台的胸围尺寸为 88~90 厘米,因为在加放 4~5 厘米围度尺寸的人形台上进行立体裁剪时,可以免去各围度尺寸的必须加放量。工业用人形台的形状、结构特点是:形状模糊平展,无须表现各处的骨骼肌肉特征,而重视服装在人体上的形态表现需要;在外层包布之内有一层薄海绵或棉絮结构,以备进行立体裁剪时扎针之便。

3. 展示用人形台

"展示用人形台"的工艺质量差异很大。此类人形台适合用于单品服装的展示,尤其适合在各种服装商店的货场、展会或企业的新产品订货会上的服装展示。

(二)仿真模特

"仿真模特"主要用于服装的整体展示。根据展示的用途、目的与场所不同,仿真模特也有不同的形式和特点。

仿真模特分为两类:一类为玩偶型,各部位尺寸依据真人成比例缩小;另一类为真人比例的仿真模特。所谓真人比例并非绝对和简单意义的真实,而是较真人尺寸比例更理想化。因此,模特的造型一般采取保持围度

尺寸、加长纵向尺寸的比例形式,以求取服装展示的最佳效果。

1. 玩偶型模特

在 17 世纪后叶至 18 世纪中叶,玩偶型模特曾经为时装信息的传递起到了巨大的作用。最初它是在巴黎时装的中心圣德浓兽街制作,每周被送往伦敦,再运往世界各地。传说法国在 14 世纪已经出现了用蜡制作的玩偶型时装模型,它成为潘多拉(Pandora)的始祖。当时的欧洲时尚之风盛行,上流社会的衣着打扮被视为时尚的标志。服装的新样式往往随着某一国家外交使节的出访而形成交流。这种交流不仅局限于出访者服装的新样式的传播与其异地购买和回国的传授,而且有专门的机构按照当地的新颖样式为腊制玩偶制作出各种典型的服装,按时发送到其他国家和地区,以形成定期的交流。这一举措在信息渠道短缺的时代对于时装的传播和流行无疑起到了直接的、准确的和非同寻常的作用。18 世纪后叶,随着木制玩偶型时装模特的出现,潘多拉逐渐销声匿迹,其中一部分遗留至 19 世纪。

2. 真人大小的仿真模特

真人大小的仿真模特用途最为广泛。在服装商厦的橱窗中利用仿真模特充分展示服装的时尚印象;在服装品牌店里使用仿真模特将产品巧妙配搭,展现品牌概念的直观效果;在服装展销会上、在服装艺术展览中,各种各样的仿真模特多彩多姿,与服装风格、环境氛围协调统一,其作用非同凡响。

真人大小的仿真模特形式多种,有写实型的,也有抽象型的;有仿真皮肤色的,也有单一装饰色的;有肢体固定的,也有肢体可拆卸的;有表情肃穆呆滞的,也有神采飞扬的;有传统的,也有另类的;有仿女人的,有仿男人的,也有仿儿童的;形形色色,应有尽有。

(三)真人模特

"真人模特"是指专门为直观表现服装设

计的效果,在专家指导下而穿衣、展示的人。真人模特有多种分工,根据不同市场需求分为四类:

1. T台模特

一般"T台模特"的身材要求很高。例如,身高必须在175厘米以上,最好为180厘米左右;胸围、腰围和臀围尺寸也有较严格的规定。T台模特的综合相貌和综合素质要求也较高,必须具备各种风格的服装表现能力,T台模特或为某时装表演公司成员,或作为自由模特谋生。

2. 试衣模特

试衣模特往往在某品牌服装公司任职,其年龄、身材、气质适合该公司产品的风格和服装消费者的客观条件。

3. 广告模特

广告模特的特点是面庞生动、有特点,身材不一定太高,但是上镜效果必须好;也有服务于某种商品的广告模特,如摩托车模特、汽车模特等。

4. 服装立裁模特

服装立裁模特往往为国际著名服装公司的著名设计师的设计、剪裁过程提供服务,需具有出色的身材、职业精神和足够的耐心。

除了以上四种外,随着服装的发展有许多模特新职业应运而生。例如,公关模特、形象代言人等。

七、时装展示

(一)时装静态展示

时装的静态展示有多种形式,一般最常见形式可以分为两类。

1. 单纯实物展示

单纯实物展示是指将实物叠放、平面挂展或使用衣架、挂钩等辅助工具简单的展示形式。

2. 人造模特展示

人造模特展示特指将服装穿在人造模特上的展示形式。根据展示需要选择人造模特中的人形台或仿真模特的各种类型。根据时装展示的目的不同或展示场所(地)不同服装静态展示也可以表现出很大的差异。例如,在美术馆中展示的艺术性时装、在大酒店中服装企业召开的成衣产品订货会上展示的时装等。

(二)时装表演

时装表演是一种典型的动态展示形式。表演时由真人模特按照设计师的设计要求将时装穿在身上,作好发式和妆面,并且在特定的环境下进行表演。表演时,灯光、音响的设计和整体的组织配合是十分必要的。根据时装的不同的展示目的,表演形式也不尽相同。

1. 订货性表演

订货性表演是指服装企业为了将自己生产的成衣介绍给客户(批发商、零售商)而举办的订货会上所作的产品动态展示形式。在此类表演中所展示的服装即可以直接销售的商品。

2. 设计师代表性时装作品表演

著名设计师的代表性作品具有很强的艺术性,从时装中往往传达出带有哲学性的、理念性的信息。在此类表演中,模特穿着的时装并非商品,不可以直接被消费者穿用。此类时装表演的目的一般是为了展现设计师的能力和水平,或者传达某种艺术信息。观看设计师代表性作品的时装表演时需要具有时装艺术的欣赏和理解的心态和能力。

3. 流行信息发表

为了在激烈的服装市场竞争中获得预见性信息,世界各地出现许多专门研究时尚、时装流行趋势的组织。这些组织会定期以时装表演的形式展现其研究成果,并且通过各种媒体有效地扩大其受众,从而获得可观的经济利益和社会效益。时装流行信息发布的时装表演往往有突出的主题,在主题规定的条件下对时装的材料（色彩）、工艺（样式）等要素展开各种设计形式与细节。

4. 比赛作品展示

在较大规模的服装设计比赛中，评委审核评判年轻设计师的作品的最好方式是在时装作品表演中进行。此类表演的目的是尽可能展现年轻设计师的个性设计，突出表达其设计意图。

5. 娱乐性表演

由于时装表演的形式雅俗共赏，为不同阶层的人们，特别是年轻人喜闻乐见，所以在某一主题的庆典中经常以整场时装表演为文艺节目造就欢快的气氛，或者穿插其间作为调味剂。例如，三八妇女节联欢、某大学的在校学生周末活动等。娱乐性时装表演既可以活跃气氛，又可以使人感受生动的美育教育。

八、服装行业组织与功能

在信息时代，媒体的作用是强有力且不可忽视的。服装媒体的传媒方式与效率是极为突出的。随着各种服装协会的建立与不断完善，服装行业中出现的各种重大活动大大加强了行业的凝聚力，有力地促进了行业的发展。各种媒体，特别是服装媒体，使此类大型活动引起全社会的广泛关注和参与。社会的关注和参与又大大促进了服装行业的迅速发展。在此，了解与之相关的词汇定义和基本概念十分重要。

（一）服装媒体

"媒介"一词在《现代汉语词典》中被解释为"使双方（人或事物）发生关系的人或事物。"媒体即媒介载体、实体。服装媒体是发挥服装媒介作用的载体、实体。

1. 服装媒体类别

服装媒体的类别包括服装专业报纸、服装专业期刊、某类别服装的专业期刊、服装专业网、网站、电视台服装专业栏目以及各种时尚类、生活类媒体的服装相关栏目。

2. 服装媒体作用

服装媒体作用主要为社会功能和行业功能。不同形式、不同种类的服装媒体的作用侧重面也不尽相同。

以社会功能为主的服装媒体十分注重时尚的形式与内容介绍；流行趋势信息的报道；重大服装活动的评论等。此类媒体主要起着反映社会，推广时尚；教育民众，提高审美，指导着装新风尚；宣传企业，引导消费等作用。此类媒体的传播形式多样，往往以休闲为主要风格。

以行业功能为主的服装媒体更为注重传播服装行业信息，指明行业动向；传授专业知识，宣传科技成果；探讨行业内的热点问题，提出行业内难点的解决方案与案例；表彰行业先进，揭露不良现象；引导服装流行，整合行业资源等。

（二）服装协会

"协会"一词在《现代汉语词典》中被解释为："为促进某种共同事业的发展而组成的群众团体。"服装协会是为了共同的服装事业的发展而组成的群众团体。

"行业"一词在《现代汉语词典》中被解释为"工商业中的类别，泛指职业"。协会亦称行业协会，服装协会亦称服装行业协会。

在市场经济逐渐成为主流经济的发展过程中，行业协会的功能不断加强，部分地取代政府的职能作用，成为政府与本行业中的企业、职工群众的桥梁。同时行业协会组织结构逐渐完善，工作重心不断调整，在行业发展中起到了把握政策、沟通信息、协调关系、组织活动、共同应对各种问题的行业核心作用。服装协会的作用亦如此。

1. 协会总会

协会总会是行业协会的中心，为全国性群众组织团体。总会具有行业内的事物的决策权利。为了更好地发挥协会的各项主要功能,在总会中往往设立若干专业委员会或其他分支机构,各专业委员会或分支机构由专人专管或者兼管,既具有独立的职能范围,又统一在总会的领导之下,围绕着总会的中心工作各负其责。设立于北京的中国服装协会即为此性质。另外的总会还有中国皮革协会、中国家纺协会、中国羽绒协会、中国缝纫机协会等。

2. 协会分会

协会分会是设立在协会总会下的地域性组织团体。协会分会与协会总会之间不一定构成归属关系和紧密性工作关系。分会的工作具有很强的自主性、独立性和宽泛的职能范围。各地区的协会分会根据地方特点,为促进本地域行业的共同发展而切实可行地开展工作。如,地方行业发展情况;经济状况,人均收入与消费水平;风俗习惯,历史文化;环境特色,局部机遇等。为此目的,许多地区的行业协会也应运而生。有些地方性行业协会的成立时间远远早于全国性行业总会,特别是经济发达地区和行业发展较快的地区。因此,行业分会和总会的关系是局部与全局,特色与全面的关系。行业分会和总会工作的协调统一是共同促进全行业发展的合理结构和有利条件。

(三)服装论坛

"论坛"一词在《现代汉语词典》中被解释为"对公众发表议论的地方,指报刊、座谈会等"。

"服装论坛"是就服装问题发表议论的报刊或座谈会等。服装论坛是伴随着服装行业而产生、发展的。

通过不断举办的各种服装论坛可以使服装的理论得以张扬,并且在行业的发展中得以验证和深化。不断发展的理论引导行业的不断发展。

服装论坛存在不同规模、不同主题,多种方式和多种层面。目前网络论坛是一种新形式,颇具影响力。一些论坛能够抓住业内某

一时期必须及时解决的最热点、最难点问题,而且能够集合最有思想、最具资格的人进行探讨,有效地推进问题的解决,对行业产生直接的、深远的影响。在服装行业发展中,如此成功的论坛,其作用是任何其他形式所不能替代的。较具影响力的论坛能够连续举办,甚至形成较具规模的、定期的、可持续发展的机会,为整个行业所重视。

(四)服装展会

"服装展会"是服装展览贸(交)易会的简称。一般比某个企业的订货会规模大,参与者更广泛,目的更综合。服装展会的形式多种多样,规模大小不同,参与者也不尽相同。

1. 综合性服装展会

综合性服装展会的主要功能是展览和贸易,贸易的形式为订货,不做零售。综合性服装展会的规模较大,内容和形式多姿多彩,参与者广泛,各类媒体的报道最集中,影响力较大,最容易获得综合效益。在各类综合性展会中,服装展会是装修最华丽,参与人最多、最广泛,交易最活跃,形式最精彩的展会之一。

北京、上海举办的全国综合性服装展会集中国内、外品牌的各类服装和饰品。各展馆按照服装类别或者地域区分,有些展位上并不展示服装,而是展示某种与服装相关的概念。一些与服装相关的企、事业单位也在展会上占有一席之地。如,出版社、杂志社、服装教学单位以及服装辅助产业的产品等。为了在展会上占据好位置,服装参展商一般需要提前半年、甚至一年预订展位。

在展会期间,主办方往往安排数场服装表演活动。有些表演安排在展会的主会场内,目的是为参展企业提供充分展示自己产品的机会。在展会的主会场内的服装表演形式也多种多样:有的在 T 台上,请职业模特隆重出演;有的在自家展位中独辟一处,找身

材适合的人穿着自己品牌的成衣为买家展示;更多的时装表演安排在展会的主会场周围的各大饭店,分场次举行,一般每个饭店安排的时装表演的日场多达四场以上,晚上还安排有很精彩的晚场演出,参加各个专场演出的大部分时装作品来自国内外品牌公司、协会和设计师个人;每次服装展会还有为服装类大专院校学生的时装设计作品提供的表演专场,学生们设计的带有原创性的时装更加引人注目。在展会期间一般还会安排时装设计比赛或者时装设计师名誉评选,比赛和评选的过程一般以时装表演的形式为基础,比赛和评选的最终结果在闭幕式上宣布和颁奖,将整个展会推向高潮。

参加展会的各类人员中多数是服装生产厂家、服装商家,服装中等专业、大专院校学生等。许多关注服装业的人士、众多喜爱服装、喜欢穿着单薄的女性和年轻人也是服装展会的热情观众。很多人往往在期盼已久的展会中会逗留多时,往返多次,以获得更多的信息。

2. 类别服装展会

类别服装展会相对综合性服装展会展出的服装品类有局限性。例如,服饰品展会的展品以饰品为主;毛织服装展会展出的主要为各种毛织服装及毛织用品。但类别服装展会的规模并不受任何制约,有些类别服装展会的规模相当可观,甚至超过许多综合性服装展会,在服装业内备受瞩目。例如,每年的皮革服装展会颇具规模。展会上的展品不仅有各个品牌的皮革服装、皮革箱包、皮鞋及皮毛、小饰品,还有各种革皮、毛皮原材料,各种皮革服装辅料,而且有各种最新型的皮革印染、后处理机械、化学染料等,项目繁多。展会期间也有多场次皮革服装、箱包、皮鞋设计作品表演和赛事活动。又如,世界著名大都市的服装面料展会的规模都是非常庞大的,很少有服装综合性展会能与之相比。

此外还有其他与服装相关的展会。例如,服装机械展会、服装出版物展会等,各种展会各具特色。

九、服装审美与形式美原理

(一)形式美原理意义

1. 基本相通之共识

"形式美"是美的一种表现形态,有着特定的含义,主要指美的合乎规律与合乎目的的组合形式,即符合美的规律与符合审美需要目的的作品外部的形式结构。探讨形式美的法则,是所有设计学科共通的课题。单从形式条件来评价某一事物或某一视觉形象时,对于美或丑的感觉在大多数人中间存在着一种基本相通的共识,这种共识是人们从长期生产、生活实践中积累的,其依据就是客观存在的美的形式法则,被称之为形式美法则。

2. 古老长寿之法测

在人们的视觉经验中,高大的杉树、耸立的高楼大厦、巍峨的山峦尖峰等,结构轮廓都是高耸的垂直线,因而垂直线在视觉形式上给人以上升、高大、威严等感受;而水平线则使人联系到地平线、一望无际的平原、风平浪静的大海等,因而产生开阔、舒缓、平静等感受……这些源于生活积累的共识,使我们逐渐发现了形式美的基本法则。在西方,自古希腊时代就有一些学者与艺术家提出了美的形式法则理论。到了19世纪,德国的费希纳(Gustav Theodor Fechner 1801~1887)把美的形式原理作为造型上的基本原理。如今,形式美法则已经成为现代设计的理论基础知识。

(二)服装形式美基本内容

1. 重复与交替

"重复"在《现代汉语词典》中的释义为"(相同的东西)又一次出现"。交替即替换、轮流出现。

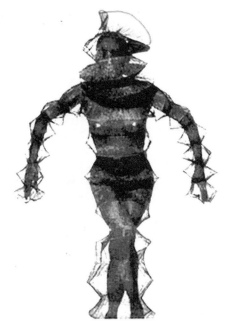

"渐变"即逐渐的变化。《辞海》中渐变"即'量变'。同'质变'相对。指事物逐渐的不显著的变化,即数量的而非根本性质的变化"。渐变可表现为服装分割尺寸的递增或递减,形成一种和谐的节奏感;还可以是色阶在服装图案中的变化,这样往往会使人们产生视觉上的光感。但过分拘泥于渐变这种表现形式,会使作品显得单调、呆板,所以渐变常与其他形式搭配使用。

3. 比例

"比例"在《辞海》中是指"两个同类数相互比较,其中一数是另一数的几倍或几分之几"。早在古希腊,人们就已发现了迄今为止全世界公认的黄金分割比 1∶1.618。根矩形、整数比等都是常见的比例。

对于服装而言比例是指服装各部分尺寸之间的对比关系。例如,裙长与整体服装长度的关系,衣服的肩宽与衣长的关系,贴袋装饰的面积大小与整件服装大小的对比关系等。对比的数值关系达到了美的统一和协调,被称为比例美。巧妙地运用比例关系设计服装,可以修饰穿着者本身体型的不足。

在服装造型中,重复与交替是款式构成的基本因素之一。例如,同一面料或图案纹样的交替出现,同一色彩在不同部位的重复利用等,都可以产生良好的设计效果。其作用在于强调被重复的元素,以此给观者留下深刻的印象。需要注意的是重复与交替的间隔频率不能太近或太远,过近会产生单调而同化的视觉效果,过远则显得松散而削弱强调效果。

2. 渐变

4. 对称与均衡

在《辞海》中，"对称"和"均衡"的释义分别如下："对称最初是日常生活中的概念。例如，人的面部器官在左、右两边分布基本相同，就说它是对称的"。"均衡即'平衡'，指矛盾的暂时的相对的统一"。

形式法则中的对称可分为"点对称"和"轴对称"。如，太极图就是点对称；人体以正中线为对称轴形成左、右两边轴对称。均衡表现为对称式的平衡和非对称性平衡两种形式，前者就是对称。非对称性即平衡双方之面积、大小、质料在不完全相等状态下保持平衡。

对称关系应用于服装中可表现出一种严谨、端庄、安定的风格，一些军服、制服的设计中常常被加以使用。但对称容易造成呆板的效果，为了追求活泼、新奇的着装情趣，现代服装设计中较多地应用不对称平衡原则，这种平衡关系是以不失重心为原则的，追求静中有动、活泼、跳跃、运动、丰富的造型意味，以获得不同的效果。

5. 对比与调和

在《辞海》中，"对比"是"把两种不同的事物或情形做对照，互相比较"。调和在《辞海》中即为"和谐"。

在服装中，有色彩对比、款式对比、面料对比等多种形式。比如，面料图案的补色关系；款式的长短、松紧、曲直及动与静、凸形与凹形的对比；面料的粗犷与细腻、挺括与柔软、沉稳

与飘逸、平展与褶皱对比等。对比能使两要素相互衬托，突出各自特点，但过分的对比容易产生过于强烈的效果，让人难以接受。

服装中调和是指款式、面料、色彩之间保持一种秩序和统一。例如，服装前身腰节处是断开的，后身腰节处也需要断开，在整体视觉上形成统一的感觉；再如，在领子、袖子、口袋等细部，一般用类似的形态和方法统一处理，以求达到协调的效果。但是过于统一又会显得沉闷，因此，要把握其大小、疏密及空间的相互关系，使之既调和又富于变化。

6. 节奏与韵律

"节奏"在《辞海》被解释为"音乐术语。音像运动的轻重缓急形成节奏，其中节拍的强弱或长短交替出现合乎一定的规律。节奏为旋律的骨干，也是乐曲结构的基本因素"。《辞海》中解释韵律即"诗歌中的声韵和节律。在诗歌中音的高低、轻重、长短的组合，匀称的间歇或停顿，一定地位上相同音色的反复出现以及句末或行末利用同韵同调的音相和谐，构成了韵律。它加强了诗歌的音乐性和节奏感"。

节奏与韵律在服装中体现形式诸多。例如，色彩的明暗、反复，百褶裙的褶裥排列等。适当的节奏与韵律能让人产生愉悦感。

7. 支配与从属

支配在《辞海》中的释义为"安排；调度"。从属在《现代汉语词典》中的释义为"依从；附属"。在服装设计中，设计师应首先从造型、色彩、材料、配饰角度考虑服装的整体风格定位，同时细节可有特点，但应从属于整体，否则会削弱该风格。

十、服装学

"服装学"是一门发展很快的新兴学科。服装学是融合自然科学和社会科学两大领域，在众多学科边缘的基础上建立起来的，以科学与艺术理论为基础的应用学科。

（一）服装学研究领域

服装学的研究领域非常广泛，对于服装学中各个科目的研究均需要纵向深化和实践，而且必须建立横向联系的思维方式。因此，把握服装学的完整性、体系性和规律性是贯穿始终的学习准则。服装学的研究领域主要有如下几点。

1. 物质属性

研究服装的物质属性相关问题。例如，服装结构学，包括其结构原理、结构设计、结构制图等；服装制作工艺学，包括制板、裁剪、缝制、熨烫、检验等；服装材料学，包括材料的类别、理化性能，材料的织造，表面肌理、纹样，材料染整，色彩、光泽、原料、工艺等；服装造型学，包括服装的整体造型和局部造型的理论和方法等。

2. 人

穿着服装的人是一个很大的研究范畴，包括人体结构学、人体运动学、着装心理学、服装人体工学等。从专业的角度认知人作为着装者的一切客观条件和主观需求。此外还需要认知服装作为软件的其他问题。例如，人穿着服装的方法等。

3. 商品属性

研究服装的商品属性是十分重要的。例如，服装市场学、服装营销学，包括成衣的成本、价格、市场定位等。

4. 历史

研究服装的历史是十分必要的，包括中国服装史、世界服装史、民族服装史以及与之相关的服装风俗和服装现象等。此外还包括中外美术史、中外工艺美术史等与服装相关的历史学科。

5. 艺术

研究服装艺术是必要的。应该研究服装美学、服装画技法、服装色彩学、服装图案学、服装设计学、人物形象设计学、服装装饰学、服装货品展示学以及流行学等。此外,还应研究与服装艺术相关的其他艺术学科目。例如,建筑艺术与设计、电影艺术、书法艺术、现代艺术、剪纸艺术、陶瓷艺术等。

6. 学科延伸与交叉

各种学科的延伸与交叉,又派生出许多学科,这也是服装学的研究范畴。例如,环境学、气候学、服装卫生学、民族学、经济学、考古学、人类学、服装社会学、服装管理学、服装教育学等。

(二)服装学特点

1. 特点

"服装学"是以科学与艺术理论为基础的应用学科。

2. 重点

实践是服装学重要的学科特点。必须研究服装的技术手段,研究将设计理论付诸实施的方法和规范过程,并且将大量的时间和精力用于实习,在实践中加深对服装学理论的理解,掌握理论的实质,获取理论的真谛,这样才能在服装理论的指导下创造出服装的奇迹。

十一、服装教育

服装教育应遵循服装学的特点和规律。随着我国的服装产业的蓬勃发展,服装专业教育迅速成长。

目前,喜欢服装并且愿意接受服装专业教育的年轻人表现出空前的热情和积极性。鉴于服装技术人才的缺口之大,为适应服装发展服装从业人员需要接受终身教育,以及服装企业所需要的经常性的员工培训带给服装教育以永恒的生命力。

(一)多种类与多形式

1. 多种类办学

多种类办学是适应目前社会需求的措施。例如,学历教育、非学历教育、综合性教育、针对性教育等,其中非学历教育有长期学习和短期培训之分。长、短期办学的种类也很多,其中以服装学科理论学习为内容的办学,包括服装设计理论、服装结构、服装美学等。以服装学科技能学习为内容的办学,包括服装裁剪与制图、服装缝制工艺、服装 CAD(计算机辅助设计)、终端营销技能、服装货品展示设计、人物形象设计、缝纫机械维修等。以服装学科其他相关学习为内容的办学,包括出国人员服装学习班、出国学习服装专业培训班等。

服装专业讲座也是一种短期主题性办学。例如,服装流行趋势讲座、人物色彩咨询顾问讲座等。服装观摩实习也可以成为服装办学的内容。服装专业考学前的专业辅导班是各服装学校争办的热点。

2. 多形式办学

办学形式包括政府办学(公办)和社会力量办学(民办)。

政府办学有全国统一招生和地方招生之别;正常教育和在职教育之分;有集中办学、函授办学和电视办学、远程网络办学等多种形式。集中办学又存在日校、夜校和业余之分。

民办大学又包括国家承认学历的自学学历考试和局部承认学历的文凭考试,还包括各种形式的培训班。目前,出现了以服装知识为讲授内容的家庭教育形式。

受全球化教育的发展趋势影响,许多国内学生到欧、美等发达国家的著名服装院校求学,也有许多外国留学生到中国的服装院校学习。由于市场经济的驱动,国外的服装院校到中国办学、中国的服装院校出境办学已经屡见不鲜。国际、国内服装院校联手合作办学的各种形式不断涌现。

（二）多层面

1. 文凭教育

在多层面办学中首先为学历教育、文凭教育的多层面。包括全国及各省、市的服装相关专业的大学本科教育，高等职业本科及专科教育，中等职业教育等。一些全国知名的服装院校，还设立了服装专业硕士研究生和博士研究生的定点教育等。在服装专业硕士研究生和博士研究生的教育中，也存在学位教育和学历教育的区别。国外的服装院校的学习文凭也需要国内的权威机构认定，其中有些是不被承认的。

2. 等级资格认证

服装专业技能的等级资格认证的多层面办学。例如，服装设计定制工系列的初级、中级和高级资格认证，服装技师资格认证，服装设计师系列的初、中、高级资格认证等。还有与服装相关的其他职业资格认证的教育与考评。例如，美发师、形象设计师、服装展示设计师、纺织品设计师、平面设计师等系列的各级别资格认证。值得提醒学习者注意的是在参加某种服装职业资格认证学习之前，必须认定办学方的资质和职业资格的可靠性及适用范围。目前，在我国国内适用的各种服装职业资格证书均以中华人民共和国人力资源与社会保障部为权威性认定机构。当然，随着中国服装业的发展和国际性趋势，服装职业资格认证教育也将更加丰富，更加规范。

第二节 服装设计尝试与基本思路

最初接触服装设计必须从最简单、最容易的操作入手，目的在于梳理出服装设计最基本、正确的思路，从而建立服装设计学习和职业的自信心。

一、蛋套设计尝试与思考

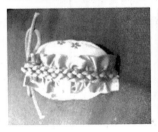

"实验"一词在《现代汉语词典》中被解释为"为了检验某种科学理论或假设而进行某种操作或从事某种活动。"因此，为了理清服装设计的思路，理解设计要素和设计过程，建立服装设计的概念，最简单、最快捷的方法是做一个小实验。小实验可以引出诸多思考。

（一）提炼设计要素

将训练内容设定为：给一只鸡蛋设计套子。需要准备的材料包括：鸡蛋（鸭蛋或鹅蛋亦可）和包装材料。

在两个要素中，鸡蛋是前提条件，不可置换，而设计套子的过程是设计师完全自主把握的。套子设计应理解为在了解鸡蛋形状的基础上，选择材料，包括色彩和款式造型等诸方面的思考过程，并应结合具体的情况选择适合的工艺技术和工作流程。对这一全过程的周密计划和实施，从而达到将套子套在鸡蛋上的目的。由此可以得出：

1. 鸡蛋的形状

鸡蛋的形状是设计套子的依据。是必然要素之一。

2. 材料

材料是构成套子的基本要素；材料的色彩、光泽等也是构成材料的必要组成部分。因此，两者综合必然是要素之二。

3. 工艺方法

工艺方法是将套子以材料、色彩、款式造型的物质形式体现出来的另一项不可缺少的因素，制造套子的工艺构成套子的造型款式，使套子套在鸡蛋上适合、美观，而且套卸方便，成为套子功能和装饰的必然体现。工艺方法和造型款式之合也必然成为设计的要素之三。

当我们逐一研究学习以上提及的鸡蛋、材料、色彩、工艺方法和款式造型等要素之后，全面认识其中的规律性，并把握各种设计方案可能带来的综合因素的变化，便可以进行鸡蛋套子的设计了。如果鸡蛋套子是有用户需要的，而且是数量很多的，那么还需要根据市场的行情和流行影响下的审美变化，做出批量生产、整理包装、运输和销售宣传等全过程的计划。

4. 设计诉求的局限性

在此项训练中，特别值得注意的是鸡蛋是有生命的，但其主观的思维和好恶是人类不得而知的。因为做套子本身是人自己的意愿。因此，从各方面相比较而言，鸡蛋套子比服装设计要单纯许多，面对没有主观意识的鸡蛋和具有主观感受和审美需要的着装者在设计上存在很大区别。因此，人的要素将在后面章节中论述。然而，简单的比喻训练将使你从根本上建立正确的服装设计概念，找到并认知服装构成要素和服装设计要素，对形成服装全过程的了解以及满足着装者的诉求，将是服装设计的学习者的重要学习内容和研究领域。

成功的蛋套设计可以带给人美的视觉享受，可以通过细节产生个性，通过各设计要素的综合处理达到某种平衡与和谐，从而创造风格。

（二）服装设计"四合"原则

蛋套设计是审美体现的基本形式，是创造的基本训练。总结鸡蛋套子设计的实验过程，并且考虑服装与蛋套之载体的根本差异，不难引出关于服装设计的思考。从设计原则到方法，从设计元素到整体。

早在我国春秋战国时期，名著《考工记》系统而辩证地论述了中国传统的工艺美术观。其中著名的精辟论断："天有时，地有气，材有美，工有巧，合此四者然后可以为良工，材美工巧，然而不良，则不时，不得地气也"，是指导所有工艺美术设计与制作的理论和真谛。时至今日，这样论断仍然皆准。

服装设计与制作也属于工艺美术范畴。在服装设计学习和工作中，以《考工记》中所述论断为主线，将理论学习和从业者的学习系统化，同时使思考不断延伸，领悟不断深化，使中国传统的工艺美术观在时尚设计中得以不断升华，发扬光大。

在服装设计的学习中追求天时、地气、材美、工巧是非常综合的、复杂的并且带有哲理的、辩证的过程。在此，仅仅以简单的方法将以上"四合"对照服装设计的相关问题以及核心内容逐一加以分解，使之易懂、易行。然而，分割并非割裂，分割是为了组合、聚拢。只有做到"合此四者"之时，方可以真正产生对服装设计的概念性认识，真正理解服装设计的本质。

1. 服装流行与时尚——"天有时"

将"天有时"的核心内容定为服装流行与时尚问题。因为流行是动态的，发展的，仅仅了解趋势是不够的。流行的影响巨大，时尚天天都在变。因此，美的标准在无限变化之中。流行既有形又无形，然而其规律性是服装设计师必须遵守的。

2. 服装市场——"地有气"

"地有气"的核心内容是服装市场问题。因为在市场经济的社会中，服装的生存与否是由市场左右,以市场为依靠的。"气"是人气、商气。因此,学习做服装设计师需要认真调研,从了解开始,逐步认识,并把握服装市场的规律。市场的出路在于创新,合格的服装设计师是可以运用流行引领市场的。

3. 服装材料 ——"材有美"

"材有美"的核心内容自然是服装材料。然而服装材料是其质地和色彩的综合载体,由于内容丰富,在此将其一分为二,分别讨论,而且将质地的种类与色彩的类别再重新组合、重构,也是现代时尚设计的基本思路。认识材料之美,创造"材有美"方可以找到设计感觉,进而实现工艺设计。

4. 服装工艺——"工有巧"

"工有巧"的核心内容是服装工艺以及通过服装工艺而获得的服装细节和造型款式。然而不可忽视的细节设计是造型,款式形成的基础。然而细节无所不在,细节设计的机缘巧合是设计的真实所在、生命所在。在"工有巧"章节中,将造型款式设计与工艺细节设计分别予以论述,亦可以更深入地理解"巧"即设计的原则。对于"时"、"气"、"美"、"巧"的领悟、学习和实现需要大量的设计实践,同时,此四合的实现更需要大量设计训练,通过设计实践使思想方法科学而正确,在设计实践中以一点窥全豹,举一反三,以小见大,以少见多,熟能生巧。

二、帽子设计实习基本思路

"实习"一词在《现代汉语词典》中的释义为:"把学到的理论知识拿到实际工作中去应用和检验,以锻炼工作能力。"在初步认识了服装设计的基本思路之后,必须将其拿到服装设计之中去应用和检验,可以从帽子的设计入手,以锻炼服装设计的能力,更透彻地认识服装设计的思索过程和规范操作。

(一)帽子设计要素分析

服装设计的构成与蛋套设计的最根本区别在于着装的人,即着装者与套入蛋套的蛋相比较,人是有感知的,有主观审美的,这种区别往往起着决定性作用。

在帽子设计之前应该有如下思考,即从帽子的构成元素着手,逐一发掘,继而寻找和确立帽子的设计元素,并且经过筛选进一步确定帽子的设计要素。

1. 帽子概念

重温帽子的概念,即帽子具有的物质属性,同时具有人戴帽子的状态的意义。

2. 戴帽者

作为戴帽者,即设计对象肯定具有其条件和诉求,这是帽子设计最根本的依据。

3. 材料

作为物质存在的帽子肯定是由某种材料做成的。材料是带有颜色的;同时材料表面是有肌理的;材料在阳光或灯光下也是有光泽的,材料还具备许多性能或某种特点。因此,材料的选择和利用是帽子设计最重要的依据。

4. 样式

作为物质存在的帽子肯定显示出样式。样式是由于某种工艺作用于材料之上实现的。工艺是除材料之外实现样式的必要条件。因此,对于工艺的选择和利用在帽子设计中是必不可少的重要依据。

(二)帽子设计要素确立

1. 确立设计要素

总结以上分析,得到构成帽子的最基本因素,即戴帽子者——人,材料——材质与色泽,工艺——样式与造型。

2. 按照要素设计

设计是建立在与以上三个要素的综合分析、研究之后做出的判断和选择。即从第一要素出发,将后两个要素逐一予以选择,再结合第一要素综合考虑;并且通过各元素之间的斟酌与把握,继而产生整体风格和个性特点;然后使用科学的方法将帽子完成;用规定的方式戴在设计对象的头上,直至满足戴帽者的某种理想状态。这个过程的全部即为帽子设计。

3. 要素扩展

如果将以上三个要素稍加扩展,使其各自的意义更加明确而且不失其完整性和独立性,可以由三要素扩展为五要素,即人、材料、色彩、工艺与样式。

(三)变化的时尚与市场

1. 市场意识

无论设计对象(戴帽者)是某一个人,还是某一消费群体,其审美都会跟随流行与时尚的变化而不断改变着。其中,每个人变化的速度和程度千差万别。针对个体定制的帽子设计可以随心所欲。当然也是相对而言。对于消费群体的帽子成品设计则需要针对特定人群的审美变化,不可以越雷池一步,市场意识必须十分牢固。

2. 时尚变化

市场与时尚是连带的、互动的。市场是消费者和设计师共同创造的。设计师在为消费者不断变化的审美而斟酌之中,赢得顾客并且赢得市场。不断变化的时尚与审美是帽子设计的综合思考,应该融入各个设计要素之中,必要时可以抽取其给予特别的思考和操作。

三、帽子设计实习规范操作

(一)帽子设计原则

1. 适合设计

帽子的设计目的无非是使帽子戴在人头上既好看又适合。帽子的设计不仅能满足戴帽子的人,提升其形象,而且始终使人感觉到此帽子适合戴帽者,甚至突破视觉的束缚,传递出一种美感。适合是多方面的,除了帽与人的适合之外,还有帽子的功能性与审美性的一致,帽子使用的时间、地点、场合的适合等。对于其研究(着装者)除了体型、体态的研究分析之外,对于人的肤色、毛发色、眼睛色等相貌特征分析也十分重要,为了把握设计对象的心理及审美,捕捉其重要信息也非常必要,信息量越大、越全面,判断越准确。例如,通过年龄、职业、受教育程度、嗜好、运动喜爱项目、经济状况、消费习惯、住房条件、生活环境、工作环境,形成对着装者的综合印象,并且看到其特质,即气质及特征。从而获得其审美倾向以及对于时尚、流行的追求程度的信息,进而找到其服装穿着风格的适应性和特定性。

2. 融入设计

除了研究戴帽人的客观条件和主观愿望之外,而且还必须研究看帽子人,即大众的审美心理和地域性、风俗习惯。因为人戴了一顶帽子而形成的美是极为复杂的因素形成的,有时间和空间、地域的因素,有历史的、文化的积淀,同时受流行、时尚的影响。帽子的设计师必须扩展思路,然后再收回来,集中地

重点解决某些问题，再联系广泛的、深层面的其他问题，可以找到对于设计与人的要素中的众多规律性。

3. 整体设计

帽子设计并非孤立地考虑帽子本身问题，在较全面地分析了有关帽子设计的问题之后，仍应回到着装者——人，全方位地思考人的总着装，即从头到脚、从外到内的穿着设计，将帽子与服装的搭配作为设计的另一个依据是必须且重要的。

4. 类别设计

帽子的类别不同，则要求不同，设计师需要分清帽子的类别特点，把握不同的设计风格。

由帽子的用途将帽子分为礼仪帽、休闲帽、运动帽、街市帽、家居帽（睡帽、化妆帽、浴帽）。当然从戴帽人的性别和年龄又将以上各类归为男帽、女帽和童帽等。

（二）注重设计可行性

1. 设计可行性条件

设计的可行性是从材料包括辅助材料和工艺手段中找到其合理性和科学性。成功的设计首先是建立在可行性、必然性之中的。同时可行性手段的选择也表现出设计的意识和形式，表现出设计的成熟美、稳定美。在设计的大概念中，材料、色彩、工艺、样式是互为条件、相辅相成且互动的。

2. 设计创新

造型的主观性与可行性是两个问题。主观创造是无限的，可以是造型、款式与创新，而且三者互为支持，但是受材料的制约。造型可以有合体型、整体夸张型、局部夸张型等。帽子戴于头上，其形状与脸型相配，或突出，或服从。

3. 性能价格比设计

在帽子的使用者心目中，价格往往是首先被考虑的因素之一。性能价格比是其斟酌和下决心的重要依据。价格是设计的结果，并且实现于设计的从始至终。设计对象对于价格的期望值千差万别。同样，设计对象对于性能价格比的追求也相差甚远。应使性能价格比在诸多因素的综合设计中合理。

（三）帽子材料选择

完成了适合材料的选择，便看到了帽子设计的一半。这是某些设计师的乐观比喻。

1. 选择主、辅材料

选择材料包括确定适合帽子的主要面料、辅助材料、衬里材料。所谓适合，包括材料的外观和各种特性与设计思路及对象的适合。

2. 选择材料色彩

选择材料还包括选择材料反映出的色彩。色彩在材料带给人的视觉总体印象中是冲击力最强的。因此，对于设计而言，在材料的众多构成因素中选择色彩是最重要的。

3. 选择材料价格

结合帽子的规格尺寸和裁剪、缝制需要，以及价格的约束，在选择材料时还必须注重其幅宽及出料率等因素。

（四）帽子工艺结构确定

确定帽子的工艺结构是确定帽子造型、款式合理性的第一步。一般帽子的结构可分为帽口、帽片、帽檐三大部分。

1. 帽口设计

合适的帽口部位在人头上呈一条线，对于帽子起到条状支撑作用。因此，帽口尺寸、位置、形状的设计是帽子质量的主要标准。帽口的材料也必须具有定型性，起紧束、帖服的作用。帽口的形式可宽、可高，可以外露、可以隐于帽内，形状也可以合理变化等。

2. 帽片设计

帽片泛指帽子包裹于头的部分,根据结构,可细分为帽顶、帽墙(帽围)等几个部分。帽顶是帽子戴在头上的部分,作为帽子的支点。其造型设计是通过款式的分割、收省、起褶等多种手段变化而建立的,细部的工艺和装饰亦往往成为帽子的主要看点。例如,异色的明线、手针缝出的针脚、戴光泽的缎带、蝴蝶结、小流苏等。

3. 帽檐设计

帽檐起遮光作用,也有装饰效果。其形式可硬挺、定型,也可柔软;可以放于前方,也可置于头后方或周圈都有;帽檐的角度、宽度、形状、形式等都可以成为设计的亮点。

(五)实习设计延伸

1. 熟悉产品生产全过程

帽子制作等其他工作的规划、指导也是设计师需要学习和完成的。例如,从原型板,样品的制板、缝制、整形烫、试戴、修改、再试,成功后的修板、制成工业用板、放码、认样等;同时画出设计图,包括彩色样式图和结构示意图及工艺说明和产品通知单等;在批量投产的过程中,设计师还有责任在必要时跟"单"指导;产品销售货场的布置和产品摆放也需要设计图和指导书,甚至亲自操作。

2. 训练产生设计规范

从帽子的设计训练中,可以获得服装设计的全部思考,无论服装的类别与档次,无论服装的简单或复杂,也无论服装的穿着者是个人或群体,设计的思路是相同的,设计的理念是相通的。在可操作性很强的设计训练中有意识的、全方位的思考和实践可以更清楚地感受设计的思路和过程的规范性。窥一斑而见全豹乃施行帽子设计的意义所在。

当然,依此类推,从箱包、靴鞋、手套、眼镜的设计作为起点训练,同样是简单易行、十分可取的,其设计思路也同样是规范的,可以引申的。

彩页中收录的十余款帽子设计范例均为年轻学生在学习初始所做的设计训练。

第三节　服装设计对象研究

着装者是设计对象。从设计师的角度出发,正确地认识着装者是设计的基础。设计师对于着装者的研究应从两方面入手:一是研究人的客观存在,二是研究人的主观意识。

只有在准确地了解着装者的客观形体之后，方可以人体为基础，以布料为材料，完成对人体的包裹，并创造出适合且理想的服装造型。也只有在充分了解着装者的着装动机与需求之后，才能使服装设计达到着装者满意的程度。在服装设计的全过程中，处于服装的主导方：着装者——人是需要被作为第一重视的因素，是首先被研究的课题，并从始至终处于服装设计的核心位置。

一、设计对象型体特征

作为着装者，其客观存在有两种状态：静态和动态。服装穿在人体上，在符合人的静态需要的同时还要满足人体的动态要求。

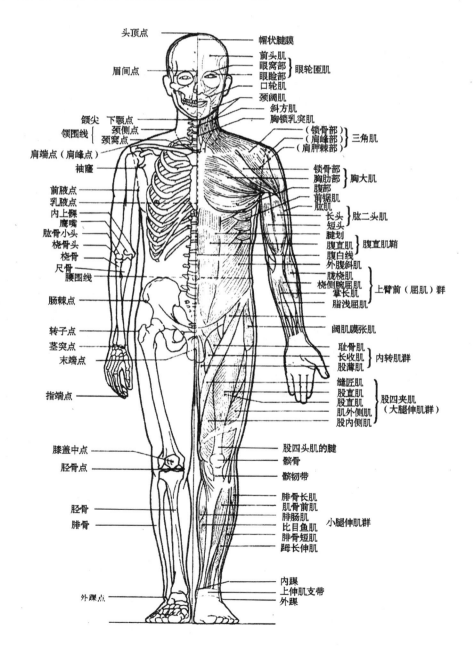

（一）静态人体特征

人体主要由206块骨骼组成框架，骨架外附着结实的肌肉、丰满的脂肪和弹性皮肤。简单地概括人的体型结构，可以用三腔、四肢、一柱描述。

1. 三腔

三腔分为头腔、胸腔和盆腔，其形状主要取决于骨骼的架构。

（1）头腔

头腔为椭圆状，除颜面部分颧骨下方（两腮）有薄薄的肌肉和脂肪外，其余均表现为较强的骨感。

（2）胸腔

胸腔呈倒梯形，以对称排列的肋骨组成胸腔轮廓。背部的肩胛骨略突出，但肌肉平服，背阔肌、斜方肌完整均匀。胸部显示出人体的重要凸起，无论女性的乳房，还是男性的胸大肌，均形成人的体型特征和性别特征。

（3）盆腔

盆腔的骨骼形状为倒梯形，但由于盆腔后方的尾骨方形与下肢结合处有巨大的臀大肌的包裹，使臀部丰满的曲线成为人体后背最突出的特征。前腹部腹前肌之间整齐排列着两排八小块肌肉，它们使腹部造型饱满，盆腔形状是男女性别差异较大的人体部位。

三腔保护着人体的重要器官，当人体随着年龄发胖之后，三腔外面的脂肪会均匀地加厚，大部分赘肉凸现在骨盆前方，即腹部。

2. 四肢

四肢呈两两对称状，分为左、右上肢和左、右下肢。其外形主要由肌肉的外形所决定。除了手脚显示骨感外，四肢的骨骼是粗壮的、密实的、可以承受负荷的。在骨骼外面附着的肌肉是结实的、块状的，肌肉的外形是突出而富于变化的。

（1）上肢

上肢的上段，即上臂部的肱骨周围包裹着肱二头肌，因此，上臂呈圆柱状。上肢的下段，即下臂部分，内外侧的形状不同，外侧显出笔直状的尺骨，内侧的桡骨外裹着肌肉，因此，下臂呈锥柱形。

（2）下肢

下肢的形状与上肢极为相似，下肢的上段，即大腿部分呈圆柱形，因为臀大肌、缝匠肌等包裹在股骨周围。下肢的下段即小腿部分呈锥柱形，组成形式亦为前侧显出胫骨的骨棱笔直，而后侧上部的腓肠肌圆润呈球状所致。

3. 脊柱

脊柱由32节椎骨组成，分为颈椎、胸椎、腰椎和尾椎四个部分。脊椎将三腔连接起来形成一体，是身躯的支柱。同时，脊管内的骨髓为全身的神经提供营养。

（1）颈椎

颈椎由7节椎骨组成，从脖颈后面可以清楚地摸到一节节的骨块；脖颈前方可以看到从左、右两侧上方至锁骨中心的两条肌肉，颈椎自上而下节节加大，而且逐渐向后倾。因此，形成脖颈部上细下粗的圆柱形。

（2）胸椎

胸椎有12节椎骨，在背廓正中呈现纵向一条稍显凹陷沟状。胸椎自上而下的走势稍向内偏移。

（3）腰椎

腰椎有5节椎骨，是脊柱最粗壮的一段，而且最垂直。腰椎上连胸腔，下连盆腔，在整个身躯部分呈独立支撑状，它是正常体形中最细的部分，同时也是体态丰满人群堆积脂肪最多的部分之一。

（4）尾椎

尾椎自上而下呈外翘状。尾椎的形态与髋骨两侧大轴（骨股头）的组合呈现倒梯形。

4. 整体观察综合印象

脊柱表现着直立人体的重心，从侧面看犹如伸长了的"S"，脊柱的侧弯形状是描述人体背部的总体形状。

对于着装者的研究，应该着眼于全面、重

点及多层面的视角。例如,设计对象的整个头腔的形状及大小,包括由骨骼结构、关节活动量、肌肉、皮肤、毛发及发式、五官等构成的综合印象。同时也包括设计对象的身高、头身比例、年龄、体型、体态、衣着等整体印象。

另外,设计对象的颜面、脸型、肤色特点,五官比例特点,牙齿、毛发颜色与形态,眼睛色、眼神化妆色调及风格等特点。

总之,了解人体静态的目的是在人体上塑造服装造型时必须使其结构与形体相吻合。人体造型是一切服装造型的基础。

(二)动态人体特征

关节在人体动作中起关键作用。在人的三腔与四肢的连接处和左右四肢的连接部分均有关节。关节处有球状骨,靠相邻骨窝状与韧带和肌肉使其牢固定位,并且使人的肢体在某些制约的情况下活动自如。人体的动作依靠脊柱、关节以及肌肉的协同联动。

1. 头部动态

人的头可以左右转动、上仰、低垂,但角度并不大。

2. 脖颈动态

人的脖颈基本不动,但在头部运动时颈部肌肉联动,会使肌肉拉长或收缩,产生外形变化。

3. 上肢动态

上肢以肩部关节为中心可以垂直上举,向前平伸,纵向画圈约220度(向后方向受到限制)。大小臂之间在后侧呈尖突状,小臂可以向内侧抬起,活动约180度,腕关节使手掌活动范围在180度之内。每一个指关节的活动范围约为90度。

4. 下肢动态

下肢活动方式与上肢相近,但活动范围要小得多,除个体差异外,专业训练可以使活动范围加大。

5. 人体躯干动态

人体躯干部分的运动靠腰脊共同完成,躯干活动主要向前,躯体向前可弯曲的角度在180度以内,但普通人的弯曲均在90度左右。腰部左、右转动和侧弯在小范围内较为自如。

通过对人体在静态和动态上进行科学的研究,可以改变人们一些常见的误解。例如,人的颈部是基本不动的,是头部的活动带给人颈部较大的活动印象;人的腰部活动量很小,事实上,躯干的前屈、侧转和侧弯都会使胸腔和盆腔之间产生很多位置上的变化,再加上重心平衡的需要,四肢和头腔等都会随之变化,所以产生了牵一动百之效。人的腰围呈环状,躯体主要的伸展活动依靠腰部的肌肉和韧带来完成。

掌握人体活动规律是设计服装的重要依据。毫无疑问,服装的功能性是第一位的。在服装的诸多功能性中,服装造型与人体结构的吻合和服装结构与人体动态的适合始终是需要解决的最基本问题。

二、设计对象主观意识及作为

人作为高级动物,具有感知、意识,并具有创造能力。人作为着装者,其感知、意识及创造力均为服装设计师设计服装时应予以充分研究和重视的内容。

(一)感知与意识

感知可以泛指人对于气候的冷暖,昼夜的光明与黑暗,来自外界的侵害等的感受、知觉。这些属于被动式的范围。

由感知会引起人的生理需求。如,保暖散热,身体保护等。

服装设计对于人生理需求的满足应该体现为某些服装的基本功能性。

意识即意愿的表达。它与感知相比具有主观主动的特点,主要表现在对自己和对他人两个方面。

1. 自我意识

自我意识是人的本能。每个人在不同程

度上都是自恋和自我欣赏的。女人爱美,这是众所周知的,但据社会学家的调查表明,在公共场合的镜子面前,照镜子的男性比女性多。因此,审美需要是全人类的共同需要,是服装设计的重要依据。

2. 他人意识

人类是群居的动物,每一个人都生活在社会中。人的社会性表现在与社会相融而不是相悖。人的本性是在与社会融合的基础上表现出来的,个性与共性相比是第二位的。人们在着装上反映出来的趋同性和求异性便是人对于社会的求融合与求个性的心理需求表现。曾经有人用精神盔甲来描述服装的作用,是十分贴切的。在服装设计中人的社会性需要必然也成为重要依据。

人的社会性包含非常复杂的内容,并且变化无穷。例如,人所承担的社会角色、家庭角色,以及不同角色的互换,与其他角色的相互关系所衍生出的社会伦理道德法规和群体中的英雄榜样的作用。人需要通过着装表现自己与他人、与社会的协调一致,也需要通过服装确立自信和得到尊重。当人通过着装的整体形象面对社会时,可以得到一个群体的认同与接纳,许多信息是靠服装来传达的。

3. 性意识

人的动物性表现在很多方面,性意识是很重要的人的本性。性是人类繁衍的必需,性是健康人生命的体现,性是美好的幸福之本,健康美满的婚姻因性爱而使人生更加丰满。性行为是受到文明社会约束的,是被社会的伦理道德所规范的。超越雷池则不仅受到社会的谴责,也会给自身带来健康的危机。

在男人和女人的潜意识里,无论是取得了怎样的社会地位和他人的尊重,性意识是其最基本的意识,它可以左右一个人的行为和思想。因此,两性之间的相互吸引,是着装最原始的动机之一。有这样的说法,动物只能通过自身的健康,如光泽的毛发,健壮的身体来吸引异性,而人类则可以用羽毛、毛皮、

树叶以及矿物质的色彩来装扮自己,装扮本身就充满着智慧。因此,人类在创造了服装的同时也创造了自己,创造了属于人类的文明。服装是人类发展史的精彩写真。人的性心理对于服装的意义重大,在男装、女装以及看似中性化的服装中,无不潜藏着性的暗示和想象。

用男性的目光看待女人和用女性的目光看待男人,使得设计师们在设计服装时的审美角度存在着性的意味。如何将这种意识较好的把握和平衡,使着装者满足自身的心理需要,使男性感觉更成功,女性更美丽,是服装设计师要深入研究的主题。

(二)主观意识与人体变化

对于着装者而言,体型是客观存在的,不会轻易改变。当然,其前提是在着装者提出着装需求,设计师为其实施设计的短时段之内。然而就整体规律而言,人体型的客观存在并非一成不变,变化反而是绝对的。

客观是相对而言。不同种族、不同民族、不同地域的人们即使生活在同一时代,因其生活条件的差异,或信仰、习惯的区别而存在着高、低、胖、瘦等体型差异。而这些差异和特点也在随着时代的进程而改变着。这种种改变除了生存条件的改善之外,不无主观意识的强大作用。

1. 审美差异与人体变化

人对理想体型的标准与现实存在着很大差异。因此,每个人对自身体型的满意度也因各自的标准和审美有很大差异,其中不乏社会因素的影响。自人类文明形成以来,人们都在发自内心默默地使自己的体型更加符合社会标准式的完美。例如,过着半原始生活的族人赞慕有丰满凸起小腹的女孩,于是少女们想方设法让肚子隆起;在我国的晋代推崇清秀潇洒之美,而唐代则崇尚女人的丰腴之态。当时的社会标准的改变不仅改变了宫廷的选妃标准,而且改变了社会中人的主

观意识作用下的生活标准、审美标准。连生活中的服装、器皿等的装饰纹样,都有着丰腴与清秀的明显差异。欧洲的文艺复兴时代在经历了残酷的禁欲主义思想统治之后,古希腊和古罗马时期健美的人体雕塑重新唤起人们自然和纯真的审美情趣。继而,从赞美人体到陷入细腰、丰胸的极端审美又经历了历史上的一瞬。仅仅在几年前,由于审美差异,使女孩子在发育期时受到社会群体意识的影响,西方以挺胸为美,乳房发育完全;东方则以蕴胸为美,胸部扁平。

2. 审美变化与人体变化

现代人的审美也在不停地改变着,在主观意识的作用下,人们永远在试图改变自己的形象以符合社会的审美标准。当人的主观愿望不断膨胀而不加约束时,为了美而做出牺牲者大有人在。为达到理性的形态,他们不惜采取残酷的手段。古时和一些少数民族,有压扁头、抻长颈、穿铁胸衣、裹足等,无奇不有。今天,仍有隆胸、垫鼻子、抽脂等从局部到全身的美容手术。尽管美容手术危害健康甚至生命的事件时有发生,依然阻挡不住人们爱美的脚步。

(三)利用服装实现理想

利用服装来改变自己和完善自我是最明智的选择。自古以来人们在不断战胜愚昧的同时,在美化自我上创造和积累了更加文明和简单的手段,即利用服装塑造自我的方法。

1. 设计适度原则

人类文明发展到今天,科技的进步和人类不断征服自然的能力都日新月异。人们在享受现代文明带来的便捷与舒适的同时,也被从未有过的焦虑和恐慌包围着。进步和愚昧永远是不断在斗争中推进文明的进程,服装设计中在坚持追求理想造型的同时,也应坚持适度原则。使服装设计的理念更加健康和人性化是文明的标志与进步。

2. 设计条件

划时代意义的科学进步为服装设计师提供了从未有过的优越条件,使许多理想变成可能。例如,用于塑型的各种新型材料使服装的里衬、垫肩、胸衣等既轻软又富于弹性;服装机械的创新带来了服装工艺的革命,服装变得越来越轻薄适体,越来越适应人的各种需求;环保材料也层出不穷。

3. 设计责任

跨入 21 世纪的人们应该比以往任何时候更重视生活品质。不断借助最新的科技产品和技术,为人们在着装上既体现时尚审美,又注重舒适和环保,是当代设计师的责任和义务。服装设计师要有能力顺应时代的需要,为科技提供一切美的设计,使美的理想变为现实。

三、服装设计对象诉求

设计的发生来源于设计对象诉求。虽然设计对象处于主动地位,其诉求的主要部分可以主动提出,但是诉求的全部,甚至重要部分都需要由设计师理性地了解和努力获取。设计师必须具有周密的计划、敏锐的思维和扎实的审美功底以及前瞻性,才能准确揭示和诠释设计对象潜意识中的全面诉求。

(一)获取设计对象内在信息

在全方位掌握设计对象的型体特征之后,还需要了解其内涵,以作为服装设计之依据获得设计对象的内在特征需要细心观察、有效沟通和综合判断,需要方法和策略。获得真实而全面的信息具有渐进性。

1. 有效沟通

传统中医以望、闻、问、切作为了解病人病情的手段,用此手段了解设计对象亦十分有效。

(1)望

望,即观察。此时并非仅仅观察其外部

特征,而且可以观察其表情、行动、打扮、举止所赋予的内部特征。例如,习惯、性格、学识、思维方式等。

（2）闻

闻,即嗅察与听察。可以闻到其体味、香水;可以听到其自觉不自觉地讲述的很多信息。此间,好似不相干的话语才是自然流露,真实道白,最易于相互了解。

（3）问

问,即询查。只闻不问不可称之为交流。问则主动,互动,可以有意识地引导交谈的主题,直接得到需要的信息。

（4）切

切,即体察。直接的接触、测量可以正确地获得人的头部及相关各部位的精准尺寸,并且直接取得帽子结构中的最佳比例设计。

2. 第一印象

通过多方位的交流获得信息并将其综合,则可以获得第一印象。此时各信息的确定与综合分析应建立在外在与内在特征结合的、全面的基础之上,而且不可以忽视特质,以特质解释全部的合理性。

通过第一印象可以获得人的很多信息。例如,文化程度、经济状况、家庭情况、脾气秉性、兴趣爱好、气质与修养等。在短时间内产生的第一印象具有模糊或推断的成分,但是应用智慧和正确的思维方式可以使其同样具有直观性和真实性。

3. 审美倾向

（1）主观倾向

每一个人的审美特点可以从审美个性角度发展而存在差距。了解设计对象的审美的倾向性,并且得以准确辨别往往是设计之前所必需的。例如,色彩倾向、风格倾向、造型倾向等。审美倾向与人的年龄、性格等因素有关。

（2）客观倾向

审美倾向建立在戴帽者对于自身认知的客观性及对于理想形象的追求热情之中,同时又建立在其对于环境的适应程度,他人评价及主观定位之中。

（3）审美引导

对于戴帽者审美倾向的了解需要客观的眼光和深入的窥探,并且需要建立更高层面的揭示和引导,能否准确地抓住其本质是设计师能力与智慧的体现。

（二）设计对象着装用途诉求

服装用途是主观确定的,又是客观生活决定的。用途包括时间、地点、场合。

1. 着装时间

在前节中,着装时间特指帽子的使用时间,有广义与狭义之分。

着装时间广义指大的时段。如,季节、假日、工作日或泛指白天或晚上,即日光中或灯光下。

着装时间狭义指某一具体时间。此时广义和狭义也是相对的,而且是相关联的。

2. 着装地点

在前节中,着装地点特指帽子的使用地点,也可泛指地球,南北半球,某州、某国度、某区域。

着装地点也可以具体到某一处,此处的环境、颜色、历史、文化都是既定的,具体的。具体和广泛的地点所指是互为条件、不可忽略的。

3. 着装场合

在前节中,着装场合特指帽子的使用场合。场合也有广泛的区分和具体的所在。广泛的场合类别有重要礼仪的、一般性社交的、职业工作的、街市的、休闲的、运动的、旅行的、家居的等。在生活的各个层面中,每个人都需要各种各样的场合切换,同时也切换自己的角色位置,有时是主导者,有时是配合者。

具体的场合是某地点和时间的交点,与时空有递进的关系。例如,某个礼堂,不仅仅作为地点存在,在此开会?婚庆?会餐?因此,具备场合的特征。场合给人的具体的约束性,除了地点的摆设、色彩等环境因素之

外,场合的性质决定氛围、情绪和参与群体的特定性。场合的广泛意义和特定意义也是互相联系且互为意义的,场合,是服装帽子设计之前需要摸得清清楚楚,作为重要依据的。

(三)设计对象着装目的诉求

在前节中"目的"特指人戴帽子的目的。目的并非与以上各项并列,而是建立在以上四项客观条件的综合意义之上的。

1. "目的"需要挖掘

着装目的是主观的、能动的。换言之,着装的用途(时间、场合、地点)是容易被认知的,当然认识得全面而准确并不容易,但是"目的"往往是着装者自己难于讲清楚的,必须由设计师加以领悟、梳理和揭示。有时,同样的用途(时间、地点与场合)可以由于不同的目的,导致穿戴不同的服装和帽子。

2. "目的"重要性

在设计中忽略了"目的",即忽略了着装者——人的意志。例如,著名的日本电影明星山口百惠在遭受到小报记者的污蔑性不实报道之后,勇敢地将他们提交法律诉讼。在对簿公堂的那天清晨,山口百惠原来打算穿着一身黑色套装以表现自己的刚毅正直与庄重,但是当她心中的自信和对于对手的蔑视之情油然而生之时,使她毅然决定将自己的另一套粉色套装穿上身。清淡的粉色着装使山口百惠出现在法庭时立即引起了轰动,身着粉色套装所表现出的山口百惠并非仅仅通过雄辩取胜,而是平静、纯洁的形象和淡淡的驳斥深深地取信于人。在法庭上,山口百惠不仅大胜而归,而且形象升华,更得人心,其

中着装的作用是尤其重要的。试想如果作为设计师为山口百惠设计此时、此地、此场合,即此用途的着装,你是否可以如此成功,你对于着装"目的"所涵盖的内容是否把握得如此之透彻,着装目的应该成为关键所在。

3. "目的"感悟与经验

着装目的存在于细腻的内心世界之中,是有分寸的,需要寻找最适合的方式去理解。目的有时存在于着装者潜意识中,即蒙蒙沌沌之中有所思所想,并不能说得清楚,讲得透彻。"目的"的揭示要靠设计师的悟性和行之有效的方法。一件好的设计作品中"目的"的客观实现不仅成为设计的重要依据,而且从着装效果或者满意程度与观察者的满意程度之中得以检验。

4. "目的"变化与设计变化

目的是变化的,但是目的的变化并非飘忽不定。目的的变化有规律,也有趋向。研究被设计者的着装目的的变化规律和变化趋向是实现设计预见性、前瞻性的保证。在某种意义上,没有预见、前瞻则无设计可言。作为群居同时又独立自主的人,审美的趋同性和求异心理永远互相矛盾着、制约着,并且不断变化着、发展着。因此,除以上诸因素分析之外,设计对象的着装目的在很大程度上受"天时"、"地气"的左右。其结果,着装的个性特点和融入、适合,同时产生于"左右"之中,着装者的目的获得于"左右"之中。

设计师只有加紧艺术与科学的学习,使自己融入时代,甚至超越时代,引领流行,才可能把握消费对象的多元的着装目的,满足其不断变化的审美需求。

第二章 掌控服装材料

物质性是服装的根本属性。服装的物质属性首先是由其材料的特质体现出来的。服装设计师掌控服装材料的能力是设计实施的开始。在服装设计中,选择和掌控材料是至关重要的。服装设计师有能力、有自信地选择材料,必须建立在将设计理论反复实践的经验之中。只有娴熟地掌控服装材料的服装设计师,方能进入服装设计的自由王国。

第一节　服装材料基础

认知各种材料之美是设计的前提和必要条件。认识材料不仅仅依靠学习纺织材料学的知识,或满足于对材料、原料、纱线和织纹组织的了解。每一位服装设计师对于服装材料的认识均要凭直觉与悟性去体会,靠综合思维和判断能力去挖掘。

一、服装材料常识

(一)服装材料基础类别

1. 非纤维材料与纤维材料

自古以来,人类用以制作服装的材料多种多样,大致分为非纤维性材料和纤维性材料。在数十万年中,古老的原始服装材料多为非纤维性材料。例如,皮草、皮毛类和毡类材料。如今各种草、毛、毡及无纺材料品种繁多,用途广泛。

2. 天然纤维材料与化学合成纤维材料

人类利用棉、麻、纱、毛等动植物纤维纺织材料的历史不超过一万年,纤维性材料的服用性能最佳。

一百余年来,科技的进步带来了服装材料的革命,人造纤维和化学合成纤维(粘胶、氨纶、腈纶、锦纶、丙纶、氯纶和涤纶)经历了仿真和创新的成功,这使得人类的衣生活更加多姿多彩。

(二)服装材料基本性能

任何一种可以制作服装的材料都必须具有最基本的性能,即服用性能。服装材料的服用性能表现在诸方面。

1. 平展

相对平整或可展平的材料是制作服装的基本条件。例如,原始的兽皮经过加工即可平展,可裁成衣片或直接包裹人体。

2. 细腻、柔软

人体舒适和动作的需要是服装材料的基本要求,只有细腻、柔软,带有弹力的材料才适合缝制服装。

3. 牢固

服装材料牢固性能表现在其耐拉伸、耐摩擦、耐洗涤、耐日晒、耐风寒的性能。

4. 吸湿、透气、保暖

服装材料必须具备吸湿、透气、保暖的功能,这样才能符合人体生理卫生的需要。

二、认识服装材料之美

(一)材料之美在于发现

"材料"一词在《现代汉语词典》中被解释

为"可以直接制成成品的东西,如建筑用的砖瓦、纺织用的棉纱线等"。服装材料是各种具有服用性能的面料、辅料和装饰材料等。

在设计师眼中,所有的材料并无美丑之分。当看到材料之美时,产生设计的兴趣和欲望,于是设计方案水到渠成。

1. 万物皆有美

工艺美术师们将石头雕刻成型,从而形成石刻艺术;将木材打散组合,因而完成家具设计;将泥土烧制成器,成就陶瓷艺术。服装作为实用艺术品也是人类文化的结晶,服装艺术是通过将美的服用材料打散重构而建立起来的。世界上从来没有规定某种艺术对于材料选择的限制。因此,放宽眼界看待材料之美是设计的前提,也是设计实施的第一步。在设计师眼中,世间的所有物质的特性、外观均有美的意义。石材的粗糙、金属的光泽、沙土的松软,无不体现着自然造物的天然之美。正如罗丹所说:"美在于发现",平心静气地观察周围的万物,美的何止是那枝头娇艳的花朵,连一块顽石也自有它的一份动人之处。

2. 服装材料皆有美

服装材料在纺织材料学科中常常是以原料的成分及其物理、化学特性为主要研究内容。例如,棉、毛、麻、丝及化学纤维的成分及织纹组织等。作为服装设计师,除了要了解必要的纺织材料学知识和最新的纺织研究成果外,对于材料的分类和认识还应该有另外的角度,即从面料所呈现出的外在美感开始,这种直觉的确定性往往是设计师在设计中运用好材料的关键。

丝绸的流畅与飘逸、呢子的柔韧与力度、羊绒的细腻、羽绒的蓬松与圆润、纱质的朦胧、天鹅绒的高贵、牛仔布的粗犷与亲和,以及蕾丝的优美与诱惑,都成为服装设计师表达设计思想的最好语言。学好这门语言却又不是那么容易的,首先需要时时刻刻同材料交流和对话,发现其从功能到色彩,再到织纹的一切细节,这是成功设计的第一步。很多

著名的服装大师运用一种新面料开始服装设计工作时,经常会把面料长时间披挂在人造模特上,目的在于随时感觉材料的轮廓、质地,以及其传达出的各种细微感觉,这是服装设计师和材料之间的对话。通过随时随地地对话和体验,设计师真正领悟到材料之美,由此服装设计才顺理成章。

(二)材料之美源于对比

对比与和谐的统一是永不可弃的美的原则,也是材料与色彩的应用原则。

1. 对比产生万物美

所有材料的美通过对比才能反映得鲜明,且更具性格。服装材料也必须通过对比,方能使双方充分展现出美的所在。有眼光的设计师能将两种或多种材质按照某种组合形式放置于一处,使它们产生出对比与碰撞,各种材料瞬间展现出各自的美的特征。当材料不同或组合形式不同时,材料特质的反应大不相同。各种材料是通过其形状、表面肌理、色彩、光泽、柔软度、锋利度等表现个性的。当设计师将不同个性材料放置于一处时,所产生的对比可以强烈,可以形成递进关系。强烈的美感打动自己的同时也必然打动别人。这便是通过艺术手段产生 1＋1＞2 的效果。材料对比可以产生意想不到的能量,释放出巨大冲击力,感染观者。因此,设计师的设计素养和创造能力往往体现在其不拘泥于服饰材料的范畴,勇于开拓设计材料。取任意材料对比训练是培养设计师认识和表现材料美的基础训练之一。

2. 服装材料对比美

通过对比使粗糙变得粗犷,使细腻更加温柔。服装材料之间互为衬托,交相辉映。例如,皮革的色泽可以与针织物柔软而略带粗糙的质地互为衬托;纱料的朦胧松软和丝绸的细腻流畅与裘皮相互衬托时,更加突出裘皮的高贵和丝绸的妩媚。而当多种服装材料组合时,服装不仅产生了简单的材质对比,

还产生了丰富的层次感,此时美是有趣的,是耐人回味的。

使用皱纸、毛发、假花叶、卷发器等材料所做的"对比"训练作品,表现的主题内容、细节和装饰性风格都给人以美的感受。对各种材料美的认知和审美体验将影响着训练者以后的设计思想。

三、服装材料调研与样库

为成为优秀的服装设计师,加强对于服装材料的认知至关重要。对于服装材料的认知需要达到熟悉材料的程度,对其如数家珍。正如"常相知,不相疑",在熟悉中必然获得对于材料的信任、控制,为顺利进行服装设计做好基础铺垫。为此,应该进行有效的实习训练。

(一)设计角度材料分类

服装材料分类的方法很多。

1. 制造方式分类

按照制造方式可以将材料分为梭织类、

针织类、编钩类、无纺类和天然类等。

(1)梭织类材料

梭织是最传统而且最成熟的制造技术。梭织类材料可以再分为手工织材料和机器织材料。自从传说黄道婆发明织布技术至今,仍然有能工巧匠用木织机手工织造精美的布匹。目前,梭织类材料在纺织品中所占比例最大,而且随着机器设备的不断革新,材料织造方式更加多元化。

(2)针织类材料

针织类材料包括圆机针织类和横机针织类。

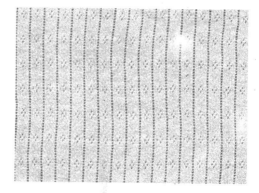

(3)编、钩类材料

编、钩类材料又分为编织类材料和钩织类材料。其中编织类材料包括经编、纬编和手工编织等材料;钩织材料一般特指手工钩织材料。

（4）无纺类材料

无纺类材料包括毡、毯、无纺布、无纺衬、塑料布等材料。

（5）天然类材料

天然类材料包括皮革类、裘皮类材料等。

2. 纤维原料分类

"纤维"一词在《现代汉语词典》中的释义为："天然的或人工合成的细丝状物质"。棉花、麻类植物的韧皮部分、动物的毛和矿物中的石棉都是天然纤维。合成纤维用高分子化合物制成。因此，可以按照原料成分将纤维材料分为：天然纤维与人工合成纤维材料。

（1）天然纤维材料

天然纤维材料包括棉纤维、麻纤维、丝纤维、毛纤维等材料。

（2）人工合成纤维材料

人工合成纤维材料又分为人造纤维和化学纤维。人造纤维材料包括粘胶纤维、醋酸纤维材料等；化学纤维材料包括腈纶、涤纶、锦纶、氨纶、丙纶、氯纶等纤维材料。

3. 织纹组织分类

纺织材料也可以按照织纹组织分类，最常见的有：平纹、斜纹、缎纹、皱纹等织物材料。

（1）平纹组织材料

平纹组织材料是由呈 90 度角的经向纱线和纬向纱线依次上下交叉叠压织造而成。因此，织物实现了材料最大限度的平展。例如，各种色布、帆布、电力纺、纺绸、毛凡尔丁等。

（2）斜纹组织材料

经向纱线在织造过程中同时向左或向右平行倾斜，与纬向纱线交错式缠绕组成斜纹组织材料。因此，在织物上出现明显的、均匀斜向的织纹。因为工艺不同，所以织纹倾斜方向或者角度不同。例如，华达呢的织纹自左向右倾斜,角度较小;织纹高而密;哗叽的织纹自右向左倾斜,角度较大,织纹低而稀疏;马裤呢的织纹自左向右倾斜,纹路之间距离较宽,纹路明显。

（3）缎纹组织材料

由于织造缎纹组织材料时采取的浮长线所至,织物表面细腻而有明显的光泽效果。例如,软缎、库缎等。

（4）皱纹组织材料

皱纹组织材料在织造时采取纱线过多增加捻数和复杂工艺,使材料表面显现出明显的均匀、细密皱褶效果。例如,绉缎、双绉等。

4. 感官分类

在服装设计中,强调以服装设计师的审美角度体察不同的材料,从感官印象出发,将不同的服装材料划分类别,注重分类的主观性、模糊性和实用性。尝试将同类材料按照渐变关系进行组合,以构成一个个材料系列,进而得到较为完整的服装材料体系,重新建立服装材料学概念。

（二）服装材料广泛调研

1. 所在城市服装面、辅料批发市场调研

在批发市场中,设计师可以了解到全国乃至世界各地不同面辅料产品的集中展示,应季服装公司生产所需的各类材料,市场中较畅销的面料产品、流行面料以及有较高知名度的品牌服装生产的面、辅料信息等。

作为初学者,应了解服装设计师在批发市场中采料样,大批量订货的操作过程。这主要包括:适合某公司服装的面料生产厂家和品牌、样衣材料的选购方式及付款方式、面料的批发价格及付款方式、订货周期及起定量、辅料的选购方式及付款方式、设计师与其他环节的工作关联等。此外,还包括面料的幅宽和缩水率、常用面料的长度单位等面料常识。例如,国内生产的面料通常以米为单位,但有些进口面料以码计算;针织面料通常以重量为单位,依据不同纤维材料织纹的密度差异,每千克的长度（米）存在较大差异。

2. 服装面、辅料零售店调研

从服装面辅料零售商店以及顾客购买反馈信息中可知该城市最畅销的面辅料种类和品种,相同材料的批零差价,单件服装用料率等。

3. 服装市场中服装面、辅料信息调研

在服装市场中能够直观了解各种面料的成衣效果;高、中、低档服装在面、辅料选择上的差异;成衣价格以及与面辅料批发零售价格的关系等。

4. 各类服装面、辅料展会

在各类服装面、辅料展会上,很容易了解最时尚和尖端的服装面辅料及最新的面料理念;了解面料生产设备、制造印染新工艺等技术和采集实验样品;服装面辅料生产厂家产品、产品特色、联系方法、订货方式;服装面辅料经营商的经营特色、经营品种及订货的相关信息等。全世界的时装业都非常关注的面

料展有以下几个：

（1）巴黎 PV（Premiere Vision）面料展

巴黎的 PV 面料展亦称第一视觉面料展，每年春季和秋季在巴黎举办，以法国的面料厂家为中心，欧洲的意大利、德国、英国等国的著名厂家也都来参加。在面料展上研究分析面料的潮流和时装的流行趋向，推出下一季的流行色和面料的流行趋势。在流行预测方面，它是世界的面料厂家和时装界的专业人士最为关注的展览。

（2）法兰克福印特斯特夫（Interstoff）面料展

印特斯特夫每年春季和秋季在法兰克福举办，主要以德国为中心，意大利、英国等的大型纺织厂家参展。在这个展览上，主要推出天鹅绒、毛织物等绒毛较长的德国面料。比起春季展览，秋季展更受欢迎。

（3）意大利科莫（Idea Como）面料展

科莫的面料展也是一年两次，在位于意大利米兰北部的避暑胜地科莫湖畔举行。展览会发布印染方面的流行倾向和色彩的流行趋势，主要以意大利的丝绸和印染为中心来进行展示和发表。阿尔卑斯山脉脚下，美丽的科莫湖畔聚集着许多印染、染色工厂和面料设计工作室，这里生产的印染面料和头巾举世闻名。

这三个面料展在世界众多的面料展中是最早举办的，成为面辅料、色彩、印花的信息来源。如果有条件参观此展会，就可以收集到第一手的信息资料。

国内也举办多种面料展，以国内的面料厂商为主，还有一些面料的供应商提供国外的面料订货业务，以期货的形式为主。设计师一般都参加这样的面料展，寻找合适的面料设计生产产品。品质、价格和面料的时尚感是挑选的必备因素。此外，设计师还可以与一些成熟的面料厂家、面料商建立联系，提供自己的需求给厂家，如果批量大，可考虑定织定染，使生产的产品具备独特性，不易被其他品牌模仿。

面料流行趋势的信息，几乎都是在面料展览上获得的。面料展览一般在成衣上市的一年前或半年前举办，作为设计师，时刻把握面料的流行趋势是必需的。

参观面料展览，不仅是为了寻求制作衣服用的面辅料，还可收集有关的流行趋势信息。国内外有各种各样的面料展览，有的展览以出售面料为主要目的；有的不仅交易面料生意，而且会提供下一季的流行面料的样本资料。在国内、外的几个大型的面料展上，都可以买到需要的流行的面料，或订购相应的资料。

（三）服装材料小样库

设计者可准备各种服装材料小样，并且按照设计的审美角度分类存档，料样的大小根据条件而定。材料样库不仅便于在服装设计过程中对面料进行选择和搭配，而且可以直接感受某一类材料中各种材料的细微差异，为斟酌取舍提供方便。创造在细节之中求取设计的条件。

1. 网孔类

按照网孔大小排列，网孔类材料可分为：象眼纱（不同网孔）、蚊帐纱、蕾丝、罗绸等。

2. 纱类

无论其纤维粗细及软硬程度，按照纱的薄厚和透明程度排列，可分为锦丝绡、生丝纱、东风纱、乔其纱等。

3. 纺绸类

按照薄厚、细腻程度排列，纺绸类材料可分为绝缘纺、电力纺、雪纺、绢丝纺、杭纺、棉绸等，以及各种新型纺绸。

4. 平纹类

按照薄厚、粗细排列，平纹类材料可分为纱布、漂白布、府绸、坯布、牛仔布、小帆布、厚帆布等；毛凡尔丁、毛派力司、毛花呢等。

5. 缎纹类

按照亮泽、厚度排列，缎纹类材料可分为

绉缎、软缎、库缎、织锦缎、金玉缎、团花缎,以及各种化纤缎类(如色丁等)。

6. 斜纹类

按照薄厚、粗细排列,斜纹类材料可分为斜纹绸、美丽绸、羽纱绸、卡其布、哔叽、马裤呢,以及各种新型斜纹组织材料。

7. 提花类

提花类材料可分为斜纹绸、春绸、葛绸、织锦、装饰布、沙发布,以及各种新型提花材料。

8. 绉类

按照绉纹粗细排列,绉类材料可分为乔其纱、双绉、绉缎、冠乐绉、留香绉,以及各种新型绉类材料(如树皮绉等)。

9. 呢类

按照薄厚粗细排列,呢类材料可分为舍维呢、肩章呢、海军呢、麦尔登呢、制服呢、羊绒呢、大衣呢、将校呢、雪花呢、人字呢、银枪呢、铁板呢、毡子、毯子等。

10. 绒类

按照绒长短排列,绒类材料可分为桃皮绒、摇立绒、平绒、灯芯绒、金丝绒、立绒、乔其立绒、烂花绒、漳绒、剪绒、长毛绒、人造毛等。

11. 裘皮类

按照毛长短、皮种类排列,裘皮类材料可分为灰鼠、松鼠、麝鼠、绒丝鼠、兔皮、水貂皮、扫雪、紫貂皮、獭皮等;灰狐皮、沙狐皮、各种狐皮、狼皮、貉子皮等;胎羊皮、子羔皮、羔皮、滩羊皮、小羊皮、老羊皮等。

12. 皮革类

按照薄厚粗细排列,皮革类材料可分为蛇皮、绵羊皮、山羊皮、牛皮、猪皮、马皮,以及各种新型人造皮等。

13. 针织类

按照薄厚、原料排列,针织类材料可分为针织汗布、罗纹布、棉毛布、圈布等。

14. 其他

按照分类,其他服装材料可分为水洗布、弹力面料、条纹布、色织布、工艺面料、提花面料、花边类,以及里布、衬布等。

有些材料在不同的类别中都可能出现。因此,材料的类别交叉是设计师需要了解的。依此类推,可以将各种新型材料进行归纳整理。以自己设定的主题形式收集布样且自制分类。建立材料样本是设计师学习设计过程中了解面料性能和特性,便于使用的有效依据,起到学校、服装公司的服装材料库的作用。有一个小型资料库可以随时触发设计灵感,引出设计构思。

第二节　材料适应设计与设计选材

在服装设计过程中,依据设计思路与材料出现的先后次序,可以将设计的形式划分成两类:一类是以服装材料优先,材料制约的"适应设计"形式;另一类是以服装设计创意优先,对于物质性材料选择在后的"选材设计"形式。

一、材料适应性服装设计

"适应"一词的解释为"适合(客观条件或需要)"。"适应设计"是指在先有面料的条件下,根据面料为着装者进行的设计,即适合面料条件的服装设计。

适应设计是在服装公司中较为常见的一种设计形式。在每季的品牌成衣中,都会有相当比例使用一、两种主打面料做主题设计的系列产品。当服装品牌公司每一季节的服装面料确定后,许多设计师(特别是新入行的年轻设计师)、助理设计师所做的产品设计应属于此种设计类别,即服装面料优先的适应

设计。在为个人定制的服装公司中,顾客先选择面料或者自带面料,然后要求设计师所做的设计也属于适应设计的范畴。

(一)全面认识面料

充分认识面料的性能是做出最适应设计的根本。要达到充分认识面料的目的,必须采取正确的思路和行之有效的方法。

1. 长时间审视和观察

将设计面料置于所及之处,不仅放在工作环境中,而且放置于生活视野里,甚至与其一起工作起居,做到随时随地远观近看,从面料的织物表面到色泽、手感,以及面料在不同环境及光线下所产生的变化等等。

2. 静态效果与动态效果

从以上两方面特点确定面料的造型能力,并且通过局部试验、尝试,运用悬挂、手抓、抽取线丝等方法分析面料的挺括程度、悬垂程度及成褶状态等性能。

(二)顺向适应设计

适应设计的原则无疑是扬长避短,在讨论诸面料某特性长短的同时,应主要探讨对其"扬"与"避"的两条思路。在此,以张扬材料特性的设计思路作为重点研究,即"顺向适应设计"。

1. 工艺适应

"工艺适应"是指结构分割及细节处理等手段与面料特性相适合。例如,有些轻薄面料的缝合线迹不易烫平,不宜设计多余的拼接结构,以求简洁、完整;有些面料板整,缝边不易辟烫,最适合"见明线"处理,既平服又具装饰效果;有些面料悬垂性强,适宜斜裁;有些面料定型性差,不适合设计开衩或驳开领;有些面料弹力较强,不需要设计省道等。在充分了解面料特性的基础上,设计师应首先考虑其实行裁剪、缝制、熨烫、穿着过程中的各种可能性,确定其各种优劣以及相辅相成的特点,作为设计的重要参考。

2. 造型、款式适应

"造型、款式适应"的关键是依据面料所表现出的挺括与悬垂性的突出特征,以及与之相适应的工艺确定造型轮廓设计,这是服装面料优先的适应设计关键点。很多学生作品完成后的效果与效果图相去甚远,其直接原因就是面料的悬垂性与造型轮廓不符。在决定服装造型设计时,不仅需要了解面料性能,而且需要掌握各种辅助材料的特点和敷放、衬垫工艺,使用某种面料完成服装的挺括、柔软或蓬松的造型表现,需要服装设计师长期的经验积累和追求完美造型的设计热情。

3. 花色适应

花色的视觉效果是最直观的。颜色的感情、味道,花形的大小、形状、排列以及所形成的风格,必然是服装设计师需要参考、依从的。设计师的眼睛凝视面料花色的同时,往往头脑中想象着设计对象的性别、年龄、气质;考虑着所设计服装的类别、用途等因素,努力寻找着种种适应的契机,然后从中选择出某种最能够打动人的设计,力求设计与面料的最佳适应。

4. 搭配适应

"搭配适应"需要寻找能与主要材料形成对比和递进关系的其他辅助材料。设计师尝试多种对比,使之产生更丰富的视觉效果,更深入地了解面料的美感,完善主要面料与辅助材料之间的最佳配搭方式。围绕主打面料进行层次性的搭配亦不可忽视,这包括局部搭配面料、辅料、纽扣、拉锁等,力求通过系列组合对比将面料性能表现得更为生动突出。

5. 风格适应

"风格适应"建立在其他适应设计的基础之上,是综合因素的体现。服装风格也是由诸多元素构成的,是真实的、全方位的。以综合、多层面的角度探讨服装面料的适应设计,注重服装风格设计的适应性才能避免设计的教条与偏执,从而体现服装完整的风格美。

（三）逆向适应设计

每种面料的表现力都是多面的、丰富的、综合的。因此，每个人对面料的感受和理解不同。根据不同的着装诉求，服装设计师所创造的设计效果也会不尽相同。除了以张扬材料特性为特点的顺向适应设计思路以外，在此探讨以利用材料之短的"逆向适应设计"的思路。

1. 意在出奇制胜

成功的逆向设计是根据面料的条件引发的奇思妙想。在旁人看来似乎不容易实现的设计有时并不尽然。例如，薄薄的生丝纱看起来很软，其实可以利用其柔韧性设计挺括的服装造型；支挺的皮革有可能被设计成柔软的长裙；臃肿的裘皮也可以显示出轻盈；乔其纱也可能表现丰满。设计达到一种新的视觉效果才可能出奇制胜，创造出惊奇之美。

2. 依托特殊工艺，挖掘材料潜力

以特殊工艺见长的服装设计师往往善于逆向适应设计。因为需要找到特别适合的设计方案，使用独特的工艺手段和新型技术使设计得以实施和实现，变不可能为可能。例如，在皮革上凿以无数小圆孔组成图案，可以令其柔软、悬垂，以适合设计长裙的需要；将裘皮割成窄条后再用弹性材料连接可以穿着轻盈；用多层乔其纱重叠可以使其出现体积感。当然，每一种设计方案还必须入细入微，尤其需要高水平的工艺技术作为依托。

逆向适应设计的风险较大，常常需要付出多次失败的代价。因此，做到逆条件设计成功的秘诀就是设计师具有独特的设计理念，过人的胆魄、才华和丰富的经验。

（四）典型材料适应设计案例

1. 毛织物服装设计案例

羊毛织物具有天然的弹性及柔软的手感并有良好的塑型效果，具有良好的保暖性和透气性，是最理想的女士套装面料。不同品种的毛织物也会产生从造型轮廓到风格很大的差异性，其适合的款式有职业型女装、女士外衣等。

2. 丝绸服装设计案例

丝绸具有天然的光泽及良好的悬垂感，因织法不同而可呈现出华丽、飘逸等外观。礼服、女士夏装都适合用丝绸面料设计款式与造型。

3. 针织服装设计案例

今天人们追求服装舒适、美观，没有哪

一种面料比针织更能胜任了。其弹性和紧缩的双重个性，使之早已摆脱了内衣的行列，进入到时装（包括礼服）的家族中。休闲式服装、女士时装都适合用针织面料制作。

4. 皮革服装设计案例

皮革是人类最早用以制作服装的材料之一，具有极好的保暖性和耐用性。它适合塑造硬朗、干练、粗犷的形象，多用于制作御寒外衣。

5. 裘皮服装设计案例

裘皮以动物的皮和毛发为面料，裘皮服装具有良好的御寒能力，其手感舒适，适合造

型饱满、风格华丽的外衣，同样也适用于服装饰边。

6. 棉麻织物服装设计案例

棉麻属于植物纤维原料，可针织或梭织生产。棉麻织物吸湿、透气性好，但保形性较差。因此，往往加入莱卡纤维，提高其保形性能，棉麻织物多用于休闲装和内衣设计。

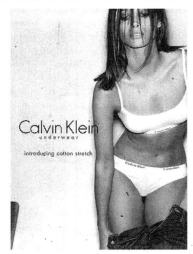

二、材料选择性服装设计

当服装的主题或风格设计确定完成，造型、款式设计也基本产生之后，选择材料和材料搭配即成为至关重要的问题。材料的选择

关系到整个服装设计的成败,其作用是决定性的,尤其在礼服设计和参赛设计中。成衣企业中的首席设计师预定面料的过程亦十分典型。选材时需要把握如下几个关键问题。

(一)充分了解、果断取舍

应在充分了解各种因素的基础上,果断选择服装的主要材料。主要材料不落实,所有步骤都将停顿下来。

1. 充分了解材料

设计师选择主要材料时,首先应掌握服装材料知识,熟悉材料的原料属性和织纹组织形式等。此外还应了解和熟悉市场现有材料,包括材料的产地、价格等信息。同时应对所需材料类别中各种材料之间的细微的特性差异进行比较和斟酌,依据设计的眼光直观地把握材料诸因素的视觉对比效果,以形成对材料的第一印象,即肌理、厚度、体积、疏密、柔挺、悬垂程度、精细程度、通透程度等。

2. 果断取舍选材

置身品种、色彩、质地繁多的面料市场,却仍然找不到理想面料时,设计师应走出不切实际的误区,不可钻牛角尖。材料的理想与否是相对的,完美的设计是材料和与之相适应并匹配的工艺技术共同完成的。当设计师选择某种材料时,头脑中的设计在不断修正和调整之中。在设计的修正和调整过程中设计师往往会独辟蹊径、柳暗花明。从某种意义而言,果断地选材源于对服装工艺的充分了解。

(二)材料对比与配搭

选材的目的不仅仅是简单地将设计方案的物质再现,而是通过对各种材料的选择,实现材料的组合与搭配,并且通过这一过程将设计方案进一步提升。通过美的材料使设计活起来,给设计以生命,以精、气、神。精彩的设计作品往往都是通过选

材上出奇制胜、超越传统而实现的。恰如其分的材料对比是成功实现材料搭配设计的基础和原则。

1. 主料与辅料对比

在服装主、辅料的选择搭配上,设计师应该着眼于立体、全方位的角度。一般情况下,需要根据主料的特性来选择服装辅料,意在与之形成理想的对比效果。例如,在中国传统服装中,主要材料往往为丝绸类的各种平纹印花绸、绉或织锦缎等。辅助材料(衣边、条、祥等)的选择一般根据主料特性而定,以各种与之形成最佳的对比效果。例如,软缎、织锦缎、丝绒材料等在中国传统服装中多为辅料用于镶边嵌绣,在主、辅料之间的对比中注重材料在光的作用下,不同织纹组织所反映出的对于光反射与吸收的对比。当然,还有主、辅料之间的颜色、图案以及质地的对比等。

在选材中,各种服装的主、辅料之间对比的相互关联性,往往会在后期的设计实现中上升为第一位,有时甚至会因为辅助材料难以到位而改变了主料的选择。当然,此时工艺方案的设计必须随之改变。这种现象在服装设计中并非罕见。

2. 对比的主次与多层面

不同材料的组合必然产生对比效果。多种材料(包括表面光泽肌理和色彩)相互搭配则可能产生极其丰富的、立体的、美的碰撞。在不同材料之间所形成的繁杂的性格和表情之中,设计师应努力把握好服装整体的主调和主要对比形式,追求服装带给人的第一视觉冲击力。

同时,优秀的设计作品还会带给人丰富的感受。仔细品味时,必须有多层次、多层面的对比。如同主旋律和各段乐曲之间的变化和微妙之处给欣赏者带来愉悦和趣味,服装则以材料的多种质感带来对比形成层面与层次,带给观赏者节奏、韵味和旋律。

第三节 服装材料重构与创新

一、服装材料重构

(一)材料重构概念

1. 美的追求永无止境

无论服装材料的种类何等丰富,无论新型材料出现得多么迅速,服装设计师对新奇材料的要求和欲望是永无止境的。美是随着时代永远发展的。因此,创造新材料的过程是服装设计师与服装材料科研人员的互动过程。服装设计师的大胆设想为服装材料科研人员提供新的研究课题,而一种新型服装材料的出现,又会给服装设计带来更广阔的空间,服装材料重构的最初动机便源于此。重构即为创新即为设计。在某种意义上,服装设计的出路在于材料的创新。

重构的实质是技术加艺术的有机结合,是无限创造。重构并非全新的毫无根基的现代发明,而是人类自古以来对于材料永不满足、对物质世界的不断探索的具体表现,这一精神古今相通。

2. 材料重构概念

重构的概念是建立在现代艺术理念基础之上的。如同绘画、雕塑等艺术,从古至今,人们的审美标准是随时代而变化的,现代的审美理念已不再停留于以秩序为美、以完整为美的阶段,而是在不断发展、不断打破中建立新的规则和形式。对原有秩序的打散组合、重新构筑,使看似零乱繁杂的物质之间蕴含着新的秩序之美。有学者将人类艺术的发展阶段形象地描述为:恐龙蛋时代——原始的混沌之美;鹌鹑蛋时代——古代典雅之美;打碎并流汤的鸡蛋时代——反叛的、无序的"现代"之美;将被打碎并流汤的鸡蛋按照新的秩序和方法重新组合起来——裂变后重构建立新秩序的"后现代"之美。

在服装设计领域,所谓重构是将服装材料的原始面貌加以改变,通过不同的加工手段使其形成新的形象。重构的方法就是在原材料上巧施工艺,打散组合。在看似简单的服装材料重构中蕴涵着时尚的审美法则和时代的审美特色。因此,面料重构注定会给服装设计作品带来强烈的时尚感和艺术感染力。

(二)材料重构基本形式分类

在任何材料上施行的任何工艺手段均可以改变其原有面貌。因此,材料重构可简可繁,其拓展形式无限。在此,抓住工艺手段及对于材料作用的主线,将材料重构分为三类:减法重构、加法重构和综合法重构。

1. 减法重构

减法重构是在基础原材料上做减法。如,抽纱、剪口、打孔等。

2. 加法重构

加法重构是在基础原材料上做加法。如,染色、印花、缝线道、绣花、折叠、皱褶等。

3. 综合法重构

综合法重构是在基础原材料上做加法、减法等综合方法。如,镂空后钩花,切口后填充它料等。

(三)材料重构训练与设计应用

材料重构的基础训练应注重系统性和可行性。基础训练可以分为两类:第一类是在素色材料上实施重构,第二类是在印染有颜色或纹样的材料上实施重构。

1. 素面材料重构

素面材料特指由本色或白色纱线纺织而成,并且未经印染的材料,也包括本色的无纺材料。素面材料具有最单纯、最朴素的印象,对于材料重构而言,素面材料提供了极大的创作空间和可能性。在素面材料上实施重构,可以加法处理、减法处理和各种综合处理形式,随心所欲地创造出无数精彩之作。

2. 印染材料重构

印染材料是指染有颜色或印、织出纹样的材料。印染材料较素面材料更具特点和性格,更容易给人留下印象。在染有颜色或印、织出纹样的材料上实施重构时,必须首先认识、理解材料的颜色和纹样所构成的特征,然后在此基础上因势利导,实行恰当的工艺手段,从而造就出全新的材料重构效果。

3. 材料重构设计应用

材料重构基础训练的目的在于实现服装设计。只有牢牢地把握其目的性,避免将兴趣滞留于材料的重构之中,才能使整体服装设计超凡脱俗,不陷入繁复、匠气的偏移。

无论世界级服装设计大师的作品,还是学生获奖的参赛作品,以材料重构为主要手段的范例不胜枚举;无论是创意服装设计,还是实用成衣设计,成功地施行材料重构而实现雅俗共赏的服装作品比比皆是。

二、服装材料创新

当今人们的生活主题有两种明显的倾向:多元化和高科技。而这两种倾向也恰恰是对迅速发展的服装材料的最好说明。当创新成为服装品牌乃至整个服装业至关重要的竞争手段时,人们对新型面料给予的期待和热情可想而知。

每年设计师和服装开发商从世界各地涌到法国第一视觉面料展会的现场,期望看到最新型的面料,期望了解下一年度的面料流行走向和流行色趋势,以推动服装公司的产品设计。消费者们也希望能从展会上知道有什么样舒适方便的新服用材料应用到了服装中,渴望技术与设计的结合使服装变得更美、更时尚。化工技术与纺织技术的飞速发展使我们每天都能听到或看到新型服用材料应用

到日常生活中。

在品目繁多的新型服用材料里，主要分为功能性材料和外观设计型材料两大类型。

（一）功能性材料与服装

自从 1884 年法国人希莱尔查东尼特创造出了被称为"人造丝"的人造纤维，改变和革新纺织纤维的一场革命就此开始。人们不断地从石油、煤炭等矿石中提取化学元素，通过各种方法进行合成。20 世纪 60 年代，尼龙的发明及在服饰品中的应用改变了服装的设计和人们的穿着方式。今天，莱卡在各种服装材料中的广泛应用，也使人们的着衣观念和设计观念发生了很大的变化。

化学纺织工业经过近半个世纪的发展，化纤产品无论产量还是品种开发，都已超过了天然纤维产品。如今人们已摆脱利用化纤对天然纤维的模仿阶段，而是通过科学技术的不断进步，研制出了许多性能超越天然纤维的化纤织物。目前世界级著名大型的化工公司（如，杜邦、塞拉尼斯等）每年都致力于开发高性能的新型功能性服用材料。现在研究人员已经研制出了比纯棉材料的吸湿和排汗性能更优越的化纤纺织品，并将其应用到运动服中，能够抗菌、防臭、防尘、防水和防紫外线的服装材料也都纷纷开始被投产使用。如 2004 年著名牛仔服装品牌"苹果"推出了抗菌型牛仔裤，他们在布料中加入了 Amicor

抗菌纤维，这种纤维能长期有效地抑制产生体味的细菌繁殖。

功能性服装材料在服装中，特别是在休闲装、运动服、工作服、保暖性服装等各种功能性服装上的广泛应用，给人们带来了前所未有的轻松与方便，使人们真正享受着"科技的快乐"。

（二）外观新型材料服装

服装设计师对于服装材料外观有着永不满足的欲望，多元化的生活理念也引导着面料开发人员通过技术手段对原有形态的面料外观不断进行再创造。世界上大力推进科学研究的大型化工纺织集团引领着材料不断创新的实施和产品化。材料工程师依据服装市场的需要，在纤维含量、纤维合成、纱线改造、纱线粗细的配比、织纹组织和染整后整理等各个细节的设计创新，以及生产技术的每一个环节上创新，努力实现着新型服装材料的时尚与发展，从而不断创造服装的新潮流。

例如，在追求肌理效果和强调自然质地潮流的影响下，材料工程师运用磨砂、起绒、磨毛等后整理技术改变原有织物的面貌，大大拓展了服装风格多元化设计的可能。又如，在印染方式上有突破性地利用高科技手段设计的面料，让设计师可以运用丝网印花、转移印花、电脑提花的方式生产色彩丰富、造型立体的花形，还可以运用数码技术将扫描下来的照片、图片及复杂的图案直接打印在面料上，使得小批量独创性强的面料不断涌现。

日本服装设计师三宅一生因为研制出密布着普利斯皱褶的新型材料，才得以创造服装的新造型，从而引起世界轰动效应。近年来，风靡全球的裘皮材料毛皮的染色、后加工处理技术走在前列。例如，将毛皮的内层通过染色、刺绣、涂层处理等方法再加工，使之带有色彩、光泽、图案，甚至各种装饰效果，从而达到裘皮服装两面穿着的目的。两面穿用的裘皮服装轻薄实用,实现了裘皮服装设计风格的多元化,使其成为年轻人的新宠,形成新的流行热点。著名的设计大师卡尔·拉葛菲尔德曾说,面料给时装带来了巨大的变化……很多以前无法企及的时装预想在今天都实现了。

今天创新性服装材料不仅成为产品设计新的灵感来源,也成为很多服装品牌保护自身设计价值的重要手段。新功能、新外观成为新型服用材料的发展方向。

第四节　服装材料色彩基础

服装材料的物质属性决定了其可视并带有色彩。深入理解并掌握材料色彩的基础知识是认知服装材料色彩特点的基础,同时也是进行服装色彩应用设计的基础。在理解和掌握材料色彩基础之前,必须学习并熟悉色彩基础知识,以此为根基建立起服装材料色彩的合理专业知识结构。

一、色彩常识

(一)色彩三要素

色彩是在光的作用下形成的,由人的视觉感知和判断。人们认识色彩必须从构成色彩的三要素入手,对其进行科学的、理性的分析,以便熟知每一种颜色具有的特定性,即属性。

1. 色相(hue)

"色相"是色彩的相貌名称。如,红、黄、蓝等称谓。17世纪英国科学家牛顿使用三棱镜成功地分解出太阳的七色光谱,让人们认识到七种单色光组成了白色的太阳光。太阳放射着不同波长的电磁波,人的肉眼仅能看到其很小的一部分,即380~780厘米之间,能反映出从紫色光到红色光之间的七种色彩部分。此外还存在着红外线、紫外线及其射线。

不同的物质在光的照射下均会放射一部分光波,吸收另一部分光波,于是实现出不同的颜色。白色的物体是由于反射了人类可视的全部光波而让人们看到白色;反之,黑色吸收了全部人类的可视光波。吸收不同波长的物体由此表现为紫、蓝、青、绿、黄、橙、红等各种颜色。换言之,是色彩学家将人们眼睛看到的各种色彩主观地命名为各种称谓。

不同色相在人的视觉中是很容易被判断的,按照色相将色彩分类是最直观的方法。色相在色彩构成中起本质作用。色相是色彩三属性中最积极、最活跃的要素。

2. 明度(value)

"明度"是指色彩的浓淡、深浅程度。在所有色彩中,白色的明度最高,黑色最低。在不掺杂任何颜色的条件下,白与黑之间存在着不同深浅的灰色。色彩学家将明度规定为十个等级,白色的明度为10,黑色的明度为0,灰色则根据其深浅明度分成不同等级。白色、黑色和不同明度的灰色共同组成无彩色系。

除黑、白、灰等"无彩色"系以外,其他颜色为"有彩色"。在有彩色的任何一种色相中,颜色也有深浅之分,也存在明度区别,同样也有规范的明度等级标准,与无彩色的明度等级相对应。

明度在色彩构成中起着关键性作用,主导着色彩的表情和性格。

3. 纯度(chroma)

"纯度"是指色彩的纯净程度或鲜艳程度,亦称"彩度"。色彩的纯度取决于物体吸收某一波长光波的单纯程度。

(1)原色

任何色相之中几乎不含其他颜色的纯色

即"原色"。在所有色彩中,原色有红色、黄色和蓝色。三原色都是其色相之中纯度最高的色彩。作为三个原色纯度也不尽相同,其中红色的纯度最高。

(2)间色

两个原色混合可产生"间色"。掺杂了其他颜色的高纯度颜色的纯度会降低。因此与原色相比,其纯度略低。间色包括绿色、橙色和紫色。

(3)复合色

将三种原色按不同比例共同混合产生的颜色称为"复合色"。混合颜色越多,纯度越低。因此,复合色的纯度最低。在无彩色中,黑、白二色也是高纯度色。而白色和黑色两色互相混合后产生的颜色纯度下降。利用纯度变化可以制造出无数带有色彩倾向的灰色。视觉健康的人可以视认 750 万种颜色。

(二)色彩对比与调和

"对比"在《现代汉语词典》中被解释为:"(两种事务)相对比较"。色彩对比是指两种颜色相对比较。通过色彩对比使色彩反映得更加明朗、生动。色彩对比是色彩构成的主要方法。

按照程度可以将色彩对比划分为轻微对比和强烈对比。不同程度的色彩对比产生的效果各不相同,轻微对比柔和,强烈对比刺激。当色彩对比过于平缓时,色彩效果平淡无味;反之,当色彩对比过于激烈时,色彩效果冲突对立,互不相容。因此,根据不同的设计目的需要仔细斟酌色彩对比的程度,以追求最佳的视觉效果。

"调和"在《现代汉语词典》中被解释有三种,分别为:"配合得适当;排解纠纷使双方重归和好;妥协让步"。调和既是形容词,又是形动词。色彩调和特指色彩的和谐,或者色彩在对比中的不适当,经过调整而达到理想效果的过程。

色彩对比与调和处于矛盾的双方,相辅相成,互为补充。调和是保证色彩对比效果的必须手段。因此,利用色彩的对比与调和是取得最适当的、最生动的色彩设计的必然。

1. 色相对比与调和

两个以上颜色并置产生对比造成的色相差异称为"色相对比"。在色相环上,两色相之间距离越近,角度越小,对比的效果越弱,反之越强。相互形成 180 度的两种颜色的对比最强,视觉反差最大,称为"互补对比"。

色彩学家将色彩划分为"冷色"和"暖色"。以红为暖,蓝为冷。在色环上可以明确地分辨红色及周边暖色与蓝色及周边冷色之间的色群对比关系。任意两种颜色放置在一起时都会产生对比,在对比中显示出各自的冷、暖倾向。

一般原色之间产生的对比强,混合其他色相后,色彩明度、纯度都将发生改变,所形成的色相对比程度势必减弱。在不容易调和的色相对比中,利用色彩的明度或者纯度的调整可以实现色彩的调和。

2. 明度对比与调和

两个以上颜色并置产生对比造成的深浅差异称为"明度对比"。色彩中的明度对比如同解决其素描关系,在没有明度对比的色彩构成中,图形将变得轮廓模糊,无生动可言,并且使物体失去光感、层次感和体积感。两种明度差异大的颜色之间的强对比可以明显地增加两者的明度区别,使高者更明快,低者更沉重。

在看来不容易调和的色彩明度对比中可以利用色彩的色相对比或纯度对比加以调整。

3. 纯度对比与调和

两个以上颜色并置产生对比造成的鲜艳度差异称为"纯度对比"。纯度对比较色相对比或明度对比更复杂、更丰富,效果更微妙。在高、低纯度两色的强对比中可以鲜明地加大两者的差异,使高纯度色彩显得更加鲜明、活泼,低纯度颜色显得更加浑浊、稳定。

在纯度的弱对比中可以使色相的强对比色彩变得调和而融洽。

在看来不容易调和的色彩纯度对比中，可以利用色彩的色相对比或者明度对比加以调整。

（三）色调

"色调"是指色彩各方面因素组合后所构成的总体倾向。是色彩调和的体现。色调的形成是色彩三要素共同作用的结果。是色彩诸元素的对比之中形成某种统一。某一要素在构成中起主要作用，就可以称为某种色调，统一的色调使其他元素处于从属地位。综合应用好色彩三要素可以创造出各种色调。

1. 色相产生色调

颜色中某一色相可以成为色调的主题。例如，蓝色调、黄色调等。色彩的冷或者暖成为主导时则形成冷色调或者暖色调。

2. 明度产生色调

明度可以统一色彩使其达到某种调和。例如，色彩的高明度调或者低明度调；根据色彩明度的对比形式还可以形成色彩明度的长调或者短调的特点。

3. 纯度产生色调

纯度可以统一色彩使其达到某种调和。例如，色彩的高纯度调或低纯度调。

二、色彩表述

在色彩接触中，特别是在与色彩相关的各种生产中，色彩是需要表述的，而且有时需要非常准确地表述。因此，色彩科学家在长期的研究中找到了科学的方法，并且加以规范并广泛应用。

（一）色相环

"色相环"是将颜色按照红色、红黄色、黄色、黄绿色、绿色、蓝绿色、蓝色、蓝紫色、紫色和红紫色的顺序排列，首尾相接，组合成环状

形式。在色相环上，各个相邻色之间可以经过两色混合产生新的过渡颜色，如此经过多次两两混色可增加过渡颜色。但是，所有经过混色产生的过渡色必须位于上述 10 种颜色的对称位置进行添加，即每一次混色增加过渡色意味着同时需要增加 10 种颜色。

（二）色立体

"色立体"是能够同时表示出任意色彩的色相、明度和纯度属性，以垂直（Y 轴）和水平（X 轴）两个方向所组成的立体空间的形式。色立体也有"色树"之称（见彩页）。

1. 表色体系

最权威的色立体研究推崇两位色彩学家的成果：一是美国画家、色彩学家孟谢尔（A·H·Munsell）经过 30 年研究出的表色体系，即"孟谢尔表色体系"；另一位是德国化学家奥斯瓦尔德（W·Ostwald），他以物理概念为基础建立的表色体系，即"奥斯瓦尔德表色体系"。

2. 明度轴

在色立体中首先确立一根纵向中心轴（Y 轴），直接表示无色彩的明度，这就是"明度轴"。轴的上端为白色，规定明度级别为 10 度；轴的下端为黑色，规定明度级别为 0 度。在两端之间可以规定十个等分位置，以表示由黑白两色混合产生的不同灰色的明度级别。

3. 等明度面

在色立体的明度轴上任意一点处，与之成垂直关系的水平面均为明度相同色彩组成的色相环，这一水平面称"等明度面"。同一明度的色彩无论其色相、纯度均处于同一等明度面。

4. 等色相面

在色立体中，所有与明度轴平行的同一垂直面上的色彩属于同一色相。因此，称为"等色相面"。即无论色彩的明度、纯度，同一色相的色彩必须处于等色相面之中。

5. 等纯度环

在色立体上,任何同一色相中不同纯度的色彩以其距离中心轴的远近表示其纯度的高低。距离中心轴越近的色彩纯度越高,距离中心轴越远的色彩纯度越低。因此,同样纯度的色彩,无论其色相,均处于同一个与中心轴等距离的圆环之中。每一个与中心轴等距离的圆环均称"等纯度环"。

(三)色卡

1. 实用意义

"色卡"是用以表示色彩的卡片形式。目前,色卡作为方便、经济、实用的颜色应用工具,其实用意义是不可替代的。色卡以色彩分类为基础,全部颜色按色相、明度和纯度规律有序排列,查找颜色十分方便。因此,色卡作为色彩定调和配色标准,适用于配色企划时的高精度色样;颜色设计、分析、交流和对照。色卡的长条形扇卡的硬质外壳不仅充分保护内页而且携带方便,是样本采购、客户或供应商会议洽谈和即时检视的理想工具。

2. PANTONE 色卡

目前,主要色卡产品有美国 PANTONE 色卡、德国 RAL 色卡、瑞典 NCS 色卡、日本 DIC 色卡、PCCS 色卡和瑞士 NCS 色卡等。其中以 PANTONE 色卡的用途最广泛,色彩最权威,它涵盖印刷、纺织、塑胶、绘图、数码科技等领域,已经成为当今交流色彩信息的国际统一标准语言之一。

3. PANTONE 色卡分类

PANTONE 色卡大致可分为 PAN-TONE 印刷色卡、PANTONE 纺织色卡、PANTONE 塑胶色卡和 PANTONE 色卡相对应的一些仪器等。PANTONE 色卡涉及范围比较广泛,所以在选购 PANTONE 色卡的时候要正确选择适合自己的色卡,以免造成不必要的人力、物力、财力的浪费。PANTONE 的每个颜色都是有其唯一的编号,只要根据编号就可以准确地知道色卡种类。

用于服装和家居的全新 PANTONE 纺织色卡包含全部 1900 多个色彩。各种色彩均标有颜色编号。例如,PANTONE 19－1656TPX 或 13－1007TPX。

(四)色彩符号与值(以孟谢尔表色体系为例)

1. 色彩表示方法

H(hue)表示色相;V(value)表示明度;C(chroma)表示纯度。任意颜色均可以表示为 HV/C 的形式,仅在字母 H、V、C 处代入具体数值和字母即可。无色彩是无色相、无纯度的颜色,所以表示方法特殊,即用 N。

2. 色相表示方法

原色:P—紫;B—蓝;G—绿;Y—黄;R—红。间色:YR—黄红色(橙);GY—黄绿色;BG—蓝绿色;PB—蓝紫色;RP—红紫色。

3. 色相盘色彩选择

在标准的孟谢尔表色体系中色相环共有100 个色相,而且还必须符合两个必要条件,即在以上 10 种颜色组合成的色盘中,将上述10 个色相中的每一种再分别划分 10 等份(每两个色相之间经过多次混合又增加同样数量的过渡色),而 10 个色相均分别处于每一类色相的第五位置(中央位置)。因此,上述 10 种颜色的色相均表示为 5H。例如,5R—红色;5Y—黄色;5GY—黄绿色等。

三、图案色彩

"图案"在《现代汉语词典》中被解释为"有装饰意味的花纹或图形,以结构整齐、均匀、调和为特点,多用在纺织品、工艺美术品和建筑物上。"图案色彩是构成色彩的一部分,是一种特殊的色彩形式。因此,研究色彩不可避免研究图案色彩。

（一）图案纹样

1. 点、线、面

点、线、面是一切造型设计中最基本的要素。因此，点、线、面被称为构成三要素。在图案构成中，综合应用点、线、面可以实现无穷的创造。在此分述点、线、面以求详尽。

（1）点

"点"在几何学中具有位置的意义，无所谓大小、形态或面积。在视觉艺术中，点是可视的，具有大小、形态和面积。点存在于相对条件之中，并非呈圆形，也并非很小。点在构成中的作用非同小可，是力量的集中，最具紧张感，最能引起人们的注目。

点的构成是将不同的大小、不同的形态、不同的位置的点组合排列出不同的形式，而形成不同的图案。分散的点活泼跳跃；均匀的点规律整齐；等距离间隔的点组成虚线；密集点具有面的效果；大小、疏密有秩的点可以构成立体的空间感。各种不规则的点更具不同的感染力。利用点构成的图案非常丰富。

（2）线

"线"在几何学中是点的运动轨迹，是面的界限，具有长度、方向和位置的意义，无所谓粗细、形态或面积。在视觉艺术中，线是可视的，具有粗细和各种形态。线在构成中被广泛运用，具有引导人们视线的作用。不同形态的线具有不同性格，表现力很强。例如，直线硬朗，曲线柔软；细直线坚挺，粗直线坚实；垂线挺拔；水平线安静；几何曲线规矩，自由曲线浪漫休闲；斜线和折线最具有动感和不稳定感，除非组成矩形图案。

线的构成是将不同粗细、不同形态、不同长短的线作不同的排列组合，从而形成不同的图案。例如，利用线的密集或稀疏可以表现空间的深邃，或者明暗等。中国传统艺术多以线为基本表现元素，具有线性艺术的特性。例如，书法、绘画、音乐、建筑等。

（3）面

"面"在几何学中以线作为界定，是体的表面，具有形状、面积的意义，无所谓厚度。在视觉艺术中，面是可视的，除了形状、大小和面积，还具有虚面或实面的形态之别。实面是指有明确边缘的、可以一目了然的实在的面，虚面是指可以似乎被感觉到而并不明确的面，一般虚面由密集的点或者线构成。面具有相对大的面积意义，所以最能引起人们的注目。

面的构成可以是方、圆、三角形等几何形，也可以是植物形、动物形等有机形，还可以是偶然形（如一滴墨的滴痕等）。

2. 单独纹样

"单独纹样"特指具有完全独立性、完整性的图案。例如，在底色上的装饰性色彩风格的一枝花、一只鸟的图案纹样等。

3. 适合纹样

"适合纹样"即适合某一位置或者某一边缘的图案。例如，正方形的四角图案、圆形图案等。适合图案的大小、轮廓必须反映出对于其所在位置的适合，当然也必须具有色彩、风格的适合。

4. 对称纹样

"对称纹样"指图形或物体对某个点、直线或平面而言，在大小、形状和排列上具有一一对应关系。例如，人体、船、飞机的左右两边，在外观上都是对称的。因此，常见的对称纹样有如下三种。

（1）轴对称纹样

"轴对称纹样"指对于一条直线而言，左右两边的纹样呈——对应关系。

（2）中心对称纹样

"中心对称纹样"指对于一个点而言，两个纹样的旋转形成——对应关系。

（3）平面对称纹样

"平面对称纹样"指对于一个平面而言，左右两面的纹样呈——对应关系。

5. 条状纹样

条状纹样即呈现出条状的图案纹样，其主要形式有两种。

（1）二方连续纹样

"二方连续"纹样指图案的重复出现，并且间隔相等。二方连续纹样是可以无限延长的图案形式。

（2）四方连续纹样

"四方连续"纹样指两种图案的交替并重复出现，并且间隔相等。四方连续纹样是可以无限延长的图案形式。

6. 散花纹样（花布图案）

"散花图案"指纹样的分散排列形式。散花图案的横向和纵向均可以无限扩展。

（1）田格纹样

"田格纹样"是先将纹样填入四个小方格组成的田字方格内，再以田字格为单位重复排列或者交替组合，形成散花图案。田格纹样是散花图案的最简单形式。

（2）九格纹样

"九格纹样"是先将纹样填入九个小方格组成的大方格内，再以九格为单位重复排列或者交替组合，形成散花图案。九格纹样是散花图案的最合理、最常见形式。

（二）图案色彩

纹样与底色的色彩对比是形成图案色彩特点的关键。两色及多色纹样的颜色搭配对于底色而言需要通过对比形成和谐与统一。在某种意义上，图案的色彩组合起到了颜色空中混合作用，实现了特殊的色彩统一。

1. 单一色图案

"单一色图案"是指纹样的颜色同一，底色与纹样颜色的反差较大的图案。一般单一色图案清晰爽目，内涵耐人寻味。单一色图案是用两种颜色的色相、明度和纯度的各种对比实现底色对于纹样色的衬托，使纹样具有鲜明的表现力。

2. 渐变色图案

"渐变色图案"是指纹样的颜色为同色相而不同明度或纯度的色彩组合，纹样颜色的渐变形式可以是逐渐过渡，也可以是分为2～3色阶的数个颜色组成。一般渐变色图案的颜色对比柔和，色彩单纯而不失层次感。例如，中国传统京剧中帝王的龙袍上刺绣的海水江崖采取"三蓝"色，即深蓝、中蓝和浅蓝色。渐变色图案往往色相统一，利用明度对比或纯度对比造成视觉的生动变化。

3. 多色图案

"多色图案"是指纹样的颜色由两种以上组成，甚至底色也不止一色。多色彩图案往往利用色彩的色相对比为主，以明度、纯度为调和手段求取色彩的对比与协调，是更综合的色彩调和形式，具有更复杂的色彩感情，更细致的情趣。多种颜色的纹样已经充满色彩变化，一般底色颜色比较清淡，图案的色彩主次分明。

（三）图案与"构成"

"构成"（包括"平面构成"、"色彩构成"和

"立体构成")是一种造型概念,也是现代造型设计用语。其含义就是将几个以上的单元(包括不同的形态、材料)重新组合成为一个新的单元,并赋予视觉化的力学概念。其中,"立体"指三维空间,立体构成是以厚度塑造形象,是将形态要素按照一定的原则组合成形体;"平面"指二维空间,平面构成是以轮廓塑造形象,是将不同的基本形按照一定的规则在平面上组合成图案。平面构成是以无彩色的明度变化为手段进行创造;色彩构成则加入了颜色的变化因素。

三大构成是现代人以新理念所展开的表现新思维的创造形式。传统意义的图案设计为"构成"铺垫了坚实的基础。

从某种意义而言,服装设计即为将若干不同形态、材料重新组合成为的新单元的创造过程,是综合性的"构成",被赋予了视觉化的力学概念。

四、服装材料色彩特点

(一)材质对比与色彩对比

在人的视觉中,色彩在织物中的表现不同于在纸面上画的效果,材料色彩不仅仅包括色相、明度和纯度的元素,材料色彩给人的视觉印象与其质地是不可分离的。有时在纸面上对立的两种颜色在某种织物中会变得协调;有时同一种颜色在具有不同的织物中反映出来的色彩不尽相同。服装材料的色彩往往更为真实、微妙和综合,而且更富有情感。总之,在色彩对比中混入材料质地对比因素,就出现对比的组合,甚至排列组合。引起色彩效果的材料因素主要有如下几点。

1. 材料原料变化与色彩特点

材料的原料变化会引起材料色彩效果,包括纤维、纱线等。例如,有些纤维着色饱和;有些则平淡似旧;有些纱线不均匀,可以织出疙瘩绸布,颜色因吸光而浓郁;有些纱线超细,可以织出平展而密实的材料,色彩富于光泽。

2. 材料织造方法差异与色彩变化

材料的织造方法差异会引起材料色彩效果。例如,织造和染色的先后次序差异也会导致材料的色彩差异,先织后染的织物颜色较浓,先染后织的织物则更有光泽。又如,当织物的经向纱线和纬向纱线颜色不同时,织物色彩带有神秘感,来自不同方向的光线可以引起色彩转换。

不同的织纹组织会产生材料色彩效果。例如,当纤维纱线和颜色相同时,材料的色彩性格差异很大:平纹织物色彩朴实,缎纹织物的色彩华丽,斜纹织物的色彩坚韧,皱纹织物的色彩含蓄。

不同的织造方法形成了材料的不同特性。如,密度、厚度、悬垂、挺括等。不同特性的材料在光线的作用下造就不同的色彩感觉。

3. 新技术改变材料色彩效果

在不断更新的纺织、印染机械和革新技术的推动下,服装新型材料层出不穷。例如,水洗效果的面料,色彩富于明度变化,洗练而有岁月感;拉毛处理的织物色彩极其饱和;缩绒处理的织物深邃而含蓄;压制出各种各样的褶皱使织物表面的色彩产生纯度改变,并且时尚而自然;新型的双层面料的色彩更加

含蓄,一层薄纱覆盖着淡雅的花纹,层次变化色泽变幻;织造出疏密有致和割口处理的织物具有蕾丝效果,色彩亦产生浓淡相宜的高贵感和女人味;涂层印染使材料色彩更加多变,古老的香云纱黑面棕里,色泽油亮,新型涂料使材料表现出时尚的金属光泽或者荧光色彩。总之,在材料制造过程中的各种技术因素对色彩的形成不断增加着新的亮点和趣味,同时不断地为服装设计拓展新平台。

(二)材料织纹与印染图案

织纹图案呈现了有规律的色彩组合形式,织(印)有纹样、图案的材料具有特殊的视觉效果。

1. 材料织纹变化多种多样

材料织纹变化多种多样,有各种条纹织花,如织出成串小孔的五丝罗、七丝罗及各种葛料等;也有凹凸的立体花纹,如春绸等;有些犹如浮雕效果,如冠乐皱等。有小型提花,规则整齐,如各种缇料、绸料等;也有大花图案,如织锦缎、金玉缎、留香缎等。花形图案的形式也各有千秋,散状铺构、连续条纹、传统团花以及变形文字等。

2. 材料肌理与色彩

材料色彩的特殊性在于织纹产生的肌理可以与织物颜色相同,只有在光的照耀下才显现出图案,即局部光泽差异或立体变化,同时色彩的细微变化产生其中。各种同底色提花织物以变化之中不失完整,统一之中并不单调的风格赢得人们雅俗共赏。

纹样肌理可以与织物颜色不同。例如,织锦缎中五彩缤纷,留香皱、团花缎上亮花夺目,库锦、库缎中黄金、白银的细丝穿插于提花图案之中,精美奢华、富丽堂皇。此类材料的织纹装饰性和色彩装饰性的统一使其独具魅力。

3. 材料织纹与印花

材料上染色印花获得丰富多彩的变化人人皆知,服装图案与色彩是有机的整体。在顾及整体服装色彩效果的同时,图案的色彩拓展了服装色彩的深度,使材料更有性格。

图案的色彩设计首先顾及服装的整体色彩,一般单色图案在服装上容易取得协调统一的效果,而多色图案表现出的情感较为复杂。合理的图案使服装样式设计大为简化。

在有些材料中织、印叠加,独具层次变化,如桑波缎等。新技术的发展将会出现更多的手段和更新的面貌。

五、服装色彩基础

服装色彩建立于材料色彩的基础之上,具有更复杂的因素。研究服装色彩需要重点研究服装结构和着装人与色彩之间的关联性。

(一)服装结构与色彩

1. 服装色彩与服制

服装色彩的基本组合是由服制决定的。服制形式是人类的文化积淀,符合人们普遍的服装色彩基本审美习惯。

在中国服饰历史中以传统袍装为主要特点,人们的着装色彩以单色为主,统一而完整。例如,汉代女子的曲裾深衣、清代女子的旗袍等;以上衣下裳为特点时,服装色彩的以两、三种色彩搭配为主,上衣一种颜色,下裳(裙、裤)另一种颜色。例如,民国时代男子的长袍配马褂,唐代女子的半臂、小袖袄配穿高腰长裙,色彩搭配深浅有致,花素相宜。

世界各民族和现代人的着装色彩亦是如此。例如,蒙古族、藏族以单色长袍为主要服装形式,朝鲜族女子穿着短袄配高腰裙;西方人的西服套装上、下同色,追求正统和礼仪风格,除正装之外,其他服装多两、三种主色搭配,既不单调,又不杂乱。

服装色彩设计的基本形式不可偏离以服制为主要配色依据的原则,以一种主色、两种主色和三种主色作为服装色彩设计的主要训练项目是具有实用意义的。

2. 服装结构与配色

服装结构是指服装各个组合部分的搭配和排列。服装结构线是将平展的布料剪裁成衣片,再行缝纫于需要组合之处。服装局部配色的位置和分割线一般以服装的结构为主要依据。

由于服装结构的基本形式是根据人体的结构产生的,符合人体的三腔(头腔、胸腔和盆腔)、四肢及一柱(脊柱)的基本结构框架。因此,依据合理的结构设计,服装色彩才具科学性,经得起推敲,即使在更细部的、小面积的色彩搭配设计中均毋庸置疑。例如,运动服的插肩袖片与身片的缝合线往往是两种颜色的分割线;装饰彩条常常沿着肩线和四肢的外侧敷放;时装的不对称色彩设计经常以左右身片、左右袖片,或者后背中心线作不同颜色配搭;在服装细部的颜色穿插也往往在袖子上部,符合肩头与上臂肌肉的位置;连衣裙上的腰线也常以人体的中腰、胸下位或者上腹位为多见,其他分割线也参考胸上位、臀位等,色彩搭配的分界位置设计多以此为依据。

3. 服装纹样色彩

服装色彩中的图案最简单的形式是由材料色彩和图案决定的,巧妙地利用材料可以获得漂亮的色彩效果。例如,利用素色材料与印花材料互相穿插,营造出自然的图案感觉。

最具特点的服装色彩纹样并非直接使用印染的材料简单缝制而成,必须根据服装的结构和人体的结构,精心设计和制作。例如,中国传统服装上的衣边是最具有代表性的装饰纹样,使用各种合理搭配颜色的装饰性材料缝制成宽窄适合的衣边,令其沿着服装的领边、大襟边、下摆边、袖口边镶嵌,使色彩单一的袍装更加精美,具有灵性,有时衣边上还绣有彩色花纹,使服装的装饰效果更为突出。又如,在现代牛仔服装上车出异色明线,并且

用包绳的方法缝制出粗粗的立体边饰,以追求粗犷之美;在薄料衬衫或者裙子上装饰纱质褶皱边或者蕾丝花边,烘托着娇柔的女性特点。此类范例信手拈来,比比皆是。

服装上的适合纹样超越了材料色彩自身的表现力,成为服装纹样的经典形式,不仅丰富了细节,同时丰富了整个服装色彩的表情和内涵,创造了视觉附加值。服装适合纹样是面料设计师以服装上某部位的边缘形状或面积大小为原则,设计出的最适合的题材、颜色、粗细相宜的图案。他们会用最适合的工艺将其表现出来,以此营造出服装色彩的内涵与技术的精湛。例如,在中国女子上衣的襟头处,缝制上用软缎挖补而成的云纹,形式精美而且意喻吉祥;在旗袍的前身片刺绣梅花或凤凰是常见的形式,衬托出东方女性的亭亭玉立。在时尚的服饰中适合纹样的应用更加广泛,如在皮革服装的衣领、袖口、腰带和口袋上用金属气眼或者泡钉镶嵌出几何图案以表现彪悍风格;利用各种颜色的皮毛碎料拼制成抽象图案的前身片,与毛针织材料缝合而成的时装,色彩斑斓、时髦自然。服装适合纹样所成就的具有独特色彩效果的设计范例不胜枚举。

(二)着装者与服装色彩

1. 体色对比与材料色彩对比

着装者——人不仅是服装的主导,而且其身体各个部分不可避免地与服装材料形成了又一层的对比关系。例如,肤色、发色、眼睛色等颜色的色彩倾向、明度、纯度等对比,以及皮肤粗糙与细腻、毛发发质与发式、眉目形状与浓淡等,均会形成材料色彩的综合影响,使之在复杂的材料色彩对比之中又增加了多种对比元素,使各方对比关系产生明显的变化,同时使服装材料色彩的构成更为复杂、生动。

2. 着装者体型影响服装色彩对比

欧美人的体型健硕,亚洲人的体型小巧

精干,当各种高矮胖瘦、千差万别的体型的人们穿着各自喜爱的服装时,不难发现其材料色彩的对比关系同样千差万别。其中,体积影响下的服装色彩面积变化是造成服装色彩的比例关系及总体印象的重要原因。

第五节　服装色彩设计

法国著名设计师 Pierre Cardin(皮尔·卡丹)曾经说过:"我创作时最重视色彩,因为它老远就能被看到。"色彩通过对比获得搭配的艺术效果。因此,利用对比完成色彩选择是每一位着装者的目的,自然也成为每一位服装设计师的基本功。"对比与和谐的统一"是永不可弃的色彩应用原则。

色彩选择带有很强的主观性,同时又必须以客观色彩对比效果为依据性。在服装设计的色彩选择过程中,把握色彩对比中的协调统一,协调选择的主观与客观是关键。

一、个人衣橱服装色彩设计

每个人储存和挂放自己常用服装的衣橱是需要设计的。不设计就可能杂乱无章,甚至当衣服已经很多时,却总认为自己无法选择仍需添置。因此,服装的穿着效果和搭配效果不可能尽如人意。

衣橱设计不仅为女士所需要,同样也为男士所必须,尤其对于事业有成的男士;衣橱设计不仅是个人使用的需要,而且是服装设计师的工作范围,许多定制服装设计师、咨询师均直接或间接地为消费者提供此项服务。

个人衣橱服装色彩设计可以使每个人以最少的服装件数穿出最多的形式,还可使每天的穿着体面、有趣、统一而富于变化。

(一)个人主色系设计

主色系即主要颜色系统,在此特指一个人着装的主要颜色的系统、体系。一般参照正式套装的色彩可以将其划分为白色系、黑色系、灰色系、蓝色系、驼色系、棕色系,以及红色系、绿色系、紫色系、黄色系等。理性地选择服装色彩的主色系是个人衣橱设计的第一步,也是最关键的一步。这一步是实现个人服装系列化、系统化设计的开端。

每个人对于服装色彩的主观性选择往往是冲动的、不自觉的,而且对于服装色彩的客观性适合也会存在缺乏认知的现象和缺乏研究的态度,所以服装设计师所做的工作主要是针对着装者选择服装色彩的主观和客观两个方面进行研究,从而确定其服装色彩主色系。例如,某人的服装主色系确定为黑色,在他(她)的服装中黑色的出现频率很高,许多服装的色彩均与黑色相关联。

个人衣橱的主色系设计为人的日常着装提供最快捷的选择,尤其为从事高级职业的男士与女士适应每日的着装要求提供了方便。

1. 着装色彩客观性研究

分析着装者体色,包括皮肤色、毛发色、眉目色等对服装色彩的最大适合范围,并且找出最为适合的某些颜色,包括其色相、明度和纯度等属性。

不同体色的人适合的色彩不同,而且范围的差异也很大。一般皮肤色越白皙色彩适合范围越宽,尤其针对不同纯度的色彩而言。皮肤色纯度较低的黄种人在选择服装色彩时要忌讳与之形成互补关系的色系。例如,紫色系等。

设计色彩的直接方法是用各种颜色的布料在着装者脸部比量,不仅可以直接看到肤色和颜色的对比关系及效果,而且能使着装者直接感受和认同。

2. 着装色彩主观性研究

着装者性格及年龄、阅历、学识、修养等其他条件决定其色彩偏爱。无论其客观效果如何，许多人的色彩偏爱稳定而固执。服装设计师的作用在于通过与着装者的深入沟通，详细地了解其喜欢的色彩，并且进而引导，使其认知色彩着装的客观效果，为其设计出最适合的色彩选择，最大限度地满足着装者心理需求，同时获得良好的视觉效果。

在此，着装者的个性是设计的主要依据。肤色相似的人适合的服装色彩不尽相同，即使同胞姊妹或兄弟的色彩偏爱和着装效果也存在差异。一般个性较强的着装者喜爱色彩纯度较高的颜色，喜欢颜色的强对比，个性较弱的着装者则容易偏爱色彩纯度较低的颜色，喜欢颜色的弱对比。当然，特例是存在的，有些人的性格内向，效果刚韧，从表面不容易看到其较强的一面，反之亦如此。还有些人的性格有双重性、矛盾性，对色彩的偏爱不明朗，需要挖掘以明确。

与着装色彩客观性研究相比，对于着装色彩主观性研究更为复杂。色彩效果是相对的，色彩与着装者的适合是由主观的意志所决定的，是以个性张扬为目的的。主观是客观的灵魂。

（二）衣橱色彩配搭设计

在个人的主色系确定之后，应将服装按色系展开、组合排列，最大可能地配搭出不同季节、不同风格的组合形式。例如，在黑色系列中应该设计黑色的衣裙套装、衣裤套装，与之相配的内穿背心、衬衫、毛衫等，与之换穿、配搭的上衣、半截裙和各种裤子，还可以配同色系连衣裙、外套、大衣，以及帽子、手袋、箱包、领带、饰品等。

1. 清理与补充

在实行搭配设计之前，需要将衣橱内原有的服装进行清理，暂将主色系之外的服装

另放他处。理顺属于主色系服装的用途和类别，搞清楚主色系服装基本组合的必需服装，并且及时加以补充。例如，在黑色系服装中，原有服装中缺少半截裙则必须添加，否则会失去许多种配搭的可能性。在补充配搭服装时必须设计先行，根据需要而决定，并非以多为好。

2. 两类对比配搭

拥有主色系服装的色彩对比必须兼顾两类形式：强对比和弱对比，或者异色对比和同类色对比。例如，在黑色系中必须具有两类配搭服装，一类是无彩色的黑、白、灰色之间的服装搭配，包括白底黑条、点的衬衫，黑底灰、白花的毛衫等。另一类则是黑色与有彩色之间的服装搭配，包括纯度较高的红、黄、蓝色花衣、裙和围巾、首饰、鞋帽等各种服饰用品。以黑色为主的两类色彩对比的服装配搭可以基本满足人的不同处境、不同心境的着装需求。

3. 材料对比配搭

在主色系服装配搭设计中还需要注重材料的对比。例如，梭织物与针织品的配搭对比、平展织物与提花织物的配搭对比，薄与厚、软与硬、蓬松与紧缩、轻盈飘逸与悬垂等材料性能对比的设计，一定会使同一色系的服装出现复杂的、显著或细腻、耐人寻味的变化。

（三）个人色系延伸与色彩尝试

每个人生活的多元化必然形成穿着色彩的多元性。因此，在完成了个人衣橱主色系设计，实现每日着装的方便和系统之后，应该继续进行服装色系的延伸设计，以作为服装穿着系统的色彩补充。

1. 常规延伸方式

色系延伸的方式有两种，一种是同路延伸，一种是平行延伸。同路延伸是指主色系的合理扩展，例如，从黑色系延伸至白色系，添置服装的数量不多，但是使原有的黑色系

配搭服装大为丰富,而且适应了多季节的着装需求。同路延伸完成了两色组合的大色系,两色之间的服装配搭随心所欲。平行延伸则另辟蹊径,完全独立地设计另一条颜色系统,并且实行配搭服装的设计,使着装者在一定时间段的穿着表现出较大的变化。例如,以黑色为主色系的设计完成之后,又设计了驼色系作为平行颜色体系。两种色系之间的服装有时可以相互配换,有时则不适合配换时要避免牵强。

2. 流行延伸与尝试

抽取流行因素的色彩构成是不完整的,流行在服装审美中的作用尤其是不可忽视的。每一个人都自觉或者不自觉的受到时尚的影响。因此,在个人衣橱服装色彩设计中必须重视流行颜色的因素。例如,当谷物色流行时,在个人衣橱中增加一个谷物色系,同时经过挑选将衣橱中原有服装穿插组合到新色系之中来。服装流行色系的延伸可以使穿着及时跟上时尚的脚步,表现出敏锐、进步与自信。

在进行衣橱服装色彩流行延伸时,必须先全面了解和正确认知流行。时尚色彩的流行不仅是某种颜色的流行,而且是成组合的,色相、明度和纯度综合的一种倾向和趋势。另外,每个人的条件不同,不要对流行采取同一的态度和做法,要把握适合和适度的原则,即将适合自己的流行色系延伸,而且斟酌程度,不可盲目跟风。

在流行的鼓舞下,每个人都尝试着新的色彩,实现着新的穿着形式,体验着新的着装乐趣。每个人在尝试中都会总结和调整,并且在设计师的指导下使自己的服装色彩系列更加完善,更加富有个性特征。

二、品牌成衣色彩设计

在服装商厦或专卖店中,一个成功品牌的服装都是风格统一的,而且无论样式、材料、色彩都丰富而不杂乱,是有很强规律性的。品牌服装设计必须依循科学的方法才能实现产品的品质,引起消费者的购买欲望。

(一)产品色系设计

1. 形象、概念与元素

服装设计师的设计是以维护品牌形象为目的,在既定的设计概念约束下进行的服装元素设计。设计概念是指产品的对象、风格、价位等。设计元素包括样式、材料和色彩。

2. 色系设计原则

作为品牌服装设计师,尤其是首席设计师,在服装的色彩设计时所遵循的原则与进行个人衣橱服装色彩设计有相似之处,均应以色彩的系列设计为主线。首先确定本季品牌服装产品的主色系和色系延伸,品牌服装每一季的新品色彩系列最多只有两三个,而且数色系之间必然存在色彩明度或者纯度的一致。品牌服装的新品设计只用一个色彩系列的也不在少数。

(二)整盘货色彩配搭设计

1. 配搭设计多元性

当完成品牌服装色系设计之后,再继续设计各色系中所需配搭的服装色彩。在色系设计原则中,产品的配搭色彩需要富于变化,但是仍应以追求统一为原则。在色彩设计之后,配搭产品的多元往往以材料的设计为手段,使其在第二视觉层面中丰富多彩。

2. 理性、综合与统一

品牌服装的色彩设计是十分理性的过程,是根据品牌传统、流行、市场等综合分析而确定的。在一般情况下,服装设计师往往在产品色彩设计的对比之中求得和谐、统一,从而实现品牌风格的统一,实现消费者对其品牌的认知和稳定的追逐以及忠诚度。

3. 色彩装饰亮点设计

无论品牌服装如何强调以统一的色彩系列设计求取消费者的稳定性和穿着的实用性,在设计中有意识地增加装饰色彩作为整盘产品的色彩亮点,同样十分必要。特别对于以单一素色为色彩系列的品牌,采取色彩装饰亮点设计的主要目的并非为了使顾客直接购买和穿着,更需要在服装大货场中吸引顾客的眼睛,引导他(她)们的脚步走到品牌货柜前面来。

服装装饰色彩设计可以出现在配搭服装的色彩之中,作为产品直接配搭出售,也可以作为宣传设计概念而在重点产品陈列和模特着装展示中增加配搭饰品的色彩,以充分展现品牌服装设计的完整性,塑造品牌形象。

三、服装色彩与环境

除了服装色彩中的色彩对比、材料对比和着装者因素构成其色彩的复杂性、综合性之外,设计师还需要注意服装色彩与环境的关联,在设计中充分考虑环境色彩与服装色彩的对比,使服装色彩在与环境色彩的对比中显示出魅力,同时与环境色彩形成和谐关系。

(一)个人着装设计与环境色彩

着装的时间、地点、场合不同,意味着环境色彩不同,人以同样的色彩着装在变化的环境色彩中对比关系会发生很多变化。因此,在不同环境中的着装色彩设计需要考虑环境色彩的因素。

1. 环境稳定色彩

在此,环境稳定色彩特指客观上自然形成或者人工制造的环境色彩。例如,山水中、田野里,公园、殿堂、宾馆、会馆等。在不同环境中,无论色彩如何不同,在某一时间范围内色彩的稳定性是可以预见的。

根据环境的稳定色彩进行人的着装色彩设计是十分必要的。例如,日光下街市上的人们着装朴素无华,而灯光下殿堂里的人们着装浓重艳丽,两者在着装色彩上肯定区别很大。

稳定环境的色彩中同样存在色相、明度、纯度的组合关系,虽然色彩复杂,但是在空混过程中必然表现出某种统一、和谐。因此,个人着装色彩设计考虑的是环境色彩空混的色调与服装色彩的对比调整。调整方法也是从色彩的冷暖、明暗、清浊等对比中追求着装对于环境的融入或者突出,并且把握其程度,斟酌其分寸。在色彩设计与调整中善于体会层次关系是十分必要的。

2. 环境变化色彩

在此,环境变化色彩特指处于稳定环境之中的某种因素引起的色彩变化,特别是在着装时的变化着的环境色彩。例如,公园中的庙会因为旗帜、锣鼓、摊贩和拥攘的人群使环境色彩较平日有很大变化。因此,参加庙会时的着装色彩应该参照公园的变化环境色彩进行设计。

另外,各种法律、规章制度、道德规范、行为习俗构成了人类的社会环境,这为人们的穿衣行为设置了各种条条框框。有时候人们并不能无所顾忌地、随心所欲地选择自己喜欢的色彩,要存在就必须适应。

倘若希望通过服装色彩设计,使处于环境变化色彩中的着装人突出,或者反之,我们必须认识某些色彩的诱目性特征,了解不同色彩组合的识认度。一般红色的诱目性最高,明黄与黑色组合具有最高的识认度。

人们在不同环境中的下意识着装反映出传统审美的合理性,精心设计的着装色彩反过来影响着环境的和谐:在辽阔的草原上牧民的穿着鲜艳醒目,而喧闹的都市中上班族着装色调灰暗。因为出现鲜艳的红、黄颜色的服装,衬托出草原生机勃勃;由于大量灰调的服装,都市显现秩序,不会增加其纷杂和膨胀感。

(二)职业服装色彩设计与环境

"职业服装"指从事各种职业的个人或者团体穿着的服装。职业服装是现代社会表现

社会秩序、强化职业社会功能的表现。因此，职业的统一着装是社会文明发展到先进阶段的反映。例如，警察、法官的制服，某学校学生服，某企业或某工种工作服等。

职业服装具有很强的功能性和标志性特征，其功能性主要由材料和样式设计体现，色彩设计有时也起到保护作用。在其标志性的设计中，色彩起到了举足轻重的作用。环境色彩是职业服装色彩设计参考的最重要依据，职业服装的色彩与职业的环境相协调是设计的基本要求。

按照职业特点与要求可以将职业服装色彩与环境色彩之关系分为两类，即功能性（保护性）色彩和标志性（醒目性）色彩。

1. 职业功能性色彩

职业服装的色彩功能性表现为颜色的功能性。例如，炼钢工人的工作服为白色或者银灰色，颜色具有反射光，并有防止热辐射的作用。职业服装的色彩保护体现为职业服装色彩与职业环境色彩的融合性设计，其典型实例有军队的迷彩服、潜水员的潜水服和夜幕下的黑色偷袭服等。

2. 职业标志性色彩

职业服装的标志性色彩设计的主要方法是使服装颜色与环境色彩形成强度比，其中包括色相、明度和纯度的强度比。例如，在纷繁杂乱的街头，交通民警以白色服装引起人们注意；在道路的绿化带旁，清洁工人的橘红色背心格外醒目，使其能在穿梭的车流中保护自身的安全。

在科学技术不断进步的时代，新颜料、新印染设备与技术使职业服装色彩的选择和设计更为广阔。例如，荧光色、夜光色、发泡印花等，大大提高了职业服装的色彩功能性和标志性的设计空间，使原来的不可能和不可想象变为现实。服装设计师和技术工程师是提出问题和解决问题的专家，艺术与技术的互动将会实现职业服装色彩更合理、更完美的创新。

综上所述，服装设计师无论在面对个人着装设计或是品牌产品设计时都会从材料出发，将诸因素（如材料性能、色彩、着装者、环境等）对比关系加以不同程度的调整、组合，以形成互补、配合，并由此碰撞出特点与风格。在某种意义上服装设计源于对各种材料的掌控。

（三）成衣展示与环境色彩

与个人着装相比，成衣展示的目的更加单纯。一般成衣展示不应与环境完全融入，而是以环境作为陪衬，将品牌产品展示得更加完美。

1. 静态展示环境色彩

静态展示一般指品牌服装的订货会和商场的产品摆放方式。品牌服装的色彩在展示之前已经完成，产品色彩需要通过展示方式设计和环境色彩设计得到最佳的展示效果。其中展示方式设计是最重要的。订货会环境和购物环境可以部分自主设计。

服装产品的静态展示方式必须根据环境空间全方位设计。首先划分展示区域，按照顾客先、后看到的不同区域来展示重点产品或者一般产品，按照顾客先、后走到的不同区域分别展示上衣与裙、裤等。在醒目之处作品牌形象、设计概念的展示。

展示环境色彩设计必须兼顾两个方面：一方面从整体设计入手，综合色彩三要素的对比规律，以突出货品为原则确定环境色彩的色调和特点，通过综合对比使环境风格与品牌风格协调统一；另一方面，在不同区域根据展示服装的特点实行不同的局部环境色彩设计，使不同区域的环境色彩别具特色。

充分利用灯光完成服装订货会或者货场环境色彩设计是十分奏效的。灯光可以增加色彩的明度、饱和度，而且可以使用带颜色的灯光烘托环境气氛，改变服装色彩的对比，营造时尚氛围。灯光还可以起到划分视觉区域的效果，并达到各区域之间自然过渡。

2. 动态展示环境色彩

动态展示的环境稳定色彩比较单纯,无论背景板还是 T 型台,均以高明度无色彩为基调设计,最大限度地给服装产品以展示空间。

利用服装展示的环境变化色彩设计是不可忽视的。例如,各种照明灯、追光灯、背景灯以及各种颜色的灯光效果设计可以随心所欲。又如,幻灯是服装动态展示环境设计的重要手段之一,可以利用幻灯在前、后背景板上打出各色图案,或展现静态的品牌标志、纹样,还可以出现活泼动感的各种视觉效果。以此将不同产品的风格特点展示得更加充分。

品牌服装的动态展示是由模特着装表演完成的,所以在 T 台上所展示的不仅仅是品牌的销售产品,而是完整的品牌设计概念和设计特点。模特的服饰配搭、饰品、发式、妆面和鞋靴均需要设计到位,利用各种元素的色彩对比,将品牌服装产品衬托出高品质和最佳穿着效果。

第三章　驾驭服装工艺

　　服装的形态产生于工艺之中。通过合理的工艺设计，方可实现服装的造型款式。服装的精美和高品质往往也是工艺设计的结果。工艺蕴含在服装之中。从服装工艺的角度逐一探讨和落实设计问题才能使服装设计可操作、真实、确切，而且对于设计效果实现在握。共同的工艺方法和独特的细节处理必然产生服装的某种特点，形成工艺与材料之间的相互匹配、融入与和谐，此乃美的服装所必须具备的基本条件。

第一节　服装缝合设计

一、服装缝合要素

　　服装的线缝设计是将布料打散后再组合的设计方法，线缝是组合裁片的主要形式，除此之外还有粘接等形式。在此，主要探讨以线为缝合要素的工艺细节设计，即以线和布的配合与对比形成服装的工艺之"巧"。

（一）缝纫线选择

　　线是服装工艺的传统缝制中最基本元素，用线缝衣是最基础的工艺形式。因此，线迹成为最基本的工艺细节，其在服装上的任何表现都不会突兀。在服装的缝合过程中缝纫线的选择必不可少。缝合线的选择是服装细节设计之必须。

　　缝合线的种类很多，除结实、滑爽之外需要以设计的眼光选择缝合线的颜色、光泽、质地或者形式，尤其对于需要进行明线缝制的线的选择十分重要。因为缝合所用线具有不同的风格和不同程度的装饰性，直接影响到服装的整体风格。

1. 缝合线颜色

　　一般缝合线有素色线（与衣料同色）或者撞色线（与衣料异色）。例如，在牛仔服上的明针缝线常见有蓝色、白色、黄色或者红色，因为明线表现出的服装风格不尽相同。有时还根据风格的需要车出立体的棱、条，甚至在其中加缝出多种形式的线形装饰等。

2. 缝合线质地及光泽

　　各种质地的缝合线的光泽差异是细腻而微妙的，设计选择非常重要。又如，在黑色呢子大衣上车缝出具有明显光泽的、粗且宽，但同样是黑色的明线，那么，明针缝的细节设计即成为此件服装的主要设计手段，服装的经典、高贵和精致的风格油然而生。

3. 缝合线形式

　　缝合线有普通线和多股线；有普通意义的缝线，也有各种特殊线。如，毛线、圈纱线、线绳、皮条、缎带等。

　　作为成熟的设计师应该将眼界放宽，大胆尝试，通过缝合线的选择追求设计的适合与生动，甚至创造给普通予精彩，化腐朽为神奇的设计效果。

（二）缝制基本要求

1. 结实

　　在任何一件服装中，无论明针缝线还是暗针缝线均必须结实。规范的缝制方法和操作是实现结实缝合、体现服装基本功能的保证。

2. 平顺

均匀、顺直、平整是缝合的基本要求,否则无从谈及服装的美。服装的基本审美是依靠其缝合产生的品质而得以实现的。在某种意义上服装的缝合线即服装的生命线。

二、缝合方式设计

线缝的方法多种多样,从使用工具的区别可分为手工线缝和缝纫机线缝;从缝制位置的区别可分为暗线缝制和明线缝制两类。

(一)手工缝合与缝纫机缝合

1. 手工线缝

"手工缝合"是指使用手针的缝合方式。手针有不同的规格型号。长短、粗细及形状各不相同。根据不同的手针缝合工艺和使用不同的缝合线选择手针是十分关键的。有时还必须制造异型针以适应缝制的需要。进行手工缝合时需要使用顶针作为辅助工具。顶针的样式和作用也有所不同。

2. 缝纫机线缝

"缝纫机线缝"是指使用缝纫机的缝合方式。缝纫机也有普通型与特殊型之分,即使普通缝纫机的机针也有不同的规格型号,长短、粗细各不相同。根据不同的缝合工艺和不同的缝合线选择缝纫机及机针是服装细节设计必须考虑的。

(二)暗线缝制与明线缝制

1. 暗针(线)缝制

"暗针(线)缝制"是指缝合线的位置在服装的里面,一般从表面看不到线迹,或者不容易看到线迹。暗针(线)缝的特点是追求服装表面简洁、利索,往往多用于女性服装中,以利于形成纤弱、细腻而含蓄的服装风格。

暗针(线)缝的方法有拱针缝、倒针缝、倒半针缝、坐缉缝(卷缝)、筒子缝(来回缝)等;还有缲针缝、灌针缝、纳针缝、花扒针缝、黄瓜

架针缝等。暗针(线)缝头的处理:劈缝、倒缝、或者卷边等[详见《服装设计与技术手册——技术分册》缝制工艺部分]。

2. 明针(线)缝制

"明针(线)缝制"是指缝合线的位置在服装的表面,一般从表面可以看到线迹,或者很容易看到线迹。明针(线)缝的特点是结实、牢固,线迹带有装饰效果。明针(线)缝往往多用于男性服装或者职业女装、休闲装及运动装中,以利于形成挺括、刚毅并且具有个性的服装风格。

(三)"缝儿"饰设计

1. 形式丰富

采取明线缝合或者暗线缝合的所有缝合之处的缝儿均具有装饰性特点。以分割形成的缝儿是女装造型设计中很重要的内容,分割缝儿的形式也是服装流行的细节之一。设计师常常通过不同形式的缝合缝儿,形成风格和服装特点,满足人们不同需求的服装审美。例如,直或者曲,规律或者自然,规则或者杂乱;又如,水平或者垂直,倾斜的角度大或者小等分割线条等。并且运用缝合缝儿两边的材料、色彩、工艺细节、装饰手段等进行不同位置,不同块、面比例的装饰性分割,以表现出不同程度的视觉冲击力。

2. 结构与装饰合一

在现代服装造型设计中,结构性分割与装饰性分割的界限越来越模糊,多为两者合一。例如,公主线、刀背线等。许多设计师在缝合缝儿上进行延伸设计,形成新的装饰;或者将功能性分割缝合缝儿当作装饰线运用;在服装造型结构设计中,设计师把人体比例及装饰的成分综合考虑,将省道隐藏在装饰性分割的缝合缝儿之中,在装饰的同时达到了合体的目的。因此,对于服装设计师而言,能够熟练运用分割的缝合缝儿设计,对传统位置和工艺的分割线缝合缝儿进行改变和创新是设计的基本功之一。

三、针脚设计

"针脚"即缝制的线迹或者痕迹。露出表面的缝线为线迹,不能明显看到缝线而以窝状呈现的痕迹称"针窝"或"线窝"。

利用线进行细节设计的思路是永远行之有效的,服装上的线具有永恒的魅力,这是由其自身传统美的可靠基础和时尚美的无穷变化决定的。

(一)手缝针脚设计

针脚是任何以线为创造元素、带有艺术效果的最基础的工艺形式。

1. 传统刺绣针脚

从民间的手纳鞋垫上可以看到各种吉祥纹样,并且感受到密集的线使多层布紧密相缝合后的挺括与结实;在中国传统服装上,袖口和领边上的绣花工艺异曲同工。在服装表面外露的均匀线迹或针脚窝在许多少数民族服饰中常常作为装饰形式。有的呈一行行笔直的排列,针脚均匀犹如机缝;有的通过两三针的间隔,形成节奏感;还有的运用彩线使装饰的味道更加浓郁。

我国的刺绣工艺有数千年历史,其手段之复杂,纹样之丰富为大家所知,但并不一定为人们熟悉。从贵州苗族的绣片中,就可以看到十余类技法。例如,十字绣、撒纱绣、打籽绣、皱绣、乱针绣等,有时绣又与其他材料相结合。例如,马尾绣(与马尾的毛相结合)、锡绣(与锡制的小片或小块相结合)等。在中国历代帝王的服装上更有金银圈绣,即以金或银制成线,平铺在服装上,然后用缝线加以固定,金银线可以直接铺出纹样,也可以在彩线绣出的图案中起勾勒边缘的作用。此时,线的质地直接表现出富贵、豪华之美,同时以金银的色泽赋予五彩图案统一之美。我们从传统的历史服装和少数民族服装中不仅学到了普通的缝衣线的表现形式,而且更应该体会简单与复杂的关系,必然与偶然的关联,领悟工艺细节,作为设计手段的自然性和无限发展的生命力。

2. 现代时装针脚

在时尚的现代着装中,针脚的运用也同样是最常见的。西服的止口上和领子的边缘处常常有手针线迹作为装饰,通常只见窝不见线。"窝"是由于手缝时手针只挑出布料的一根纱线,并将纱线勒紧而形成的凹陷痕迹。此时工艺细节不仅表现为细密的针脚均匀平整,而且反映出技术的精湛和手工缝制的独特。因此,带有手工针窝的西服往往表现出高品质,它不仅成为时尚标志,也是高价格的理由。

以线迹为装饰的还有很多:呢子大衣的领边、门襟、袖口有光泽的缝线装饰;皮革服装上用顺色或对比色的粗线手针缝出的单道或双道线迹;高档服装中里贴边上的手缲缝制或线搭的"花架",都可以成为卖点,也是服装品质的直接反映。

(二)车缝线迹设计

随着工业化的进程,用缝纫机车出整齐的线迹是成衣设计很容易实现的工艺手段,当缝合缝需要表现出力度和严谨性格时,明线是必不可少的,特别是在缝份儿侧向一边或服装边缘。如,肩缝、绱袖线缝的倒缝形式必然有窄明线将缝儿压实,此时明线功能性与装饰性的统一成为其生命力所在。

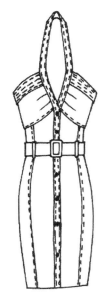

1. 应用广泛

在现代服装中,以线产生纹样的形式更为朴素、多见。例如,仅以绗缝为例,大方格或小菱形块给人的视觉性格迥然不同,绗缝的图案也可以稀疏或密集,絮层也可以轻薄或厚实,线迹也可以与衣服色相邻近或呈较强的对比。绗缝使服装的材料带有了工艺的成分,表现出复杂的性格。此时,工艺细节有可能营造出整体材料的创新形式,将色彩、纹样、材料重新构筑,是另一种全新的视觉感受,使成熟服装自然而然地展现出来。现代时尚服装中珠绣、管绣、亮片绣、钻石绣等效果都体现着工艺美,它们与传统的工艺方法

有着天然的联系,是设计师将明线理念延伸出的种种创新形式。

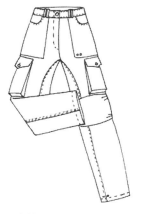

2. 线性装饰

在需要强调分割线,并且以线为饰,以线为阳刚表征的牛仔服装、皮革服装上,设计师们将线的设计得以最大程度的张扬,其形式多样。明针缝的方法有许多种[详见《服装设计与技术手册——技术分册》缝制工艺部分],经过明针缝合产生的明线有数量区别。例如,单明线、双明线、多道明线或多线组合形式。根据明针缝的距离有宽明线和窄明线之分。明线的针脚也有大小、粗细之别。

由此可见,简单的线迹可以小至针脚窝,少至点缀,亦可以大而广地表现为线或面,其

形式和内容的变化随着人们时空的审美变化而延伸,服装设计师的设计能力表现在如何运用最简单、最古老的元素,给它以创新和最恰当的形式。

线的变化非常巧妙,形式与内容的统一往往是设计的手段,但是只有理念通过手段得以实现时方能得到消费者的认同和喜爱。

第二节　服装开、合之“开”设计

最基本的服装细节为其“开”与“合”,即服装的开口与服装的合拢(固定)。

所有服装的开口设计与合拢(固定)设计是服装赖以形成和完成其基本穿着功能的需要。同时也是体现服装审美的基本方法。

一、开门(门襟)设计

服装的“门襟”是服装上最重要的“开门”,门襟设计的第一原则是体现服装方便穿脱的功能性。

门襟处在服装的视觉焦点,是服装的门面。其作用不仅使衣片闭合,而且也是实现服装分割和装饰的基本手段。在门襟设计中使用的不同方法呈现出多种多样的装饰效果和造型风格,门襟设计已成为流行中必不可少的细节元素。

(一)开门(门襟)位置设计

在进行服装设计时,首先需要对门襟进行中、偏,前、后,左、右的位置设计。

门襟在服装上的位置通常有“中心式门襟”和“偏式门襟”两类。中心式门襟又有前开中心式门襟和后开中心式门襟之分;偏式门襟也有左开、右开偏式门襟和前开、后开偏式门襟之别。还有的门襟处于人体腋下的服装“把缝”位置。

1. 对称式门襟

“中心式门襟”指门襟在服装上位于人体的“前中心线”位置。中心式门襟是最常见的开门形式。中心式门襟使服装形成对称的视

觉印象。因此,被称为“对称式门襟”。

对称式门襟又存在两种类型,一类是“绝对对称式门襟”。例如,中国传统式服装的对襟、现代休闲服装的拉锁式门襟或者连衣裙后中心线开口的拉链式门襟均处于服装的前中心线位置。绝对对称式门襟的特点是没有“搭门”。

有搭门的对称式门襟属于另外一类,被称为“相对对称式门襟”。例如,西式衬衫、西装和军服的门襟样式。相对对称式门襟并非以门襟边缘,而是以扣子的位置为对称轴,形成服装左、右两边对称的。相对对称式门襟可以有单排扣门襟、双排扣门襟或者多排扣门襟之分。相对对称式门襟服装的对称轴或者是扣子位置,或者是两排扣子之间距离的

中心线。在双排扣对称式门襟服装上,处于不同高度扣子的距离不尽相同,往往处于上方的扣距较大,而处于下方的扣距较小,但是每一对扣子之间距离的中点处于同一条直线上。

对称式门襟服装的门襟开口方向也有所不同,可以左衣片压住右衣片,称"左搭门";也可以反之,称"右搭门"。一般男子的服装左衣片压住右衣片,而女子服装相反。对称式门襟时装的门襟开口方向是需要设计的。

对称式门襟服装具有中规中矩,庄重大方的风格,多用于正装设计。

2. 不对称式门襟

服装的"偏式门襟"(包括腋下式门襟)称"不对称式门襟"。不对称式门襟的位置设计需要参考人体的左、右乳点的距离,一般门襟线不超过乳点在服装上的对应点位置,以免影响偏开式门襟的平整。

不对称式门襟也有前、后开之分,左、右开之别。不对称式门襟的边缘线不一定与服装的前、后中心线平行,往往上方距离较大,下方的距离较小,设计的主要依据是人体躯干胸腔的倒梯形。

不对称式门襟服装往往具有活泼与动感。因此,不对称式门襟适合时尚礼服设计。不对称式门襟设计的风险较大,在不对称式门襟设计中实现服装的视觉平衡需要进行多因素的调整和多次的试验。

(二)开门(门襟)形式设计

1. 直门襟

最普通的门襟呈纵向直线形式,且从领嘴贯通至下摆,或者垂直、或者倾斜。门襟可以完全开合,使服装穿脱方便。除此之外,门襟的形式多种多样。

2. 曲线门襟

中国传统服装中清代有男子的"琵琶襟"坎肩、女子的"右衽大襟"坎肩。琵琶门襟有从右侧门襟头拐90度后一直开到下摆,也有的门襟在门襟头拐90度后一直向下至距离下摆10厘米处又折转回前中心线。

民国时期女子有"单大襟"和"双大襟"旗袍,男子也有大襟长衫等,而且大襟的宽度、门襟头的方圆程度以及边缘线的曲度均存在很大差异。

3. 套头门襟

西方传统的连衣裙、西亚某些民族的长衫、现代的运动衫等均采用套头式门襟。套头式门襟也有前、后开襟之不同,而且套头式门襟可长可短,最短的门襟以符合头围尺寸为原则。套头式门襟的长度设计除了服从整体设计之外,还必须参考人体的各个关键部位对应衣服的位置。例如,乳点、胸下线、中腰线、腹围线、臀围线等。

门襟线的形状也富于变化,有曲线形、波浪形、花形、折线形等,可以任意施展设计的功能。

(三)开门(门襟)设计要点

1. 在人形台上完成设计

根据各种面料、加工工艺的特点设计不同门襟,可以形成千变万化的服装款式。但是设计师必须注意门襟设计的最终效果绝不是在纸面上可以完成的。因为看似简单的一条线,却经过人体中起伏最大的肩部、胸部、腰部和腹部。如果门襟线条和扣位的设计与人体曲线不协调,可能会导致整个服装造型的失败。我们往往看到在T台上或者生活中人们的着装存在衣服门襟与人体不服帖而造成的某种尴

尬。因此,门襟设计最适合使用服装专业人形台确定其位置、长度和形状等。特殊门襟设计的理想效果还需要经过多次试样方可以完成。

2. 切忌喧宾夺主

过分追求门襟的装饰效果,忽略了人的气质等因素的客观存在,使得装饰喧宾夺主,同时增加了制作的难度也是不足取的。

二、开气(开叉)设计

因为活动方便的需要,在服装的某些部位开口形式称为"开气"(开叉)。服装中有些开气呈自然咧开状,不需要加以合拢的固定,而有些开气需要在开口处以系扣等固定形式使其可分可合。根据开气的作用和基本形式可以再作更深入的细节设计。

(一)开气(开叉)形式设计

服装开气的位置可以在需要增加活动量的任意部位。例如,下摆、领子、肩部、袖口、裤口等处。

1. 开气结构设计

在自然状态下,有的服装开气是微微咧

开的,咧开的角度可大可小;有的开气呈一条缝儿,两条边靠紧,只有在人体活动时才叉开;有的开气的结构是有掩襟的,即使在人体活动时开气微微咧开,也只会露出底襟而露不出人的肌肤。开气的底襟也可以作为色彩设计的内容,与服装同色则统一、严谨,与服装异色配搭则张扬、活跃。

2. 开气数量设计

服装开气的数量也不拘一格,可以在一件服装上设计单一开气,也可以利用多个开气在服装的某一部位获得比较均匀的活动量,同时形成这一服装的主要看点。

3. 开气长度设计

服装开气的长度也不尽相同,短者 2～3 厘米,例如,服装领口、袖口的开气。长者可达米余,例如,旗袍的两侧开气、斗篷的后开气等。各种时尚的晚礼服往往以长开气设计表现动感和性感。

4. 开气形状、拐角设计

服装开气的形状也是设计的细节。例如,直线干练、弧线柔和、异形线可以表现各种情感。服装开气的拐角可圆可方,风格迥然不同。

5. 其他细节设计

一般服装开气的两边是等长的、对称的,在特殊风格的服装中也可以将开气设计成不等长和不对称的。

(二)开气端头设计

为了使服装上的开气在便于活动的同时结实耐用,在服装的开气端点必须采取某种形式加以牢固处理。

1. 线结

一般使用缝合线打成"线结",封严开气的端点,此方法最简单易行。中国传统服装是重视细节的,其开气端头的线结工艺非常讲究,或穿缝出凸起的线迹,或锁缝出整齐的辫纹,或使用同样颜色而带有光泽的线追求细腻的变化,或以异色线、异质线,甚至其他

线状材料力求装饰效果。

2. 布结

在中国传统服装的开气端头还使用更醒目的装饰方法。例如,将装饰布料做出"云头"、"宝剑头"等纹样镶缝在开气端头,不仅起到加强牢固的作用,而且形成装饰图案。

3. 其他结

现代服装中开气的长度、位置、严谨的形式和装饰扣设计也很丰富。例如,在开气处加缝拉链、金属扣环、皮穗等,以显示严谨、牢固与时尚。

三、开口设计

在服装上,以开口作为着装者穿脱,或者方便活动的门襟也是常见的形式,因此,服装的开口设计往往是必需的、典型的。

(一)"领口"设计

服装的"无领"是最基础的、最简单的领子类型,是以仅有"领口",没有领片为其特点的。

1. 依据人体关键位置设计

"无领"的样式是由领口形状和领口线在人体上的位置而决定的。领口形状的设计较为随意,而领口线在人体上位置的设计以颈

椎为基础位置。领口线横向变化的规律是从人体颈根的左、右侧颈点逐渐地不断向左、右两边扩展,可以至锁骨窝、至肩点,甚至达到左右上臂部;领口线的纵向变化轨迹是从人体颈根的前颈点逐渐地不断向下延伸,可以至锁骨、至胸线、至剑突、至腰线等位置。

2. 寻找突破点

服装的各种无领的领口线设计可以在横向、纵向的变化规律中组合、配搭,寻找特点,并且在领口形状变化中实现细节设计的突破点。

3. 功能要求

除了在有门襟的服装中"无领"式领口仅仅作为样式设计,在套头式服装中"无领"式领口还需要满足着装者穿脱的条件。因此,斟酌开口的尺寸设计非常重要,在设计服装尺寸较小的"无领"式领口时必须增加套头式

(封闭式)门襟开口设计。

在服装上缝出领片的领也有领口,领口的形状、位置及功能也需要设计,除考虑领子绱缝的因素之外,基本设计原则与"无领"领口相同。

(二)"切口"设计

"切口"是服装上的口子。"切口"的形成可以通过在布料上直接开口,也可以将缝合的缝儿保留出一段(即不行缝合)而成为"切口"。

切口装饰

服装上的"切口"不仅可以使人体的活动更加方便,而且具有很强的装饰作用。例如,在西方服装历史中,带有"切口"的衣袖或短裤往往套穿在色彩鲜艳的内衣之外,当人体活动时服装的"切口"显得十分夸张,因为从切口中可以露出内穿服装的衣料。目前,这种出自西方服饰的工艺细节在现代时装的设计中已被广泛应用。

第三节 服装开、合之"合"设计

服装穿在人的身体上,需要在其开口处用各种方法加以固定,做"合拢",即扣合、系合或者其他方式的连接。因为固定、连接是

服装结构之必须,所以固定、连接的形式及其所表现的连带内容均为设计师下工夫之所在。而且服装需要固定、连接的位置是非常

突出显眼的。因此，以小中见大的工艺设计为特点是设计服装固定、连接细节的原则。

合拢固定、设计是指连接服装衣片，将服装在人体上合围的服装部件设计。在现代服装中固定、连接开口的方法丰富多彩，设计师根据不同的服装造型风格设计和选择服装开口处用以固定、连接的工艺形式。

一、中国式纽袢系合设计

在中国传统服饰中围绕着服装固定方式的设计自古以来丰富多彩。最具有代表性和象征意义的是用线、布缝出布袢和布"疙瘩"，以左右套袢与疙瘩相系相扣的形式以固定、连接服装的门襟等开口。

（一）纽袢形式

1. 直袢

中国式扣袢的普通样式是"直袢"。一般左侧直袢端头呈套状右侧直袢的端头呈"疙瘩"状，其形状、大小如同蜻蜓的头。在"疙瘩"后面，直袢长 3～5 厘米。直袢也有长短之分。

2. 花袢

在"疙瘩"后面可以盘出各种纹样以形成"花袢"。最多见的简单花袢是琵琶袢、葫芦袢、"二五眼"袢等。在稍微复杂的花袢中，最常见、最经典的为菊花袢、云纹袢、如意袢等。最丰富的花袢是在"疙瘩"后面的布袢内穿入铜丝，使纹样的尖角表现到位，使繁杂的图案得以精美的展现；还可以在花纹的重要部位内絮棉衬托，使其凸显出立体造型。花袢形式几乎可以表现任何装饰纹样，当然，花袢的面积、风格需要与纹样相适合与服装风格相统一。

（二）纽袢材料（色彩与质地）

中国传统服装中扣绊的材料（颜色与质地）均服从衣边，可以与服装相同，也可以与服装相异，还可以采用多色、多质地的布料缝制。扣袢的装饰性一般从材料的色彩与质地对比中产生。

一般用于扣绊的材料为缎面材料或者绒面材料。最常见的有各色软缎、皱缎、库锻和织有花纹的金玉缎、织锦缎、库锦等，以及金丝绒、乔其绒等。

疙瘩扣可以用布"盘出"，也可以用玉石磨制，还可以用黄铜、金银制成或烧制珐琅、景泰蓝等。设计师可以尽显变化之能事，因为观念已经无约束，而固定是服装之必须。

二、纽扣扣合设计

古代西方服装用直接扎系和扣环系扎的方式固定开口，后发展为扣子套入扣眼的方法。在现代服装中扣子的使用必不可少。纽扣因其丰富的造型和色彩，成为现代服装主要的装饰性固定方式。缀扣位置围绕着服装的前门襟、后开襟等开口处。或置于左襟，或置于右襟。也可以在袖口、裤口，裙、裤等开口处，以纽扣为主要元素实施细节设计。

（一）纽扣排列设计

扣的表现方式有两类，即明扣和暗扣。

暗扣使得固定形式得以掩遮而显示简约、干净；明扣的效果装饰性强。明扣的表现方式有三种。

1. 独扣呈"点"

一粒大扣显示醒目的点缀效果，其他均为暗扣。

2. 多扣呈"线"

多扣排列呈线，引导人的视线。有纵向垂的，横向水平线的，依据服装开口的样式，有的形成直线形，还有的呈现各种方向和曲线形。

3. 密扣呈"面"

在服装的某一部位可以将具有固定功能的扣子周围再缀多枚扣子作为装饰，以形成装饰面。甚至有的设计师将五彩缤纷的扣子缀在面料上，组合形成图案。

（二）纽扣形式设计

1. 纽扣质地与色彩

纽扣的质地变化很多，形式多种多样。例如，传统的铜扣、贝壳扣、牛骨扣、牛角扣、皮革扣、木扣、瓷扣、石料扣、玻璃扣等；贵重稀有的金扣、银扣、珍珠扣、景泰蓝扣、玛瑙扣、象牙扣、宝石扣等；现代服装上的新型纽扣似乎可以使用任何材质制造，橡胶扣、塑料扣、聚酯扣、各种经过涂层处理的扣、各种工艺扣，以及各种装饰扣等应有尽有。

纽扣的质地突显出了不同的光泽，有乌面亚光的，有一般光泽的，有十分光亮的，有明晃晃耀眼夺目的，不同的光泽显示着不同的风格。例如，朴素或者富贵，休闲或者经典，古老或者前卫，自然或者奢华。

纽扣的色彩与光泽设计同样依据服装的色彩与质地，求取各种形式、各种程度的对比效果，以追求纽扣在服装上的不同的装饰性作用。

2. 纽扣尺寸与形状

纽扣的尺寸多种多样，小的不足 1 厘米，大的可达 8～10 厘米。选择扣子的大小也是设计的细节之一，扣子大小的审美效果与流行紧密相关。

扣的形状可圆、可方、可异型，或者各种几何形状和花形图案。

纽扣的表面形式也有许多变化。有无孔或者有孔等不同类型。表面无孔的纽扣显得干净、亮泽，其中有平面的，也有凸面的、凹面的，还有圆球形的；在纽扣表面制造出凹凸的纹样或者服装品牌的标志图案，这样使扣子具有了更多的内涵。表面有孔的纽扣显得经典或者较多装饰因素，其中有两孔的，也有四孔的；有小圆孔的，也有长方孔的。

（三）纽扣缀、系方式

1. 普通服装纽扣设计

最传统的扣眼形式是通过在服装上用线

锁出扣眼实现扣眼,与扣子的有机结合。扣眼的长度尺寸是由纽扣直径决定的。

锁扣眼线的色彩、质地、光泽也是选择的内容,此外,锁缝时入针的位置决定锁缝线的宽或窄,稀疏或细密。因此,也可以强化或者弱化某种风格。多孔扣的用线选择、缝缀方法及形状高低等也可以成为设计细节。

2. 高档毛料服装纽扣设计

在毛料服装上常采用布料挖缝扣眼的形式以显出工艺的精良。有无内备扣也可以表现服装品质的高低。

在传统的男西服上,纽扣的缀缝线的线足长约2厘米,形成系纽扣后服装的自然轻松状态。

3. 休闲服装纽扣设计

休闲服装上的纽扣及扎系方式是最无约束的,追求自然、轻松和时尚是其与正装的区别所在。例如,使用织带穿过纽扣的长方形孔,缀缝一侧门襟边缘的方法,往往被应用在青年人喜爱的街头服装上。

现代时装的固定形式可以给设计以更多精彩。纽扣的缀、系方式的设计是以满足功能性为基础并且强调审美性为原则的。

4. 礼服纽扣设计

礼服较其他服装最具有个性风格和装饰效果。因此,纽扣及系扎方法必须在服装风格的表现中起重要作用,或极为夸张,或隐而不露。例如,传统男士黑色毛呢燕尾式礼服上的扣子往往用黑色的亮缎包起来,以求与黑色亮缎领子,或驳头的材质一致,具有装饰效果,女士礼服的扣子设计也是如此。

三、其他"合"形式设计

(一)拉链咬合设计

拉链的发明被列入20世纪世界十大发明之一,其形式从根本思路上改变了数千年人们的习惯。拉链的材料与形式不仅带给现代人以穿衣的方便,而且成为现代审美设计的新形式。

拉链的发明和广泛应用是现代服装设计的重要标志。因为拉链便利快捷的突出特点使其在裤装、裙装、运动装、皮革服装及防寒类服装中被广泛使用。在许多休闲运动风格和前卫风格的中性化服装中,经常会采用拉链缉明线的形式作为装饰元素,以形成粗犷前卫的穿着效果。在款式设计中也常常将拉链作为装饰线使用。而随着拉链形态的不断创新,强调柔美线条的女装中,采用隐形拉链进行服装闭合的手法越来越普及。

今天,各种各样的拉链已从单纯的功能性发展成装饰与功能合二为一的固定连接物了。在装饰主义流行的时期,拉链的样式更加丰富。

1. 拉链齿牙

拉链的齿牙有大小、宽窄之分,有不同的质地和色彩,还有的贴满闪耀的亮钻等装饰物,为不同风格服装的需要提供着更多的选择。

2. 齿牙两侧窄布

拉链齿牙两侧的窄布亦形式多样,有的是两色、三色织带,有的用涂层印出条纹,还有的被扎染出自然的多色混合。

在拉链的选择和设计中,值得注意的是要根据服装面料的厚度、材质特性及工艺特点等因素,选择与之匹配的适合的拉链。

(二)其他形式固定设计

1. 按扣

其他形式的扣子,如子母扣、四件扣(冲压扣)等按扣,一直是现代服装中主要的固定方式之一。目前,各种各样的按扣在时装上的应用愈加多见。其尺寸、规格、色彩、质地和扣合方式愈加丰富,愈加方便设计师选择。

2. 挂钩

挂钩的形式多种多样,各种挂钩在服装的固定、连接中的作用同样是不可替代的。

3. 环、钎与袢、带

在休闲服装上常见缀缝各种形状、各种光泽的金属环、钎子等，与之相结合的有袢、绳、皮条、织带等。因此，服装被赋予色彩、质地的细节设计。各种环等放置的位置设计也可以不拘泥于传统，显示出随意和时尚。而肩章式的金属扣袢，则有一种扩张强调的感觉，往往被运用在皮装、休闲装及军装风格的外衣中。

在服装辅料市场中各种造型的扣环层出不穷，服装设计师必须给予特别的关注。

4. 粘搭带

卷成盘的带状粘搭带是现代服装固定方式之一。粘搭带宽 1.5～3 厘米不等，由两种相同宽度而不同性质的扣带组成。一种带上布满短而弯的硬钩，称钩带；另一种带上布满细而密的软圈，称圈带。在使用粘搭带时可以根据需要的尺寸从成盘的粘搭带上任意截取，并且使钩带和圈带长度相等。

粘搭扣的粘搭力很大，而且和粘搭的面积成正比。因此，粘搭扣适合用于需要束紧身体的腰带等处。

粘搭扣的开合非常方便，所以常常用在外穿服装的门襟、领口、袖口、裤口等部位。

粘搭扣的缺点也很明显，主要是不宜在柔软的服装上使用。另外，粘搭扣容易粘坏绒毛或者长纤维。因此，切忌设计于毛织服装上。

5. 绳与带

绳与带是服装上固定、连接开口的最古老形式，其取材、缝制、系扎最为方便易行，无论东方、西方，各国的原始服装采用绳、带固定连接形式的颇多。我国各朝代的服装中有很多窄带相系的形式。在贵族的服装使用丝绸缝制的窄带，在带子端头刺绣五彩花纹，做出宝剑头形状，精致而漂亮。在民间的服装上用于系扎的窄带材质普通，但是同样制作精美，凝聚心血和技艺。

最原始的工艺形式往往具有最顽强的生命力，可以实现最时髦、最前卫的设计。在时装设计中使用绳、带系扎的范例不胜枚举。在自然风格、叛逆风格的针织服装、毛织服装、裙装、裤装上尤其适合。其悬垂感和走动时的摇摆为服装带来了灵动之美。

第四节　服装收、放之"收"造型设计

在探讨了服装上的必需的开、合设计之后，收、放设计是最重要和必须探讨的问题。通过对于服装局部的收缩、放松设计，实现服装整体的造型设计。

服装中的收与放相辅相成，密不可分，在此将相对有效的造型手段分别给予阐述。服装的局部造型是靠细节工艺实现某一处的收缩或者放松、膨胀，挺括或者悬垂，分散或者聚合。同时，细部的工艺设计是造型的手段和基础。

在服装上制造收缩是满足服装与人体帖服和审美造型之必须。创造服装局部的收缩

效果是基本的设计需要。

一、省道式收缩设计

"省道"具有使身型合身的收缩作用,在身体不同部位的服装相应位置上,所缝的省道处处需要设计。省道的字面意思也显示出其作用,就是将多余的面料省去。

在服装上省道设计往往集中在相对应的人体的腰部、锁骨处、胳膊肘、肩胛骨等部位。

(一)省道构成要素

1. 位置设计
省道的位置需要兼顾服装塑型和美观。

2. 数量设计
省道的数量并非仅仅根据功能设计,更需要考虑人们的视觉审美而决定。省道的数量少则简洁干练,多则出现节奏和装饰感。在西方经典的裙装中,为了使腰部紧紧收缩,省道往往呈多条组合状。

3. 长度设计
省道的长度差异很大,短则不足1厘米,长则达到米余。省道的长度设计是必不可少的。

4. 宽度设计
省道的宽度也不尽相同,短省道宜窄,而长省道宜宽。一般在需要比较凸起的造型之处的省道宽度不超过3厘米。例如,腰部的省道和臀部的省道等。

5. 形状设计
省道的形状是不同的,有枣核省、钉子省、直省、弧弯省等。省道的形状设计根据服装造型的需要确定。

(二)省道形式设计

省道的形式指省道的尖端设计,即闭合或者开放。

1. 闭合式省道
所谓闭合式省道是指两个端头均为尖尖的闭合状或者省道一端处于衣片的边缘,另一个端头为尖尖的闭合状。

2. 开放式省道
开放式省道是指省道的两端或者任意一端并非尖、平,而是开放的褶裥。褶裥的形式也充满变化。例如,褶裥量的多与少;褶裥倾倒的方向上、下,左、右,还是两两相对;褶裥被熨烫定型或者自由圆顺等都是设计点。

3. 省道辅助形式
省道的其他辅助内容设计包括缝制方法、明线等。省道也是一种缝儿,缝是线暗缝后呈现的线状印迹。巧妙地利用线状印迹可以产生许多细节变化。

二、分割线式收缩设计

服装上的分割是必不可少的。各个裁片互相缝制组合的痕迹,即分割线。分割以线的形式将平展的二维面料分成不同形状的衣片,经过拼贴缝制之后组合形成立体的、可容纳人体的三维空间。通过分割可以直接剪裁去除多余的布料,实现服装局部收缩的目的。

作用于造型设计的分割线特指服装必然存在的结构性分割和衣片上细部的装饰性分割。

(一)依据人体结构分割设计原则

1. 整体服装分割设计
传统服装的结构性分割是以分割位置与

人体的主要结构相对应、相协调作为原则的。时装结构性分割设计的依据同样一定是人体结构。利用结构性分割线使相对应人体比较瘦、窄部位的服装布料实现收缩，从而达到与人体帖服的目的。人体凹凸变化的曲线则成为服装结构分割的位置。在躯干与四肢的连接部位相对应的服装裁片缝合之处都是重点的结构性分割线。例如，绱领线、肩线、绱袖线等。还有利用其他位置划分人体躯干和四肢的方法。例如，从锁骨窝将肩头与上肢相连。因此，形成服装上叉肩袖分割的主要依据。结构性分割线可以使衣片有效实现翻折、转向的目的。

2. 局部服装分割设计

有些在身片、袖片和领片之中的分割也是结构性分割。因为这些分割同样以符合人体的主要结构相对应、相协调为原则。如，侧缝线、袖缝线、男衬衫领折线等。侧缝线是衣身的前、后片的分界线，以收缩人体腰部相对应的衣片部位。袖缝线是袖片的大、小片的分界线，以收缩人体上肢肘部以下，尤其腕部相对应的袖片部位。

服装结构线的分割设计除了考虑合体与造型之外，还需要满足人们合身舒适行动方便的功能性要求。

结构线的分割与设计是服装整体设计的基础框架，是不可取代和忽视的。设计师必须要对人体进行充分研究和大量设计尝试，方能创造出理想、美观甚至独特的结构分割线。与此同时，选择好适合的面料以保证造型也是非常重要的。

（二）身片经典分割线设计

传统样式服装的合体型的衣身分割设计可以为三片身设计、四片身设计或多片身设计。

1. 三片身分割

男士西装和传统型的女士西装的衣身结构以"三片身"分割为主。分割线位置设计是以前宽线和后宽线，即人体的厚度转折点为分割依据。从西服的门襟至后背中缝，即二分之一的服装身片形成三片式结构特征。在合身造型的西服上，表现在两侧的腋下部分胸、腰、臀之间的尺寸差量最大。因此，需要在衣片上收缩的余量也最大，通过这两条分割线可以有效地去掉腰部的衣片余量，使服装非常贴合人体的胸、腰、臀部曲线。

2. 四片身分割

"四片身"分割主要应用在女式正装型设计中。例如，女外衣、大衣等。在服装身片的左、右腋下部位设计两条分割线，使整个服装从门襟至左侧缝分割线，再经过后背中心线和右侧缝分割线，最后至门襟的止口线共分为四片。四片身分割适于直身的服装造型，或者合体的服装造型，更适合左右两侧的开气设计的服装。

3. 多片身分割

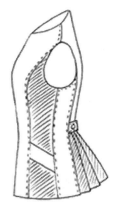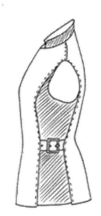

为了达到面料符合人体的目的可以运用各种各样的分割形式替代省道的作用。以女性的腰和胸为例，在凸起部位可以进行分割设计，最常见的是"公主线"分割和"刀背线"分割。在门襟止口线与左右两侧分割线之间，分别以左右乳点为中心点做纵向分割，在衣后片上以左、右后肩胛骨的凸点为基点进行纵向分割，分割线迹可以从肩线始衣摆边线，形成公主线设计，也可以从袖窿线上始至衣摆边线，形成刀背线设计等经典的造型分割设计。由于分割线经过乳高点，通过腰部及肩部或者袖窿线可以有效地收缩去除余量。因此，衣身片的立体感油然而生，更加符合女性人体的造型特征。

为了收缩造型目的而进行分割线设计时，只要符合人体结构，同时又客观出美感，可以任意发挥，创造精彩。

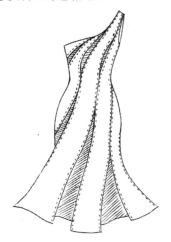

（三）袖片经典分割线设计

袖子造型对应人体的上肢形状，人的胳膊是人体活动最频繁、活动幅度最大的部位，在人体上肢比较细窄的部分所对应的袖子造型多采用分割方式实现。袖片经典的结构性分割设计有如下几种。

1. 丁字袖设计

"丁字袖"是最古老的袖型形式，是我国传统服装的基本袖子形式。因此，也被称作"中式袖"。丁字袖是指服装平展放置时两只袖子呈水平状，与衣身呈垂直相连接，似"丁"字形。丁字袖的袖子和衣身相连、相通，从衣领一直延伸至袖口。使袖与衣身形成整体，两者之间不存在结构分割线，唯一的分割线为袖底线。

丁字袖是常见袖型中最适合人体上肢活动的设计，最适合表现人体肩膀的自然形态，穿着宽松舒适。而且丁字袖的测量、裁剪和缝制的工艺难度最低。

丁字袖以袖根肥度和袖口宽窄为主要因素进行设计变化，可以形成直筒型丁字袖、蝙蝠式丁字袖、合体型丁字袖等。设计合体型丁字袖时，通常在腋下加一块菱形布，以增加胳膊的活动空间。

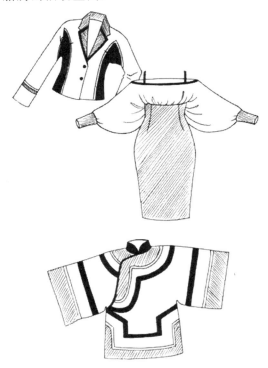

2. 连袖设计

"连袖"是指服装平展放置时两只袖子呈斜线下垂，袖子和衣身相连、相通，两者之间不存在结构分割线。但是衣身肩线的延长线即为袖子的分割线，此分割线使服装与人体更为帖服，加之袖底线与腋下叉的结构分割，形成了适合人体上肢活动的功能设计。

连袖的斜向角度可以通过外侧分割线作大、小调整；外侧分割线可以为直线，可以在袖口处加大角度使其略出弧弯，还可以在肩点处明显折转。

3. 衬衫袖（一片袖）设计

"一片袖"是指袖子为整片结构，不存在任何分割线。分割线处于袖底线和袖片与身片的分界线。一片袖是男女衬衫中常见的袖型，是比较适合人体上肢活动的设计。当设计非常合体的一片袖时，还需要在袖肘处使

用袖省以形成人体肘部的活动量。

一片式的袖形相对宽松,其板型和制作相对简单,但却是款式变化最多的形式之一。依据服装的款式,一片袖的肩线设计可以分为"却肩型"和"落肩型"。变化的重点在肩头与袖头。一片袖的袖口可以设计为多种形式。如,直线袖口、异形线袖口、紧袖口、散袖口、平袖口、缲缝袖头的袖口等。

4. 装袖(两片袖)设计

"两片袖"亦称"装袖"。两片袖是指袖子为两片结构,以分割线划分出袖子的大小袖片。另外,在袖底线和袖片与身片的分界线也存在分割线。两片袖是西式男、女制服中常见的袖型。两片袖更加注重合体性的造型特征,是最能实现袖子与人体帖服的造型设计,适合表现着装者端庄的仪态。

装袖的工艺要求较高,缝合时必须圆顺,袖山头的圆润、饱满也成为服装造型和品质的标志之一。以袖片与衣服肩部安装和缝制工艺的形式上有"袖包肩"和"肩包袖"之分。前者的袖片弧线要求必须比袖隆弧大 2～3 厘米以上,后者的则要小于 1～2 厘米。

两片袖对于人体上肢的活动幅度有一定制约。

5. 装连袖设计

"装连袖"是装袖和连袖的结合设计。如同连袖从肩线至袖口作一条贯通的分割线。以此为界,一般在服装的前身设计装袖以求庄重,后身设计连袖以取舒适。装连袖的斜向角度可以通过外侧分割线作调整;外侧分割线接近直线,可以在袖口处加大角度使其略出弧弯,还可以在肩点处大角度折转。

装连袖一般被用于风雨衣或者休闲服装设计。

6. 插肩袖设计

"插肩袖"的主要分割线在锁骨外侧,呈斜线状。此分割线有效地收缩了对应锁骨窝凹陷处的局部服装余量,实现了此处服装与人体的造型吻合。一般插肩袖的外侧和内侧都设计分割线,以使袖子的造型符合人体上肢自然下垂时的角度。

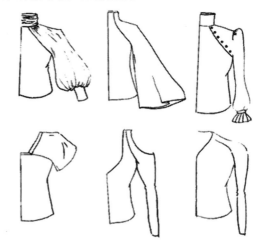

插肩袖主要分割线位置的设计十分重要,线型可直、可弯;斜线上端点位置可在领口线上,也可于肩线上,也可接触脖颈,可靠近肩头。插肩袖的斜向角度可以通过外侧分割线作大、小的调整;外侧分割线可以为直线,可以在袖口处加大角度使其略出弧弯,还可以在肩点处明显折转。

插肩袖多用于休闲服装、运动服装和时装设计。

插肩袖改变了普通装袖与衣片连接线的形状和位置,将袖山延伸到领围线或肩线上的袖型。它可分为全插肩和半插肩。插肩的袖片也可以为一片或两片。插肩袖的设计以袖与衣片的连接线为重点内容,不同的风格和服装种类可以有直线、折线、曲线的造型变化,也可以有高与低的比例分割的差异，以此线还可以形成明线加崖子等装饰效果。

7. 造型袖设计

袖型的造型主要以与臂部贴合或膨胀为设计点。膨胀的部位和形式不同从而形成了肩头膨胀袖口收紧的泡泡袖、灯笼袖，肩头合体袖口打开的散开袖，以及肩部圆润丰满而肘部至袖口贴合的羊腿袖。

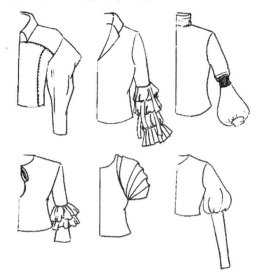

8. 功能袖型设计

人的上肢活动主要以臂部的前后活动和大小臂的弯曲为主，为了活动方便，以这两个部位展开的设计强调了其功能性作用。例如，在后袖窿至腋下处的开口设计，不仅为臂部增加了活动量，气孔的设置还有散热排湿的功能。又如，针织和毛料服装肘部的贴补既防止面料的磨损，也变成了一种装饰。在肘部运用弹性面料则势使臂部活动自如。

（四）腰部经典分割线设计

在西式服装设计中，腰部的装饰造型是女装设计中的重点。女装造型的变化绝大部分是以腰部为核心展开的。为了实现腰身的贴合，充分表现人体的腰部相对于胸部与臀部的纤细柔软，往往采取腰线向上或向下游移的分割线设计。

1. 中腰线设计

"中腰线"设计是以分割线处于人体腰部最细处的精准位置为原则的设计。中腰线设计为最常见的设计，最容易实现服装的腰部收缩造型，往往用于表现服装稳定、端庄的造型风格。

2. 高腰线设计

"高腰线"设计是以分割线处于人体胸部以下、腰部以上位置为原则的设计。在此范围之内，不同的高腰线设计的效果是不尽相同的。高腰线设计往往为了体现人体下肢修长的设计效果。

3. 低腰线设计

"低腰线"设计是以分割线处于人体腰部以下、臀部以上位置为原则的设计。在此范围之内，不同的低腰线设计的效果也不尽相同。低腰线设计往往是为了体现人体腰部纤细修长的效果。例如，西方传统的宫廷女装、芭蕾舞服装等均采取低腰线设计，最大限度地体现女人的妩媚和轻松活泼的性格。

第五节 服装收、放之"放"造型设计

在服装上制造松量是满足着装者活动和审美造型之必须。创造服装局部的膨胀效果是基本的设计需要。

服装局部膨胀设计之处比比皆是。例如,胸部和臀部造型是突出女性曲线美的关键部位,其轮廓造型对服装的整体造型影响至关重要。在西方女装发展中,在人们通过多种面料和不同工艺夸张胸部和臀部轮廓,不同时期采取的主要装饰手段不尽相同。

一、分割线式膨胀设计

直接造成布料膨胀的方法很多,通过分割可以直接剪裁,增加多余的布料,实现服装局部放大、膨胀的目的。

(一)直线分割设计

在需要增加下摆松量时,利用直线分割是最容易、最简单的设计方法。例如,以直线分割设计产生宽松的裙摆、斗篷摆、风衣摆、大衣摆等,追求舒适、浪漫的服装风格。因为材料的经、纬纱纱向不同时产生的悬垂量不同,所以在一条分割线中增加的服装放松量是有限的,为了获得均匀的放松余量,往往设计多条分割线以达到美观的服装效果。例如,传统的国际标准舞的女士长裙要求腰部细,而下摆极为夸张,必须采取十条以上的分割线方可适应舞蹈步伐的需要,表现出舞者的风姿。

(二)弧线分割设计

以弧线分割设计实现服装的局部松量往往用于膨胀的需要。外弧线可以产生布料局部凸起的作用,多条外弧线分割设计很容易获得服装局部的圆形或者球状效果。例如,

灯笼裙造型必须依靠多条弧线分割设计完成。

内弧线分割设计在收缩某些服装部位的同时也可以产生另外部分的扩张。如,鱼尾裙的下摆松量即为内弧线分割设计。

二、皱褶式膨胀设计

"皱褶"是用于膨胀某一部位的最常见的设计方法。通过皱褶可以使成倍,甚至数倍的布料聚合在某一局部,使其具有体积感。皱褶是容易实现工艺装饰效果,并且方便应用于多种服装的设计方法。

布料是构成服装的物质基础,在布上施以工艺,并以布为原料的工艺是设计服装最直接、最有效的手段,以最基本的元素创造最丰富的形式本身就存在"巧"的意义。

褶皱的形态包括悬挂型的自然褶皱和人工型的折叠褶皱。

(一)"吃势"不见褶设计

1. "吃势"概念

所谓"吃势"是指需要进行相互缝合的两

个缝边不等长,但是缝合后的长度以相对短的一侧为标准。因此,在缝合时需要将相对长的一侧均匀"吃"缝,缝合出"吃势"。

吃势设计是以产生看不见的皱褶为标准的,适合在服装局部作细微的、圆顺的隆起变化。

2."吃势"设计

在服装上吃势设计的运用很多见。例如,装袖的绱缝线处必须使袖窿一侧平服定型,而袖筒一侧缝出吃势,以适应人体肩头的形态特征。又如,刀背式分割线的缝合也需要吃势,以适应人体胸乳凸的形态特征。

除了结构性吃势之外,运用吃势设计可以制造出许多服装细节的趣味和变化。

(二)自然褶皱设计

"自然褶皱"是服装上最常见的一种形态。服装上自然褶皱中的松量表现于人的举手投足之间,存在于人体优美的动态里。褶皱是服装中无法避免也是不可或缺的组成部分。从远古人们在披挂服装时无意的制造出丝丝衣褶之后,皱褶中所蕴含的美感不断地被人们发现和挖掘。

1. 东、西方传统服饰多自然褶皱

中国传统审美以含蓄内敛为特征。在服装上也着意以宽袍大袖的样式遮盖身体,舒身怡神而表现文明与社会道德,同时以褒衣博带的装束实现服装的合体,通过自然的褶皱表现出中国男子的儒雅之风和女子的妩媚之态。

西方古代服装也崇尚自然,以自然褶皱作为服装功能和审美的主要手段。例如,古埃及时代女子的Kalasiris(套头式褶纹衣),男子的斗篷;古希腊时代女子的束绳长裙和男子的Chiton(一种衬衣);古罗马女子的Stola(外套)和Pella(斗篷),男子的Toga(宽外袍)等。

2. 无意识模仿与刻意追求

褶皱设计已从无意识模仿到如今的刻意追求。

悬挂型的自然褶皱设计是利用服装与人体的尺寸差或材料丝道的斜裁产生褶皱,完成服装造型,在礼服设计中尤为常见。褶皱也是服装功能型设计里不可或缺的,在运动休闲成为流行主流的今天,将装饰与功能完美结合的直接方式就是运用褶皱。

(三)自由褶皱设计

"自由褶"的形成方式不同,因而表现形式不同。主要形式有抽碎褶、打活褶、烫死褶等。

1. 抽活褶

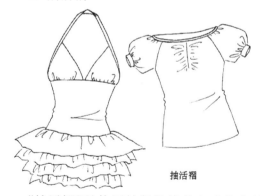

抽活褶

"抽活褶"是使用抽紧缝线的方法将布料的一端收缩。抽活褶时需要使用比设计尺寸多2~3倍的布料。

在服装中,抽活褶是最常见的设计手段之一。例如,集中部位的抽褶可以使膨胀的造型非常有效。如,泡泡袖、灯笼袖都是以褶求体积膨胀的设计方法。又如,在裙子的设计上采用横向分割,用一条条布料同时抽出细碎的密褶,然后将一层层碎褶布相缝接,可

以呈现塔状组合的大下摆特点。

2. 捏褶

在服装局部捏褶可以使局部宽松膨胀。例如肩部、胸部、腰部等。捏褶具有自由而随意的风格。

（四）规则固定褶裥设计

"规则固定褶裥"即按照设计尺寸以人工方法将褶表面和折回暗部固定的形式。在每个人工褶上，褶露出的部分称"褶面"或者"改面"，被掩盖部分称"褶底"或者"改底"。褶面和褶底的宽度也是根据造型需要和布料性质等因素设计决定的。

从工艺角度研究，规则定褶中又有"打活褶"、"烫死褶"之分。一般打活褶是将刀型褶、工型褶、立褶、压褶等的上端点用手工捏准，并且缝制固定，打活褶的褶峰是圆钝的，依靠布料的重力自然下垂，活络而富有动感。烫死褶是将刀型褶、工型褶、立褶等熨烫而成顺畅的固定褶，烫死褶规矩而整齐，具有严谨的风格特征。

1. 刀型褶

"刀型褶"，即"顺风褶"，以褶向统一为主要特征。刀型褶的褶面宽窄和褶底深浅均为设计点。最常见的刀型褶形式有寸褶，即褶面3厘米的刀型褶；最常见的褶底与褶面的用料比例为2∶1，即折叠后褶底尺寸与褶面宽度相同。

2. 工型褶

工型褶

"工型褶"，即"对褶（碰头褶）"，以褶向两两相对为主要特征。工型褶的褶面宽窄和褶底深浅均为设计点。最常见的工型褶的褶面比较宽。如，工型褶短裙有8个褶。最常见的褶底与褶面的用料比例为2∶1，即折叠后褶底尺寸与褶面折叠后相同。

3. 马面褶

"马面褶"，即刀型褶和工型褶的结合形式。马面褶以中间为比较宽的褶面，从宽褶面的两侧分别向左、右行刀型顺风褶为主要特征。位于中间的宽褶面的背后面呈现左右相对的褶峰，但是褶峰并不碰头。马面褶的褶面宽窄和褶底深浅均为设计因素。马面褶裙是中国传统的裙子样式之一。

4. 立褶

"立褶",即"百褶",以褶峰(棱)朝外呈均匀"立"状为主要特征。立褶的褶面很窄,褶底也很浅,每一条褶峰笔直而坚挺。因此,立褶的褶数很多,密密地整齐排列,故称百褶。

立褶设计为众多人所喜爱,许多少数民族的裙子均采用不同长短的百褶裙。

(五)其他形式皱褶设计

1. 蜂窝褶

"蜂窝褶"也是利用线按照设计的褶皱位置和规格逐步缝出等距离的褶皱,并且互相交叉所形成的蜂窝状。在京剧服装中的长裙往往以蜂窝褶作为主要设计。在表演中,旦角往往用手抓起裙子的下摆一角快步行走,使蜂窝褶的造型和装饰美得以充分展现。

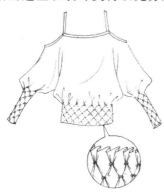

2. 省道褶

省道有时候也被视为一种经过缝制的特殊皱褶形式。通过服装省道使服装局部收缩的同时起到使其邻近部位凸起、扩型的作用。例如,通腰部省道使胸部增大,臀部丰满。为了使袖山圆润度加大,也可以通过一组短小的"省道褶"完成。

在服装上运用皱褶设计时必须根据多种

因素选择最佳方式而产生最佳效果。有时褶上打褶或褶皱的组合又可以具有新鲜感,产生新造型。褶皱与省道的结合也是有趣的形式,一端的省尖缝好,而另一端散开形成碰头褶、有向褶,都可以兼具省和褶的造型风格。各种褶还可以组合与叠加。例如,在顺风褶上再抽取碎褶等。

3. 压褶

"压褶"是将布料经过热压机熨烫固定褶皱的现代方法。在成衣的批量生产中,经常需要设计压褶。例如,压褶裙、压褶衬衫、压褶裤等。随着科技的发展,机器压褶的形式愈来愈丰富,如刀型褶、工型褶、立褶以及在斜裙上压出斜褶或者许多异型褶等都能得以实现。设计师在采取压褶设计时,必须考虑自己所在条件中压褶设备的能力和布料的成形能力,从而确定最终方案。

三宅一生依照人体形态而将面料进行人

工压褶，服装穿着后褶皱收缩贴体，而运动时褶皱打开满足伸展。这为既要美感又要舒服的现代人提供了最好的设计，因而以他的名字命名的"一生褶"风靡全球，长盛不衰。

4. 工艺皱褶设计

如果在布料上创造出如树皮般皱褶或水纹般细褶往往为现代设计的体现。工艺细节的创新可以使服装设计的创新得以实现。布料上工艺细节设计的其他形式规律亦如此。即从古至今，形式的生命力与创新是历代设计师执著的追求。如，在布料上施以色彩，可以手绘、印、染、扎、缬，可以平面，可以立体，可以变化，可以发亮等。有时，最古老的形式焕发出青春里最诱人的美，古老与现代仅一步之遥。

三、暗加层式膨胀设计

（一）内衬设计

1. 敷衬设计

当需要在服装局部制造挺括而扩张的造型时，采取"敷衬"的工艺手段是最容易实现的。例如，为了表现男子的健美体魄，在男西装上衣或者大衣的胸部敷放麻衬、棕衬、垫绒、马尾衬等，是最有效的设计方法。又如，

在中国传统服装中，为了表现立领和宽袖口的剪影造型，往往在领子和袖口处敷放白布衬，或者敷烫粘合衬等。

服装的衬布种类很多，根据其原料、织造方法、薄厚、挺括程度等特点，最恰当地运用在服装中需要的、最适合的位置是设计重点。

2. 里布设计

"里布"对于夹衣也是不可少的构成元素，里布设计不仅可以增加服装的体积，使其更加丰满、挺实，而且滑爽的里布材料使得服装的穿脱更加便捷。

里布设计应主要着眼于位置和材料，传统的里布设计分为全部里布和部分里布两种，即"整里"和"半里"，另外还有只使用袖里、过肩里等，用于不同门类和不同季节的服装。因此，里布的位置需要设计，绗缝里布的方法也需要设计。例如，大翻式绗缝里布方式的特点是下摆扦缝（死里），不见明线；活里的绗缝方式的特点是采取吊线袢，多点固定，追求服装轻薄或者飘逸的效果。

里布材料种类很多，成分、薄厚、滑爽程度、拉力等性能差异很大，设计师根据服装的造型和功能认真选择。里布的颜色、图案同样需要设计，往往能够通过里布设计突出服装的品牌标志。

3. 夹絮设计

"夹絮"是指在服装的面料和里布之间敷放絮层。夹絮的材料种类很多，传统的有棉花、丝棉、羊毛、羽绒等，现代的多种化纤夹絮材料丰富多彩，不仅有薄厚、松紧、疏密的区别，而且有的夹絮直接绗缝在里布或者面布上，同时表现出各种图案纹样，为设计提供了充分的选择。

夹絮设计也有整体和局部之分。例如，在中国传统京剧中包公的形象塑造需要表演者在蟒袍中穿"胖袄"增加人体的宽厚感，此"胖袄"中的夹絮设计即属于局部夹絮的范畴，而且根据演员的身体条件决定夹絮的位置、面积与厚度。

（二）垫、撑设计

1. 垫肩设计

肩部是服装的主要支撑点，服装肩部造型的设计受人体结构和服装穿着方式等多种因素的限制。其变化的幅度较小，多以肩部的形态为基础，运用服装材料及服装辅料造成平肩、翘肩和圆肩的效果。肩部造型往往与袖型相结合，从而形成较为丰富的变化，弥补穿着者自身的不足。

2. 其他支撑设计

为了达到服装局部膨胀的目的，往往可以不计较手段。除了传统的加层设计之外，在需要特殊的，尤其是夸张的造型需要时，采取的材料和工艺表现出大胆和不拘一格。例如，西方历史上的蜂腰式长裙中，夸张的臀部是以鲸鱼骨、藤条等制成裙撑放置其中的。在现代服装，尤其舞台表演服装中，为了造型需要使用的支撑材料和工艺设计更加丰富与科学。

四、口袋式膨胀设计

在现代服装中，用布车缝在服装上，或者镶在边缘处均属于加层设计，在服装上起加厚、膨胀的作用。同时，口袋是很实用的设计。口袋不仅有审美和装饰作用，而且是功能性与审美性的一致体现。在适合的位置设计恰当的口袋，可以使整件服装产生明显的变化。

依据不同的服装种类，口袋的作用和设计方法存在较大差异。在礼仪性服装中，口袋往往起着标志性和装饰性作用。在工作装及野外运动休闲型服装中，口袋的数量很多，着实起着必不可少的功能。有些户外服装出于特殊需要，设计出规格尺寸硕大的口袋，在某种意义上可以取代背包的作用。而现代西服里兜的设计更是面面俱到，从钱夹、手机、名片到香烟兜，一应俱全。除了口袋的功能性之外，其程式性和装饰性也是不容忽视的。

在男装的口袋设计中应更注重规范性，不同服装的口袋在尺寸、位置等方面具有一定的程式要求；在女装、童装的时装和休闲装口袋设计中，更注重不同造型的贴兜、各种装饰手段的挖兜、风琴兜，形成了多种风格与服装整体风格相呼应，这也往往会成为整体服装中的亮点。注重变化，比如在口袋的材料、数量、装饰手法和色彩上的变化，往往成为新的造型和款式的设计点。

常见的各种口袋的设计有如下几种。

（一）贴袋设计

"贴袋"分为"明贴袋"和"暗贴袋"或者综合贴袋等多种形式。

1. 明贴袋

"明贴袋"是口袋贴在服装明面的形式。明贴袋的工艺制作简单，具有较强的装饰性。贴袋分成平面贴袋和立体贴袋，多用在休闲类的服装和童装中。贴袋的形状、大小和位置的安排是设计重点，在不同的服装中贴袋显现着不同的设计点。童装和女装中的贴袋更加注重装饰性，以卡通几何字母和抽褶开口、刺绣锁边的形式增加趣味和美感，休闲类的服装中则注重功能性，以立体形式的风琴兜、活褶兜为主。贴兜与拉锁绳袢相结合，形成新的装饰点。

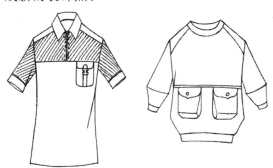

2. 暗贴袋

"暗贴袋"是指口袋贴在服装反面的形式。暗贴袋的工艺制作更为简单，口袋的边缘可以折光缝、包边缝，也可以毛边缝。暗贴袋的设计重点在贴袋的位置、形状、规格，开口的形式以及明线的颜色、形式等。

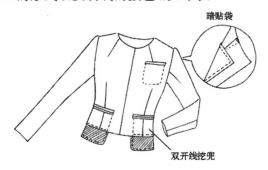

暗贴袋

双开线挖兜

（二）挖袋设计

"挖袋"亦称"挖兜"。挖兜是指在服装不同部位的面料上用剪刀挖开一定长度和宽度的开口，再用面料在开口处进行固定处理，并且从里面缝合袋布的形式。挖兜是制服型套装、大衣外套、正装礼服中常见的兜型设计。

按照挖兜兜口的样式区别，可以划分成线挖兜、板挖兜和盖挖兜等种类。

1. 线挖兜

"线挖兜"即兜口呈窄线状。线挖兜又可以分为单开线、双开线等不同形式，即兜口边的数量不同所表现的样式区别。单开线挖兜是指兜口沿边呈窄线状；双开线挖兜是指兜口沿边与紧靠兜口的边缘处均呈相同的窄线状。在单开线和双开线挖兜的设计中，主要在兜口的形状、宽度和用料等诸方面形成特点，传统单开线和双开线挖兜为直线形。传统单开线挖兜的兜口边（牙子）的宽度一般为0.8厘米，使用直丝道（经纱方向）材料；传统双开线挖兜和兜口边（双牙子）宽度为0.3～0.5厘米，通常使用斜丝道材料以体现其纤细和精致的风格。

2. 板挖兜

"板挖兜"也称"板兜"，兜口以兜板的形式呈宽线状。板挖兜的兜板形状和宽度是设计重点。传统的板挖兜兜板宽度一般为2厘米，其使用材料的丝道与衣身的直丝相同。为了突出材料上图案纹样的装饰效果，兜板的丝道也需要特殊设计。

板挖兜

3. 盖挖兜

"盖挖兜"即有兜盖覆盖于兜口之上。盖挖兜往往是在线挖兜的基础之上增加兜盖而成。于盖挖兜兜口处可以加拉锁或者加扣以使其严谨。

4. 拉链挖兜

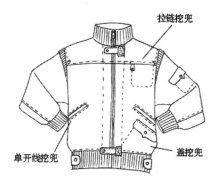

拉链挖兜

单开线挖兜

盖挖兜

"拉链挖兜"是指以拉链的两侧牙边作为挖兜的袋口边形式。拉链挖兜的设计重点在拉链的颜色、光泽、质地，牙边的大小、宽窄、疏密等诸方面特点。新兴拉链形式丰富多彩，为各种风格的服装设计提供了选择。例如，有在同一条拉链上呈现七彩变化、镶嵌钻石、多色彩条纹等重装饰形式，也有不表现形态的暗缝拉链等。

（三）其他口袋设计

1. 插缝兜设计

"插缝兜"设计以上衣、裙子、裤子的侧缝线、横断线位置为准，具有隐藏性。缝挖兜在追求造型的同时赋予服装一定的功能性。缝挖兜追求简单的工艺方法，常常被应用在夏装和礼服型的服装里。

2. 综合口袋设计

综合口袋是指多个口袋同时位于服装的同一位置的形式。例如,在明贴袋上挖兜,同时贴在服装明面和反面的综合形式等。综合贴袋适合于休闲服装设计中,在两面用服装中更为多见。

第六节　服装边缘设计

服装的边缘是必不可少的重要结构之一。在服装的制作中,边缘的工艺是值得重视的,而且相对难度比较大。因此,从工艺细节的角度思考并施行服装的边缘设计是不可或缺的重要环节,需要具有严谨而周密的思维方法。

在传统概念中,服装的边缘需要做光,不

露毛绽,表现出完整统一。因此,将服装的所有边缘的工艺处理集合作为同类问题研究,可以找到其规律性,并且更深层次了解服装边缘各个部位的作用和特点,以及各细节工艺上的相互的必然关联。

环视服装的所有边缘,即可以了解到领子、门襟、下摆、袖口和裤口或者袖头等均为服装的边缘。按照服装的边缘和与之紧密结合处的衣身、袖筒、裤筒的形态关系,可以将其划分为两类,即服装的平面式边缘和服装的立体式边缘。

一、平面式边缘设计

服装的"平面式边缘"是指在做光服装的边缘的同时,使其与临近的服装衣身、袖、裤片处于同一平面之中。此类服装的边缘工艺是以平面的目的和原则作为要求和检验标准的。

平面式服装的边缘亦称"贴边式服装边缘",其工艺有三种,即连贴边式、缭贴边式和包贴边式。

(一)连贴边式平面边缘设计

1. 基本特点

"连贴边式"的基本特点是贴边与衣片本为一片,仅在衣片上加放出贴边的宽度。在制作连贴边时,只要将贴边部分通过熨烫完全折向衣片并且缝合即可。

2. 两折法和三折法

服装边缘的连贴边式工艺有两种方法,即"两折法"和"三折法"。"两折法"是指贴边

内的边缘保持毛绽状或者用线锁边,"三折法"是指贴边内的边缘做折光处理。一般在单衣边缘做连贴边式处理时需要使用三折法工艺,在带里布的夹衣边缘做连贴边式处理时需要使用两折法工艺。

3. 优势与设计

连贴边式的优势是柔软、平展和轻薄。连贴边式设计适合上述风格服装的边缘设计。

在现代服装中,连贴边式服装边缘是最常见的。例如,西服的下摆边、袖口边、裤口边等;连衣裙的下摆边等。连贴边式下摆线的长短和宽窄影响着造型的比例和轮廓。在其长短、宽窄之间也体现着不同的审美趣味和时尚走向。连贴边式下摆线除了具有长短和宽窄的形式外,其自身的线条也形成了丰富的造型形式,各种悬垂度的面料所形成的直线、弧线、多变的波浪线及不规则的折线,成为造型设计中重要的设计手段和流行元素。

4. 注意要点

在弧度比较大的服装边缘做连贴边式设计时,不可以使贴边过宽,以免贴边熨烫折缝后影响服装边缘的平整。

(二)缭贴边式平面边缘设计

1. 基本特点

"缭贴边式"的基本特点是贴边与衣片各为单独的一片,贴边和衣片边缘的弧度、丝道一致,在贴边的两侧均需要加放做缝宽度。在制作缭贴边时,需要首先将贴边与衣片缝合,然后将贴边部分通过熨烫完全折向衣片反面,并且缝合即可。

2. "两折法"和"三折法"

服装边缘的缭贴边式工艺也有"两折法"和"三折法",即贴边的内边缘做折光处理,或者保持毛绽状、用线锁边等。一般在单衣边缘做缭贴边式处理时需要使用三折法工艺,在带里布的夹衣边缘做缭贴边式处理时需要

使用两折法工艺。

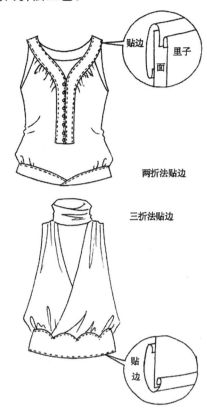

两折法贴边

三折法贴边

3. 优势与设计

缭贴边式的优势是挺括、结实和厚实,而且定型性良好。缭贴边式设计适合上述风格服装的边缘设计。缭贴边式服装边缘适合配合各种明线以保证缭贴边的边缘处更服帖,更牢固,而且更具装饰性。

服装中缭贴边式服装边缘是最常见的。例如,中国传统女子上衣的大襟边、西服的门襟边、裤子的门刀开口边等。尤其对于需要板正、不走形的男士服装的门襟最为适合。

很多时尚的"无领"样式的边缘工艺适合使用缭贴边式设计。例如,圆形领口、方形领口、V形领口、一字形领口等,尤其各种曲线形领口或者特殊形领口非常适合缭贴边式设计。

4. 注意要点

在弧度比较大的服装边缘适合做缭贴边式设计。换言之,有些时候在服装的大弧度曲线或者异形边缘处,必须以缭贴边式设计

方能保证贴边熨烫折缝后与服装边缘的平服、紧贴、一致。

（三）包边式平面边缘设计

使用各种材料包裹衣片的边缘均可以称为"包边式"。例如，使用各种布料包边，或者各种线包边等。在此重点探讨以布料包边的形式。

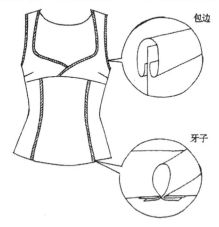

包边

牙子

1. 基本特点

包边式的基本特点是贴边与衣片分离，包边裁片是在布料上按照45度做正斜裁剪单独完成的。包边裁片宽度为服装边缘处所露出的包边宽度的两倍的基础上再增加两个缝份。当遇到材料质地稀疏、柔软，斜料延展性强时，则需要使裁片适当加宽。因为正斜的条状布料的可塑性最强，可以任意改变其形状而保持平整的状态。在制作包贴边时，首先需要将包边部分对折，并且将两侧的边缘熨烫折光，然后再与服装的边缘缝制即可。

2. 形式多种多样

（1）衣服包边的宽、窄、多、少形式多种多样：最窄的是夹在衣边一侧的布崖，仅有0.3～0.5厘米；其次为绲（滚）边，宽0.5～0.6厘米；0.7～10厘米的各种衣边也很常见。

（2）包边的工艺细节也充满变化：有平面的形式，有细微的立体变化；有暗线缝制，也有明线缝制；有双道边组合，也有三道边组合，或者多道边组合。

（3）衣服包边的材料及色彩更富于变化。

3. 优势与设计

包边式是三种平面贴边中工艺最简单，而且装饰效果最明显的工艺缝制方式。按照包边式工艺制作的服装边缘具有柔软而不失板正，平展而不受形状限制，轻薄而结实的优势。包边式设计适合上述风格服装的边缘设计。尤其适合工艺难度较大的丝绸服装的边缘设计。

中国历代服装上的包边柔软，与服装融为一体，包边镶在服装边缘整齐利索，而且连续不断，一气呵成。不仅使服装出现风格的多样化，而且呈现出着装者阶层和等级的标识性。

在现代服装中，包边式服装边缘同样具有很强的生命力，是最常见的边缘设计之一。例如，丝绸等柔软材料的礼服的边缘处，流行的女装中需要异色条状装饰的无领样式的领口边、下摆边、开气边、袖口边、裤口边等。包边式服装边缘设计丰富多彩。例如，包边的宽度可以变化，细节缝线工艺可以变化，包边材料的色彩、质地、光泽都可以成为设计的元素。

4. 注意要点

包边式服装边缘宽度与形式设计必须匹配。例如，在弧度较大或者形状特殊的服装边缘不适合做很宽的边式设计。

二、立体式边缘设计

服装的立体式边缘是指将服装的边缘在做光的同时，使其与邻近的服装衣身、袖、裤片处于不同平面。此类服装的边缘工艺是出于各种目的和原则，创造了各种造型。

立体式服装边缘有四种状态，即翘立式、放松式、收缩式、翻折式。实现各种状态的边缘需要施行各种不同的工艺，主要有皱褶、绱缝夹条、绱缝翘片、绱缝翻折片等。

（一）翘立式边缘设计

"翘立式"服装边缘的基本特征是在衣片边缘做光的同时，完成了缝制的服装外边缘的硬夹层布片呈翘立状造型。

1. 翘立式领型设计

在服装上与人体脖颈的相应部位，设计的翘立式边缘可以形成各种领型，比较典型的有交领和立领。

（1）交领设计

中国传统平面式结构服装围在人体脖颈周围的边缘处的处理方法与其他部位的包边是明显不同的。使用宽为 7～10 厘米、长约米余的较硬挺的长条夹布缜缝在服装的相应部位，而自然产生出围立状交叉领形。围住脖颈的"交领"亦称"道士领"，其与衣身片并非处于同一平面，而是呈翘立状。中国传统服装的交领是服装最重要的部分，也是最讲究工艺细节设计之处。在交领的边缘还往往采用包边式工艺方法，而且领包边与衣包边相续接，形式相同，宽窄相等，形成服装的完整性。

（2）立领设计

普通的"立领"是以下颌骨与锁骨之间的距离作为领片的高度依据，结合颈根围的形状和尺寸确定立领的围度尺寸。立领的前、后领高可以相同，也可以差异较大；领边缘线可直、可曲；领角可方、可圆；领子下口，即内边缘可以与脖颈的根部较贴合，也可以较分离；领子上口，即外边缘与脖颈可以较贴合，也可以较分离，或者呈花盆状；立领形式与造型设计应以领片的形状设计为基础，以领片的上口、中口和下口的尺寸之差决定立领的整体造型及其外边缘与颈部的贴合程度。例如，当领口的下口尺寸合适时，上口尺寸的数

值越小则立领与脖颈越贴合，反之则分离。

2. 翘立式其他部位设计

翘立式边缘设计可以获得各种形式的下摆边、袖口边或者裤口边。

（二）放松式边缘设计

"放松式"服装边缘的基本特征是在衣片边缘做光的同时，使完成了缝制的服装外边缘呈放松的布片状。

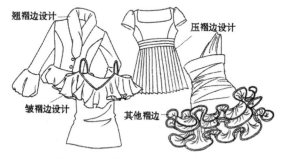

翘褶边设计　　　　压褶边设计
皱褶边设计　　　　其他褶边

1. 翘褶边设计

"翘褶边"是翘立式边缘的延伸形式，是翘立式边缘松量加大的结果。其基本特点是在里口（即与衣片相缝合处）没有布褶相叠压，完全依靠起翘弯的原则使翘褶边的外口（即最外侧边缘线）形成褶边。

翘褶边的优势是柔软、自然而且富于动感，适合女性风格的衬衫、裙装等边缘设计。

翘褶边设计往往通过斜裁或者弧弯的方法获得，在需要翘褶边缘松量比较大时，应该采用涡旋式裁剪方法或者加大弧度翘弯，并且多条相拼接的方法实现。

可以根据服装风格的需要设计不同宽窄的翘褶边，设计单层、双层或者多层翘褶边，也可以设计单道、双道或者多道翘褶边。

2. 皱褶边设计

"皱褶边"是通过皱褶边的"里口"（即与

衣片相缝合处)挤压布褶而实现皱褶边的"外口"(即最外侧边缘线)褶边的。其基本特点即如此。

皱褶边的优势是饱满、蓬松,而且褶量不受工艺限制,可以成倍增加。皱褶边是最常见的放松边样式。适合女性风格的衬衫、裙装等边缘设计。

皱褶边设计可以通过手针或者缝纫机缝制抽出细散的皱褶。因此,皱褶边也称抽褶边。

设计师可以根据服装风格的需要设计皱褶边,使其或宽,或窄;或稀疏,或密集;或单层,或双层,或多层共同抽褶;或单道,或双道,或多道褶边。

在西方的历史服装中常常以皱褶边(荷叶边)作为其结构部分,形成服装很强的装饰感。近年来,复古之风流行,在服装中皱褶边的使用往往体现了巴洛克印象。不同材料,不同宽度的褶边,或单层、双层或多层使用在门襟上、袖口上、领口边、下摆边,充满动感与活力,皱褶边的运用经久不衰。皱褶边设计的生命在于不同的时代中皱褶边材料和形式的创新,以皱褶边的古老形式创造出既为人们所熟悉和接受,又具有新鲜感和时尚感的服装。

3. 压褶边设计

"压褶边"是通过在褶边的里口(即与衣片相缝合处),用各种方法使布褶相叠压而实现压褶边的外口(即最外侧边缘线)形成褶边的。其基本特点是边缘的褶压得整齐而且有规律。使用各种方法形成的压褶边也存在不同变化。例如,顺方向压褶边、碰头式压褶边等。压褶边的

宽、窄,压褶的褶量,压褶边表面褶间距离的宽、窄等都可能形成不同的性格和情感。

压褶边的优势是整齐、活泼,而且富于装饰性。适合女性风格的衬衫、裙装等边缘设计。其褶量是不受工艺限制的。

压褶边设计一般比较厚实,不宜过窄。可以根据服装风格的需要设计为单层、双层或者多层,也可以设计为单道、双道或者多道。

4. 其他褶边设计

另外,有特殊的放松式立体服装边缘。例如,利用熨斗或者特殊机器直接拉开服装边缘,以形成边缘均匀的皱褶和等宽且松弛的立体效果等。

随着科技的发展,新型材料和新型机械的不断出现,各种创新形式的褶边设计将层出不穷。

(三)收缩式边缘设计

"收缩式"服装边缘的基本特征是在做"光"衣片边缘的同时,使完成了缝制的服装外边缘呈收缩状,有直接束紧、抽紧收缩,也有利用比较硬挺的夹层布片使衣身片或者袖、裤、裙片呈收缩状。

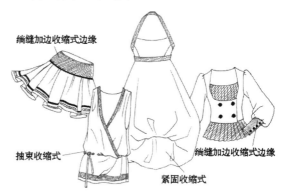

缂缝加边收缩式边缘

抽束收缩式

缂缝加边收缩式边缘

紧固收缩式

1. 直接收缩式设计

(1)紧固收缩式设计

"紧固"收缩式边缘是指以固定的方式使边缘收缩。例如,先将衣片的边缘通过抽褶、压褶等方法实现收缩,然后再使用缂缝贴边或者包边等方法加以固定的设计形式。

紧固收缩式边缘设计常见于女时装衬衫、连衣裙的袖口、下摆等处。在时装裤的裤口处设计紧固收缩式边缘也很适合。

在设计紧固收缩式边缘时,必须充分留出服装边缘的人体相应部位的活动余量。例如,紧固收缩式袖口边缘尺寸设计必须充分留出人手的围度及活动余量;紧固收缩式裤口边缘尺寸设计必须充分留出人脚的围度及活动余量;紧固收缩式下摆边缘尺寸设计必须充分留出人体臀部等的围度等相应部位围度及活动余量,切忌因为尺寸的不足而影响服装基本功能性。

(2)抽束收缩式设计

"抽束"收缩式边缘是指在服装边缘收缩的同时,可以保持边缘的褶皱活动的方式。抽束收缩式边缘的方法多种多样。例如,先将衣片的边缘缝出内、外贴边等,并且留出适当的余量,然后再将细绳或者窄带、条等从其中穿过,当细绳或者窄带、条等收紧时,则实现了服装边缘的抽束收缩式设计,同时在衣片的边缘也出现了各种皱褶。

抽束收缩式边缘设计常见于女装的领口、袖口、下摆等处。抽束收缩式边缘设计往往在抽束收缩服装边缘的同时意在表现绳、带的扎系形式和其飘、垂产生的动感。

在设计抽束收缩式边缘时不必考虑留出服装边缘的人体相应部位的活动余量,因为抽与束实现的服装边缘的收缩是可以通过绳、带的扎系调节的。

2. 绱缝夹边收缩式设计

"绱缝"夹边式收缩边缘设计是指在服装的边缘处绱缝出比较硬挺的、具有一定宽度的、呈直或者弯状,并且完成缝制的夹层布片。一般在与夹边互相缝合的邻近衣片布边处需要先行抽褶或者捏褶,从而实现了对边缘收缩的作用。在服装的边缘处直接绱缝各种松紧材料收缩衣边的效果很好。

绱缝夹边设计重点为宽度、形状、皱褶方式等。为了增加服装边缘的收缩效果,在绱缝夹边上还可以局部缝接一段松紧罗口,或

者在部分夹边内层夹缝松紧带。在休闲服装上加缝袢、环、钩、扣、链等,不仅可以使衣边收缩,而且富于装饰效果。

在服装边缘不同部位绱缝的夹边有不同名称。

(1)"下摆边"设计

在下摆的绱缝夹边式收缩边缘设计俗称"夹克摆"。传统的夹克摆常见于飞行员的皮夹克、牛仔夹克、各种工装夹克等。

(2)"袖口"设计

在袖口的绱缝夹边式收缩边缘设计被称为"袖头"。休闲夹克衫、男女衬衫、运动衫、户外装、工装等带有收缩式袖口的设计被广泛应用。袖口变化丰富多彩。

(3)"裤口"设计

在裤口的绱缝夹边式收缩边缘设计也很常见。各种时装裤、休闲裤、运动裤、内穿棉毛裤等收缩式裤口的设计多种多样。

(4)其他部位绱边设计

时尚女装的门襟边、开叉边,棉服的领子

边、帽子边等也常见绱缝夹边式收缩边缘设计。

(四)翻折式边缘设计

"翻折式"服装边缘的基本特征是在衣片边缘做光的同时,使完成了缝制的服装的外边缘呈可以翻折的布片状。

1. 翻折式领型设计

翻折式领型是在立领的基础上,增加了领子上口的长度而使其实现翻折的造型。

利用翻折式边缘设计可以获得各种领型。

(1)部分翻折式领型设计

"部分翻折式"领型设计可以获得包括各种西式礼服衬衫领型、女时装领型等。

"翻领"可分为"一片式"的翻领和"两片式"的男士衬衫领。翻领的设计以改变立领部分的高度和翻领部分的领角形状和角度为依据。

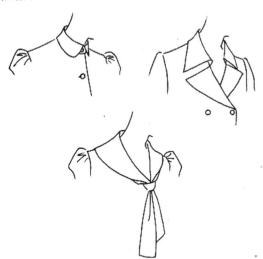

(2)完全翻折式领型设计

"完全翻折式"领型设计包括各种翻领、坦领等。

"坦领"的翻折线只是接近领口线,围住脖颈的部分不超过2厘米。坦领的外口线与肩部的弧线完全相吻合,从而使领片平放在肩部。坦领的外口线可以是圆顺的弧线(也称娃娃领),也可以成为前尖后方的形式(海

军领),将坦领的外口线加长涌出很多的皱褶,即为荷叶领。

"荷叶领"的翻折线位置特殊,即几乎与领口线相吻合。因此,荷叶领立起的高度几乎消失。

(3)连同门襟翻折式领型设计

"驳领"的结构是建立在翻领之上,与门襟相连后一起翻折的领型。这一结构决定了它的设计重点在领片的形状;"驳口线"的高低和角度;"驳头"的宽窄和角度上。所有的设计都最终化成一组数据的形式呈现出来。因此,对于驳领细节尺寸的了解是十分必要的。

2. 翻折式其他部位设计

领口翻折

袖口翻折

裤口翻折

在服装上的翻折式边缘设计除了领型之

外,其他部位的翻折式设计包括下摆边、袖口边或者裤口边等。利用翻折式边缘设计可以获得各种形式的部位设计,从而实现服装的各种细节风格。

第七节　服装样式设计原则

服装样式设计即服装工艺和结构设计。服装工艺和结构对于设计不仅存在约束和限制,而且提供了广阔的空间和不断深入的可能性。在实施服装样式设计的过程中必须在多元素、多形式中遵循规律,把握原则,避免偏离和失误。

一、合情合理原则

服装的情与理是指其功能与审美,合乎情理则是二者的统一,合情合理则出现设计之"巧"。合情合理则造就服装的平衡之美。此乃服装细节设计的原则。

服装设计在某种意义上合理便亲和、融入;不合理则对立、排斥。将工艺之"巧"着重体现在服装必须存在的结构性元素之中是最合情理之为,许多设计形式来源于结构性元素的工艺延伸和扩展,体现在服装许多方面的细节之中。

(一)细节设计一个也不能少原则

1. 任何一处都需要设计

服装是由种种细节构成的,细节体现着服装的不同的功能性,体现着服装的特点。在一件服装中,任何一处都是需要设计的,离开了点滴的细节,服装的造型与风格便成为空谈。服装整体设计的完成取决于其全部细部工艺设计的完成。

2. 细节逐一落实

服装上的细微之处都必须设计落实。例如,在设计套头式开口时,是在其长度、宽度的变化中追求情趣变化,而且开口门襟搭门是左片在上,或是右片在上需确定;内折贴衬还是外翻边;缝制明线还是暗线等,所有选择就是设计。开口的端头处也需要设计,使此处既干净整齐,又结实耐用。服装开口处的固定方式也需要设计,例如,系扣的方式需要确定,同时需要确定几枚扣,哪种扣子,每一枚扣子的具体位置在何处。当然,与其相关的所有问题均要精准设计确定下来。此件服装的特点往往就是通过以上某一细节的工艺与材料设计体现出来。因此,在企业里的助理设计师最早接触的工作内容往往是从配扣、配线、配里布开始。服装设计的学习和实施应该从细节工艺的角度逐一思考和逐一实现。忽视细节或者不懂细节的人不配为服装设计师。

3. 方寸之间内涵无限

服装上方寸之间内涵无限。在领子的设计中,不仅仅是翻领或驳开领的造型或无领领型的选择。通过在领子的局部分割、收省或褶皱的处理可以实现领子的种种变化。对于男衬衫设计而言,外翻领部分领角的宽或窄、角度的直或坡、领底和领口的方或圆反映着传统或时尚,规则或休闲。在服装设计师眼中,一件服装的每一处细节均具有如此作用。

工艺细节可以形成设计的重点和中心;可以为其重点设计作陪衬和呼应;可以增加设计的动感或静态美;可以展现服装的层次美感。工艺细节可以使服装更精湛、更细腻、更耐看;可以使服装更有情调和趣味;注重工艺细节在现代时装设计中是十分必要的。

(二)功能即合理原则

1. 功能第一

服装细节的功能性是设计的第一位要

求。对于服装样式而言,功能不仅必要,而且必须。即使是最普通的细节,在满足功能的同时,其审美性也随之产生。注重工艺细节的合理性的成功设计范例给我们的启示颇多。例如,服装的套头开口只开半截,设计时首先考虑开口的长度既可以容纳头围尺寸,同时又与整件服装相协调;再如,当需要增加服装的包容量、增加身体的活动量时,必须根据服装的风格选择适合的方式。在具备此功能的诸多方式中(放松量、皱褶、省道、切口等)做出最恰当的选择,并且确定其连带因素。

2. 永恒的简约主题

从服装自身出发的设计造就了注重功能的简约主义风格,简约主义是服装中永恒的主题之一。最理性的设计往往最具有生命力,最少受到流行的冲击,范例不胜枚举。

(三)以情通理原则

1. 以物载情

合理性是相对的,从另外的角度观察,不合理之中也存在着另外一种可能,即强烈对比之中经过调和使其产生具有生动、变化的视觉效果。例如,金属的坚硬是服装的服用性能所不融,然而将金属抽成细线,则可以使其在服装上盘成花纹;将金属磨成屑,则可以点缀在服装的某一部位,形成装饰,表达某种情趣。将金属制成扣、环、钉,使之成为服装上起固定作用的必需物品,则自然产生了其存在的合理性。服装设计的实质就是不断创新,变不合理为合理的过程。因此,对于某些不合理因素并不一定放弃,当然也不可以固守其本来形式,而是面对挑战,变不合理为合理的细节设计。在时尚设计中,许多元素是叛逆的、多元的,甚至是生硬的。能够掌握如此原则是设计师功底的见证。

2. 宏观与微观

在宏观与微观世界之中存在着一些可以显现出新鲜感与科技感的设计元素。例如,宇宙中的星云、细胞中的形态等图形往往可以成为梦幻般的设计元素。善于从不同等级的世界中寻找到灵感,以变换的方式追求某种巧合,会给人以强烈的视觉冲击力。例如,平纹织物的经纬纱线交错叠压的形式是最普通的、不起眼的,然而将其放在放大镜下,可以产生醒目的视觉感受。如果将布料撕成条,再进行经纬编织也可以使设计产生特殊的感染力。如此设计思路使现实世界展现了宏观及微观世界的种种美感,变不可能为可能。

3. 永恒的装饰主题

当女人摆脱了用各种材料制作的紧身胸

衣、庞大的裙撑、高耸的立领和高跷式木根鞋的夸张衣着之后，装饰变得更加轻松自然了。

在服装上做装饰性分割简单易行，事半功倍。

在时尚风格中，巴洛克、洛可可风格的回潮，波西米亚风格的流行往往使装饰主义大行其道。蕾丝、流苏、珠片刺绣、各种边饰……在各种服装里"泛滥"，无论礼服、休闲服，无论夏天的 T 恤、冬天的皮草，无论头上戴的、脚上穿的、肩上背的，五彩的刺绣、亮闪闪的珠片、烂漫的蕾丝以及飘动的流苏配合着层层叠叠的衣摆，斜斜的裙角，若隐若现的装饰品无限蔓延。各种装饰手段形成复合，随心所欲，创造无穷尽。例如，在蜡染布上贴布花；在褶皱料上手绘；省道一段变褶裥；切口上抽褶；连布边的毛绽也是引入经典服装的细节设计之中。装饰主义是服装中永恒的主题之一。

（四）巧合——理中生情原则

设计出服装的装饰效果并非难事，然而装饰可以单纯得无味或夸张，真正有生命力的装饰是有趣味、有情感的，他们往往由工艺细节的必然性中产生，使必然和偶然形成巧合，使设计看似浑然天成。此类装饰效果正是人们喜爱穿着的服装的原因之一，也应是设计师所应在设计上追求的"刻意"中的"无意"。

1. 结构巧合

服装中有许多工艺细节的"巧"组合。如，男衬衫的上衣口袋的上平线基本与第二、三个扣位相吻合。男西服的下口袋位与最低的扣位基本一致（相差不超过 2 厘米）。经典男西服的驳领口的领嘴与领角的宽度相等呈等腰三角形。例如，在黑色的服装上加入红色的彩点是常见的设计，如果在黑色布料上压出不规则的皱褶，使皱褶处压在下方的面涂成红色则形成色彩点，褶与皱褶之间的巧合，如果褶皱的大小与颜色的选择适当，则设计产生的效果妙不可言。

2. 服装部位与人体巧合

服装的某些关键点与人体的部位相吻合的情况也非常多。男西服下摆常常位于双手垂直状态时的虎口或拇指尖的地方，男衬衫后过肩下平线处于肩胛骨的凸起部位等等。服装设计的初学者注重服装结构和工艺所达到的某种"巧妙"的平衡，无疑会使设计出现亮点并显现合理与成熟。

在成熟的设计师手中，设计的思路往往以服装关键点与体形关键点的巧妙吻合作为出发点，与工艺细节和结构的某些吻合为设计追求，这已形成了设计上的习惯和定式。将这一思路贯穿于设计之中，可以使和谐的简单设计手到擒来，设计往往是在尺寸和分寸的把握过程中寻找巧合，并将某些巧合变成设计的出发点和必然结果。

3. 永恒的结构与解构主题

通过最细微的观察服装才可以了解服装的结构，以突出表现结构的设计往往充满了趣味，更显得时尚。例如，缝份儿外露、包缝线外露、毛绽边缘显露等。另有利用巧合关系，打破传统结构的设计，以独出心裁的特殊结构，或者结构错位突出表现服装合理结构的分解和重建、重构。成功的解构主义设计处处充满智慧，深受前卫的年轻人喜爱。例如，将服装的下摆贴边形式设计为衣领；将衣领形式设计在裙腰位置；牛仔夹克的口袋倒置等。服装的解构和结构主体设计是通过最细节的揣摩和创新才可以造就最生动的时尚之美。最巧妙的设计来源于最多的细节设计训练，来源于对服装功能性细节的掌控，来源于服装趣味性的尝试。

4. 熟能生巧

巧是在熟识之中产生的机缘，巧合不是偶然碰到的，而是存在于熟识之中。细节设计如同绘画和书法艺术一样，熟是前提和基础。熟悉的形式之中会引起熟知的情感。最巧妙的设计不过是在最熟悉的、最普遍的、最具感情的形式之中。因此，最容易找到各元素之间的有机的联系。

工艺方法的简单易行，容易操作是服装质量的保证。在物质性的服装上，最普通元素体现着本质。例如，布料、缝纫线、扣子等。又如，省道、皱褶等都具备基本元素性质。以线、布、扣为材料、为设计手段则形成变化万千。例如，线与布之间产生绣花，布与布之间产生衣镶边和荷叶边等。服装的最基本元素如同老熟人，与之沟通和交流最方便容易，最合情合理，同时最能够产生巧遇、巧合之机缘，产生情感之美。

二、平衡原则

每一位细心者会有丰富的穿着服装的体会，这正是设计的重要依据。例如，有些服装可能买回不久就被丢弃一边，而有些衣服会被一再穿着，即使旧了也依然喜欢；有些服装尽管在衣架上并不显眼，但穿到身上却异常提神。原因在于设计的平衡原则是否得以实现。

（一）尺度、分寸平衡原则

1. 以"数"为本

服装样式设计的本质不仅仅在于色彩材料及款式和结构分割，更在于渗透其中的每一组数据和数据之间巧妙组合后达到的某种平衡。

平衡是美的，平衡的因素有多种多样。将各种因素进行不同的比例配重从而形成风格和特色。在这些"巧妙"里都反映出工艺过程在服装设计中的作用。例如，一件简单的T恤衫的平衡之美，往往会表现在其衣长与胸围的比例上；表现在领口的宽度与深度之间；领型的宽窄、薄厚和平展度之匹配；表现在肩点的位置；袖口的大小；口袋的形状与面积比例；衣摆贴边的宽窄等多方面的工艺细节之上，所有的细节都是通过一组组数据得以落实。

服装设计中最重要的环节是注重人的因素，遵循服装穿着在人体时各处、各细节与人体各部位、各角度的关系，尤其是关键部位。例如，对于服装上明确的边缘设计和比较醒目的装饰、线条或者图案的位置设计必须参照人体的结构特点，需要慎重地确定其距离脸部或者脖颈的远近；位于胸部乳点的上下、左右；位于肩胛骨的上下、左右；肩点的内外、前后；中腰线的上方下方；臀围线的上方、下方；与膝盖骨的位置关系；与胳膊肘的位置关系；与腕关节或者踝关节的位置关系等。往往数据相差1厘米即可造成明显的视觉差异。

一方面在服装设计中，结构线的平直、衣摆的圆顺、边角的方正、丝道的顺直既营造了服装的完美规范和高品质特征，又创造了视

觉上的平衡之美。另一方面,善于利用数据组合打破旧有的视觉习惯,确立服装各部位的造型与人体的重要部位(胸、腰、肩、腹、臀以及面部)的新的比例关系,重新建立新的平衡,从而产生新样式。成功地创造服装的个性特征及风格。

2."数"在其中

在服装中诸多因素看似无法用具体的、精准的数据衡量,包括色彩、面料、细部装饰等形成的量感,但是,设计师照样可以在视觉的天平上用数据的模糊形式以认识、判断和配比、调整其量感。例如,色彩的深浅、彩度和冷暖;图案形式、放置位置;材料的弹性、体积感、悬垂感等性能和肌理表现;线条的直与弯;明线与暗线、装饰工艺的简单与繁琐等。美的服装在样式上都蕴含着各种复杂因素,各种因素之间互相影响、互相作用,设计的功能在于调整,突出重点,弱化一般,划分层次,发散延伸,使之实现各种相互关系的平衡。尤其在创新类的服装设计中需要将旧有的平衡打破,运用一种更加极端的、新鲜的各种因素的关系组合,建立和实现新的、巧妙的平衡。

一些初学者在进行设计训练时喜欢临摹或参考服装大师的作品,他们往往热衷于T台上特殊风格和概念的作品,而面对许多著名服装品牌推出的看似普通的服装样式感到困惑不解,找不到其成功之处。殊不知每一件高品质的、适应人群范围较宽而且具有销路的成衣设计的成功之处,往往在于尺度、分寸把握的精准和精彩,设计的过程中经历了反复的推敲和不断的否定、修正,做到了在任何工艺细节数据的不可替换性。

(二)穿着平衡原则

1. 服装与人平衡

服装的平衡美往往还表现在穿着后,穿着者所表现出来的精神气质与服装之间的和谐统一。每一位个体人的差异不仅仅在于身高和体重以及骨骼比例,更重要的是特定的人种、肤色、五官、性格、习惯、修养、体态等内在因素的表现。服装设计中需要总体把握穿着者所特有的各种因素与服装构成因素的关系,以实现服装与人的平衡美。

2. 搭配平衡

重温概念,服装不仅仅指衣服,而是人体着装的状态。因此,衣服、首饰、帽子、包、鞋、腰带以及一切配饰,包括发饰、妆面共同组成服装。服装设计平衡的实现需要注重衣服与配饰的搭配平衡。例如,当超短裙流行的同时往往时兴长筒靴或者厚底鞋;当服装样式简约时往往需要配饰醒目;发饰的扩张最好配以瘦窄的衣裤;硕大的裙子与纤细的蜂腰形成最佳搭配。服装搭配设计的本质是各个部件的配重,是有形的或者无形的、精准的或者模糊的数据之间的比较、掂量、调整的过程。有时局部的失衡并非坏事,有可能因此形成特点,总体的平衡建立在各个局部的调整之间。

三、比例原则

(一)比例概念与形式

"比例"是指服装上整体与局部或局部与局部之间的长度、面积的数量关系,并通过大和小、长和短、轻与重的反差对比形成平衡关系。

服装上的分割主要为穿着时表现出的上下身分割、结构性分割和装饰性分割。在此主要探讨服装上重要的视觉分割线所形成的比例关系及其经典案例。

设计师在服装款式设计中，服装各部位的比例分配是其中最重要的环节。比例上的取舍以及分配恰当与否，都会影响服装最终的视觉效果，甚至决定设计的成败。就服装款式造型而言，比例分割依然要放到设计的首位。

自古以来，人们不断地在人体与服装之间寻找比例的平衡美感，并从大量的实践活动中总结出了黄金比例分割、整数比例分割、根矩形比例分割、悬殊比例分割等多种分割方法。通过不同的分割方法，服装产生了层次和节奏，平衡了服装材料、色彩、细节装饰等方面的关系，尤其在轮廓造型相对统一的成衣类服装中，进行不同的比例分割设计，从而衍生出丰富的系列产品，满足个性化的市场需要，形成了服装的风格。

（二）黄金比例原则

古希腊时期人们在运用几何学的方法进行建筑设计和人像雕刻时发明了"黄金比例分割法"。即将一条线段分成两段之后，两个线段的长度之间的比值约为 1∶1.618，而且这两个线段各自长度与其长度总和之间的比值接近 3∶5∶8 的比例。人们将这一方法运用到理想人体设计时，得到如下数据：当头长

与身体长度的比为 1∶7 时，以肚脐为中心点，进行上下分割则腰节以上（至头部）长度与全身的长度比为 3∶8；腰节以下（至脚跟）长度与全身的长度比为 5∶8；腰节上、下之间的比例为 3∶5。黄金分割的方法自古至今被广泛地运用在诸多艺术设计中，其中在服装设计中的黄金比例分配也是最具美感的。

（三）整数比例原则

"整数比例"也被称为"费波那齐数列比例"，它是将带有小数的黄金分割比例进行有效的整数排列方式，在接近于黄金分割的基础上得出了 1∶2∶3∶5∶8∶13∶21 等成比数列。因此，也被称为整数比。

整数比例的变化以渐变为基础，富有节奏感。整数比例的运用非常方便。因此，常常被运用在服装的款式分割和服装的上下装的比例分配上。

（四）根矩比例原则

设定正方形一个边的长度为 1，对角线的长度则为 $\sqrt{2}$。由 $\sqrt{2}$ 为一边长，与前正方形的边长 1 组成矩形，其对角线长度为 $\sqrt{3}$。依

此类推,可以出现 $\sqrt{4}$、$\sqrt{5}$ 的系列比值。以此形成近似渐变式的"根矩比"数列,"根矩比例"是比较稳定的比例关系。

在服装中按照根矩比例进行分割产生的美感是独特的,也是常用的方法之一。

四、整体轮廓原则

服装轮廓是指某一角度的服装整体外部形态的剪影。

(一)先声夺人原则

T台上时装表演往往采取这种形式:当一场时装表演即将开始的时候,随着节奏轻松的乐曲奏响之时,表演厅里的灯光渐渐暗淡,继而漆黑一片,正当人们屏住呼吸,全神贯注时,忽然从幕后打出一束淡雅的背光,霎时间身着时装的模特们被凝固为一组雕像,她们姿态万千的造型在背景光的反衬之下,轮廓鲜明清晰,姿态婀娜动人,此时人体的优美和服装的多变,在黑色的"剪影"下异常突出而一跃台前。这就是服装"轮廓"的先声夺人,也是时装设计师们用以表达自己心目中美好形象的经典符号。服装的整体轮廓具有很强的视觉冲击力。

在服装设计中经常将服装造型的内部细节以黑色概括省略,以剪影的形式来突出服装的外部轮廓,从而强调服装的整体造型风格。服装大师们都极为重视轮廓在设计中的重要意义,他们经常为了达到轮廓造型上的完美而反复修改。造型大师迪奥,为了裙子长度和下摆几厘米的差异,经常亲自修改以达到最完美的状态。而他在 20 世纪 40~50 年代推出的一系列以字母命名的服装造型轮廓更成为服装造型的经典。当今的服装大师也不乏造型轮廓设计高手,如加利亚诺(Galliano)、马克奎恩(McQueen)等。

(二)服装轮廓形成依据

1. 人体为依据

服装轮廓是以人体形态为依据,围绕着人体而展开的。毫无疑问,尽管服装轮廓造型千变万化,但仍离不开人体的支撑。人体中的肩、胸、腰、臀、四肢成为设计师设计的重要依据。

2. 动态为特征

服装造型轮廓同样离不开穿着人物姿态的配合。时代潮流中体形活动的流行变化也是对时代审美取向的揭示。而围绕人体进行的层出不穷的造型变化是社会需要与设计师共同创造的结果。因此,不同风格的服装造型是通过不同时期穿着者肢体和面部的表情表达出来的。服装造型围绕体形活动完成其功能和装饰的双重作用。设计师们在服装轮廓造型设计中需要强调动态的特点。

3. 材料为基础

服装轮廓造型是通过服装材料的分割、缝合、装饰等不同形式覆盖在人体各个部位，实现服装造型的夸张和变形。因此，服装轮廓的基础是材料。各种服装材料具备的造型能力千差万别，在服装整体轮廓设计图纸完成之后，恰当地选择适合的材料对于理想造型的实现往往带有决定性意义。

4. 样式、细节为途径

服装的轮廓与样式之间存在着不同的概念和有机的必然联系。两者既相互作用又相互影响，从而形成了服装的完整风格。换言之，若服装轮廓是设计师追求的结果，样式结构则更是完成结果的过程。因为如果抽取了服装样式和细节的设计，轮廓只能像剪影一样反映在墙上，无法真实地走到你面前。

服装设计师应该注重在设计中通过点滴的细节完成样式，进而体现整体轮廓设计。反之也可以从轮廓出发，逐一解决样式和细节问题。清晰地认识和把握服装整体轮廓原则是每一位服装设计师应该具备的能力。

（三）服装轮廓变化与轮回

1. 记忆的轮廓

值得记忆的艺术作品都有其值得记忆的轮廓。时装的轮廓不仅反映着衣服与人体之间的关系，同时也反映着时代的变迁。轮廓通过剪影将服装的特质与风格尽情展现，在剪影单纯的黑色后面，却蕴含着复杂的创作过程和与之紧密相连的社会文化影响。透过这高度概括的浓缩，一些经典轮廓成为一个时代记忆的一部分。经典的服装造型轮廓形成各时代服装的典型符号。服装的整体轮廓具有鲜明的时代特征。

2. 演变与流行

造型的演变绝不是在短时间内完成的，尽管现在流行的节奏正日益加快，但对于创新造型的接受却可能是从5厘米的、5厘米

的变化而来。正如当年人们翘首以待迪奥的女裙又变长了几厘米一样，服装造型就是在这长长短短、肥肥瘦瘦间变得面目全非。服装的时尚流行往往以服装轮廓的变化为重要特征。

3. 形式的轮回与组合

尽管服装轮廓有着丰富的变化，但从发展脉络不难看出基本外造型轮廓以"扩展型"、"直线型"（包含 H 型、T 型、V 型等）、"收腰型"为主要类型。

扩展型

直线型

收腰型

在服装的流行变化中，回味旧时的往事和展望未来的憧憬永远作为具有现实意义的主题并存。因此，往日的、曾经为人们熟悉的、已经成为某一时代经典的服装造型轮廓往往会悄然而至，跟随着年轻人的上一时代的向往而形成不可阻挡之势。

当然，在流行中服装轮廓的轮回并非完整的、全部的、毫无变化的。与之相反，服装轮廓的轮回是充满变化、背叛与创新，但处处留存痕迹，有似曾相识之感。

在新一轮流行中的服装轮廓往往以上述三种类型为基础，将其中两、三种轮廓进行有机的、创造性组合，从而形成新的造型轮廓。

4. 局部造型与节奏

随着服装流行周期的缩短，服装造型轮廓的变化不可能总是快速地轮回，起伏跌宕，而更倾向于以服装局部造型轮廓的变化追求服装的节奏特点，增加动感和情趣。局部的造型变化形成与上一轮理想形式的衔接和与下一轮流行形式的过渡。

服装设计师在服装局部造型轮廓设计中赋予全新的理念和创造性，与熟悉的服装整体造型轮廓相结合必然产生为人们所接受的流行形式。

第四章 服装流行与市场

第一节 服装流行潜规则

服装设计师永远离不开对流行信息的捕捉和把握。服装设计师在观看流行信息发布会的时装表演时，不仅体会着华丽炫目的词藻、新奇怪异的款式、亮丽新鲜的颜色，还应该学会分析流行报告中传达出的重要信号，把握时尚的流行趋势，对流行信息进行理性地、系统地分析。从而建立对于流行的整体性认识，既看清其趋向，又摸索其时间和地域的坐标，凭借设计师特有的敏感，做到对流行细节心中有数。

一、流行永恒四主题

流行趋势研究的专门机构发布的报告往往以多主题的形式进行阐述。在西方国家的研究机构所发布的流行报告中，流行主题名称的词汇强调直接的视觉感受。例如"水印"、"苔藓"、"集市"、"洋娃娃"等。而东方的研究机构所发布流行报告中，流行主题选择比较华美而含蓄的词汇。例如"敦煌彩塑"、"江南丝竹"等。尽管每年不同机构发布的流行趋势报告所揭示的流行主题词汇不尽相同，但是内容却惊人地相似。因为当今社会不同层面人群的着装审美需要是可以预见的。虽然社会的变迁会使人们的心态发生很大变化，但心理需求的层面和框架基本上不会改变。在每一季度或年份的服装流行中，主题的内容和形式是不断变化的，然而主题的类型似乎并无改变。揭示人们生活需求的主题是永恒的。

(一)都市生活主题

1. 主流文化

都市生活主题反映的是社会主流生活内容的发展趋势，这一主题体现传统的延伸，强调社会规范，追求在变化中保持稳重和扎实的主流生活本质与风格。在不同时期和不同机构所发布的报告中，其主题的名称一般为"工业革命"、"浪漫都市"等。

2. 职业节奏

都市生活主题体现着现代都市人们生活

和工作节奏的紧张、快捷。这一主题重视职业阶层的需要，主题词也体现着都市生活的感受和心理需求，"单身贵族"、"白领丽人"等表达此这类主题。

（二）未来憧憬主题

1. 新理念

年轻人对新生活的热爱，对新生事物的好奇和追求，寻觅梦想的积极态度是这个主题的本质内容。这一主题主要揭示都市中的新一代，站在时尚最前沿的、勇敢的实践者的活跃思想和敏捷行动。未来憧憬主题集中体现了他们的前卫和反叛。同时，用最夸张的服装揭示流行趋势的最前端信号。在不同时期和不同机构所发布的报告中，这样主题的名称经常以"星空漫游"、"微观世界"、"海底宝藏"、"朋克印象"、"摇滚歌手"、"街头天使"等出现。活力、运动的主题也属于这一范围。

2. 高科技

这一主题往往运用最新型的材料、最亮丽的色彩、最新奇的纹样和最大胆的款式，反映最新的科学技术成果以及高科技创造的生活层面的日用新产品。例如，手机、音响、汽车等造型、光泽、细节和综合感往往由服装设计师以特有的专业语言体现在时装的流行中，为年轻的新新人类所接受，悄然改变着人们的着装理念。主题词经常采用"金属世界"、"青铜时代"、"梦幻"等。

（三）回归主题

1. 回归自然

生活在现代工业化都市中的人们在忙碌、紧张和刺激之后，总有一种深深的向往，即回归自然，回归田园。回归自然主题的服装往往通过质朴的材料质地，乡土气息的色彩、图案，休闲的样式、细节共同营造出自然的气息。此类主题的名称经常以"森林"、"云雾"、"谷物"、"蓝色海洋"等词汇出现。

2. 回归民族

回归民族、民间、民俗，回归本原文化传统，宣扬民族个性，重视民间传统，尊重手工艺价值。这一主题的服装往往用纯度相对较高或者较低的色彩搭配，几何形图案纹样也经常出现在服装中。人们的现代化生活虽然便利、舒适，然而人与人之间却缺少亲情和心灵之间的直叙式的沟通，这正是民族的、本原的文化所具有的特质。这一主题的流行趋势词汇常采用"高原蛮夷"、"热带风暴"、"布达拉宫"、"波希米亚"等。

总之,回归情节体现了现代人强烈的归宿意识,回归工业化时代之前的一切生活轨迹,让人们在冰冷的都市有了一丝暖意,回归成为永恒的心理需求。

(四)回眸主题

人总是喜欢回忆,回忆美好的一切。因此常发出怀旧的感叹。服装则赋予了人们这种感叹以最美丽的形式。

1. 近记忆怀旧

一个世纪中某段光阴对于现代的年轻人来说充满了新鲜感和诱惑力。年长者的美好回忆和旧照片、老宅子、黑白电影带给人们的诗情画意为时尚流行注入了全新的诠释。例如,对于20世纪30年代无声电影的回忆,对于旧上海"大世界"纸醉金迷的回首,对于60年代超短裙的迷恋,对于70年代喇叭裤的回味,对于第二次世界大战中经典故事和场景的追溯等。近几年的流行中怀旧情结表现尤为突出。

2. 遥远追忆

历史上一段辉煌的时光,一款动人的服装造型,设计师都可以让它们穿过时光隧道,重现在我们的面前。翻开历史记忆的刹那使人们心中一缕情愫真实展现。例如在刚刚抛掉女士束胸的时代,追求自然健康人体美的古希腊着装风格成为当时女性们的时尚焦点;巴洛克的奢华重现,与当今社会物质上的极度丰厚不无关联,人们对于贵族生活方式的向往,在今天的服饰里得到了极大的满足。主题词一般会采取"中世纪"、"维多利亚"、"埃及艳后"、"没落贵族"等。

总之,不同时期和不同机构发布的流行趋势的报告,并非将以上述流行主题照搬或者简单变换,主题的数量也可能不止四个、六

个。流行趋势必须注重特点，带有强烈的个性特征，流行的内容也会依据不同年代人们的心理需要而有所侧重，有所偏颇。作为服装设计师必须学会从社会发展的角度去寻找流行的依据，理性地认识流行的本质内容。与此同时，用感性的激情把最细微、最敏感的心绪转化成最清晰的服装语言，使之成为时代的代言。

二、流行色彩

20个世纪60年代以来，人们在购物活动中对于商品色彩的关注和喜爱引起了相关人士的注意，色彩的流行性逐渐显露出来，于是对流行色彩投入了专门的研究。从此，人们的服装消费在很大程度上成为流行色彩的消费。

1963年，法、德、瑞、日等国的专业人士在巴黎组织了国际流行色委员会，作为定期预测和发布国际流行色的专门机构。我国成立中国流行色协会于1982年，并于1983年加入国际流行色委员会。从此，我国也开始参与国际流行色的预测与发布。每年有17个国际流行委员会成员国在巴黎集会两次，分别发布秋、冬季和春、夏季流行色。

对于设计师而言流行色的价值在于正确应用，使其产品的色彩适应甚至引领服装市场。把握流行色的周期性特点，是企业做好设计管理和生产管理赢得市场的重要保证。

（一）流行色形成与周期

1. 流行色形成

流行色是在某个时期，某个地域被人们广为接受、崇尚，甚至追逐的、特定的色彩感受。流行色的形成受环境、地域、民族风俗习惯以及政治经济诸多因素的影响，理解流行色的来龙去脉是设计师预测流行色的基础。人们的交流活动是流行色生成的重要助因，人们求新、求变的心理是流行色产生的动力，

人与人之间的模仿和自我表现促成了色彩的流行。

流行色魅力的关键在于"新"。每一轮流行色的交替都是"新"与"旧"的交换，被替换者之所以被淘汰就是因为它失去了新鲜感，而替换者之所以迅速兴起，是因为它崭新的面貌唤醒了人们沉睡的神经。所以即将造成流行的色彩一定具有"新"的特征。

流行色的动向是由人们的色彩消费心理决定的，而色彩消费心理是由人们所处的环境和个人修养决定的。所以只要我们将所处环境中的社会思潮、经济状况、生态状况、科技文化状况等做一个科学的调查统计及研究，然后根据所得结论就可以基本把握流行色的趋势。

2. 流行色周期

流行色是有生命的，所以具有从产生——发展——高潮——衰退的规律性，而且流行的每一次更迭具有一定的周期性。这个过程是随着消费者的参与程度而进行变化的。流行色的周期性特点并非简单地表现为每隔一定时期便会出现某些色彩重复，而是呈螺旋式上升的趋势。即重复中充满变化，元素间重新组合。

（二）流行色时髦色组

1. 流行色组

色彩在某一时期的流行中反映不同人群的消费需求，体现几组主题的色彩需要，因此，流行色不可能是某一种颜色，而是一组或者几组具有较广适应面的色彩组群。

2. 时髦色组

时髦色组决定了流行色的主色调，是时效性最强、最能体现流行色倾向的色组。时髦色组中包括即将流行的色彩（始发色）、正在流行的色彩（高潮色）、即将过时的色彩（消退色），这三者之间是相互关联的。

（三）流行色常规色组

常规色组以流行的无彩色及各种有时髦

色彩倾向的含灰色为主,加入少量时髦色组合而成。常规色是市场适应面最宽的流行色。作为都市主题色系中的传统色,灰色调稳重和沉着,一方面与都市的氛围相互协调,另一方面与人体的肤色、发色相互衬托,灰色调必然成为喧闹都市中不可缺少的、被大量采用的色彩系列。在不同时期,随着流行中的主色变化,灰色调呈现冷、暖以及纯度和明度等各种倾向的变化与特点。

1. 冷暖倾向

设计师需要对流行色中色彩的冷暖倾向进行特别的分析和把握。这是掌握每季流行色的关键点。

应将时髦色组、灰色组、亮色组等一同加以研究和分析,最终确定出整个季节的冷暖倾向。冷暖倾向最终制约着这一季不同色相之间的相互组合和不同色调的比例关系。冷暖倾向将在服装设计的色彩搭配中起到重要的指导作用。

2. 明度倾向

色彩明度揭示着人们的社会心态,揭示着经济走向。因此,对流行色明度分析不能忽略社会背景的存在。例如,世纪之交的流行色揭示着人们的一种心态,即世纪末情节使世界充斥在暗淡、灰色的笼罩中。短暂的流行过后,经济与物质的繁荣昌盛又会使人们渴望明亮。因此,在相对比较长的时段中色彩明度的差异也会同时出现在不同色组里。

(四)流行色装饰色组

1. 金银倾向

作为装饰色的金色和银色一般不会同时作用于同一季流行色系中,往往单独出现,或者与相关的流行色彩形成搭配组合。在流行色彩报告中金色或者银色的出现可以成为预示冷暖倾向的风向标。出现金色系搭配则暖色系流行,而出现银色系搭配无疑预示着冷色要重登流行的舞台。

若要把握流行色变化规律,很重要的做法是细心体味,细致分析。应从宏观上对色彩的色相、纯度、明度的确定进行审视,抓住大感觉,在"趋势"二字上下工夫,因为生活本身是多彩的、多元的,趋势蕴含其中。

装饰色组一般为较鲜艳、明亮的色彩。装饰色组在整个流行色中起点缀和提神的作用,因此也被称为亮色组或者点缀色组。在流行色中装饰色也是成组的色群。装饰色组的色彩倾向、明度与纯度的变化往往揭示着整个服装季的色彩走向。流行装饰色组往往作为某一色彩主题的配色出现,反映在同一季流行色的不同主题中。在不同主题中出现的装饰色组的纯度和明度是不尽相同的。装饰色也可以独立成为某些主题色彩系列直接应用到休闲装、运动装等服装设计中。

2. 纯度倾向

根据装饰色组分析流行趋势的纯度变化是至关重要的。当装饰色鲜艳明亮时,高纯度将会流行。与此同时,装饰色组必然会与黑色、白色的搭配增多,鲜明的配色即将成为时尚主流,而且灰色组也会相应地在纯度上有所提高。反之,当灰色组以强势形成流行时,装饰色中的纯度也会相应降低,使两组色彩相互调和统一,形成完整的流行色彩概念。

3. 色相倾向

装饰组中的色相更值得特别注意。往往主推的色相出现时,其补色也会出现在同一色组之内,但是主推色相与其互补色的纯度不同,因为两色同时出现的目的是进一步衬托主色,使其更加鲜艳明亮。另外,同时出现的色彩为下一季的流行做出了可靠的铺垫。

(五)流行色卡

流行色卡是以卡片表现流行色彩的形式。在流行色卡中的色彩直接、具体地反映流行色的预测结果,是某一色彩季节可能出现的流行色预告。流行色卡由色群组成,色彩围绕着主色调,按照冷暖、明暗关系排列出多个系列色谱,以满足不同流行主题和不同

着装群体的色彩需要。

在流行色群中，有一组居于中心地位的主色系，围绕这个主色系相应搭配点缀色、装饰色则呈现出多色系交叉、多组组合效果。

流行色卡一般可以分成若干色组的组合形式。例如，时髦色组、常规色组、装饰色组等。

色卡上另附有色彩应用说明，将有助于设计师对流行色的理解和应用。

三、流行材料

服装材料的流行与流行的主体密切相关，在永恒主题的阐述中往往用不同质地风格的面料作为体现手段。

所有能够形成流行的面料可以分为两大类，一类为外观看似传统，应用范围宽，然而其性能和感官带有明显的品质变化，科技含量蕴含其中，作用于深层，使人回味喜爱。第二类为创新面料，或功能创新，或感官创新。在创新的同时又不失成熟和品质，令年轻的消费者爱不释手。

（一）流行经典织物

1. 传统面貌材料

在都市传统的主题中，材料往往表现为灰色调的毛织物。面料或为细腻挺括的精纺，或是粗犷的人字呢、格呢。材料不同的风格倾向标志着服装风格流行的趋势。

在传统主题的面料中，注意高科技所带来的细微变化十分必要。这种变化往往以品质为标准，可以从外观形式、重量感、体积感、色彩的饱和度多方面进行综合判断，标准虽然模糊，但体会却很实在。能够选择出最具使用价值的时装面料，则设计成功过半。

2. 质朴风格材料

自然质地的材料反映着朴实的性格，最适合表现流行的回归、自然主题服装。自然质地并非仅指棉麻织物，更多的是突出天然纤维所流露出的原始的材质美感，通过人工技术将自然的粗糙、古朴、陈旧及随意的工艺形式展现在现代的服装材料中。例如，皱褶、水洗、石磨、特殊印染等。

（二）流行创新材料

1. 新型感官材料

新型材料往往直接表现着科技的含量。此类面料多用在未来主题的设计中，当然其他主题也会有所呼应。如金属光泽的皮革、异型纱织物、弹力材料及土层面料也会以搭配和点缀的形式出现在不同的主题中。

2. 装饰效果材料

装饰性材料强调手工艺质感的面料，遵循唯美的原则。装饰性材料可以运用刺绣、衍缝等手工表达民族主题；又可以采取镂空、抽纱反映西方复古主题；还可以在面料上用高科技手段为现代最前端时尚作点缀。此类面料是设计流行的高档礼服不可缺少的原材料之一。

3. 奢华风格材料

女性唯美主题服装更需要依靠材料来表现。高贵的皮草、诱人的蕾丝、轻薄的雪纺、柔美的丝绸等精美华贵的面料组合在高贵的礼服设计中是不可或缺的材料。然而，同今天其他主题中的面料一样，经典传统中同样不能缺少高科技的加盟，因为新奇与独特永远是时尚追逐的目标。而对于真正流行的面料而言，新奇而不怪异，细节变化与品质的提高相一致才是让更多的消费者认同的成功之作，其中不乏高科技显示的魅力。

四、流行样式

分析款式细节流行的方法必须着眼于两个角度，一是宏观把握，二是细微捕捉。

（一）整体造型变化与合理组合

1. 整体造型变化

由于服装与人体相贴合或者分离的程度

不同(服装从宽大到紧缩之间)形成了某种定位、造型。不同时期的时装造型有很大差异,各自不同特点形成不同时代时装的标志。如何把握创新与目标顾客的适应是整体造型设计中的难点。例如,收缩造型在少女装和中老年装中则必须存在收缩程度的差异;在针织服装与裘皮服装中则表现为不同的收缩形式。紧缩式造型的流行并不表示一味的缩紧,紧中有松,平衡紧与松部位之间的关系才是流行造型中的关键。

2. 合理组合

整体造型与局部特点和装饰细节的组合平衡十分重要。流行的装饰细节必须为风格服务方能展现其生命力。如果不顾整体而一味追求细节的堆砌,则可能本末倒置,造成某些失误。

(二)局部造型特征

1. 局部样式

服装中某些局部的样式设计在和整体设计相联系的同时,又影响着整体的造型形式和造型风格。例如,肩线的夸张与圆润,腰部的放松与收紧,袖口的散开和收缩,不仅表现出局部的变化,也改变着整体造型的特点。风格的强烈与否往往是局部造型起作用。

2. 细节工艺

装饰细节是流行风格最形象和最鲜明的注释。如果一种装饰手法在不同的服装品种中以及服饰品中频频出现,则可以肯定此细节的流行真正展开了。如果把整体的流行造型比喻成为一首动听的流行曲,装饰细节就是这首乐曲中最美的华彩乐段,它让乐曲更丰富更动人。

在流行的大潮裹挟之下,流行的细节在不同的服装门类中迅速蔓延和扩展,只要解决了相关的技术问题,各种服装都可以变得时尚起来。

五、流行信息获取与分析

服装设计师对于流行趋势的获取方式和信息分析必须科学和踏实。若想预见流行并非一日之功。

(一)全面调研 长期关注

1. 多渠道、多途径

多渠道是指来自世界各地的专业机构的多种信息和多种渠道相结合。例如,最新的国际时装发布、流行报告、专业论坛,来自不同国家和地区的会展、专业报刊、电视专栏、新闻报道等等。

多途径则是把市场中的高端消费与中、低档市场相联系。例如,明星晚会着装、展会展品、高档服装商厦、大众服装卖场、低端服装批发站等,力求全方位、立体性的猎取信息。

2. 长期关注,置身其中

对流行信息的关注应该像设计师的日常三餐一样成为生活中不能缺少的环节,做到长期关注,置身其中。

对于准备进入服装设计的学习者,须将三年以来的流行信息作为基本教材,将某些权威机构连续三年的流行报告连同相应时间段的综合素材一起研究,获得连续三年的流行感受。只有在基础认知真正形成之后再通过去展会、读流行报告等,才能敏锐地感觉到其中的变化,体会出共性中的个性表现,避免在大信息量的流行面前只能看热闹,仅仅盲目关注细节末梢。

(二)抓共性特征 入低端市场

1. 抓住共性特征

流行是指众多人群在短时间内共同追求的审美现象。初学设计的人往往把关注点放在流行中的新奇元素上,认为新奇才是流行的真谛。其实流行信息是从各个角度、各类

服装和生活用品的设计里体现出的基本相同的主题和形式,只是在不同的门类中依靠不同的工艺技巧和材料,选择对于流行的共性特征进行着不同的诠释而已。只有共性方能体现指导性。只有抓住了共性,才能把握流行。

2. 深入低端市场

越是低端消费市场中的产品越能够直接反映流行信号。因为所谓高、中、低端的商品主要是由价格而决定的。服装的低端产品多面向年轻人,他们对时尚的热情最高涨,购买欲望最强烈,消费周期最短,风格变化最快。因此,高端消费多经典,中、低端服装多变化。低端服装市场的流行信息含量远远大于高端服装市场。

(三)重坐标定位 持动态意识

1. 注重坐标定位

趋势泛指方向,是指事物在未来时间的发展轨迹。趋势具有概括引导性,但并无准确的时间、具体的形式与地域的坐标定位。对于服装设计师而言,在面临相同的流行信息时如何使自己的设计应对某一地域、某一群体在某一季节的产品设计将是极大的挑战。另外,设计师的产品设计受到生产周期、物流、商店卖场等因素的制约。因此,服装设计师在流行趋势分析中必须注重在自己设计中找到流行的具体时间、地域和人群的坐标定位,而且力争精准。

2. 保持动态意识

各种流行趋势的发布形式无疑是在寻找共同的倾向性、规律性。然而,突发事件时有发生;往往会因此打破一般规律下的生活轨迹,流行的规律也将会立刻随之改变。例如,美国的9·11事件、美伊战争以及东南亚海啸等突发事件深深地影响了人们的生活,进而使流行趋势产生极大变化。设计师需要时刻关注社会动向,用动态的眼光看待流行,建立多元和多变的流行概念。现代生活是多元化的,人们的审美也需多种多样。设计师不能做流行的奴隶,必须在提高审美能力和综合素质的同时努力面对流行,宣扬自己的设计个性,因为设计师是以创造流行为使命的。

流行学是一门系统科学,它具有周期性和螺旋式递进的特征,而周期性的流行变化与社会学、心理学、色彩学、气候学等诸多学科相关联。关注流行趋势入门并不难,但掌握却并不容易。服装设计师一生都要投入精力关注流行的动态和趋势,把握流行,利用流行,继而引导流行。

第二节 流行信息积累

对于时尚流行趋势保持长时间的关注和分析,是设计人员的必修课。要做到清醒地认识流行,摸清其发展脉络,必须对影响流行的因素给以长时间的关注和分析,作好相关专题的信息积累和研究。其中主要有中国及国际社会重大事件、行业重要信息,以及流行报告等。

本书收录连续四年服装流行调查2003~2010女装流行趋势,作为服装设计的参考资料。

一、2003春夏中国女装流行趋势

对生态环保的关注已成为人类可持续发展的共识。社会竞争日益剧烈,而人们却更注重表现自我魅力和自信。越来越大的工作压力使超负荷的人们需要到大自然中去放松身心,通过积极的运动来调节自己以摆脱亚健康的困扰。经济能力的增强和自我休整意识的加强,使休假、旅游强势发展。社会对道德诚信的呼唤促进传统文化的复兴与重建。新技术开发与新工艺运用使物质生活有更多的选择。

(一)职场风景

经济的繁荣将人们带入一个崇尚精致的时代,传统与现代、东方与西方、各种元素在这里交融,演绎出职业风格的新概念。

1. 色彩

各种白色及浅淡色调,黑色及黑白对比,米色及米黄色调,各种蓝色调,沉稳的暖色调都颇为流行。

2. 面料

流行的面料有精致的棉织物,棉质感合成纤维织物,有光泽的精纺毛混纺织物,干爽的强捻毛织物,弹力羊毛织物,皮质感面料,亚麻或苎麻织物,轻薄羊绒织物,丝绸面料,粘胶纤维织物,提花织物,多条纹织物,花卉及小图案印花织物。

3. 款型

流行的款型有修身合体裤套装,1~2粒纽扣,多用条纹面料;经典裙套装,裙边或裙身稍有装饰;修身正装上衣配宽松长裤;合体短裙裤配同材质正装上衣;小方肩收腰夹克配及膝裙;五分袖上衣;瘦腿直筒裤;侧开衩长裙;稍低腰腰带装饰;黑白对比装饰效果;条纹斜裁对比拼接。

(二)都市伊人

在躁动之中寻找恬静,在忙碌之余寻求悠闲,或端庄、或俏丽,女性魅力四射,青春活力常存。

1. 色彩

流行色为清爽的蓝绿色调;浅淡的粉彩色;从米色到棕色到褐色;不同的红色,如大红、酒红、玫瑰红、铁锈红、棕红、橘红等;含灰的蓝色、紫色。

2. 面料

流行的面料有精细棉织物;各种丝织物;粘胶纤维及混纺织物;精致麻织物;丰富多变化的针织物;巴厘纱,透明薄纱织物;局部烂花织物;褪色或局部做旧的牛仔面料;大量蕾丝花边;局部刺绣;手绘风格及民间纹样;大花卉或大图案稀疏印花;表面加工过的皮革;手工钩、编织物。

3. 款式

流行的款式有围裹式上衣;单肩上衣;斜肩连衣裙;高开叉连衣裙;长上衣配细长裤;修身上裙搭配时尚护腰;荷叶边装饰,不仅在领、襟部,还用到裤边、裙身;袖口、领口蕾丝花边装饰;衣身激光切割镂空装饰;背部大V字领的针织衫;网眼针织衫;开襟针织外套;里实外纱重叠;直筒镶边七分裤或九分裤;合体的皮短裤。

(三)假日花园

清新的空气、清凉的风,将人们带入闲暇舒适或动感十足的假日生活;满目苍翠,繁花似锦,缤纷多彩,好一个怡人的花园。

1. 色彩

流行色有从嫩绿到黄绿色调;宁静的蓝、紫色调;明艳的红、黄色调;丰富的自然色调。

2. 面料

流行的面料有丝光、轧光棉织物;粘胶纤维及合成纤维混纺织物;丝绸面料,亚麻、苎麻、大麻等麻织物;外观丰富的针织物;弹力织物;斜纹粗棉布;防紫外线处理的面料;竹纤维织物;多种多样的花卉图案印花;风景及趣味印花;丰富多变化的条纹;纳米技术处理的防尘防水面料;透湿、透气性好的功能性织物。

3. 款式

流行的款式有各种领型衬衫;衬衫式连衣裙;衬衫式外套;圆领或翻领针织衫;舒适宽松的中式便装;围裹式上衣或连衣裙;肚兜式上衣或连衣裙;束腰宽松连衣裙;吊带或背带式连衣裙;一字领套头衫或连衣裙;小背心配宽腿裤;宽松上衣搭配全体七分裤或九分

裤;紧身背心配热裤或短裤;不同长短的休闲裤;针织运动装。

(四)盛装晚会

西方社交生活再度唤起时尚伊人及新锐们的兴致;富丽奢华的厅堂,一场场盛装晚会;女人们在流光溢彩中展示迷人的风韵与浪漫情怀。

1. 色彩

流行色有柔和的白色和神秘的黑色;优雅的紫色和端庄的棕色;富丽的金色与银色;浪漫的红色和迷人的粉彩色。

2. 面料

流行的面料有光泽的缎纹织物;提花或绣花织物;闪光效果织物;锦丝绡、乔其纱、雪纺绸行装透明织物;烂花织物或网眼织物;大量的蕾丝共织物;涂层织物;弹力细平纹织物;镶拼效果;印花织物;丝绒、天鹅及薄型丝羊绒织物;金、银片装饰,珠片装饰及水晶装饰;激光切割镂空花饰;透明纱罗与蕾丝重叠使用。

3. 款式

流行的款式有合体的裤套装或裙套装;单肩或斜肩上衣或晚装裙;背心式或肚兜式露背晚装裙;吊带或无吊带晚装裙;中式风格上衣或套装;传统旗袍或改良旗袍;花边或荷叶边装饰的上衣、裙装、裤装;侧开叉长裤;流线型宽腿裤或长裙裤;蕾丝长裤外配及膝纱裙;灯笼长袖上衣;马蹄中裙或七分袖上衣;鱼尾等不对称斜裁裙摆。

二、2003/2004 秋冬 CPD 女装流行趋势

(一)保护

从生理和心理两方面使自己感觉温暖是这一潮流的关键要素。在用料方面,当然选用那些能够给人以家的温暖感及安全感的材料。山羊皮、动物皮、马海毛、天鹅绒、羊毛以及许多其他的材料构成了这些装扮的"物质基础"。这一季的趣味元素来自于全球高山民族的民间风俗。来自蒂罗尔、巴尔干或安第斯的有色镶边近似于小歌剧类型的粗布制品。来自不同时期电影的角色引发的神秘、浪漫影像和细节的灵感来源。受运动主题的影响,休闲装扮仍然是本季时尚的基础。优雅在这里只不过是打擦边球而已。主题和灵感的多样化表明,时尚依然是各式各样风格的杂烩。单色或多色组合使这种混杂变得更加好看,也确保某一种打扮不会太过于耀眼。

(二)荒凉边陲

牧人和爱斯基摩人穿着的夹克、马甲、套衫、包和靴是这一主题的主打。奶油白色和浅褐色山羊皮、极地皮和许多棉制品组成了极地探险的整套装备。一丝不苟的剪裁、手工和细节给这种夹克和大衣带来一丝浪漫、冒险气息。现在,甚至连充棉的夹克和内衣都被加以镶边、印花了,而编织时尚又掀起新的潮流。编织长夹克、宽松的编织大衣和北欧套衫是必买品。

(三)简单运动

长久以来,运动和时尚的联姻被传为时尚佳话。慢跑裤和带帽衬衫逐渐演变成极为时尚的物品。现在的关注焦点其实是生理和心理上的健康和舒适以带裙摆的衣服和和服剪裁的形式展现在我们面前。特大号的拳击夹克是这一季节的亮点之一,有黑色、蓝色、冰蓝色和红色等。更为出挑的运动服装来自于第一批登天的飞行员们身着的飞行员制服。飞行员夹克及短夹克衫和短裙或宽松的船员裤组合在一起,令人叫绝。

(四)情感幻想

这个迷走在欧洲、亚洲和拉丁美洲山林民间的主题反映了我们在情感上对时尚的需

要。这个主题对装饰性的细节不加限制,如匈牙利的十字绣花边、罗马尼亚的花状卷须、高山火绒草镶边和秘鲁饰物,可用于新式裙装、宽松上衣、夹克和裙子。开司米和花状设计与传统的英国面料如斜纹软呢和格子花纹组合在一起,温暖的色调熠熠生辉。本主题是受颜色驱动的,红色是最主要的驱动色。棕色、绿色、金色和铜色等暖洋洋的秋天色调混合在一起形成了色系的基础。镶边式样和提花图案经常和皮草组合在一起,产生了一种极其奢华有创意的服装。

(五)迷惑魅力

该季的魅力元素呼唤个性,这里的灵感经常性地来自于好莱坞电影。银幕上,希区柯克的女主角是年轻的女性化优雅的代名词,她们使完美的女性套装再度散发活力。吸血鬼电影激发了人们对浪漫女式上衣、裙子和红色夹克的想象和爱好,在这里,天鹅绒、皮革和蕾丝是主要的面料。然而,从这样的哥特式主题转向黑色、紫罗兰色和暗棕色的朋克主题并非难事。压碎皮革、有孔洞的套衫以及装饰珠宝也只不过是进行时尚宣言、引发注意的许多方法中的一些细节而已。

三、2004 春夏女装流行趋势

(一)主题、要点及色彩

1. 主题

2004 年春夏潮流的两大主题,一个是回归宁静的自然主义,一个是享受生活的奢华主义。而无论是回归宁静,还是享受奢华,都带有浓重的女人味,或是静如处子,或是明丽隆重。

2. 要点

设计师们的口味变得越来越妩媚,原本冲击力很强的中性化女装也只红了一季便暂时退出时尚舞台,期待下一次受宠。在这股

思潮之下,浪漫柔和的色彩、轻盈飘逸的雪纺绸缎、大大小小的花朵、改良版的旗袍,还有那梦幻般的层层叠叠、缠缠绕绕,这些最象征女人的、最富有女人味的、女人最喜爱的元素成为 2004 年春夏的流行元素。

3. 色彩

2004 年春夏的色彩是明快而鲜艳的,色彩的纯度非常高,明艳的桃红、天蓝、柠檬黄等将很流行,其颜色整体表现柔和但不沉闷,明亮度适当提高,但饱和度适中,由黄、绿色构成的自然色系和充满感觉色彩的红色系列更加含蓄,追寻优雅和高级的风格。土耳其蓝、桃红、青绿、鲜黄、砖红等超饱和的浓烈颜色最为时髦。因此,要想走在潮流的尖端,那些浓艳到极点的色彩都可大胆尝试。在配色上不突出强烈对比,而是在和谐中寻求变化。

(二)流行元素

1. 轻薄:总是联想到美人鱼

水让人想到鱼,鱼让人想起如纱裙般蔓妙舞动的鳍。这个代表物被多个设计师采用,因而 T 台不时地飘起一条条轻柔的纱。女人味道十足的轻薄衣裙是性感的代言,舞台感强烈的纱裙或许是 2004 年春夏时装的宠儿。纵观 2004 年春夏时装秀场,越来越多的品牌实践了透视装的套路,甚至一些过去不屑此道的大牌也加入其中,包括 Gucci、Fendi,还有 Anna Sui。一贯的混搭布料手法依旧出神入化;本季甚至将一向拿手的漂染,以反面透印于布料,呈现出怀旧的效果,不收边的下摆有些许叛逆感。

2. 叠穿:荡漾在春日的眼波里

作为 2003 年春夏最热门服饰之一的超短裙,依旧被设计师们宠爱着,比 2003 年更简洁的超短裙,更加突出女人的身材,并让整个时装的造型显得更加现代。带有几分幻想意味的水世界通过这种方式表达最合适不过了。而除了极具诱惑力的原有的单穿方法,叠穿在长裤外、叠穿在短裤外又是一种青春

的明快风格。有的设计师便让模特在超短裙里面穿上一条粉色短裤,既青春逼人,搭配新鲜,又不用担心走光。

3. 飘逸:渴望水草般的爱情

不规则的下摆在 2004 年大展拳脚,虽然材质上略有不同,但充分讲求裙摆的悬垂感,力图吸引所有人的目光是设计的要点。用长长的腰带做出海草般的效果,或者不收边的毛边效果,都在提醒着我们,女人只有像鱼那样舒展身体才是最美的时刻。

4. 印花:心里每天开一朵花

春天原本就是花开时节,印花的渲染本是意料中的事,只是 2004 年的花"开"得格外张扬,几乎可以用花团锦簇来形容。印花的大小,则有两极趋势,有的非常大,大得与真花不二,带着热带岛屿的海风;有的细碎浪漫,绽放出如英式花园的梦幻,而无论大小,表现都非常抢眼。花朵不仅高频率地出现在春天的服装上,在配件上也不缺席,成了发际、香肩、胸口、丝巾与系带高跟鞋的装饰品。

5. 春季:泛起花草的清香

灿烂的花、青翠的草、嫩黄的叶芽,便是暖春初夏的气息。于是,各路设计师纷纷将这些元素搬上春夏女装,以各自的风格表达着对春色的欢欣和赞颂。

花卉图案是春夏女装永不缺席的角色,2004 年很多品牌都设计了花朵系列女装。如 Celine 采用芭蕉叶与热带兰花相配,凸显女性的热情与活力;还有向日葵的阳光气息、蝴蝶的美艳。Versace 也将不同的花朵图案运用在裙子上,让女士处在繁花锦簇中。Dior 更将英式田园花卉图案印在连衣裙、丝巾,甚至手袋、鞋子上,淡淡的雅致,如一幅耐看、清雅的春之图。

四、2004/2005 秋冬 CPD 女装流行趋势

自信的女强人,富于个性,生活中有多种选择的生活方式并担当多重角色。2004/05秋冬的流行趋势用主题、轮廓和面料诠释了这一概念。原创的、极富想象力的概念化外观或者小说化外观,成为新的都市时尚。在回归比以往更正式服装风格中,它们都充当了主角,但这种风格总是带有突变加之特别的跳跃。主题、款式、面料、色彩之大胆直至"疯狂",奠定了这一季成衣风格的基础。在这一季过去几十年的经典款式被未来所唤醒。这种复活的价值取代了过时的服装,变得时髦。摩登、合体直至紧身的轮廓凸显出女性柔美的腰线和身材。面料具有一种奢华的感觉,这要归功于如今热门的轻质整理,保证顺滑软柔的面料具有相当的舒适性。CPD男女装专业成衣博览会,作为世界上最大最国际化的时尚舞台,预告 2004/05 年秋冬最新的女装流行趋势:先锋 Pioneers、诗人 Poets、皮条客 Pimps 和竞赛者 Players。

(一)先锋(Pioneers)

在影片《一位名叫期望的出租司机》和《狂野一号》中的马龙·白兰度;在《东方伊甸园》中的詹姆斯·迪恩;比尔·哈利、埃利维斯、摇滚。那些"绝对叛逆者"们反抗消费、成衣、高级时装以及 20 世纪 50 年代对购物的狂热。T恤、粗斜纹棉布裤子以及飞行员皮夹克都标志着年轻一代对过去固有事物的反抗。这一季,50 年代的理念被输送给心灵年轻的人。自然外观和"技术自然"取代了人造高科技外观:蓝黑色厚实的牛仔布配上蓬松的格子花呢。都市中野性的西部女郎穿上小牛皮或小山羊皮的夹克,粗斜纹棉夹克显示皮质的嵌花。活泼的瘦腿裤和纤细的直筒裤变得常见,剪绒的甚至短小款式的裤装以水洗帆布、灯芯绒以及棉布面料为特色。源于摩托车手服装灵感和宽松上衣款式依然很短,长度只到腰部,而长及臀部的款式则都以拉链或针织的袖口作为细微的设计细节。经过衍缝、粘合、涂层处理,革新的软壳面料使

穿着者更温暖。

显示体形的缝迹、面料和质地的混合加上印花，使合体的上衣与弹力T恤变得更性感。罗纹高领毛线衫勾勒出女性的好身材。带帽的T恤式上衣和毛线衫是必备品，女式两件套、A型轮廓、直筒裙与高跟鞋，芭蕾舞短裙是对女性化的强调。

色彩流行蓝黑色、靛青色、海蓝色、黑色、烟煤色、赤褐色、栗色，以及作为对腿饰、头饰和配件加以强调的华丽色调。

（二）诗人（Poets）

这是对20世纪50年代末和60～70年代的赞颂。华丽摇滚时尚遇到希区柯克美人们。完美主义、一种"少即是多"的观念和英国摩兹风格的面料手感。这种极度的优雅配合摩托车女郎风格。裤装与时髦的小夹克组合，细条纹面料的裤子具有50年代男装味道；西装制服具有工装外套感觉，与高领毛线衫、卡普里式样的平绒弹力裤以及高跟鞋相搭配。剪裁讲究的紧身小套装配上漂亮的短裙凸现出女性的性感和魅力；裙子有直筒的、打褶的和A字形的；无光泽的、表现质地以及柔软的羊毛面料配上闪光漆皮，丝织运动衫具有迷幻印花，金属效果和蕾丝用于上衣。壁纸条纹、花卉、方格、黑白花呢以及仿羔皮呢都是热门。

流行色有中灰色、黑烟色、褐色以及红褐色等；黑白色；引人注目的颜色还有红、粉色、明亮的浅蓝或浅褐色。

（三）皮条客（Pimps）

20世纪80年代坏女孩形象历久弥新。升级的庞克风格与王子乐队、摇滚歌手乔治男孩的浪漫主义以及早期麦当娜古怪的舞台服饰相碰撞。艺术大师、折中主义者将奇特的款式与幻想的装备相融合。浪漫主义加入了如同影片《杀死比尔》中艾玛·佩尔般的活力。类似裤子的绑腿与大体积感的上衣组

合。巨大的重复的花卉图案印在具有光泽的人造纤维面料上，这与无光的羊毛面料和天鹅绒形成了鲜明的对比。由戏剧化的蕾丝与艺术-工艺灵感引发的奇特面料以其令人吃惊的图案组合而受瞩目。有独创性的多层处理保证了各种元素复杂的相互作用。如，粗糙与光泽、自然与人造元素的结合。

色彩使服装高度轮廓化。明亮的颜色十分时髦。例如，钴蓝色、活泼的松绿石色、氖黄色、橙红色和锈橙色、粉红、紫罗兰色，当然还有银色、雾灰以及黑色。

（四）竞赛者（Players）

街头服装、城市运动装以及重新流行的运动。时装和运动正不断地交融。真实和精致的设计明显地成为普遍现象，与此同时传统的影响力也经常渗入到街头服饰的设计中。高尔夫装、华丽的滑雪服以及英国俱乐部式样表现了都市竞技运动风格。为了标新立异，区别于主流，青年人不仅将20世纪70年代的运动风格复制、重新流行系列混合，而且加入团体性运动、滑雪和自由式滑冰的服饰元素。修身的剪绒训练服配上仿羔皮呢迷你裙。田径裤已取代了绑腿裤。巨大的字母和数字使经编针织的、弹力的以及运动衫式样上衣变得与众不同。以对比色呈现的速度感条纹随处可见。

2004/05季运动女装为颜色所吸引：随处可见鲜亮的纯色，以单色或各种组合为特征。黄绿色和紫色在这一季成为了令人惊异的重点色。这些鲜明的色调在黑、灰与深灰褐色中体现得尤为突出。

五、2005春夏女装流行趋势

（一）色彩、图案及面料

1. 色彩

2005年春夏流行的色彩是多元化的，糖

果般纯度较高的艳色,如黄绿色、绿色、粉红色,柠檬黄,湖蓝色搭配白色。

2. 图案

清爽的印花图案较多,圆点、细条纹、几何图形也很多见。

3. 面料

传统的棉麻丝和经过特殊处理的新型面料用得比较多,特殊肌理效果的面料如褶皱、孔洞见于很多品牌。轻薄有透明质感的丝绸和有弹力的面料也很流行。

(二)款式

1. 半截裙、膨膨裙

半截裙是今年春季流行的主要款式,造型更加具有流动感、飘逸性,为了增加半截裙的流动感,轻薄的绸缎是较为关键的流行元素,再注入弹性面料,紧贴身躯,表现如波浪般的层次感。膨膨裙是今年春夏的大热,如洋娃娃般的甜美再度流行。

2. 短装外套

短款外套也是在该季春夏季出现频率较高的服饰。

六、2006/2007 秋冬国际成衣流行趋势

06/07秋冬国际流行趋势从总体上看,依然在延续复古的主题,对欧洲的历史逐一回顾,只是更加注重细节,迸发的灵感往往来自某个细节上的触动,而对于成品的后期整理,则融入很多现代的工艺和手法,如打磨、做旧、水洗等,细微的点缀和变化让风格更加内敛和有品位。通过收集的资料和专业人士的研究,法国巴黎娜丽罗获设计事务所对06/07国际秋冬流行趋势列出了以下四个主题。

(一)工装设计

1. 灵感来源

其灵感来源于19世纪末20世纪初欧洲的工业氛围和工装,那个时代的铁路工人、机械工人等的工作服装成为这一主题的基本元素。

2. 风格特点

那个时代穿着工装的主要是男性,设计师通过工装的各种灵感来源,再加入现代的设计手法,用属于男性化的信号来表现女性的细节,风格中性简练,讲究线条的硬朗,风格虽然怀旧但依然具有强烈的现代感。这一风格在引导服饰类的同时,美容美发也将受其影响,但会显得更加柔美、柔和。

3. 色彩要素

在色彩中,具有工装代表性的灰色、蓝色当然是最重要的,这一风格的色彩就像老照片再次染色的感觉,一种淡淡的、旧旧的色调,或偏紫,或偏红,色彩中性而柔和。在色彩搭配时,蓝色和蓝色,灰色和蓝色的配搭使用得最多。

4. 代表面料

条纹和格纹被广泛运用在这一设计系列中,通过面料做旧的感觉来表现一种现实意义和生活的真实性。

5. 款式特点

工装的一个非常显著的特点:双排扣是流行的重要元素,上衣、外套越来越短;牛仔将再现它的重要性,基本款的牛仔裤进行细节上的再加工处理,缝边、绣花等装饰手法来提升它的附加值;从2006春夏延伸过来一个很重要的款式就是马夹背心,它在2006年将有很强势的流行,设计灵感的主要来源也是工装,同样注重细节上的处理。

(二)洋娃娃的世界

1. 灵感来源

纯洁、天真的儿童、婴儿世界给成人设计的思维领域带来许多新鲜的想法,儿童服装、玩具娃娃都是设计灵感的来源。

2. 风格特点

虽然灵感来自儿童世界,但经过整合现

代手法的处理,女性化的气息反而更为强烈,粗线条的运用、泡泡袖、公主衫的特点让这一主题设计有种来自欧洲皇族的感觉。在这里的女性穿着精致、注重细节上华丽的表现,气质要显得高贵,很自我、很在意自己的精神状态。

3. 色彩要素

旧的洋娃娃、陶瓷的娃娃给这一主题带来柔和感觉的色彩,白色被大量使用,米色来体现柔和的视觉,粉粉的色调是主打,在2006年也将非常流行;而一些现代感强烈的玩具娃娃带来亮度感较强的色系,半粉半橘的颜色很重要,也很具有代表性。

4. 代表面料

面料不管是小花图案还是大花图案,很多基本元素都是由19世纪的图案进行再处理后来运用。有立体感和肌理感的花纹面料的古典感觉更加强烈,往往在同一色彩和同一色调里进行处理,色调的对比不是很强。

5. 款式特点

高贵的皇族气质在这里成为表现的重点,各种褶皱被大量使用,上装很短,下装有蓬松的感觉,蓬裙、灯笼裙都有一点宫廷装的影子;女性内衣的元素和面料等被设计到成人的外衣中,内衣外穿也将是流行的要点;毛衫的编织和面料手感非常柔和,有垂垂的飘逸的感觉;欧洲复古风格的胸口有褶皱花纹的衬衫原本是男式的在2006年被大量运用到女士衬衫的设计中。

(三)蛮族的婚礼

1. 灵感来源

在这一主题中,设计师们都从北亚的地区寻找灵感,比如自然界的一些风景和植物,在蒙古的传统图案中,发掘那些原始的、不被熟知的东西,让设计风格充满民族特色。

2. 风格特点

民族元素的东西一直被设计师所采用,只是采集的地点在转移,从北欧到俄罗斯再到北亚,原始的元素被运用到设计中总是具有神秘感和新鲜的刺激。装饰图案和繁琐的装饰手法让服装更加有欣赏价值,上衣加入了首饰的细节和装饰,钉珠等手工工艺让服装更精美,在这里衣服不仅仅是用来穿着的,它更像是一件华丽的首饰。粗犷的风格和精美的细节形成强烈的对比,添加视觉的丰富性。

3. 色彩要素

色调浓郁而丰富,米色、棕色、精美的红色表现出浓烈的情感,金属感觉的黄色(就像经过时间磨炼后带有历史痕迹的金黄色)在这个系列里非常重要。色彩有手工加工的痕迹来体现原始感。

4. 代表面料

一些户外用品的面料在这里广泛运用于外套上,里面和轻薄的面料相结合,防腐性、防水等功能性被加强;民族特色的图案让面料更加具有装饰效果;用线、绳子等在面料上制造出立体的肌理,环绕出来的圈圈有规则或无规则排列,成为一幅别致的纹样图案。

5. 款式特点

里面有毛皮的大衣等灵感来自爱斯基摩人的着装;大针眼的针织衫风格粗犷,款式宽松随意,还有同样风格的针织长裙也将流行;宽松的长袍外面套上短外套、裙装与裤装的搭配等呈现出流行的混搭穿着。

(四)贵族生活

1. 灵感来源

这是一个非常精美、精致的主题。灵感来自拿破仑时代的皇族生活,有钱人、明星追求奢侈享受的生活方式。

2. 风格特点

将传统的贵族元素结合现代的设计手法,有一种古怪另类的感觉。如果说第一个主题工装设计是将过去穷人的服装现代化,那么这里就是将过去富人的服装现代化,领结、蝴蝶结、裹身胸衣、燕尾服等具有那个时代的服装细节被大量运用在现代的服装中。

3. 色彩要素

以贵气的红色为基调,整体色彩丰富、饱和而鲜亮,红色和紫色、红色和鸭绿色的搭配使整个调子非常浓郁,像葡萄酒一样的酒红色运用得很多。

4. 代表面料

本季比较流行的丝绒、天鹅绒面料在这里非常重要,其反光的效果产生贵族的气质;面料的图案借用古代欧洲家具的图案,或是来自大自然的水果、花卉等,结合浓郁的色彩,体现财富、身份的象征。

5. 款式特点

20 世纪 70 年代的长裙将被用现代的手法再设计,腰线向上提高;女士衬衫的袖子将更长更宽大,欧洲古代胸口有褶皱装饰的男式衬衫运用在女式设计中,到了 06 年秋冬,低腰将逐渐逝去,高腰款式的长裤将成为主流,而且讲究腰间的装饰设计,华丽效果的腰带会让视觉产生错觉,看上去腰线升高不是那么明显。长衫与紧身牛仔裤的搭配,配饰包、鞋等呈现出 19 世纪的风格特点。

七、2007/2008 流行趋势综述

社会高速发展,女性在成为职场重要角色的同时承担了更多的压力。因此流行倾向自在轻松的少女身份,几季的流行色年轻化都成为热门趋向。少女气质的糖果色、水果色系一直在人们的视野中流连,跳跃的色彩风格加上波希米亚的华丽旋风风靡过后,经过 2006 年的缓冲、沉淀,流行的粉色和蓝色在 2007 年的春夏降低了纯度,以天真的水蓝、浪漫的湖蓝、精致的浅粉色走向轻盈活泼的风格。后工业社会日渐成熟,人们开始从激昂奋进中抽身,关注起生存的质量和生命的价值,追求休闲和轻松的生活理念开始盛行。中性色重新走上时尚前台,缓解信息爆炸带来的视觉疲劳,轻柔空灵的贝壳色、浅杏色、浅咖啡色熨帖着人们疲乏的心灵,重归自然本色,带来久违的视觉纯净。

在追求生活品质的理念下,精英阶层对精致优雅的色调表现出充分的喜爱,带有科技感的铜色和金色多角度变幻微金属光泽,讲究回味的情调色彩日益左右人们日常的审美。

开放的社会氛围下,每个人可以上演自己的明星秀。先锋前卫的色彩,惊世骇俗的混搭前所未有的生活化。

出于对灰色城市的反叛,强光泽感的深蓝、墨绿、紫罗兰和鲜玫瑰红张扬着欲求,经典色彩搭配制造出的耳目一新的效果在 07 的春夏仍将值得瞩目。

此外,世纪之初带着振奋之气的红色系,经历了上几季极度女性化的玫瑰红、性感的罂粟红和番茄红到达正红的顶点之后,终于向辅助色系递变。

(一)淳·悠然之夏

1. 灵感来源

人们向往抛弃现代都会中宣泄繁杂的色彩,一切重回自然并带来全新体验。憧憬着与大自然的亲密约会所带来的心灵上的宁静、安逸。

2. 化妆

颜色以浅咖啡色系为主,小麦金、咖啡紫、杏粉、贝壳色,一组来源于自然界的中性色,微光泽度、清淡自然、没有过重的修饰痕迹。眼影、腮红和口红采用柔和的弱对比,带给新娘柔和、轻盈、舒适自然的感觉。

3. 发型

发型清爽、简单,与妆面的清淡自然呼应。

4. 服装服饰

(1)款式

款式多为皱褶、精致的垂感、悬垂性、流

畅的面料、简单的花边。

（2）面料

轻质面料、轻柔的触感、透明感、雾状感等较为流行。

（3）饰品

饰品以珍珠、木质珠子、皮革、金属链条、羽毛为主要特色。

（二）质·优雅心境

1. 灵感来源

对质感和品位的追求，来自心灵的成熟和平衡，时髦逐渐沉淀为精致，细节的探索传达出优雅的内涵。

2. 化妆

一组耐得住琢磨回味的褐色调，铜绿色、墨绿、乌金色，中度光泽；妆面精致，传达优雅的品位；对比加强，以质感表现新娘端庄成熟的知性女人味道。

3. 发型

发型为大波纹却不显凌乱，精致中富于时尚动感。

4. 服装服饰

（1）款式

该主题以时装感、简洁、注重细节，贴身剪裁，洗练，不做堆砌装饰的款式为主。

（2）面料

缎子等有一定挺括度，便于表现身材线条的材料大行其道。

（3）饰品

该主题以精致，金属材质、镶钻、款式简洁的饰品为主。

（三）浓·红色情结

1. 灵感来源

用一种色彩与时尚结合，变化出深深浅浅、浓浓淡淡的情调，都源于一个深植的情结，不知不觉渗透在我们的生命中，带来一份浓郁的、回味无穷的华美。

2. 化妆

为避免红色的俗气感，选择以红色的系列变化色为主，金属赭红、紫红、珊瑚红，特别是口红所用的宝石红，将奢华发挥到极致，高贵耀眼，娇媚袭人，辅助五官的重点刻画，饱满、略微夸张，表现新娘高贵华丽的气质。眼影用大烟熏的画法上下逐层熏染，从睫毛处金属紫红、赭红到提亮的亚金色，腮红用珊瑚红衔接了眼影和口红，唇部的金属宝石红将饱和度提到最高，成为整个妆面的亮点也就是重点，形成了富有变化的红色调妆面，既符合 07 春夏的流行，又符合新娘的喜庆的身份，为新娘增添了现代新娘的奢华和高贵感觉。

3. 发型

发型流行大气、蓬松有体积感，露出整个面部，头顶部发量丰满。

4. 服装服饰

（1）款式

该季主题以贴身剪裁，表现身材的曲线，装饰以华丽感的款式为主。

（2）面料

面料多为丝绒、缎。

（3）饰品

该季主题以独立的夸张饰品，同时又具有精致质感，不宜繁复累赘的饰品为主。

（四）悦·花间童话

1. 灵感来源

孩子般但并非天真无邪的色彩，以一种欢愉、兴奋、活跃、看似喧嚣的方式共存，挥洒着喜悦、浪漫的心情。

2. 化妆

高明度透明感的淡粉彩色系，蓝色和粉色为主，浅水蓝、水粉色、湖蓝色、肉粉色。以色相为主的弱对比手法来表现。其独特的地方也就是这种对比，在浅水蓝、湖蓝色的映衬下，内眼角和腮红的水粉色显得无比的柔美；而水粉色又把外眼角水蓝色衬托得既干净、清爽，又带有一种让人心动的罗曼蒂克的感

觉。从质地上,眼影、腮红都是丝缎光泽,唇部的是浅浅的肉粉色加透明唇冻,带给新娘清新、可爱的形象。

3. 发型

白色发带,松软感微卷的发丝,刘海突出可爱甜美的一面。

4. 服装服饰

(1)款式

款式多为 A 字裙、圆裙、高腰线、公主裙,装饰以星星点点的小花、小珠子。

(2)面料

流行材料以蕾丝、透孔织物、刺绣、泡泡纱等面料为主。

(3)饰品

塑料花、贝壳做成的花、塑料滚边、镂空蕾丝层层叠叠,缎带、小花、小珠子等饰品为主要装饰细节。

(五)炫·炫色风暴

1. 灵感来源

一成不变的生活不能满足内心的冲撞,狂热冲破传统的眼光,破茧成蝶,在时尚的舞台上演属于自我的惊世骇俗。

2. 化妆

一组多色相高纯度组合,深绿、深蓝、紫罗兰、鲜玫瑰红,高水平的色彩驾驭能力,使得眼睑这方寸之间使用四种高饱和度色混搭却并不杂乱,金属强光泽感塑造出炫丽感觉;07 流行的不再是具象的线条,而是具有梦幻般的抽象感,夸张的睫毛使眼部的重彩带有影影绰绰的梦幻感。眼部已经是重彩,唇部和腮红就无须争艳,只用含蓄的金棕色。适合愿意有机会尝试夸张效果的新娘。

3. 发型

发型多为极端或夸张,与妆面相得益彰;或极简,突出面部化妆。

4. 服装服饰

(1)款式

款式多体现舞台效果。

(2)面料

面料多以带有反光效果、金属质感、网为主。

(3)饰品

饰品多呈现用铆钉、大号金属扣环、拉链、金属链相互搭配的复杂效果。

八、2008/2009 秋冬国际成衣流行趋势

巴黎娜丽罗迪设计事务所进行 2008～2009 秋冬国际成衣流行趋势研究,确定了 4 大主题。

(一)禁忌

1. 色彩

流行色为酒红色、紫色等深重的颜色。

2. 样式

样式延续今年的流行趋势,高腰设计仍是重点;裙装流行花冠型和郁金香型的。

3. 妆面

眼妆是整个妆容的重点,最流行的当属类似涂颜料的眼影。

(二)迷失

1. 灵感来源

灵感来源于古老的世界。

2. 流行色

流行色为白色、灰色、米色等中性颜色,冰色是这一主题的亮点。比如,冰色和银色搭配,冰色的休闲装、羽绒服都将是时尚单品。

3. 时尚元素

褶皱、各种面料拼接做成的岩层感,水染、印花做成的化石感都将是非常时尚的元素。派克服、小棉服将是本季秋冬流行的重点。

(三)欲望

1. 灵感来源

欲望是明年秋冬流行趋势最重要的主

题,灵感来源于 20 世纪 20 年代。卡巴莱歌舞表演的服装造型元素将大量运用到这一主题中,卡巴莱歌舞代表了一种疯狂的流行,红磨坊就属于卡巴莱歌舞。

2. 色彩搭配

色彩搭配方面流行将米色、肤色、粉色、金属色各种色系进行混合。

3. 面料及样式

服装方面流行雪纺、太阳褶造型的舞蹈裙,精致的针织衫、裤袜。20 世纪 20 年代的中国、日本元素也被运用在时装中,如和服与长罩衫的造型。高腰、宽脚裤的中性化风格也是"欲望"主题的重点。

4. 配饰及妆容

配饰方面突出女性化和金属质感。妆容流行太妃糖的色调。指甲则流行做成玻璃感的。

(四)乌托邦

1. 灵感来源

乌托邦象征着未来主义,灵感来自科幻电影和漫画。

2. 色彩及材料

色彩偏重金属感和工业感,服装强调制服风格,细节方面的设计,如高腰、方形肩部剪裁、闪光的面料制造时尚的商务女性风格。

3. 配饰

超大款外套配超合体短裙仍是最时尚的搭配。配饰方面流行未来主义的优雅风格。

九、2009/2010 秋冬女装流行趋势

(一)蕾丝蕾丝

蕾丝几乎是 09 秋冬最意外但又最确定的趋势之一。时尚界从来都有女王,Miuccia Prada 就是。此季女王灵光一闪,法眼定格以前未曾注意过的蕾丝,正如她自己所说,

"我只是需要很简约的轮廓,但需要一些表面的趣味。而我并不想使用印花,所以我开始看蕾丝,并痴迷于它"。于是原本早已沦落到与高雅无缘的蕾丝这回又从旮旯里被找出来并被彻底高雅地玩了一把。玩法是以大气磅礴的重磅蕾丝,结合花朵造型进行重新组装与镶拼,并使其成为极端简约的服装整体中的一部分。时尚界与传媒集体鼓掌,奔走相告,蕾丝终于等到了扬眉吐气的一天,重归时尚新宠之列。本季蕾丝最趋势性的使用并不是晚装,却是白日装。用于简洁至极的款式。例如,仅仅是直线型的套头紧身裙或者两件套,以超大结构的蕾丝覆盖来创造与众不同的品位。当然如果不那么夸张的话,一些轻量的蕾丝更适合与廓型结合,蕾丝的镂空效果为连衣裙或其他单品带来视觉上的变化。甚至,并不是真的蕾丝,我们还可以看到仅仅把蕾丝作为图案印在雪纺上。

(二)套装回归

09 秋冬,时尚重归单纯,建筑感成为轮廓的关键词,这一切把套装又带回人们眼前。对单纯或者建筑感的追求使设计师回归了经典的西装剪裁技术;单纯的心境也摒弃了长久以来 Bling Bling 的风格,转而以低调的态度追逐产品本身的内涵。于是剪裁考究、肩部造型强壮,具有 80 年代感的长裤套装是最具趋势性的回归。如果说需要一些变化的话,就是关于锐角肩部造型的上装与流动的宽腿裤和香烟裤或紧身裤的变化。当然套装考究的剪裁没错,但对于女人来说,打造一个"看起来毫不费力的造型"(Effortless Style)更重要。这方面的大师级典范可以参照 Kris Van Assche,Dior Homme 的设计总监可不是玩的,人家就能把好好的套装硬给弄拧巴了,宽腿裤偏要穿得皱皱巴巴,配上双极富女性味的短靴,愣是在 80 年代的都市感中混入了一些街头的不羁感或摇滚元素,那叫一个"型"。

(三)斗篷或披风

几季以来斗篷一直是一股潜流,09秋冬,其风格变得更加多样化,其影响力也日趋巨大,终于升格为"Must-Have",并对其他品类产生了深远的影响。斗篷在本季更加多变,粗花呢质地的乡村感,或者金色双排扣的60年代感,甚至还可以有一些复古的摇滚感,适合各个层次的搭配。斗篷的廓型也突破了09秋冬的主流,斗篷式袖和茧型剪裁具有强大的影响力,关于这一点在外套上表现很突出。斗篷式袖孔与领子更新了的外套,卵型的轮廓线形成一种新的外套轮廓,外套看起来更像斗篷。斗篷的廓型还蔓延到了夹克,甚至发展成为单穿的单品。所以,拥有一件圆的插肩袖或落肩线、宽宽的日本式袖或蛋型袖的斗篷,或者斗篷式外套,或者针织披风,或者斗篷式开襟毛衫,再结合一些多层穿法,都是本季不错的选择。

(四)悬垂和重塑

该季都是关于极简主义的话题。但极简非简单,想象一下最基本的廓型和通过出其不意的结构处理重新伪装而成的简约主义。这方面的趋势性手法是悬垂和重塑。悬垂主要应用于针织面料上,比如连衣裙通过面料的处理、悬垂技术或褶皱细节产生如水般的流动感;柔软的打褶从领口开始(这是下一季的关键细节),大量的悬垂与褶皱细节控制着轮廓,创造出不对称的悬垂效果。而重塑则更为丰富,一个最令人兴奋的外观是通过轻量的填充塑造出新的廓型。设计师选择了粘合的面料和如羽绒般的绗缝,通过肩线和臀线塑造出一种精妙雕塑感轮廓。这一趋势主要体现在夹克、外套和针织上。另外通过建筑学的缝合线和拼接去创造一种复杂的塑身效果。这一趋势主要体现在运动装上,Miu Miu是个最好的例证。总体来看这是一个很强的趋势,但有可能超前了一些。因为这意味着结构的回归以

及复杂而精妙的剪裁技术,包括对领线、肩线和臀部的重新定义。所以,如果你有足够的勇气,可以大胆尝试一下。

(五)愈大愈美丽

这是一个"大"即美的季节。无论是像山似的轮廓,披肩般的领子,或镣铐样的手镯。在诸多元素中,领子成为设计师最好把玩的部分,因为这很容易成为新的视觉重点。烟囱领或者撑开的雕塑效果都是具有趋势的,而最好玩的当数褶饰领,来自法国哑剧中的小丑着装灵感,圆圆的褶皱如立体花朵一般矗立着,把整个脸蛋衬托得像只硕大的花蕊。层叠或超大的效果如披肩一般,一种具有幽默意味的新浪漫主义风格由此产生。项链也不再是传统意义上的项链,一切以项圈或像"Cuffs"的形式出现。无论是石头的、金属或者塑料的,硕大与重量感成为其衡量标准。总之,套用一句电影台词,这个季节,"只买大的,不选对的。"

(六)黑与黑

黑色依然是09秋冬的绝对主角,一个革新的趋势是采用微妙差别的黑与黑的组合。也就是说,如乌鸦一般的一身黑漆漆没错,但需要有一些肌理与光泽的变化,比如丝与闪光的亮片,法兰绒和色丁,天鹅绒与闪光提花的对比效果。但无论怎样,黑色还是黑色。潮流的推荐是:运用高而窄的造型,黑与黑的多层叠置;比如学一下Givenchy,以轻量的纱或蕾丝创造表面的差异化对比,再配上湿漉漉的黑色紧身裤,兼具本季最in的黑色歌特浪漫风格和摇滚精神。

(七)连体装

这一单品已经羞答答地在T台上出现了好几季,不过或许因为其实用性方面的局限(广大消费者的眼睛还是雪亮的,不排除他们会私下里思考一个问题:上厕所时我必须

要脱得光溜溜吗?),其一直处于叫好不叫座的边缘。不过本季 all-in-one 还是顽强抗争,被无数设计师拿来说事。廓型是简约而柔软的,趋于放松的休闲风格。可以有很多不同的手法来进行演绎,从复古感的印花到天鹅绒,到军装风格。最好穿的是黑色的休闲感工装款式,有一些街头感。当然讽刺的是还可以通过不同面料的组合使连体的它看上去恰恰不那么"连体"。

(八)花花世界

请大胆地使用印花或图案,因为这是一个秋冬的花花世界。兼具 70 年代感和东欧民族感的传统佩斯利花纹会非常流行;而乡村风格则采用从大自然中汲取灵感的物质图像包括石头、鹅卵石、木头、羽毛等;还会有一些树木、风景、涉猎、捕鱼等图像。一个下一季最受欢迎的趋势是离奇的插画式图案,其采用古怪甚至拙劣的日常图像绘画并具有某种顽皮的复古气息。当然还有弥漫着 Deco 之风的印花,比如温婉地铺在花枝中的肉粉色玫瑰。格子的回归非常重要,变化的尺寸和图案形成一种错配的效果,具有一种"坏品位"的故意效果。这一趋势越古怪越好,比如有天鹅、建筑感的线条、50 年代的时髦绘画和故事书中的动物,而不仅仅是述说一个朋克皇后的故事。或者把不同尺寸的点子、花卉进行混搭,具有超现实主义的感觉。

(九)孔雀蓝和芥末黄

简约的回归总是伴随着色彩单纯而浓郁的发展方向,这就好比蒙得里安的绘画。一些明亮饱和的色调如橘(橙)色系、孔雀绿、芥末黄以及各种粉色渗透着这个季节,与黑色、咖啡色、驼色等一些基本色很好地结合。其中最有商业价值的或许是延续了两季的孔雀绿和芥末黄,都带有些精妙的复古感。当然变化是有的,孔雀绿中带有了一些翠鸟蓝的成分,适合连衣裙和针织;芥末调则具有一些

水洗感,为黑色或灰色增加一种明亮的调子。其适用于所有的产品领域,从外套到针织到连衣裙。孔雀蓝和芥末黄共同构成了秋冬浓郁的调色板上重要的一抹。

(十)有趣的鞋"Cuffs"

似乎从来没有听说过鞋"cuffs 克夫",但确是这一季鞋子的有趣特征。或者我们可以称之为护腿或袜套。Issey Miyake,Prada 和 Victor & Rolf 都提供了可分开的护腿,在短靴上打造长筒靴的效果。还有一些是袜套的形式,比如 Betty Jackson 的透明袜套,为腿部创造了有趣的多层效果。Sportmax 则是运动的多层效果。

十、2010 春夏女装流行趋势

(一)"简约"主义

服装线条流畅、飘逸、自然。立体剪裁的舒畅与平裁的精确相结合,运用质地与廓形的对比,传达无拘无束。采用天然丝、麻材质,并将其根据不同质感进行叠加。色彩上则选取黑色、白色、灰色来凸显雨中、雨后的整个色调,展示了城市从朦胧到清晰的这一渐变过程。简单、简约、简洁的设计并不是一种稍纵即逝的时尚,而是人类长期探索后重新找回的一种乐观的人生态度。

(二)"原生态"主义

神奇的大自然不仅给了我们赖以生存的资源,还给了我们宝贵的精神财富。只有纯洁无瑕的大自然才能孕育出纯净的心灵。清新纯粹的质朴感配合现代风格的先锋前卫,自然主义以朴实又变化无穷的姿态注入时尚生活当中。在面料的选取上,光泽鲜艳、舒适爽滑的天然丝织品和手感柔软、色泽鲜亮的化学纤维,再以圆珠片、仿珍珠及亮片做点缀。在纹理的处理上,对不同层次褶皱的灵

活运用,展示"原生态"的效果。

(三)"浪漫"主义

奇异的番茄红、激励人心的海蓝、清新俏丽的柠檬黄和轻盈活力的苹果绿等一系列明亮的色彩被创意组合,营造出一种鲜活烂漫的感觉。这些颜色让我们回忆起美好的童年,故多彩布料、剪贴画印花都将在明年非常流行。设计风格形成许多不同的造型:抽象的,立体的,概念性的,无一不凸显强烈的现代感。"浪漫"主义系列女装,采用 S 形、倒 A 形、H 形的设计,体现了紧身与宽松这两者的相辅相成。

(四)"复古"主义

复古的味道越来越浓烈,但又与之前有所不同,这股风潮强调古典华丽的浪漫造型、精巧细致的工艺感,精雕细琢出浪漫的复古主义,同时也勾勒出古典的贵族风华。复古风主要表现出一种繁复的装饰性风格。它把流行、风俗、戏剧等多种元素融合在一起,以优雅且华丽的方式表现出类似故事般的情节,极具张力。以未经染色的本色系为主,配以玫瑰红、紫色等颜色,由浅至深排列,造成视觉上的递进感及层次感,渲染了神秘的气氛。面料方面,设计师专注于麻织物,本色亚麻布的运用,辅以棉织物、帆布、横贡缎等。服装贴合古埃及服装特性:朴实无华,宽松,轻盈而简单。

(五)"中国"元素

在哈佛从事中国思想研究的史华慈教授说过:"古老传统的中西文化,它们的关怀其实是相似的,都是对人类共同命运在不同语境下的回应,有许多深刻的对话空间。"这样的对话空间在 T 型台上,由那些掌握全球风向的标杆设计师借中国经典元素来演绎,更是在传承了精髓之后变为自成一家的设计标志。中国元素已成为世界设计领域的轴心文化。中国元素系列的服装,在面料上,选用光滑的丝绸、轻柔的雪纺,充分突出女性的柔美。白色、褐色、银色是此系列服装的主色调。服装灵动飘逸、清新脱俗,烘托出山水画中清雅飘逸、如梦似幻的情境。

(六)"黑色"魅惑

时尚的人说黑色代表神秘;前卫的人说黑色代表酷;成熟的人说黑色代表庄重。黑色总是透露出成熟与沉稳的气息。但是另一方面,黑色又是非常浓烈诡秘的颜色,黑色与漆皮的搭配营造出浪漫迷人与神秘。尽管时尚 T 型台上色彩四溢,仍挡不住黑色旋风席卷全球。超现实主义和新艺术是灵感来源。

(七)"魔幻"仙境

一些人每天忙碌穿梭于一个钢筋水泥铸造的城市森林里,却不知自己想要的到底是什么。灵魂可以纯粹,但欲望却掺杂着颜色。这一强烈的反差正是设计师在魔幻仙境系列中的灵感来源。服装以淡雅的色系为主:米色、奶白、浅灰。棉、麻、丝材质的运用显示出精神的轻盈。浪漫优雅而不失活泼的装束下透露出的自由和开放的精神力量,让一个来自城市森林、舞动的精灵跃然于 T 型台之上。

第三节 流行信息源

在信息时代,科技进步和资讯的发达使得时尚的流行信息畅通迅达。归纳起来,服装设计师可以通过两大途径及时获得各种流行信息,即来自流行研究的权威机构和大众信息平台。目前,专门研究流行的权威机构有法国服装工作室、美国棉花公司、流行色研究机构、中国流行趋势研究中心。

一、专业媒体

(一)国内专业媒体

1. 国内专业刊物

国内的专业报刊有《服装设计师》、《时装》、《中国服装》、《国际服装》、《纺织信息周刊》、《服饰与美容》、《时尚·COSMOPOLITAN》、《时尚先生·ESQUIRE》、《时尚芭莎·BAZAAR》、《现代服装》、《中国纺织》、《世界时装之苑》、《风尚志》、《服装时报》、《中国服饰报》、《皮革世界》、《中国纺织报》、《上海服饰报》、《服饰导报》、《服饰商情》、《流行色》、《时装界》等。

2. 国内专业报与电视专栏

(1)《服装时报》中国最新时尚资讯和行业信息

(2)《中国服饰报》中国最新时尚资讯和行业信息

(3)《纺织导报》中国纺织产业前沿技术和信息

(4)《中国纺织报》中国纺织服装行业动态及专业信息

(5)中央电视台-4《东方时尚》

(6)北京电视台-7《时尚装苑》

(二)国际专业媒体

1. 亚洲专业媒体

(1)《Fabrics China Trends》中国纺织面料流行趋势 中国 对国内面料发展趋势进行预测

(2)《Collections Women》女装集锦 日本时装发布会图片集

(3)《MR》日本 品位雅致、制作严谨的男性时尚刊物,虽然已经停刊,却是非常值得

一看的男性刊物

(4)《MEN'S NON-NO》日本 男士流行时尚及生活资讯

(5)《HF》高级时装 日本 前卫和艺术服装杂志

(6)《装苑》日本 介绍女装式样及裁剪、缝制、编织、刺绣方法及国际服装资讯

(7)《VIVI》日本 最新流行搭配、装容介绍

2. 欧洲及其他地区专业媒体

(1)Fashion TV

(2)《Maglieria italiana》意大利意大利针织女装,含纱线、针织面料及针织女装款式趋势

(3)《COLLEZION》国际流行公报意大利最新时装及成衣发布会图片集锦

(4)《BOOK Moda Uomo》男装意大利最新时装及成衣发布会图片集锦

(5)《BOOK MODA》女装意大利分为成衣和礼服,汇集各个品牌最新时装发布会信息,进行女装流行趋势预测

(6)《SOUS》内衣德国内衣流行及技术

(7)《Woman's Knitware》女装针织趋势法国女装针织流行趋势预测

(8)《International Sportsware》国际运动服装德国最新运动及休闲装信息

(9)《Sport and Street Collezioni》意大利世界各地的街头服装文化及知名品牌设计,展示街头服装和休闲服装流行趋势

(10)《BOOK Sposa》婚纱意大利婚纱图片集锦

(11)《Texitura》印花图案设计西班牙印花图案设计

(12)《VOGUE》多国介绍最新流行的服装、配饰、化妆品、生活理念

(13)《ELLE》多国时尚信息及美食、旅游等生活理念推介

(14)《Marie Claire》多国服装、服饰、化妆、休闲娱乐、饮食家居介绍

(15)《WWD》(每日妇女日报)美国国际最权威时尚资讯

二、专业网站

(一)专业平台

1. 国际专业平台

(1)www. style. com

(2)www. firstview. com

(3)www. vogue. uk. net

(4)www. fashion. net

2. 国内专业平台

(1)www. texnet. com. cn 中国纺织网

(2)www. modechina. net 中国国际服装纺织网

(3)www. suite-dress. com 中国女装网

(4)www. ne365. com 中华内衣网

(5)bbs. 51fashion. com. cn 中华服装论坛

(6)www. uniformchina. com 中国制服网

(7)www. efu. com. cn 中国服装网

(8)www. e-vogue. com. cn E-风尚网

(9)www. cnga. org. cn 中国服装协会网 www. ctei. gov. cn 中纺网络

(二)品牌与媒体网站

1. 国际品牌网站

(1)www. dior. com

(2)www. chanel. com

(3)www. christian-lacroix. fr

(4)www. gucci. com

(5)www. kenzo. com

(6)www. isseymiyake. com

(7)www. giorgioarmani. com

(8)www. escada. com

(9)www. missoni. com

(10)www. gap. com

(11)www. benetton. com

(12)www. sisley. com

(13)www. diesel. com

(14)www. guess. com

(15)www. zara. com

(16)www. leejeans. com

2. 国内品牌网站

(1)www. white-collar. com

(2)www. ochirly. com

(3)www. jnby. com

(4)www. cabbeen. com

3. 媒体网站

(1)www. gq-magazin. de 男性时尚杂志 GQ

(2)www. vogue. co. uk 时尚

(3)www. stratosfera. cz/bazaar 哈泼时尚

(4)www. marieclaire. com 嘉人

(5)www. joseishi. net/vivi 日本时尚杂志《VIVI》

(6)non-no. shueisha. co. jp 日本男性时尚杂志《MEN'S NON-NO》

(7)st. shueisha. co. jp 日本时尚杂志《SEVENTEEN》

(8)www. ellechina. com《世界时装之苑》

(9)www. fashion. cn 时装

(10)www. rayli. com. cn 瑞丽

三、主要展会

(一)面料展会

1. 国际面料展会

(1)法兰克福国际家用纺织品展

地点:德国法兰克福

时间:1月12~15日

(2)国际高科技纺织服装展(Avantex)

地点:德国法兰克福

网站:www. messefrankfurt. com

(3)米兰流行式样面料展

地点:意大利米兰

时间:3月1～3日

(4)第一视觉面料展(Premiere Vision)

地点:法国巴黎

时间:3月9～12日

网站:www. premierevision. com

(5)法国国际面料展览会(Texworld)

地点:法国巴黎拉迪芳斯

网站：www. texworld. messefrank-furt. com

(6)纽约国际时装面料展

地点:美国纽约

时间:4月8～11日

2.国内面料展会

(1)中国国际纺织面辅料博览会

地点:中国北京

时间:3月30～4月1日

(2)香港时装材料展

地点:中国香港

时间:3月21～23日

(二)服装展会

1.国际服装展会

(1)佛罗伦萨国际男装博览会（PITTI UOMO)

地点:意大利佛罗伦萨

时间:1月12～15日

网站:www. pittimmagine. com

(2)国际童装展(Pitte Bimbo)

地点:意大利佛罗伦萨

网站:www. pittimmagine. com

(3)专业女装博览会(CPD Dusseldorf)

地点:德国杜塞尔多夫

网站:www. igedo. com

(4)女装男装博览会（CPD wonman-man)

地点:德国杜塞尔多夫

网站:www. igedo. com

(5)布鲁塞尔女装/男装展

地点:比利时布鲁塞尔

时间:1月23～25日

(6)巴黎国际成衣博览会

地点:法国巴黎

时间:1月28～31日

(7)巴黎高级时装周发布会

地点:法国巴黎

时间:1月23～25日

(8)伦敦服装周

地点:英国伦敦

时间:2月13～17日

(9)美国神奇国际时装展

地点:美国拉斯维加斯

时间:2月14～17日

(10)米兰女装发布会

地点:意大利米兰

时间:2月19月27日

(11)罗马高阳时装发布会

地点:意大利罗马

时间:1月29日～2月1日

(12)巴塞罗那时装周

地点:西班牙巴塞罗那

时间:1月31日～2月6日

2.国内服装展会

(1)中国国际服装服饰博览会

地点:中国北京

时间:3月27～4月3日

(2)香港时装展

地点:中国香港

时间:1月1日—21日

(3)上海时装周

地点:中国上海

时间:4月26日—5月2日

(4)大连时装周

地点:中国大连

时间:8月

（三）皮革裘皮及制品展会

1. 皮革裘皮材料展会
（1）西班牙皮革展
地点：西班牙巴塞罗那
时间：1 月 21～24 日
（2）巴黎皮革展
地点：法国巴黎
时间：3 月 9～10 日
（3）米兰皮草展
地点：意大利米兰
时间：3 月 16～20 日
（4）国际皮革展（MODA PELLE）
地点：意大利佛罗伦萨

网站：www. pittimmagine. com

2. 皮革裘皮制出展会
（1）巴黎国际皮具博览会
地点：法国巴黎
时间：1 月 29～31 日
（2）米兰皮革展/ 米兰国际鞋业博览会
地点：意大利米兰
时间：3 月 19～22 日
（3）法兰克福皮草时装展
地点：德国法兰克福
时间：3 月 9～12 日
（4）纽约鞋展
地点：美国纽约
时间：6 月 8～10 日

第四节　服装市场调研

随着学校教学改革的深入，学生的学习越来越靠近市场，越来越接近现实。市场调查成为设计师能够快速进入市场的方法之一。很多公司会将刚入职的设计师安排在店铺里实习，以便他们能够直接与顾客接触，掌握顾客消费的第一手资料。实习对于设计师的成长是十分必要的。

在服装市场中，各品牌每天的销售额，每月和每季度总结出的销售业绩反映出各品牌定位的准确性，以及产品开发的成功与否。不同品牌在卖场上的陈列与宣传无疑起着当季最新的时尚信息的发布作用。各品牌在卖场上的经营策略，促销手段及销售气氛同样体现着产品与顾客间的沟通和联系。服装市场的信息势必成为各品牌和服装设计师进行决策的重要依据。

一、普遍性市场调查

普遍性市场调查强调的是调查范围和类型的宽泛。目的在于全面地、多角度、多方位地了解市场中的各种问题以及发展。使设计师的思考建立在尽可能客观、及时、全面的基础之上，增加决策或设计的准确性。

普遍是相对而言的，大至世界范围的调查，小到某一个城市的某个区域，甚至某一目标进行调研均可以称为普遍性市场调研。例如，以北京市的服装市场的普遍性调研为例，对于决定在北京进行品牌经营的公司或者来北京发展的设计师及专业人员是十分必要的。

（一）设计路线　制订计划

1. 设计调研路线
按服装经营方式将服装市场划分为服装零售市场和服装批发市场。
按照商场的档次及服装货品档次将服装市场划分为高档、中档、低档。
按服装品牌的产地可将服装市场划分为国际性品牌、国内知名品牌和大众型品牌。

2. 制定可行性计划
先将分类的市场分别确定，并将其地点标明在交通图上。再找出不同经营方式、不同档次、不同品牌类别的代表性市场,或以往调研的空缺市场。然后确定具体调研安排:日期、路线、地点、目的、主要内容、方法、重点等。

实施前的调研准备要充分,尽可能利用各种手段了解调研对象。如果多人参加调研时可以分组进行,目标分工,各负其责,协作互补。

普遍性市场调研一般采取多项内容同时进行的形式。例如,整体服装市场状况、各类服饰市场状况、市场空缺、同类服装不同市场的销售特色和区别、商场特色、促销手段特色、不同档次服装的价格规律等,应力求做到注重实效,相对全面。

(二)调研实施与总结

1. 调研实施

实施调研计划需要掌握好节奏,合理的节奏是有效调研的关键。因此,为了调研目的的实现,应根据实际情况不断调整调研的方式和节奏。

普遍性市场调研的总体目标是追求多角度、全方位、多信息来源。因此不必过分追求细节和过于深入。但也应对发现的问题及时记录,并尽可能地做到及时可靠。而对于一些需要深入了解的细节可以再选择适当的机会进行深入调查。

多人合作的调查形式不仅可以分工合作,而且每个人的看法和特长可以使调研更客观、更全面。

随着调研的深入,必须适时调整原计划,尤其当发现一些有价值的线索时,只要调研的目的不改变,调整内容和形式是允许的。

2. 分析与结论

在普遍性调查基本完成之后,必须对所得到的第一手资料及时进行研究。必须拿出充分的时间共同进行分析整理和归类,找出其中的规律。针对其中的重要内容做出某些判断,弄清问题,达成共识,找出解决方案。

写出书面的调研报告。

最后还需要确认调研的目的是否实现;关于服装市场全局、普遍的大问题是否有了基本的了解;是否存在比较重要的疏漏,是否对存在的问题进行及时补漏等,并且马上将此次建立起来的信息落实到下一步的工作中。

二、主题性市场调研

主题性市场调研是指为了某个综合性问题所做的几个或系列单纯的主题的市场调研。主题性市场调研是最常见的调研形式,具有目的突出、见效快捷的特点。

(一)确立主题与要点

1. 确立主题

以创建一个服装品牌为例,前期的调研是必需的,而且是多种多样的。除了对于当前服装市场进行普遍性调研之外,还需要对于与创建品牌相关的各种问题做到心中有数,分别做系统的主题性市场调研。例如,服装市场定位主题调研。服装市场中哪些产品是不饱和的、缺少的、甚至是稀缺的,其中哪些属于自己有能力、有信心生产和经营的。因为在庞大的服装市场中每一个服装品牌占有的份额都是有限的。成功的品牌都在相对固定的、独到的产品范围之内。准确地把握市场中的一个卖点,即目标市场是成功的前提条件。

此外,应锁定目标消费者,掌握相关信息,想方设法牢牢地抓住属于自己的目标客户——具有在审美情趣、价格心理承受力及对产品认同程度,并且与品牌概念相一致的消费群体,同样需要进行详细的主题调研。

在调研主题确立之后,必须预先提出调研要点,以保证调研目的的完成,利于调研的分工和落实。以上述品牌市场定位为主题的调研为例,其要点如下。

2. 提出要点

(1)同类品牌服装的销售市场调研。了解其成衣产品的一般市场营销状况。

(2)服装榜样品牌的调研。对榜样品牌的产品结构设计、样式设计、价格、换季产品上柜时间、营销策略及特点、货场陈列特点等均应作长期的跟踪调研。

(3)服装竞争品牌的调研。如同对待榜样品牌,做全方位、长期的跟踪调研。

(4)服装换季产品设计之前的相关问题调研。

(5)本品牌的目标销售地的服装流行趋势调研。

(6)服装面、辅料市场调研等。

(二)调研注意事项

1. 主题调研一般要求

(1)调研榜样品牌时,应详细记录该季整盘货的数量种类和款式色彩,上市时间及销售情况等,只有翔实才有意义。

(2)长期跟踪式调研的时间安排应特别注意合理性和科学性,不要错过产品换季或上货的最佳时间。

(3)面、辅料市场调研时不必仅限于面、辅料市场,应扩大选择的范围和信息渠道。

(4)调研流行趋势是对自己品牌之外的服装服饰细节风格进行较深入地了解,以获得对该季流行较为全面的认识,从而得到可信的结论。

(5)根据调研内容的不同,方法也有所区别,有时要采用一些特殊办法,目的是为了所获得信息的准确和翔实。

2. 辅助调研与理性思考

(1)主题性市场调研的范围主要在市场中进行,但必须有相关联的因素与内容的辅助调研作研究参考,保证主题性信息的多角度和多层面,使结论更可信、更准确。

(2)值得注意的是,在市场调研中,感性认识比较多,需要理性的思考和飞跃。特别是有些数据也可能会带有欺骗性和不可靠成分。因而,在市场多变的综合因素中,正确科学的方法和调研的持续性是获得准确信息的有力保证。

市场是客观的,具有检验作用。市场又是多变而无情的,有时置身其中会茫然不知所措。市场调研是把握市场的方法之一,在市场调研中可以获得很多书本上得不到的信息和数据。因此作为不断学习的服装人,市场调研是必不可少的功课,而且需要进行多主题、多形式、经常性的探讨。

第五章 传统服饰精粹

第一节 中国历代服饰经典

中国素有"衣冠王国"之美称。几千年来,随着朝代的更迭,我国服饰的演变多姿多彩,变化万千。然而,中国历代服饰具有的共性以及变化的规律性是显而易见的,即通过单一"平面结构"所体现的统一的风貌和利用无穷的"衣缘变化"体现了中国各个历史时期服装的丰富形式和不同风格。

"平面结构"是指服装结构的属性。平面结构的服装以放置时完全展平为特性,是相对于"立体结构"而言的。"衣缘变化"是指在服装边缘缝制的条状边饰的种种变化。"平面"加"衣缘"基本构成了中国传统服饰。"平面"加"衣缘"蕴涵着中华民族深厚的文化底蕴。

一、"平面结构"确立"以形传神"审美准则

(一)"平面结构"合乎服装内整体功能性要求

中国服饰受到儒家思想、佛教的深刻影响,强调穿着者与社会环境、服装与穿着者以及服装本身的和谐与统一,讲究"天人合一"的理念。在服饰造型上,形成了东方的包缠型服饰,具有博大、儒雅的风格特征。受到这些因素的影响,中国服饰的造型一直保持着平面造型的方式,直到近代受到西方服饰的造型影响才开始出现三维造型取向。

崇尚整体功能性是中国传统美学的根本特点。中国人向来认为整体的概念并非各部分相加,而是有机关联不可分割。因此,中国一向将所有事物的认知给予整体功能的把握,从功能开始,至功能告终。大至宇宙天地,以阴阳八卦、五行把握其相互关系,运转循环。小至个人的感受,中医从不将局部病痛视为局部问题,采取局部处理,而是望、闻、问、切,从气血、经络、内外、虚实辨证施治。

对于表现、服务于人的服装中国人自然也是给予整体功能性的把握。因为人是不可分割的整体,外形虽然有躯干和四肢,但是其情感,其行、动、坐、卧的姿态都是整体的,联系的。所以服装的整体功能性首先表现在其形的整体性上。服装附着于人体时如同包裹,可以将身躯连同四肢包容,衣身和衣袖没有分离的必要,这种整体的包容使整件衣服看似浑然一体,舒展贯通。

服装功能的整体性还表现在当人体在静止和运动等不同的状态下都能整体地、各部位协同一致保持着服装状态相对的稳定性。平面结构服装因其衣身和衣袖相连,平展关系为 T 形,必然存有充分的放松量,所以穿着舒适。另外,平面结构服装双肩下方必然出现的细褶也可视为储备松量,当人体运动时,不仅衣服的放松量给予一般动作足够的允许量,而且整个服装平顺互通,极易牵动,保持特有的协调连动性。服装与人随身随意,甚至只需携其领,便可将整件衣服自然提起,如同纲举目张。先人用"提纲挈领"寓意抓住关键部位牵动全部之道理,将千孔渔网

与细绳和宽衣大袖袍服与领子的关系相喻相比,相提并论,足见中国传统服饰之整体感。

(二)"平面结构"宛如天成的完美性

平面结构服装既实现了面料功能的整体性,又达到了视觉的完整性。因此,追求服装的完整美,以服装的完整形式为最佳形式是中国美学传统将一切事物认知给予整体功能把握的必然结果。

平面结构服装的裁片在缝制之前被平展于台上时,其前身以及左、右袖片完全是相连相通的,只需剪襟挖领。因此,在完成缝制后的服装表面几乎看不到缝合的痕迹。整件衣服赖以成型的缝迹不仅减到最少,而且其位置也极其隐蔽。袍、袄的缝迹仅仅两条,位于躯体左右,各从袖底,经腋窝,至身侧贯穿相连。当服装平展时,此线迹与折线重合,为不可见位置;当服装穿着人体时,此线迹恰巧被垂下的双臂所遮挡,使服装得以表现出最大程度的完美。下裳的结构意图亦如此,当裤子被穿着时,其上裆缝迹可以被上衣所遮盖,下裆缝迹位于两腿内侧,被两条腿互遮互掩,并不显眼;裙子线迹、开口均采取掩于"马面褶"内的处理方式,丝毫不会显现出来。

在平面结构服装上从不收省道,以"推"、"归"、"拔"、"烫"辅助造型。在需要拼接之处,"花"必对整,"团"必对圆。例如,受面料幅面宽度限制,在服装对应人体的上臂处必然出现一条缝合线,在此类必须保留的缝合线处往往都缚以花边掩饰。带有团纹的服装更为讲究,团花无论大小,必须居中对称,因此,在开襟处(无论对襟、偏襟)系好扣袢时团纹必须完整呈圆,彰显突出,弱化所有结构分割。

中国人恪守平面结构意在追求服装上少见的缝迹,或者在视觉印象中不见缝迹,最大限度地除去了缺憾,去除了人为穿凿之痕迹,体现出一种完整之美,成熟之美。古人常以"天衣无缝"一词形容事物的完美,可见中国

传统审美之一斑。

穿着平面结构服装可以不露肌肤,不伤风化,注重以服装之型衬托出的人之精、气、神。了解人之体态姿势,人之容貌仪表,而并非集中注视其胸、腰、臀、腿。平面结构服装客观上使人的体貌的表现被极力弱化,使"型质次之"有了形式上的保证,使"以行传神"有了得以实现的最大可能。

二、衣褖变化引发历代 服饰万千风貌

(一)衣褖的概念及称谓

1.衣褖

"褖",(音 tuàn,四声)《辞源》中被解释为"衣服边缘的装饰"。

2.褖衣

《辞源》中解释:有"褖"之衣被称为"褖衣"。在中国传统服饰中,所有正规服装皆为"褖衣"。褖衣有时特指王后之礼服。(六服之一,又作缘衣)

3.衣褖的多种称谓

在中国古代文字中,对衣褖的规定和记录是十分详细的,同样为"褖"而称谓不同的词汇很多,而且有时候不仅不同衣物种类中的"褖"的名称不同,甚至在同一件衣服上不同部位的"褖边"也有不同的称谓。

(二)结构与标识属性决定衣褖生命不衰

1.衣褖的结构属性

在传统服装边缘处需要敷放"贴边",以达到整齐和定型的目的。制作精良的中国传统服装依靠或宽、或窄的贴边,使服装的边缘处处呈规矩,要直则笔直挺括,要曲则波形自然,呈方则方方正正,呈圆则圆圆顺顺。"贴边"不仅可以使各处衣边平服整齐,而且结实耐用。因此,贴敷于服装各边缘部位的"贴边"

是服装的基本组成部分,具有结构的属性。

贴边有两种形式,附于衣服边缘表面的为外贴边,附于衣服边缘里面的为内贴边。内、外贴边均兼具功能性和装饰性,不过各有侧重,均可以被称为"衣褖"。

中国传统衣领实为衣边的重要组成部分。衣领与衣边不可分割,衣领即外贴边,有时仅为特殊形式的外缘边而已。

传统服饰的衣袖的袖口处肯定也有贴边,有贴边的袖口方具有结实耐磨、方便出手的使用功能,当袖边为外贴边形式,其宽窄、工艺与其他部位的衣边相统一,与领边相呼应。

中国传统服饰的下摆边缘更不可以无衣边,若实现衣下垂后摆成水平状(如秦袍等),或呈曲裾缠绕状(周汉深衣),都必须敷放衣边令其规范。更何况衣摆直接与衣襟相连接,因此,摆部衣边也与襟部衣边连续不断。

为行动方便,在中国传统服装中开衩是常见的结构。开衩与衣摆相连,无论为了开衩定型,还是为了摆边的完整,开衩部分的边缘处理必然与衣摆相一致,自然也必然有贴边存在。

2. 衣褖的标识属性

褖衣因为衣褖而完成了结构的和审美的完整性,成为正装。换言之,在中国历代服饰中,正装不可能无衣褖,而且衣褖的程式化恰好为褖衣的标识作用提供了合理的形式。按照人的阶层等级,服装的衣褖有严格的色彩、面料,甚至宽窄、数量的规定。清代的皇族坎肩、长袍上衣褖之多,素有"十八镶"之俗称,而一般百姓礼服的衣褖,不过整齐美观而已,只在婚嫁等场合才享有一些特准。

结构与标识属性决定了衣褖存在的必然性。

(三)衣褖的简单易行衍生样式变化万千

1. 衣褖形式及组合

衣褖的形式极为简单,仅表现为衣服边

缘处相续相接的一条线饰而已。

衣褖的工艺亦极为简单,即将"贴边"布裁成等宽的正斜(45°)条布,或裁成与衣服边缘形状相符合的布条,拼接折烫,使其平服,然后纤缝固定即可。

衣褖因细微变化实现其形式分类。例如,绲边、单包边、双包边、倒扳边、明墩边、倒扳宽边、牙子、条、水路、二道边和花裹镶(花果香)等。衣褖的种种形式如同镶边的种种词汇,各具风格,各有特点。衣褖有宽、有窄,宽则醒目坦然,窄则纤细秀美。褖边有立体之趣,也有平展之美。褖边中的"明墩边"有力度,"倒扳边"显得平服;"边"与"条"压在衣服上较凸显,"水路"则较低矮;立体的"绲边"成圆辊,纤弱的"牙子"呈铁线状,"条"生存于"水路"与衣片之间或游离于两道"水路"之间。

在中国传统服装中,衣褖往往以组合形式出现。在组合中以对比为手段,不仅实现了生动丰富的装饰效果,而且体现出节奏和韵律,体现出细腻的工艺感、层次美和高品质。例如,"倒扳边"加"牙子"实现了宽与窄的对比。又如,"绲边"之饱满用于平展的饰边两侧,所形成的"花果香"正是典型的镶边组合形式。

从"水路"的字义理解,不仅其形式处于略高于衣身之上的"边"与"条"之间,"水路"相对低矮,形似河床渠道,又因水而隔离"边"、"条"之意,而且"水路"出必有生机,有水而道,遇水则活,褖边因"水路"形成的呼应与贯通之生机深得人感悟。衣褖有多色搭配又不失呼应协调,在镶"边"与"条"之间,无论色彩如何对立,露出的条状"水路"在人们的视觉印象中也是一道"边"或"条",已有事半功倍之效。"水路"无论宽、窄也起到了隔离"边"与"条"的作用,而且与衣身的颜色与质感形成呼应。

其组合之美感丰富而颇具层次,美而有趣。不同形式、不同性格、不同工艺的边、条、牙子、水路等结合搭配,随心所欲便如同信手拈来,不难想见由于组合形成的宽窄、强弱、高低、辊平之对比可以何等丰富!

2. 衣襟色彩、材质、工艺与组合

衣襟设计中更为重要的是通过对色彩的色相、明度、纯度的选择，对应于宽、窄形式（条、边、牙子等）的选择，使衣襟之间、衣襟与襟衣之间达到色彩平衡与整体平衡；其次，通过对衣襟材料的选择，使各种对比增加了层次感；通过衣襟的绣花、盘条、镶嵌等工艺的选择使各种对比又添情趣和精致感。

在中国历代传统服饰中，襟衣基本材料为丝织品。由细而柔软的桑蚕丝织造出的各种材料，有轻薄飘逸的纱类，细腻滑爽的纺、绸类，斜纹的绫类，起细褶的绉类，透露孔的罗类，带不同光泽亮度的缎类，有小提花的葛类，用各色线织成的织锦，呈现不同形式和光亮的绒类等，从薄到厚、各种质地的丝织物应有尽有。常用于襟衣的材料为各种绸、缎，适合做襟边的材料也有缎类、绒类、织锦及金、银织物。缎料以光泽为特点，绒料以浓郁的色泽为特点；织锦可以代替刺绣工艺，以纹样为特色；带有金、银丝的织物上的金属光泽更显华贵。服装材料与襟边材料之间所形成的对比通过质地、光泽、薄厚、浓淡等因素，加之襟边形式及宽度，表现出变化丰富多彩，无尽无穷。

丝织品的色彩饱和度是最好的，各种颜色的彩度表现充分，各种质地的襟边呈现出的色彩又可以使其与服装材料及色彩形成的对比千差万别，风格迥然不同。

衣襟边上施以装饰工艺会使千变万化的襟衣样式锦上添花，更具装饰美感，显示尊贵。

3. 打破程式与机缘巧合

衣襟的程式化与规则并非不可以打破、改变，当遇到问题时，视问题为机缘而取"巧"，才能更好地表现工艺的完整性。例如，当衣襟盘绕（如，领围处）、转弯（如，曲线大襟襟头处）、转折（如，襟摆转折处）、停顿（如，端头、系扣处）等种种变化为工艺处理增加了难题。但是传统工艺以宝剑头、云头、万字盘肠、蝴蝶、花卉、葡萄等吉祥纹样、托领、花袢等装饰于关键部位，与衣襟相接相续，浑然一体。

中国传统服饰依靠衣襟和襟衣的种种"机缘巧合"的工艺形式完成了服装上的点、线、面合理组合，并引导着视觉走向，有时舒缓，有时使目光聚焦，平衡之美油然而生。

（四）衣襟的线性艺术审美趋向

1. 线性艺术特质

衣襟的线性表征是十分明朗的。在襟衣上，正是依靠衣襟构筑的线性装饰，才呈现出特有的东方艺术魅力，体现着东方人的安静稳重。由于衣襟的吸引力，降低了对着装者形体的注意力，从而表达了东方人追求内敛和细微的趣味。

运用线作为手段实现平面装饰之美，是中国人最擅长、最得力的手段，是中国美学代表性特质之一。例如，传统的书法为线性结构原则，中国的绘画也是线最具表现力的艺术形式。以线钩形，以线为饰。中国音乐的民乐曲中存在着大量的五声音调和基础的装饰性旋律线。"以字行腔"，抑扬顿挫，随心所欲。古琴演奏素有追求"半在吟柔"之美。京剧的人物做派由梅兰芳大师总结为"移步，不移行"，旦角人物以小碎步形式把轻盈端庄的线性移动表现出来。正如法国音乐家达里•埃卢描述的中国音乐，"它是一条光滑的、色彩斑斓的丝线。它不引人注目地、一起一落地被从线轴上抽出，但它的每一毫米都表现为一个充满感受和印象的世界。"

2. 衣襟——襟衣之脉

在中国传统文化中，线性之生命力往往被称为"脉"。高山成脉，绵延不绝；大川成脉，湍流不息；山石内部，矿脉纵横；地表之下，水脉遍布；植物有叶脉，动物有血脉；经络存在于人们看不到的身体中；在浩瀚的大洋中，有规律运行的洋流，在空灵的空气中有气流的变化；大千世界里，种种脉蕴藏着循环的生命，带来无穷的生机与变化。

衣襟在平面结构和中国传统服饰上，平面铺构，起承转合，亦如衣之脉，点划出服饰的灵气,并给予其无限生机。

衣袼沿服装边缘而生,顺服装结构而行,连续贯通,一气呵成。当人着装时,衣袼似一条或一组流畅的线,绕颈、依胸、顺襟、凭摆,一波三折,一泻而下,又戛然而止。每条线都有创造、有变革、有个性,并非僵硬的重复和程式。衣袼在服装上承担着引导视线,表现变化,打破呆板,体现活泼动感的重要作用。

中国服饰中的"平面"加"衣缘"如同中国宴席餐桌上的一双筷子,虽不及西式大餐中的餐具复杂多样、配套齐备,甚至充满戏剧性的变化,但是,它们相辅相成,和谐自然,得心应手,以不变应万变。"平面"加"衣缘"支撑着中国服饰的基本架构。

三、中国历代典型服装

中国服饰独特的服装造型,是东方服饰的典型。在世界服装舞台上具有不可替代的代表性。

中国服装从形成初期,统治者就把它当成一种政治工具,纳入到"礼"的范畴。森严的等级观念一直伴随着中国服饰的发展,沿袭到近代。

近些年,随着东方影响的不断扩大,越来越多的西方设计师开始借鉴东方元素。所以,熟悉中国历史服饰对于的时尚服装设计师是十分重要的。

(一)先秦时期(公元前 221 年以前)

先秦时期服装受到原始奴隶社会的等级次序、原始宗教以及诸子百家思想的影响。在此时期,上衣、下裳和深衣的服饰形制均已出现。夏、商、周时期奴隶主统治阶级界定了严格的"礼"制,从此历代统治阶级的服装纹龙绣凤,冠冕堂皇。先秦时期的服饰奠定了中国几千年的服装基本造型。

楚国女子曲裾深衣

男子服饰

商周窄袖织纹衣

窄袖深衣

（二）秦汉时期（公元前 221～公元 220 年）

秦汉时期的服装继承了楚汉的浪漫主义遗风。此时期，染织工艺得到了飞跃的发展，尤其汉代的服装质量得以很大提高。考古挖掘这一时期的服饰面料做工精良，且织、绣精美的装饰花纹。服装形制上仍以深衣、襦裙为主，以袍为贵，并有直裾袍和曲裾袍之分。秦汉服装穿着讲究层次美，造型繁复。

秦汉盔甲

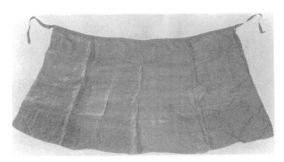

汉代女裙

秦汉帝王冕服

汉代女子襦裙复原图

直裾锦袍

（三）魏晋南北朝时期（公元220～589年）

　　魏晋南北朝时期的社会处于政治、经济、文化的激烈动荡之中。连年的征战使各族人民四处迁徙，形成了各民族之间相互交融的机会，整个社会出现了民族大融合的趋势。该时期服饰为隋唐服装的高度发展奠定了基础。

杂裾垂髾服和帔

漆纱笼巾和大袖衫

裤褶服

　　在思想意识方面，魏晋玄学提倡"罢黜百家，独尊儒术"。从而反映到服装上，清淡、超然成为该时期男子服饰中一种重要的风格。著名的"竹林七贤"装束即是典型代表。

佛教于西汉末年传入中国,后开始流行,发展很快。佛教艺术风格使此时期的服装开始出现具有西域特色的装饰纹样等。现存的洞窟壁画、佛像雕塑及人物画像的服饰是典型代表。

该时期男子多着衫子,女子服饰多为衫、袄、襦裙、深衣、帔。裲裆和裤褶为男女共同穿着的服饰。

(四)隋唐时期(公元 589～907 年)

隋唐时期是中国封建历史的鼎盛时期。同时也是服装发展的极致阶段。国力的昌盛,思想文化意识的开放,使唐代服装以博大、坦荡而开放的心态吸纳了来自各方的影响,从而形成了繁盛的服装胜景。隋唐时期有中国历史上绝无仅有的袒胸露臂的装束,也有北方胡人的服饰流行。服饰的繁复、开放和奢华都达到了空前的程度,留给后人丰富的文化艺术遗产。

该时期男子多着右衽圆领袍衫,领、袖、襟有缘边,袖有宽、窄之分,腰间束带,足着靴,头戴幞头。缺胯袍为当时男子特色服饰。女子装束不外乎三种。

右衽圆领袍衫和幞头

1. 襦裙服
襦裙服包括衫、披帛和半臂。

襦裙服

2. 男装样式
男装样式盛行于开元天宝年间。

3. 胡服样式

胡服

胡服包括浑脱帽、紧身翻领窄袖长袍、长

裤和高勒革靴。

（五）宋辽金元时期（公元960～1368年）

从宋代开始,中国的封建社会开始由盛转衰。宋朝的统治者受到理学及禅宗思想的影响,服饰风尚趋于拘谨、质朴。同时,北方少数民族逐渐强大并建立了巩固的统治政权,最后蒙古族建立了中国历史上疆域最辽阔的元王朝。这一时期少数民族的入侵,对汉族服饰产生了一定的影响。

宋代男子多穿襕衫、襦、袄、背子、裘衣、幅巾;女子服装为襦、袄、衫、背子、半臂、背心、抹胸、裹肚、裙、裤等。

辽金元时期,少数民族服装盛行,左衽长袍、辫线袄（窄袖袍）、瓦楞帽、姑姑冠均为少数民族特色服饰。

宋代帝王女服

宋代男子直脚幞头、袍衫、革带

宋代背子

宋代男子服饰和方心曲领

元金搭子暖帽

辫线袄元代（1271—1368）

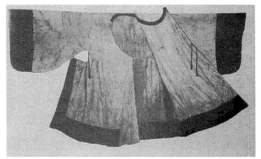

圆领大袖衫

交领织金锦袍

背子

（六）明代（公元 1368～1644 年）

明朝建立政权后，开始恢复汉制，重新沿袭汉唐的服饰制度，并加以发展，使之具有更加森严的等级性特征。明代女性服装更加趋向保守，外罩衫加长，体现出淡雅朴素的风格。

男子主要穿着袍、裙、短衣、罩甲等；女子多穿衫、袄、帔子、背子、比甲、裙子等。水田衣（百家衣）为当时的特色服装。

比甲

补服与幞头

水田衣

补服

霞帔

马褂

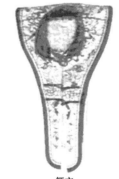

领衣

（七）清代（公元 1616～1911 年）

清代是中国封建历史的最后一个朝代，同时也是少数民族建立的统治政权。在服装上体现出满、汉文化交融，独具特色。服饰的装饰、点缀越来越繁复。通过镶、滚、彩绣等工艺使清代服饰表现出繁缛的装饰风格。

女子袍服

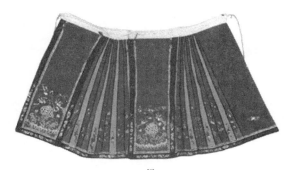

裙

裤

多层滚边琵琶襟坎肩

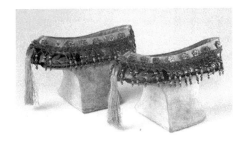

花盆底鞋

镶宽边旗袍

(八)民国时期(公元 1911～1949 年)

辛亥革命推翻封建王朝统治,西方的生活方式、服饰文化随即深入中国人的日常生活。中国的服饰在清朝服饰的基础上,结合西方服饰的造型,开始向现代服饰发展。最典型的代表当属旗袍和中山装。整体服饰开始同世界逐渐接轨,步入现代服饰的行列中。

男子服饰大致可分为八类:

1. 公务员、中年人

长袍、马褂、头戴瓜皮帽,下穿中式裤,布鞋或棉靴、裤有造型宽窄和扎带方式的变化。

2. 青年、洋务者

青年人和洋务者多穿西服革履,戴礼帽。

3. 学生、资产阶级

学生和资产阶级多穿直立领、胸前一口袋的制服。

4. 进步人士

进步人士多穿日本制服和欧洲西服派生样式的服装。

5. 中山装

中山装是基于学生装加以改革,立式翻折领,前襟四个口袋、五粒扣,袖口三粒扣。

6. 成功男性

成功男性多穿长袍,配西裤,着礼帽、皮鞋。

7. 民间百姓

民间百姓多上着袄、衫,下着裤。

8. 军警服

北洋军阀时期,直、皖、奉三系英式军服装束。

女子着袄、裙或旗袍,外罩斗篷或大衣。上海青楼女子、明星喜着较时髦的西式时装、西式连衣裙。年轻姑娘、劳动妇女穿着多为上衣配下裤。

中式袄裤和礼帽

中山装

军礼服

第二节 西方历代服饰经典

一、西方张扬的艺术特质

(一)西方诸艺术主题——表现人之力量

表现人的力量是西方诸艺术的主题。意大利最伟大的艺术家米开朗基罗在充满信念和正义感的雕塑中,创造出真正男人和女人的形象,这些形象在生活中找不到。无论动态和比例。米开朗基罗的杰作不是简单的写实与复制,而是通过抓住人体各部位的特点及相互关系,有意识地朝着一个方向改变,将

其主要特征加以张扬,将自己的主观意念表现在创作之中。放在佛罗伦萨梅提契墓上的四个雕像,年轻美貌的女子衣着华丽,双目发光;蛮气十足的乡下人肌肉结实,体魄健壮,特别是弯向前方的上半身被拉长的肢体和躯干表现得淋漓尽致;肩膀上堆满的重重叠叠的肌肉与背上的筋腱扭成一团,"像一条拉得太紧,快要折断的铁索一般紧张"。凹陷的眼眶和额上的皱痕像攒眉的雄狮。米开朗基罗在梅提契庙堂上陈列了激愤的英雄和心情悲痛的巨人式的处女,他们不断地感动着所有见到他们的人们,焕发着永恒的魅力。米开朗基罗的杰作是欧洲艺术的代表,不仅在雕

塑艺术中成为典范，杰出的法国历史学家兼评论家丹纳以其雕塑作为典型范例来说明西方艺术的定义，即以人为本，人是独立于客体之外的主体，人为万物之主宰。因此，人的反抗，人的力量一直是西方艺术所表现的主题。在西方的艺术之中，无论建筑、音乐、雕塑、绘画、诗歌作品和服饰，每一件作品在表现某个主要特征时，所用的方法总是一个由许多部分组成的总体，而各部分之间的关系由艺术家主观进行设置或依据某一自然规律配合而成。

远在古希腊，青年人在练身场地上角斗、跳跃、拳击、赛跑、掷铁饼，练就了最结实、最灵活、最健美的身体。在人们眼中，最优秀的人物是具有最优良的血统，身体比例最匀称的，他们应身手矫健、擅长运动，他们是斗士，是最优秀的运动员。运动英雄被雕塑成永恒的雕像，在雕像中这些有名或无名的英雄健美的身材是最理想的，在他们隆起的肌肉和优美的姿态中似乎可以使人们感觉到他的呼吸和脉动，他们永远焕发着生命的活力成为不可战胜的神话。体育锻炼改变了古希腊人的羞耻心，并且建立起独特的审美习惯。

（二）西方服饰艺术根本——创造完美人体

创造完美人体是西方服饰艺术根本。西方古代的服装文明是伴随着这样的审美而产生的、延续的。表现在服装历史中最为典型的、最为辉煌的成就往往与如此的审美发展同步，并且不断完善。在漫长的西方文明中，对于这样的审美表现或揭示延绵长久，遭受压抑和打击则是短暂的，无论当时如何猛烈，最终还是会被打压和放弃，而且会激起后来者对古希腊文明更加强烈的向往和追随。西方服装的变化是戏剧性的、癫狂式的，每个阶段从内容到形式具有极为显著的个性特征。从变化如此之巨大的特征中也可以看到西方对于人性的张扬。西方以"戏剧人生"著称，不同于中国式的"梦幻人生"的憧憬，不同于中国"天人合一"的和谐自然观。西方人以人在自然中英雄式的悲悯、强悍斗志而征服和主宰万物的崇高精神为审美追求。

二、西方历代服饰艺术价值

（一）第一文明的光辉

在西方文明中，按照人体价值的等级可以决定表现人体的艺术品的等级，即一切条件都相等时，作品的价值取决于有益于人体特征表现完美的程度。西方艺术评论家将古埃及、古希腊、古罗马推崇为第一文明期。将文艺复兴赞誉为又一艺术高峰。试看其理由在服装上的反映又是怎样的呢？

在西方文明的第一辉煌中，古代埃及的服饰并不是将身体全部包裹在整齐的褶裥中，而是露出臂膀甚至胸腰，形成自然体态之美，其发饰和夸张的化妆将人的眉目和嘴唇表现得理想而生动。

古希腊的人通过锻炼达到身体比例的均匀，甚至通过"种马"的制度淘汰和扼杀弱者和丑陋。他们的服装宽大随意，似乎可以随时脱下来，展示他们强壮的肌肉和匀称的体型。普利纳说："全身赤露是希腊人特有的习惯"。

克里特岛上的人所追求的审美价值与古希腊人相同，衣着对于他们只是一种松松散散的附属品。他们将腰部用皮带和铜环束得紧紧的，使男人的胸背和大腿上的肌腱在对比中显得更加强壮；女人们将双乳露在外面，在束紧的腰线之上，使女人的体态特征更为丰满而且健美。

古罗马延续了古希腊的服饰审美，而且发展了礼仪和文明。古罗马文明一直被西方文化和艺术所推崇。

（二）病态的禁欲时代

西方的中世纪是动荡的，复杂的。基督教所强调的禁欲主义首先使人远离化妆，视化妆为亵渎行为。女性应尽可能地表现青春的本色和贞洁的情操。当然，服装把人的身体围裹得严严实实。在拜占庭时代，皇室中盛行精美的纺织品和奢华的装束，但是遮盖的特征是显而易见的。在500年前，由于人们普遍以复杂的衣着隐蔽自己，使身体不再暴露，致使艺术家也只能临摹前代大师人物题材的作品，久而久之画中的人手脚僵硬，仿佛是断裂的，衣褶像木头的裂痕。人物像傀儡，一双眼睛占满可见的整个脸。此时的艺术绘画和雕像中表现的人物往往也是瘦弱细小，精神恍惚，带着温柔抑郁的修道院气息或神情若定的光辉。此时的服装成为这种精神最适合的陪衬。在众多西方艺术评论家眼中，艺术到了这等田地，真的病入膏肓，行将就木了。

（三）人文主义辉煌

历史进入文艺复兴时代，情况则大不一样。罗马的文明、艺术、文学、科学的复兴，人文主义的复苏，强调美好的比例，以及对于人体美的追寻热情，超越了以往的任何时代。艺术家在绘画和雕塑中创造出鲜活的形象。艺术家的创作冲动使作品更具戏剧性特征。同时代的服装也是如此。为了展现更为完美的身体比例，在不再强调裸露的文明时代，当合体造型不能满足审美要求时，只有使用大量密集的衣褶使布料膨胀而醒目。因此，仔细看来，但凡使用褶皱之处都是人体的夸张之处。例如，乳胸、大腿、臀部、肩膀等。

"切口"的使用在西方服装中是独特的。因为这种发明是与其目的相互关联的，所以并非东方人不能。"切口"的位置也是起着夸张身体某一部位的作用，因此，切口常常被用于男人的大腿对应的短裤、或者女人的上臂对应的袖管等。

为了造型，最有效的方法莫过于使用对比的手段。通过裙撑的使用和束紧腰线的紧身胸衣的对比，使整体的女装创造出蜂腰、丰乳和硕大的臀部。局部的造型方法也是利用对比产生显著的造型效果。例如，把上臂对应的服装部位的褶皱夸张蓬松，而小臂对应的服装部位则帖服束紧，以展现胳膊健美之型。这正是"羊腿袖"始终不衰的原因所在。又如，男性下装中最典型的样式是紧束着的小腿的长袜配短裤或裙，一张一弛的对比也是对于健美的臀大肌和有力的小腿最好的表现。

对比手段不仅仅被用于造型，材料的使用也非常注重强烈对比效果。例如，最常见的面料为条绒、蕾丝、毛织物、纱料。在服装造型中，材质的薄、厚、软、硬、光泽等在对比中必然形成鲜明的个性特征，而且层次分明，趣味丰富。

服装的装饰效果也由对比产生，亮金扣、大宝石、卷曲的假发、五彩大羽毛、发光的缎带、崭亮的靴鞋、珠片小包等不仅仅将女人装扮得性感、妩媚，甚至巴洛克时期男人的装束比女人的更加花哨，更加细腻。男人们再配上娘娘腔，娇艳无比，透射出戏剧人生的西方风格。

三、西方历代经典服饰

欧洲文明起源于两河流域文明。古希腊文明尤其崇尚健康的人体美，以服装衬托人体的曲线美。这一理念一直伴随着欧洲服装发展的进程。欧洲的服饰从古代的包缠型服饰到近代的撑箍裙、紧身胸衣造型，都是围绕着塑造和体现人体美发展的，到近代形成了三维造型的服饰形象，并对当代世界服饰产生了深远的影响。

（一）古代时期服饰

1. 古埃及（公元前3200～公元前525年）

埃及低纬度的地理位置和炎热的气候条件决定了其服装造型都非常简单，服装结构属于包缠型。埃及人的服装善用亚麻布料。当时，亚麻布十分珍贵，服装则成为身份、地位的象征。奴隶没有像样的衣服穿用。该时期最具代表性的服装是 Sheath Dress（鞘式长衣）、Loin Cloth（腰衣）、Wraparound Skirt（包缠裙）。

Sheath Dress

Wraparound Skirt

2. 古巴比伦（公元前 19～公元前 6 年）

古老的幼发拉底河和底格里斯河的中下游地带，是古巴比伦文明生息和繁衍的地区，或称美索布达米亚。古巴比伦人同样穿着款式简单的包缠式服饰。从其雕刻、墓葬遗物中反映出服装中丰富的衣褶，呈现出独特的风格。

3. 古希腊（公元前 2900～公元前 300 年）

公元前 5 世纪中叶到公元前 4 世纪中叶，是古希腊经济、政治、文化的鼎盛期。希腊人天性喜好运动，经常举行盛大的运动会，运动员们喜欢裸体参赛，并炫耀肌体的健美。这一时期服装的等级标识作用相对淡薄，流传至今的希腊雕塑上，服装有时只是大量的布堆砌在优美的人体上作为衬托。

包缠型是该时期服装造型特点。布料在人体上自然垂下形成柔和、轻松、线条流畅的褶裥，在地中海耀眼的阳光下随着人体的曲线和运动形成不断变幻的暗影，具有独特的美。服装面料基本上是素色的，但在其边缘织有色线装饰。该时期最具有代表性的服装是 Ionic Chiton（贴身麻织筒衣）、Doric Chiton（贴身无袖毛织衣）、Himation（披风）、Chlamys（小斗篷）和 Tunic（小筒裙）。

Doric Chiton

Ionic Chiton

Doric Chiton 和 Himation

Toga

Chlamys 和 Tunic

Palla 和 Stola

4. 古罗马(公元前 1000~公元前 395 年)

公元前 3 世纪,罗马统一意大利,建立了庞大的奴隶制帝国。希腊被并入罗马的版图。罗马人虽然在武力上征服了希腊,在文化方面却拜倒在希腊人的脚下。古罗马继承了希腊的各种文化、艺术、思想,包括服装造型。同时,古罗马的服装成为统治阶级的工具,具有相当强烈的等级标志性。

该时期最具有代表性的服装是 Toga(毛织缠裹外衣)、Tunic(小筒裙)、Stola(贴身筒衣)、Palla(小斗篷)。

(二)中世纪时期服饰

1. 拜占庭时期(395~1453 年)

公元 395 年,东、西罗马帝国正式分裂。东罗马帝国也称拜占庭帝国,定都伊斯坦布尔,即今天的君士坦丁堡。其大部分领地位于欧洲之外,所以有着明显的近东特色。拜占庭帝国更多地继承了希腊的文化。

该时期最具代表性的服装是 Dalmatica(长衣)、Pallium(外衣)、Lorum(带状饰物)、Paludamentum(斗篷)、Tunic(筒衣)、Veil

（面纱）、Hose（筒袜）。

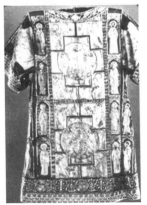

Dalmatica

Pallium

Palludamentum

Hose

2. 哥特式时期（13～15 世纪）

哥特式（Gothic，法语称 Gothique）是文艺复兴时期意大利人对中世纪建筑等美术样式的贬称，含有"野蛮的"意思，词语源自日耳曼的歌特族（Goth）。

哥特式建筑采用线条轻快的尖形拱券，形成挺秀的尖塔，轻盈通透的飞扶壁，修长的立柱或簇柱，以及彩色玻璃镶嵌花窗。当时的欧洲处于黑暗的中世纪时期，掌权的封建教会倡导人们禁欲、消极遁世。哥特式建筑在视觉上给人一种向上升华、天国神秘的幻觉。强调垂直线和锐角为其特征，与当时笼罩整个欧洲的宗教气氛相融合，当时所建造的大量教堂都是哥特式建筑的代表作。哥特式建筑艺术在历史上占有很重要的地位。

受到建筑风格的影响，服装造型开始从原来的两片式披挂在人体上，通过缠裹形式，向塑造人体的前、后及侧面的造型发展。服装的裁剪方法上有了重大的突破，省道（dart）出现了，实现了服装上的胸腰差，令其合体，确立了后来西方服装的三维空间构成

的造型基础。与哥特式服装配套的鞋子、帽子的造型同样是尖尖的、细细的。

该时期最具代表性的服装有 Cotte（男女同型筒形外衣）、Cotardie（袒肩收腰长裙）、Pourpoint（绗缝夹棉短上衣）、Houppelande（V 领装饰性筒形外衣）和 Mantle（斗篷）、Liripipium（风帽）。

Pourpoint 和 Liripipium

Slashed Sleeves

Mantle

Houppelande

（三）十五至十八世纪服饰

1. 文艺复兴（14～16 世纪）

14～16 世纪著名的文艺复兴运动开始于意大利，后对整个欧洲产生深远的影响。

文艺复兴运动在思想上反对封建教会的统治，反对封建教会所倡导的禁欲、消极遁世，开始提倡以人为中心，提倡积极进取，各种艺术创作出现了质的飞跃，涌现出大量的优质传世艺术作品。

从文艺复兴运动开始，原来穿用的上、下相连的袍服逐渐被两件式衣裤或衣裙组合的式样所替代。服装整体造型呈现出戏剧性变化。男子上衣内添加填充料加宽上身形体，紧身裤包紧下肢，通过对比表现伟岸的男性特征。女子服装则通过箍紧腰身和撑大的裙子来表现纤柔的女性特征。尤其是女性的撑裙，从 16 世纪中期至 19 世纪 60 年代，时兴时衰，周而复始近 4 个世纪。

该时期最具有代表性的服装有 Hose（紧腿袜）、Shirt（衬衣）、Robe（连衣裙）、Doublet（绗缝夹棉短上衣）、Jerkin（无袖上衣）、Breeches（及膝裤）、Trunks（填成球状的短裤）、Neck Ruff（拉夫领）和 Farthingale（裙撑）。

Doublet、Breeches、Trunks、Hose、Neck Ruff

Farthingale、Neck Ruff、Hose、shirt

及小腿的裤子)、Bucked Top(坠褶裥靴)、Justaucorps(上身合体,衣摆呈裙状的外套)、Cravat(折叠领巾)和 Waistcoat(背心)。

Knee breeches、Bucket Top、Peplum

Trousers 和 Doublet

2. 巴洛克(17 世纪)(前期为荷兰风格,后期为法国式风格)

从 17 世纪末到 18 世纪初,整个欧洲动荡不安,处于重要的历史变革时期。没落的王公贵族们过着极其奢华的生活,追求享乐,攀比排场,是一个充斥着男性张扬并称霸的世界。此时,所有的艺术形式中都带有强而有力的风格。

"巴洛克"(baroque):原意为不合常规,特指各种外形有瑕疵的珍珠。

巴洛克艺术风格,具有气势雄伟,有动感,注重光影的特点,善于表现各种强烈的感情和无穷感。

该时期最具有代表性的服装有 Bare-top-bodice(露肩式衣身)、Doublet(绗缝夹棉短上衣)、Rabat(翻领)、Peplum(腰身剪接片)、Knee Breeches(齐膝裤)、Trousers(长

Justaucorps 和 Cravat

三条裙子的组合

Bare-top-bodice

罩裙的造型

3. 洛可可(18 世纪)

18 世纪以法国为中心,"洛可可"风格盛行于欧洲。洛可可与法语 rocaille 有关,Rocaille 常指文艺复兴时期传到意大利的中国假山设计和庭院中的贝壳细工。洛可可即由"岩状工艺"和"贝壳工艺"引申而来。总体

上。洛可可有曲线趣味、非对称法则、色彩柔和妩媚、崇尚自然、飘逸谐谑等特点,风格上更倾向于柔美的女性感。

Wattwau Robe

Pannier

Bustle

Polonaise

Frock

Redingote

该时期最具有代表性的服装有 Watteau

Robe(华托裙)、Pannier(驼篮式裙撑)、Bustle(臀撑)和 Polonaise(帷幔式裙撑)、Frock(社交服)、Redingote(骑马大衣)。

(四)近代时期服饰(19 世纪)

1. 新古典主义(1789～1825 年)

继洛可可风格后,以法国为中心,欧洲开始流行新古典主义风格。在服装上,新古典主义摒弃巴洛克和洛可可风格的宫廷式样,裙撑被去掉,取而代之的是古希腊罗马式的轻薄的连身长裙。追求古典、高雅、自然的服装形式和朴素而优雅的气质。直到拿破仑王朝时期,体现宫廷奢华风格的裙撑才又出现在服装中。

该时期男子服饰主要有 Redingote(骑马大衣)、Frock(社交服)。女装主要特点如下。

(1)薄衣,能透过衣料看到整个腿部。

(2)高腰身,腰线一般都提高到乳房底下。

(3)袖子很短,或者无袖。

(4)裙子线条柔和修长,形成很多优雅的细褶,一直垂到地上。

Redingote

Frock

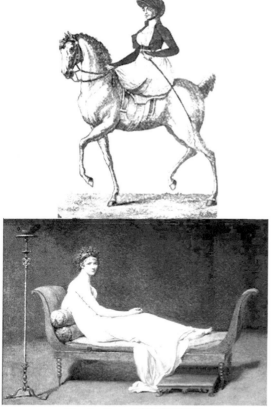

Chemise Dress（内衣式连衣裙）

2. 浪漫主义（1825～1850 年）

人们开始重新注重人的体型美。女性服装的工艺重点集中在人体三围的对应部位，服装整体造型为 X 型。男性为了展示修长

干练的外表和绅士风度,也采用了紧身胸衣,使服装的腰部收紧,形成宽肩、厚胸和大摆的造型。

3. 新洛可可（1850～1870 年）

19 世纪末 20 世纪初,工业革命对服装的影响巨大。服装业开始进入了崭新的阶段,出现了历史上第一位服装设计师沃斯（Worth）。同时出现了一批具有世界影响力的设计师,巴黎成为世界时装的中心。

新洛可可时期最引人注目的是女子的裙撑的再次流行,而且裙撑尺寸比起 18 世纪洛可可风格服装有过之而无不及,硕大的 Crinoline（裙撑）与紧身胸衣形成强烈对比。男子服装主要有 Frock Coat（白天常服）、Tail Coat（燕尾服）、Morning Coat（晨礼服）和 Veston（休闲夹克）。

Crinoline

Frock Coat

Tail Coat

Veston

Morning Coat

4. 巴斯尔样式（1870～1890 年）

Bustle（臀撑）是 Crinoline（裙撑）的一种

变化形式。这种将女性的夸张部位从下体转移到臀部的做法在洛可可时期已经出现过。这一时期的臀撑可以被视为 Crinoline（裙撑）退出历史舞台的最后一次辉煌。

5. S 形时代（1890～1914 年）

工业革命带动了工艺美术运动的发展，服装上的造型也受到影响。男性服装此时期

已经开始接近现代样式,此后的造型起伏变化很小。女性在服装造型上趋向线条纤细、柔美而流畅的 S 造型,这段时期女性服装中的臀撑已经去除了,只保留了后臀部分。因此,被称为"后臀撑时期"。

第三节　民族民俗服饰经典

一、民族民俗服装特点与规律

与现代时装相比较,民族服饰带给人们的是轻松,是自然,是感情的娓娓道来,同时不乏规则与集体意志。民族服饰的共性特征在于强烈抒发生命的热情,抒怀那些在自然界辛苦劳作与天地抗争的人们热爱自然、热爱生命、热爱生活的精神。从服装上可以清楚地看到着装人的聪慧和愉快的人生信念。无论中华民族中任何少数民族服饰,还是世界各民族服饰所表述的本质内容都惊人的相似。其特征和美的形式亦相融、相通。

（一）色彩斑斓　材料随意

1. 色彩斑斓

后汉书中有对于瑶民"衣斑斓布"的形象描述。对于所有民族服饰的印象也可以从"斑斓"二字中得到综合感受。斑斓主要指色彩。斑斓的印象源于颜色的多样和对比,其中颜色的高纯度起着实质的作用。少数民族服饰采用红、绿、黑、白、蓝、黄等纯色较多,而且高纯度色相互的对比又十分强烈,它们相互衬托出色的"斑斓"。纯色在多色彩的大自然中会突出表现服装,表现着装人。从纯色中不仅表现着人们对于生活的理解,而且反映着人们对于美好明天的憧憬。多色相拼,多色镶条,多色彩绣,多色装饰,把少数民族

姑娘打扮得花样美丽。小伙子也披红挂彩尽显英雄本色。

2. 材料随意

少数民族服饰材料以就地取材,自己织造为特征,他们选择制成服饰的主要材料的依据取决于其生态环境和制造技术。例如,毛布、棉布、麻布等应有尽有。在各民族服装中材料多种多样、千差万别。在各种土机织成的天然的纤维织物及原始的毛毡、蚕丝片,而且其配料和配饰,几乎无所不用,极其丰富。

如同一切人世间的材料都可以成为石雕、木刻等工艺美术品一样,服装的材料可以信手拈来,为我所用。并非遵循什么法则,只要可用、好用便有人用,用得顺手、用得巧妙则有人学,以材料选择的随意性和创造的无限性作为服装设计要素是民族服饰揭示的真理所在。

(二)图腾及纹饰

1. 图腾表现

在艰苦恶劣的生活环境中,原始的人们往往认为某种跟本氏族有血缘关系的动物或自然物可以帮助他们战胜灾难,保护他们得以生存、繁衍,图腾被赋予了神的超自然力,被寄托了无限希望,并且作为氏族的标志在服装上表现得十分醒目,十分美丽。

图腾的内容及形式是丰富、斑斓的。图腾中蕴含着极其深刻的民族文化的内涵。例如,中华民族的龙崇拜、苗族的鸟崇拜等。图腾的表现形式多用彩线绣花。五彩绣线还表现出精湛而富于变化的技巧。通过不同技法表现了不同风格的美。仅苗族绣花就有撒丝绣、缀秀、打籽绣、马尾绣、锡绣等十余种技法,而且辅助材料有马尾、锡片、绸布等不拘一格。在粗实或亮泽的靛蓝布上,绣出绚丽多彩的图腾形象,栩栩如生、活灵活现。

2. 纹样形式

在少数民族服饰上所出现的纹饰是极为多样的,除了主要图腾形象之外,还直接表现着人们的理想和生活的细节。例如,性崇拜也是最多的表现题材之一,其纹样形式有些是直接的,有些是隐喻的。蝴蝶、青蛙、莲花、螃蟹等有关于繁衍、多生育的内涵。太阳也是表现的主题之一,有些民族是以太阳为族徽的(如基诺族),每天的旭日东升是生命永恒的象征。有些民族的服装上记录着他们历史上的重大事件。例如,在"花苗"(苗族支系)的服装上将祖先跨过黄河、长江的大迁徙,由两条粗粗的横纹表示;瑶民在服装上不仅有瑶族共同的盘瑶王印纹,而且在"白族瑶"(瑶族支系)的及膝短裤上,膝盖部以五道纵向鲜红的纹样反映一次民族血战中,部落英雄以血手指在此处的抓痕。另外,生活在不同环境中的各民族均以纹样赞美着生活。例如,各种花卉、飞鸟、昆虫、鱼类等,图样或为原型,或变化成几何纹,生动而活泼。纹样或单独,或对称,或连续,形式的不拘一格与绣线色彩的随意更换形成了质朴、真实的服饰风格。

(三)多饰品 重佩戴

除服装主件之外,少数民族多饰品、重佩戴。例如,戴帽子、盘发髻、戴假发、缠包头、戴银冠、插头花、顶梳子、别银簪、戴耳饰、项饰、胸链、戴臂镯、腕饰、手镯、戒指,佩腰刀、短刀,佩背篓、银餐筷、挖耳勺,佩腰珠、火镰、荷包、束腰带、围裙、膝箍、脚链、绑腿，手中抓绣花手绢、脚上蹬翘尖绣鞋，从头至脚，所有可能佩戴的饰物既有实用功能，又重装饰效果，民族服装的装饰主义风格并非主要体现于主件服装上，而在于多饰品、重装饰的形式中。

1. 银饰

南方许多民族爱用银饰。如，景颇族、苗族使用银饰是最多的。在雪山地区的苗族姑娘每逢节日或出嫁，戴银冠、银角、项链、银锁。银锁宽达三、四十厘米。凯里地区的黄平苗女所带的龙骨项圈，从下额顶到胸部。衣服上镶银片、缀银铃，全身明晃晃，多者重达二、三十斤！银饰不仅打扮得苗族姑娘美丽动人，而且撞碰发出的响声清脆悦耳。苗人的形象是与银饰，与其舞姿中悦耳的银铃声联系在一起的。

2. 宝石

大自然中五彩的石头首先为民族服装的装饰所用。藏族、土族、裕固族等西北民族服装主件古朴，然而五光十色的宝石将他们装扮得楚楚动人。藏民们多用黄蜡玉戴于头、项，中间穿插着红珊瑚、绿松石、孔雀石、芙蓉石。项链与马鞍形戒指上镶嵌着各色宝石，不仅精致，而且更富情趣。蒙古族的分支很多，在鄂尔多斯草原上的蒙古族姑娘多用藏银，戴玛瑙等红宝石做成的头冠，以珠帘遮面；裕固族姑娘头戴尖帽，长长的黑发辫上套着嵌满宝石的发套，从头拖到脚跟；佤族妇女用各色石料磨成圆棍状再切段成珠、穿串，将其或挂于腰间，或挂于胸前。

各民族常用的宝石就地取材，种类各异，装饰的部位和形式各有千秋。

3. 其他

凡具有特色的稀罕物都可以作为饰品，各种不同的饰品又有着不同的组合形式，故形成特色。

（1）贝壳

以贝壳的光泽、形状和自然的纹样为美，装点在服装、抹胸、腰带上或垂吊于衣边上，十分有趣。

（2）丝线、毛线

各色丝线、毛线成束地剪成穗头，似鲜花般艳丽，可戴于头，穿于耳，挂于胸、腰，缠于腿，坠于衣饰边缘等。

（3）鲜花

使用鲜花做成头冠、花环、耳饰，不仅使人美丽，而且有药用作用。大自然中的各种花卉是取之不尽的，使用其装扮可常采常鲜。

（4）树叶

有些少数民族的帽子是用树叶折成的。例如，生活于广西金秀县的幼瑶（瑶族一支系）妇女用完整的大叶子折成三角形戴于头上，鲜绿绿的，常年可随时摘采，数天更新。

（5）昆虫

基诺男人的包头布长长的，缠头时垂下的四角各坠数个甲壳虫，闪着荧光，在阳光下变幻着色彩，表现出男人的英雄气概。

（6）鸡毛

僾尼人（哈尼族分支）等爱用鸡毛作装饰，插于头、簪于腰，色泽浓烈，在蓝布衣上醒目而富于动感。

（7）硬币

在许多民族服饰上垂挂着圆圆的金属亮片，有人民币、美元，还有各种历史上使用过的不同国家、不同图案的硬币似银般光泽。

（8）草籽

凡圆形硬质的草籽都可以穿成珠串，垂坠于包、袋、头饰边缘处，用于许多少数民族的服饰中。

选择各种材料做饰物或重其色彩，或选其光泽，或视其独有的形状。在大自然中，有太多的美好的物品，将美的物品装饰于自身，通过服饰展现生命活力和竞争自信，是人类独有的本领，是人类聪明才智的直接体现。

（四）独特的穿着方法

服装是硬件，穿着的形式是软件，许多人看到民族衣服并不一定会穿，或者不能穿出其神韵。都市人往往穿着少数民族服装而不像的原因也在于此。独特的穿着方法是服装的重要组成部分，是不可忽视的。例如，有些苗族服饰平展时是对襟式，而穿着时前片下摆交叉，形成偏襟、交领、下摆两侧开气（开叉）。因此，束上腰带后，人人穿着可合身贴体；茶山瑶族（瑶族一支系）上衣的开气处裂开，必须露出白色的内衣，而且白内衣的开气必须卷成锥形圆筒，从外衣开气中凸显出来；云南顶板瑶（瑶族一支系）的长衫，穿着时后片下垂，而前片必须撩起下摆边，束在腰带之中，于前正中处折出马面褶，露出袍里边缘处的红布贴边。

僾尼人的帽子是衣服做的，一支五彩布条装饰的袖管垂在额头前，绣满图案和镶锡绣的衣服后片垂于脑后。

藏民在穿袍时，必先将领子抓起，套在头顶，再扎紧腰带，然后放下领置于颈部，在腰间涌出余量。因此，腰里可放置大量物品，而且在温差大的高原地区袖子形式常脱常穿，极为方便快捷。

许多民族的服装均为短衣在外，长衣在内，多者可同时套穿6件。一层层绣着边饰的下摆和一层层袖口边既表现着节奏和层次美，又直接显示着财产和富足。

独特的穿着方式是每个民族与其服装共同组成的服饰文化。不仅有其功能性所在，而且展现其审美的特殊性和生活的趣味性，是民族的性格所致，同时又包含了许多特殊的意义，这是现代服装人重要的研究课题。

（五）民俗民族服饰意义

民俗民族服饰，尤其少数民族服饰作为载体，其内容之广博、内涵之深厚，往往是人们估量不足的。少数民族服饰的意义不仅在于其历史的积淀，而且对于今天服装理论研究意义重大。就服装的产生和发展而言，现实意义不可忽视。不断追求时尚、追求变化的现代人本能的着装动机和本质的着装意识与远古人类是共同的。

少数民族服饰特色直接地反映了人类最本能、最本质的着装动机。从根本上揭示了现代时尚服装设计的思路和方法。另外，研究少数民族服饰是研究服装设计理论、服装结构、工艺理论的必要途径。在整个服装学领域中，作用深远。倘若全视角认知人类服饰文化，必然以纵、横两种路线去研究。纵，则人类服饰历史；横，则今日全世界着装时尚现状，而在少数民族服饰之中，由于其特定的产生背景和特定发展空间，所展示的不仅仅是五彩斑斓的款款式样，而且是历史再现和历史直白。同时也是融远古与今日的统一体，是人类文明的精华。当抚摸很多服饰时，带给你的往往不仅仅是沉甸甸的文化积淀感受，而且还有那么真真切切的时尚感觉！那些服饰不仅仅被穿着在少数民族兄弟姐妹之身，源于自然的怀抱之中，彰显出生命之美，将其绣片、银饰或包袋与时装搭配，行进于T台之上一样能展现时代的光辉。中华民族由56个民族组成，在广阔的疆土上，各民族又有许多分支，各分支的服装区别很大，甚至迥然不同。例如，贵州省内的苗族就有108个分支；仅在广西壮族自治区全秀县大瑶山里，瑶族的分支就有5个，男女服饰20余种。全世界的各民族服饰之多是难以想象的。民族服饰从其形式美到穿着美，从静态的比例美到动态的节奏美，从色彩、材料、造型到细节工艺处处精湛，耐人寻味。

民俗民族服饰文化是永远挖掘不尽的艺术宝库，是设计永远吸纳营养和产生灵感的源泉。

二、中国少数民族服饰样式

每一个民族都保留着独特的文化和风俗习惯，这些文化特征和习俗都在其各自的民族服装中充分地体现了出来。因此，民族服装成为民族文化重要的组成部分，不同的民族通过多彩多姿的服装展现了各自独具魅力的文化特征，对于服装设计师而言，这些丰富而绚烂的民族服装无疑是宝贵而巨大的财富。中国幅员辽阔，地大物博，而且民族众多，在九百六十万平方公里的土地上生活着56个民族，除汉族之外，这些少数民族聚居地按照我国的地理位置划分可以分为东北、内蒙古地区，西北地区，西南地区和中南、东南地区。

（一）东北、内蒙古地区少数民族服饰

在我国东北、内蒙古地区生活着满、蒙、鄂伦春、鄂温克、朝鲜、赫哲等少数民族，他们生活在草原牧场和森林之中，主要从事游牧、狩猎等生产活动，服饰以保暖型的袍服为主。随着游牧民族季节迁徙的特点，他们的服装具有被服的特征，即宽大厚实，保暖性强。服装的结构简单，通常为直身造型。开襟多为左衽，系有腰带。为了便于骑马，袍服的前后两片或者四面开衩，袖子则瘦长合身。

1. 满族

满族是我国东北地区一个历史悠久、勇猛顽强的民族。从16世纪到19世纪，满族在中国的历史上占有举足轻重的地位。满族自称为马背上的民族。他们精于骑射和狩

猎,骁勇善战,因此,服装款式显示出骑射生活的特点。服装的名称也多与马有关。如,马蹄袖、短马褂,满族女子穿的"花盆鞋"因其鞋底的印痕如马蹄,也被称为"马蹄鞋"。满族男子通常会在长袍外面套穿马褂,马褂开襟方式分为对襟、大襟和琵琶襟。在清代以皇帝赏赐黄马褂为至高荣誉。满族女子服装以旗袍最具特色,旗袍的直身合体衬托出满族女子的婀娜多姿,配上满族女子典型的"两把头"和花盆鞋,构成了满族女装的最大特色。

2. 蒙古族

蒙古族聚居在内蒙古自治区以及新疆、辽宁、吉林、甘肃和青海等地。能歌善舞的蒙古族性格质朴豪放,以悠扬动听的马头琴和欢快的马刀舞、筷子舞而著称。蒙古族的长袍多为右衽。以往蒙古袍以光板毛皮材料为主,现在多以绸缎、毛、布料褂面。蒙古族人崇尚白色,服装色彩追求响亮浓郁的风格,强调镶边、滚边的装饰。蒙古族男子服装中,以摔跤服装最具特色。女子的头饰华贵多彩,以金银、绿松石、红珊瑚等珍贵材料为主。

3. 鄂伦春族

鄂伦春族主要居住在我国东北地区的大小兴安岭的原始森林中。"鄂伦春"的意思可以解释为"使用驯鹿的人"。传统的狩猎生活使鄂伦春族人具备对兽皮加工的特殊技能。

因此,鄂伦春人的穿着以狍子皮制作的服装为主。袍不仅保暖而且防水抗湿。与满、蒙艳丽华美的袍服相比,鄂伦春族的袍服显得简约质朴,装饰材料多选择不同颜色的皮条镶缝在衽襟、下摆、开气和衣、袖边缘,并剪出云头装饰。

4. 朝鲜族

朝鲜族主要分布在吉林和黑龙江、辽宁省,其余散居于内蒙古自治区和内地一些城市。延边朝鲜族自治州是主要聚居区。朝鲜族男子通常穿短款上衣,斜襟、左衽、宽型袖筒,下身穿宽腿、肥腰、大裆的长裤。外出时喜欢穿斜襟长袍,无纽扣,以长布带打结。儿童上衣的袖筒多用色彩斑斓的"七色缎"面料,如同彩虹在身上飘逸。女服则为短衣配长裙,朝鲜族称其为"则"和"契玛"。衣料喜欢选用黄、白、粉红色。朝鲜族的鞋从原始的木屐、草履到草鞋、麻鞋,直至近代男子宽大的长方形胶鞋、妇女鞋头尖跷起的船形胶鞋,无不别具一格。

5. 赫哲族

赫哲族是中国少数民族中人口较少的民族之一,主要分布在黑龙江省的饶河、抚远两县,历史上曾有"黑斤"、"黑真"、"赫真"、"奇楞"、"赫哲"等不同名称。新中国成立后,统一族名为"赫哲",意为"居住在东方及江下游"的人们。赫哲族男女喜欢穿大襟长袍,外套坎肩或短褂。鱼皮衣是赫哲族的重要标志。赫哲族的鱼皮服饰不仅面料为鱼皮,连缝衣服的线也用鱼皮线。鱼皮服饰具有抗寒、抗湿、耐磨、防水、美观等特性。

6. 鄂温克族

鄂温克族主要聚居在内蒙古自治区呼伦贝尔盟的鄂温克族自治旗。地处大兴安岭支脉的丘陵山区。"鄂温克"是民族自称,意为"住在大山林中的人们"。鄂温克族传统服饰的原料主要为兽皮,服装样式有大毛上衣、短皮上衣、羔皮袄、皮裤、皮套裤、皮靴等。服装的衣边、衣领等处都绣有各种花纹,美观大方,且防寒、耐磨。鄂温克族妇女普遍戴耳环、手镯、戒指或镶饰珊瑚、玛瑙。已婚妇女还要戴上套筒、银牌、银圈等。

7. 达斡尔族

达斡尔族族源为契丹,主要聚居在内蒙古自治区和黑龙江省,少数居住在新疆塔城县。"达斡尔"意为"开拓者"。达斡尔族服装以袍式为主。男子头戴皮帽,身穿长袍,下着皮裤,脚蹬皮靴。除皮质服装外,达斡尔族以布衣为主,有袍子和裤子等,颜色多为蓝、黑、灰色。达斡尔族妇女善于手工刺绣,服饰、鞋、荷包等多绣有各种花纹及图案。

(二)西北地区少数民族服饰

我国的西北地区主要指新疆、甘肃、宁夏、青海等地。这里地广人稀,生活着回族、维吾尔族、哈萨克族、裕固族、塔吉克族、乌孜别克族、土族、保安族、东乡族、锡伯族等少数

民族。西北少数民族大多信仰伊斯兰教,宗教习惯对民族服装的影响很大。以回族、东乡族、保安族等为代表,男子头带经帽,喜着白衣,女子均蒙黑色或白色的盖头,亦称面纱。这一风俗在维吾尔族和哈萨克族的女子服饰中也常见到。

1. 回族

回族是我国分布最广,人口较多的一个少数民族,早在公元七世纪波斯人和阿拉伯人来到中国经商落户,被称为回回藩客、回回人,后来他们也以此自称。经过长年与汉、蒙、维族人共处和杂居,回族在生活习惯与服装服饰上与汉人非常接近。回族男子喜欢穿着白布对襟长衣,外罩黑色坎肩,戴白色或黑色无檐小圆帽(也称经帽)。女子喜着长至膝盖的对襟或右衽偏襟长袍,戴白色或黑色圆帽,外罩有盖头。过去戴盖头时将头面全部遮住,现在可以仅露出面颊,不能露出头发。盖头的颜色是区分妇女身份的标志。未婚为绿色,已婚为黑色,老年妇女为白色。

2. 维吾尔族

维吾尔族主要居住在新疆天山以南以及伊犁等地,主要从事农业、畜牧业。他们有自己的语言和文字,主要信仰伊斯兰教。维吾尔族生性热情好客,服饰具有浓郁的民族特色。维吾尔族男子一般内穿贯头式衬衣,胸前有绣花装饰,外套对襟宽袖无领长袍,下配宽大的长裤,脚穿皮靴。维吾尔族女子喜欢穿着色彩艳丽的连衣裙,上身套及腰的深色丝绒坎肩,再配上维吾尔族妇女极具特色的辫饰和帽饰。女子裙装由代表维吾尔族特有风格的"艾特丽斯"丝绸制作而成,艳丽多变的图案采用古老的扎染经线方法制成。手工刺绣而成的四棱小花帽,色彩丰富,图案繁多,是维吾尔族男女老少必戴的服饰品。

3. 哈萨克族

哈萨克族的祖先是生活在今伊犁河谷及伊塞克湖一带的乌孙人。他们主要从事畜牧业和农业。哈萨克族男子为了便于骑马多穿马裤,配皮靴,内穿高领衬衣,外套宽大长袍,为了御寒,外套皮坎肩和戴皮帽子。哈萨克族女子擅长刺绣,喜欢在连衣裙的衣领、袖口、衣摆处绣花草纹、羊角纹和人字纹等装饰图案,使色彩艳丽的服装与精美的刺绣相映成趣,形成了哈萨克族服装浓郁奔放的装饰风格。

4. 乌孜别克族

乌孜别克族分散居住在新疆维吾尔自治区的南部和北部,与维吾尔族和哈萨克族和睦相处。15世纪,居住在撒马尔罕、花刺子漠、安集延、布哈拉等地区的乌孜别克商人沿着古代"丝绸之路",经新疆到内地经商,其中一部分商人逐渐在新疆某些城镇定居下来,繁衍生息,形成了中国的乌孜别克族。

乌孜别克族夏季服装以衬衫、连衣裙为主,衬衣的领口、袖口和前襟开口多有用红、绿、蓝相间的丝绒绣成各种美丽的彩色图案花边。春秋两季,穿长过膝盖的长"袷袢"(音揩盼),腰束用绸缎或棉布制成的腰带,腰带下有垂角,为三角形,三角边缘绣各种图案。乌孜别克族男女冬天多穿狐皮、裘皮大衣,一年四季都要戴"朵皮"帽。

5. 塔吉克族

塔吉克族主要分布在新疆维吾尔自治区西南部的塔什库尔干塔吉克自治县。主要从事畜牧业,兼营农业,过着半定居半游牧的生活。塔吉克族男子平日爱穿衬衣,外着无领对襟的黑色长外套,冬天着光板羊皮大衣。妇女一年四季都喜欢穿连衣裙,外出时披方

形大头巾,颜色多为白色。塔吉克族妇女最擅长的手工技艺是刺绣。衣帽、腰带上大都绣有花纹。

6. 柯尔克孜族

柯尔克孜族主要聚居在新疆维吾尔自治区,以游牧为主。柯尔克孜族男子传统服饰为白色绣花边的圆领衬衫,外套无领长衫"袷袢",袖口用黑布沿边。下穿宽脚裤,适宜游牧骑射,女子服饰为宽大、无领、长不及膝、镶嵌银扣的对襟上衣和下端镶有皮毛的多褶长裙,或下端带褶裥的各色连衣裙。柯尔克孜族男女老少一年四季都戴圆顶小帽,柯尔克孜族妇女擅长刺绣,常在衣服的领、袖、前胸等处绣上美丽、精致的几何图案。

7. 塔塔尔族

塔塔尔族主要分布在新疆伊宁、塔城、乌鲁木齐等城市,古称鞑靼。塔塔尔族男子的传统服饰多为套头、宽袖、绣花边的白衬衣,外罩齐腰的黑色坎肩或黑色对襟、无扣的上衣,下配黑色窄腿长裤。妇女多穿宽大荷叶边的连衣裙,颜色以黄、白、紫红色居多。外套西服上衣或深色坎肩。男子喜欢戴绣花小帽和圆形平顶丝绒花帽,冬季戴黑色羔皮帽,帽檐上卷。妇女戴嵌珠小花帽,外面往往还加披头巾。塔塔尔族妇女特别喜欢佩戴耳环、手镯、戒指、项链等首饰。男女皆穿皮鞋或长筒皮靴。牧区妇女喜欢把银质或镍质的货币钉在衣服上。

8. 俄罗斯族

俄罗斯族是从 18 世纪后逐渐从沙皇俄国南迁到中国新疆等地的少数民族。俄罗斯族男子夏季多穿长及膝盖的套头衬衫和细腿裤,春秋穿粗呢上衣或长袍,冬天则穿羊皮短衣或皮大衣。每当喜庆节日,小伙子多穿彩色衬衣。俄罗斯族女子夏季多穿粗布衬衣,外套无袖、高腰对襟长袍,下着毛织长裙。妇女们还喜欢穿绸制的绣花衬衣。妇女的头饰有特殊意义,姑娘梳长辫子时,要同时把彩色发带和小玻璃球编在辫子里,一条长长的发辫自然垂下;已婚妇女梳两条辫子,盘于头顶,再用头巾或帽子罩严。俄罗斯族男、女都穿毡靴、皮靴和皮鞋。

9. 裕固族

裕固族主要分布在甘肃省肃南裕固族自治县和酒泉市黄泥堡裕固族乡。裕固族,源于唐代游牧在鄂尔浑河流域的"回纥",在风俗习惯上近似藏族。裕固族男女都穿着高领大襟右衽长袍。男子束红、蓝色腰带,佩带腰刀、火镰、小佛等;妇女的高领长袍下摆开衩,衣领、袖口、衣衩、襟边绣着花边,外套高领坎肩,系红、绿、蓝色腰带,配几条彩色手帕,脚穿长筒皮靴。裕固族妇女的头饰别具特色。她们头戴喇叭形红缨帽或用草编织的帽子。红缨缀在帽顶,帽檐上缝两道黑色丝条边,前檐平伸,后檐微翘。

10. 保安族

保安族主要聚居在甘肃省积石山保安族东乡族撒拉族自治县。"保安"是保安族的自称,历史上曾被称作"回回"、"保安回"等。保安族主要从事农业生产,兼营牧业和手工业。以具有高超的制刀技艺而闻名,他们制作的腰刀锋利耐用,精致美观,在当地各族群众中享有盛名。保安族男子平时内穿白布衫,外罩青布坎肩,下着黑、蓝、灰色长裤,头戴布制黑、白色圆顶小帽;妇女穿大襟袄配坎肩,坎肩多以灯芯绒为原料,喜紫红色、绿色等艳丽的色彩,并镶有花边。传统妇女必须戴盖头。从盖头的颜色中可以传递出年龄和婚姻的信息,姑娘为绿色,少妇戴黑色,老妇则戴白色。

11. 东乡族

东乡族现聚居在甘肃省临夏回族自治州的东乡族自治县,少数散居在青海省、宁夏回族自治区和新疆维吾尔自治区。东乡族,历史上被称为"东乡回回"、"东乡蒙古"、"东乡土人"等。泛指古代中亚一带的穆斯林。东乡族男子多穿宽大长袍,束腰带,挂腰刀、烟荷包等,头戴平顶式黑、白软帽。妇女多穿绣花衣服,式样为圆领、大襟、宽袖。下穿套裤,用飘带扎住裤脚。裤筒后面开小衩,裤筒、裤脚有镶或绣的花边。妇女在家戴绣着花纹的便帽。每当喜庆节日则身穿绣花裙,足蹬绣花鞋。

12. 土族

土族是青海特有的少数民族。土族服装冬天为斜襟式光板皮袄和羊毛褐衫,其他季节穿小领、斜襟长袍或白色高领短褂,外套黑色或紫色的大襟坎肩,下穿长裤,系腰带、围肚,头戴白毡帽,脚穿绣花布鞋。妇女服装有绣花,镶多条宽宽的黑、红边饰。

13. 撒拉族

撒拉族主要聚居在青海循化撒拉族自治县,撒拉族信仰伊斯兰教,其生活习俗大体与回族相似。撒拉族男子多穿白衬衫、黑坎肩,束腰带,着长裤,头戴黑色或白色的圆顶帽。腰带多为红、绿色,长裤则多为黑、蓝色。妇女穿各种颜色和质料的短上衣,外套黑色或紫色坎肩,着长裤,穿绣花布鞋。撒拉族妇女喜欢戴金、银戒指,玉石、铜或银制的手镯,银耳环等首饰。姑娘从小就开始戴头巾,少妇戴绿色盖头,中年妇女戴黑色盖头,老年妇女则戴白色盖头。

14. 锡伯族

锡伯族世代居住在呼伦贝尔大草原和嫩江流域。锡伯族男子服饰为大襟长袍或对襟短衫。长袍的样式为右衽大襟，左右两边开衩，喜欢青、蓝、棕色。腰系青布带。妇女的长袍式样与男子相同，但领、袖、大襟等处镶有花边，还喜欢穿红、绿、粉等色的腰部和下摆处多褶的连衣裙。刺绣是锡伯族妇女必须具备的技能，尤其擅长将花鸟鱼虫等图案绣在服饰及生活用品上。

（三）西南地区少数民族服饰

我国西南地区的少数民族主要指以四川、湖南、西藏为主要地区，及周边接壤的青海、甘肃及云南等地的少数民族。这里地理环境险恶，山高林密，谷深流急，气候多变，交通闭塞，但却是我国分布最密集的少数民族聚居地。我国西南地区共有藏、苗、羌、彝、白、哈尼、侗、傣、门巴等 25 个少数民族。这里的民族有着鲜明的民族特色、独具魅力的民族文化和丰富艳丽的民族服饰。

1. 藏族

藏族主要分布在西藏自治区、青海、四川和云南等地区。藏族拥有自己的文字、天文、历算，寓言、诗歌、戏剧独具魅力，医药学也自成一家。藏族文化是我国历史文化中光辉灿烂的一页。藏族服饰同样绚烂辉煌。藏族服装主要由藏袍、短衣、坎肩、围裙、腰带、藏帽和藏靴组成。藏族的男女老少皆以藏袍为基本服饰。藏袍的材料有羊皮，也有毛呢、绸缎、素布。在藏袍的边缘，通常用毛皮配五彩的氆氇作边饰，再配上藏族特有的装饰感极强的头饰和首饰，给人以粗犷豪放而又艳丽夺目的强烈印象。藏刀作为重要的服饰配件，作用也是不可忽视的。藏刀造型多样，镶嵌松石、玛瑙蜜蜡玉等，配上镂丝银饰，件件是艺术品。藏族的马鞍形戒指、斧型火链等饰品以及藏民手持的各种材料的转经筒与服装共同组成了藏族男、女的整体装束。

2. 苗族

苗族有着悠久的历史和文化，居住在贵

州、云南、湖南、四川和广西等地,是人口较多的少数民族之一。苗族的生活环境险恶,但对美好生活的向往与追求十分热情和强烈。苗族服饰作为苗族形象的标志,是我国少数民族服饰中最为绚烂多彩的一朵奇葩。苗族男子的服装基本为短衣长裤,女装为短衣长裙。苗族的盛装服饰装饰繁多,色彩夺目,图案精美。其中以扎染、蜡染的短裙、短衣,多而重的银饰,繁复艳丽的刺绣闻名于世。

由于苗族的居住分散,支系很多,仅贵州省就有支系百余种。因此,苗族服饰样式繁多,极为丰富。

3. 侗族

侗族主要分布在我国湖南、贵州、广西交界的山区。侗族建筑别具特色,以风雨桥最为著名。侗族的服装多采用自纺、自织的侗布。侗布宽一尺有余,用靛蓝染色后,再经特殊加工使布料挺括且带有光泽。侗族男子穿对襟短衣、长裤,戴长布包头,系扎围腰,女装上衣为对襟无领长衣,内穿绣花围胸,女子的短裙为百褶裙。将侗布刷上桐油折叠出百褶,造型独特。

侗族服装亦有南侗、北侗支系之别。北侗地区经济较发达,银饰较多用;南侗以贵州寨蒿地区服装最为典型,装饰手段以"马尾绣"为主。

4. 彝族

彝族主要生活在四川的大、小凉山地区,以及云南、贵州和广西部分地区。彝族传统的民族服装形式多样,装饰丰富。居住在大、小凉山的彝族男女多穿右衽大襟衣。男子配穿长裤,同在凉山不同地区的彝族男子裤口有宽、中、窄之分,最宽的裤脚可达170厘米。女子下穿多色毛织的百褶长塔裙,裙身以红、粉、黄、绿等强对比色间隔拼接,裙摆宽大。男子用长布缠成包头,并插细长的英雄结,女子头戴绣满装饰图案的多层折叠头帕。

5. 水族

水族主要分布在黔南与桂北毗邻的龙江、都柳江上游地带,贵州省三都水族自治县是全国唯一的水族自治县。三都县水族人口接近全国水族总人口的半数。

水族古老的文字称为"水书",造字方法有象形、会意、谐音和假借。水族信仰多神,崇拜自然物。

水族服装多为青、蓝色。男子穿大襟长衫,青布包头;妇女穿蓝色大襟上衣,青布长裤,衣裤都镶有花边,系青绿色花腰带,节日穿裙子,戴各式耳环、项圈、手镯等银制饰品。

水族妇女擅长用白马尾缠上白丝线绣成各种精美图案,工艺繁杂精细。他们制作一种叫做"反结"的绣品,"反结"指用梭结法刺绣而成的背带,可作为背小孩的护具。这种背带由几十块不同形状的图案拼镶而成,能干的妇女几乎要耗费一年的闲暇时间才能完成一件。"者勾"是一种尖端双翘的刺绣鞋,是水族刺绣品中的珍品。

6. 拉祜族

拉祜族主要分布在澜沧江流域的思茅、临沧,西双版纳傣族自治州、红河哈尼族彝族自治州。拉祜族源于古代氐羌系统。"拉祜"

意为用"火烤吃老虎肉",反映出拉祜族历史上曾是一个狩猎民族。拉祜族的传统服饰以黑为美。男子穿对襟短衫、黑布长裤,戴黑布便帽或用黑色长巾裹头。妇女穿开襟、开衩的黑布长衫,且开衩较长,袖口、襟边镶着银泡,缝缀着各种花边,下着黑布长裤,头缠黑色的长头布,头布两端装饰着彩色长穗,裹绑腿。拉祜族配饰相当别致,妇女耳戴银环,胸挂"普巴"。男子则佩带葫芦、火枪。

7. 佤族

佤族现主要聚居在云南省西南部,佤族自称"阿佤",是周秦时期"百濮"的一支。佤族男子一般穿黑、青色无领短款上衣,下着黑色或青色的大裆宽筒裤,用黑、青、白、红色的布包头。女子多穿贯头、"V"形领紧身无袖短衣,下穿红、黑色横条纹的筒裙。男女老少都喜欢佩用极具民族特色的佤族挂包,男女青年还用此作为爱情的信物。

8. 哈尼族

哈尼族人也自称"爱尼"、"豪尼",居住在云南省南部地区。哈尼族服装以黑、白和绿色为主,尤喜欢黑色。哈尼族男子多穿对襟上衣,配长裤、包头。女装为无领上衣,衣服上装饰大量的银币或银泡和鸡毛,从袖肘到袖口用各色条布缝出间隔彩条,并用五彩线绣出几何纹样,下配短裙、绑腿,装饰感强,多姿多彩。女人常用上衣包头,作为帽子戴于

头顶。戴时以领口为帽边,将带有彩条的袖
筒垂于脑后。

9. 基诺族

花纹的竹木或银制的耳环。妇女穿圆领无扣
短上衣,镶七色纹饰,内衬紧身衣或戴菱形刺
绣胸兜,下着前面开合式的短裙,裹绑腿,头
戴披风形的尖顶帽。

10. 傣族

基诺族主要分布在云南省西双版纳地
区,人口较少。基诺族的服饰具有古朴素雅
的风格。基诺族的服饰原料多为棉麻混纺的
土布,颜色以原白色为主,其间点缀黑、红色
条纹。男子一般穿白色圆领无扣的对襟上
衣,及膝的宽筒裤,裹绑腿,用长布包头,戴有

傣族主要居住在云南省德宏西双版纳傣
族自治州,信仰佛教,许多傣族节日也与宗教
有关。例如,著名的泼水节。傣族男子上穿
无领对襟短上衣,下着长裤或长裙。女子穿
紧身窄袖短衣,下配直身花筒裙,衣服有花边

装饰,系银链腰带,服装清新淡雅,显示了傣家女子的姣好身姿和体态。盘起的发髻上插银簪,耳戴银耳钉。傣族各支系因生活环境不同而服装样式明显不同。"水傣"依水而居,服装尚白,尚浅色,最为典型;"旱傣"居住于山区,服装颜色较深,交领、窄袖,下着长裙,外系围裙,头戴包头,双耳扎大银耳环。

11. 布朗族

布朗族是中国古老的少数民族之一。主要聚居在云南省西部的西双版纳傣族自治州。布朗族男子着圆领对襟长袖的青布衣,下穿宽脚长裤。女子着偏襟上衣,下配筒裙。布朗族很早就会用蓝靛染布,用"梅树"皮、"黄花"根做原料,经过一定加工程序,分别染成经久不褪的红、黄色,极具大自然的风韵。服饰的用料多为自织的土布,辅以必不可少的刺绣。

12. 阿昌族

阿昌族主要居住在云南省德宏傣族景颇族自治州的陇川和梁河县。阿昌族是中国云南境内最早的民族之一,以擅种水稻而闻名。阿昌族男子一般穿对襟上衣,黑色长裤,出门喜欢背"筒帕"和"户撒刀"。未婚女子穿短衣、长裤,将辫发盘于头顶。已婚女子穿短衣,及膝筒裙,束髻,并用黑布或蓝布缠成高

达尺许的包头,戴各种银饰。阿昌族男女均喜欢把鲜花插在头上。

13. 德昂族

德昂族主要散居在云南省德宏傣族景颇族自治州。德昂族是西南边疆最古老的民族之一,其宗教信仰、生活习俗,基本与傣族相同。服饰也与傣族相近。

14. 景颇族

景颇族主要聚居在云南省德宏傣族景颇族自治州各县的山区,景颇族崇尚黑色,男女服饰、包头都习惯用黑色的。男子穿黑色的对襟短衣,裤子的裤筒短而宽。男子外出挂

长刀或扛火枪,体现了景颇族尚武的习俗。妇女的上衣一般为对襟或左襟的黑色短衣,上面缀满银泡和芝麻铃。女子下穿毛织筒裙,裹毛织的护腿。筒裙上织出的几何纹样,风格粗犷,花色非常鲜艳。景颇人喜欢佩戴银制饰物。

15. 白族

白族主要居住在云南省的大理白族自治州,自称"白尼"或"白子"。白族人崇尚白色,服装的面料喜欢用白色或浅色。男子服装为对襟上衣,外罩坎肩,脚打绑腿,用长布包头;女子则喜欢穿着白裤子和前短、后长的白上衣,外罩丝绒偏襟坎肩,头戴装饰感极强的艳丽的五彩绒绣帽箍。围裙也是装饰重点,五彩绒绣往往与头饰相统一,相呼应。

16. 纳西族

纳西族主要居住在云南丽江纳西族自治县,普遍信仰"东巴教"。纳西族男子的服装与传统的汉族男装很相似,女子服装由宽大的长褂与长裤和多褶围裙组成,服装中最具特色的是女子披着由7个圆形绣花牌组成的"披星戴月"的羊皮披肩。"披星戴月"的图案既象征着纳西族人民的勤劳与智慧,也承载着纳西族不忘祖先,继承传统的含义。

17. 傈僳族

傈僳族居住在云南北部努江傈僳族自治州。傈僳族男子一般上穿或长、或短的麻布衫,下着及膝黑裤,头戴黑色包头,女子多穿长百褶裙,穿黑色长裤,系围裙,用青布包头,身背手工缝制的挂包。

18. 普米族

普米族的族源属于中国古代西北游牧民族氐羌支系,主要居住在云南省怒江傈僳族自治州。普米族妇女服饰花样较多,普米族崇尚白色,以"白色"为善,表现在服饰上,衣裙皆以白色为美。

19. 独龙族

独龙族聚居在云南省西北部的怒江傈僳族自治州独龙河两岸的河谷地带。千百年来,独龙人从事刀耕火种的粗放农业,同时进行采集和狩猎,保留着较浓厚的原始社会末期特征。独龙族男子喜用一方毯披于背后,女子用两方长布,从肩部斜披至膝,独龙族纺织手艺较发达,所织麻布线毯质地优良,色彩协调,特色鲜明。

20. 怒族

怒族是云南的古老民族之一,主要分布在云南省怒江傈僳族自治州内。怒族服饰风格古朴,男子的传统服饰为交领长衫,及膝长裤,蓄发,并用青布或白布包头,裹麻布绑腿。妇女则穿右开襟上衣,长及脚踝的裙子,套黑色或红色的坎肩。妇女头部及胸部多用珊瑚、玛瑙、贝壳、料珠、成串银币装饰,戴钢质大耳环垂于肩部。男女都喜欢用红藤作缠头和腰箍。

21. 布依族

布依族主要聚居在贵州省黔西南。布依族以农业为主,种植水稻的历史较为悠久。布依族崇尚青、蓝、白色。男子服饰以对襟短衣为主,下着长裤。女子则为短衣、长裙和短衣、长裤两种形式。女子喜头巾,姑娘头顶一块头巾用发辫压住,媳妇则在包头内衬竹皮,有一尺长的尖角颇具特色。

22. 羌族

羌族主要聚居区是四川省阿坝藏族羌族自治州。羌族是一个古老的民族,以农业为主,以畜牧、狩猎为辅。羌族的传统服饰为男女皆穿麻布长衫、羊皮坎肩,包头帕,束腰带,裹绑腿。羊皮坎肩两面穿用,晴天毛朝内,雨天毛朝外,防寒遮雨。妇女包帕独具特色,姑娘梳辫盘头,包绣花头帕。已婚妇女梳髻,再包绣花头帕。羌族妇女挑花刺绣久负盛名。

服装襟边、袖口、领边等处都绣有花边,腰带上也绣着花纹图案。

23. 门巴族

门巴族主要聚居在西藏墨脱县和错那县。门巴族在文化和宗教上与藏族有着密切联系,门巴族服饰有些地区男女皆穿藏式的赭色氆氇长袍,束腰带。戴褐色小圆帽,帽边镶橘黄色,具有民族特色。

24. 珞巴族

珞巴族主要分布在西藏东南部的洛渝地区,是目前中国人口最少的民族。珞巴族服饰独具特色。男子一般穿藏式氆氇长袍,妇女一般穿无领窄袖对襟上衣,以麻布为原料。男女都赤脚、蓄发,头发后面披散,额前齐眉。

(四)中南和东南地区少数民族服饰

我国中南和东南地区主要指广西、广东

及海南、福建等地区。这里居住着壮族、瑶族、土家族、黎族、京族、毛南族、高山族等少数民族。各少数民族的文化各异在服装上也表现出迥异的风格特点。

1. 壮族

壮族在我国少数民族中人口最多,主要居住在广西壮族自治区,壮族服饰崇蓝、尚黑,壮族男女都喜穿对襟短衣,围布腰带,深色长裤,头裹长巾。以前壮族女子上穿深色窄袖的收腰上衣,对襟,深领口,领口处露绣花围兜;下着藏蓝百褶长裙,裙摆边处嵌有月蓝、白、浅驼和紫红色布块拼缝成条状纹样,间用彩色挑绣出几何图案。现在的壮族女子喜穿白色对襟紧身上衣,以两对直祥固定,深领口内露出绣花兜肚;下着广口长裤,裤口上方绣彩色栏杆,头戴的包头爱用暖色大花宽枕巾制作。女子喜欢在服装的衣边和袖口、裤口镶拼花边,佩戴银项圈和银手镯。壮族特有的壮锦既可以做裹头的长巾,也可以做成背包和手帕。

2. 瑶族

瑶族主要分布在我国广西、湖南、云南、贵州和广东、江西的偏远山区,分布广泛,有"南岭无山不有瑶"的说法。瑶族服装色彩斑斓,装饰丰盛。古人评价瑶族"好五色衣服"。瑶族男子服装以黑色或深蓝色的短衣,配长裤或短裤。瑶族女子善绣,她们将领口沿两

襟至腰部都绣上五彩的宽边图案,艳丽夺目。

3. 黎族

黎族生活在海南省的五指山地区,以种

植水稻玉米和橡胶、咖啡为生。他们的服装体现了南亚太平洋地区的文化特点,以短衣、短裙为主,色彩艳丽。黎族男装多为对襟、开胸、无领、无扣短上衣,下配长裤或两幅吊布裹裙;女子穿着对襟、开胸、无领、无扣紧身短上衣,下配多彩的锦织筒裙,服装的装饰以黑、红、黄、白为主色,庄重富丽。

4. 高山族

高山族是我国台湾省的原著民族,主要分布在台湾岛的山区及东部沿海。高山族服装大致分为五个支系,样式各有不同,但是由于地处亚热带地区,服装样式比较短小精练。高山族往往就地取材,用兽皮、椰皮制作背心、胸带和腰裙。无论男女都喜欢用贝壳、鸟毛、兽牙、花卉、竹管、钱币等做成羽冠、首饰和图案装饰,走起路来环佩叮当,煞是惹人注目。

5. 土家族

土家族主要聚居在湖南湘西土家族苗族自治州,湖北恩施土家族苗族自治州。土家族自称"毕兹卡",意为"土生土长的人"。土家族男子传统服饰为琵琶襟上衣,缠青丝头帕。女子为左襟大褂,滚花边,衣袖宽大,下着镶边筒裤或八幅罗裙,

喜佩金、银饰物。

6. 京族

京族主要居住在广西壮族自治区。京族过去被称为"越族",以打鱼为主。男子一般穿及膝长衣,袒胸、束腰,衣袖较窄。妇女则外穿无领、对襟短上衣,衣身较紧,衣袖很窄,下着宽腿长裤,多为黑色或褐色。

7. 仡佬族

仡佬族现主要分布在贵州省务川仡佬族自治县,以农业为主。仡佬族崇尚青色,其服饰朴素。服装面料喜用自纺、自织、自染的靛蓝土布。

8. 毛南族

毛南族主要聚居在广西壮族自治区西北部，以农业为主。毛南族自称"阿南"，意为"当地人"。毛南族男子以前有着唐装的，也有穿琵琶襟上衣的。妇女则穿右襟上衣，宽脚滚边裤。

9. 畲族

据说畲族的祖籍为广东潮州，现主要分布在福建福安、浙江景宁、广东、江西、安徽等省。畲族男子一般穿着色麻布圆领、大襟短衣、长裤。妇女服饰因居住地区不同，款式各异。畲族妇女服饰以象征万事如意的"凤凰装"最具特色，即在服饰和围裙上刺绣着各种彩色花纹，镶金丝银线；高高盘起的头髻扎着红头绳；全身佩挂叮叮作响的银器。

10. 仫佬族

仫佬族主要聚居于广西罗城等县。仫佬族崇尚青色，其服饰朴素无华。男子穿对襟上衣、长裤，头戴六片三角形合成的碗形青布帽。妇女一般穿大襟上衣、长裤。仫佬族的服装面料是自纺、自织、自染的土布。土布的染制方法与众不同，把长约两丈的土布放入蓝靛染缸，反复晒染多次，使青蓝色泽均匀，然后涂上米汤、薯莨、牛皮胶糊面等，待晾干后，用石碾滚压或棒槌敲打。用这种方法制成的布闪光发亮，美观耐用，弥足珍贵。

三、世界各民族典型服装形态

"一方水土养一方人"，生活在地球不同地域的人们，因气候、地理环境、水土及当地的风俗习惯形成了各自不同的民族文化和服饰特征。今天，科技的飞速发展，社会文明的进步使地球变成了一个小村落，人们的生活方式、衣着习惯越来越相像，尤其身处国际性的都市之中。原汁原味的民族服饰离我们的生活已经太远了，但正是它们的原始生态告诉了现代人服装的意义何在，服装的原点何在。

（一）缠绕式

"缠绕式"是世界上从古至今在很多民族服装中被保留下来的着装形式，由于地域、气候和当地物产、原料及文化的差异，不同地区和民族的缠绕式服装呈现出不同的形态和特征。所谓缠裹，就是将一块布缠裹在身上的穿衣方法。因布料的长短、缠裹的方法不同而形成了不同的造型和款式。

缠绕式服装主要分布在高温、高湿的地区，不同地区也为缠绕式赋予了不同的名称。如，欧洲地中海地区古希腊的"Himation"和罗马的"Toga"，亚洲印度的"沙丽"，泰国的"帕·裙嘎本"，印度尼西亚的"卡因·潘将"，尼泊尔的"希塔科·帕瑞亚"。东非坦桑尼亚的"康加"。

缠绕式的服装面料基本来源于各地自产的天然材料。如，印度、东非等地以棉为主，欧洲则以麻居多。由于缠绕式服装与人体关系较为松散，因此透气、散热性能较好，人穿着比较舒适。缠绕式服装不需制作加工，仅以布料直接在身体不同部位"缠"和"绕"，并通过缠绕后面料自然形成的衣褶和松量来解决人体的活动量，是一种"智慧"的着衣方法，在简单易行中，又会由于每个人各自不同的手法而产生各自的造型差异；在材料中追求造型的丰富；在人人皆会的方法里寻找自我的发挥。这正是现代服装设计所要追求的设计原则。不同的缠绕方式里不仅显示着个性，也是社会阶层、宗教信仰的最直接体现。

（二）贯头式

"贯头式"也称"套头式"、"钻头式"。通常这种类型服装是在一块正方形或长方形布中间挖一个洞，头可由此钻进去，使面料披挂在身上形成斗篷式的外衣。贯头式服装常见于南美洲地区的智利、墨西哥、厄瓜多尔、危地马拉以及印第安部落等地区。在中国的少数民族中也多见贯头式服装。服装的材料多用棉、毛织物，具有较好的保暖性能。贯头式对于白天日照强烈高热、晚上寒冷的南美地区是非常适宜的服装形式。其"被服式"的特征可以一衣多用,白天防晒和防风沙,晚上可以当作毯子御寒,外出时可将它卷起收藏,异常方便实用。贯头式服装的制作也非常简单,就是将两块 1.5～2 米长、50～60 厘米宽的织物的一边缝合,形成一个正方形或长方形;缝合线中心的地方留一个头可钻进的口;织物的两端头用毛线或抽穗的形式装饰;织物多用鲜艳的颜色织成各种几何形、条形和抽象的图案,非常美观。携带方便、穿脱自如也是贯头式服装无可比拟的优势所在。因此,以贯头式为基础的 T 恤衫、衬衫、圆领衫等服装是时至今日依然受到现代人喜欢的服装样式。

心之后将树叶遮盖在生殖器官上,因此遮盖说成立;因为经过了羽毛树叶等装饰过后,生殖器的部分反而更加引人注目,恰恰是"吸引说"的证明。虽然学者们众说纷纭,但有一点是可以确定的,腰衣式服装是人类最古老的服装形式之一。这一形式在世界各地不同民族的服装中都出现过,公元前 3000 多年的古埃及时期和后来的古希腊祖先克里特人用麻布围在腰间的"loin·cloth";苏美尔人穿着的用羊毛制成的"卡吾那凯斯";至今在许多非洲部落还能看到的草裙和在中国南方的少数民族中同样可以看到的各种腰衣形式的筒裙和短裙。在我国贵州榕江县两汪村的"短裙苗",穿超短裙的历史非常悠久,她们的衣裙仅有 16 厘米长,且多达 10 到 20 层,裙的皱褶样式似芭蕉叶面,无花纹,穿着时以裙角往上翘为美。

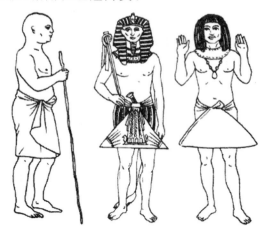

(三)腰衣式

"腰衣式"也称"系扎式",是把面料或兽皮、树叶、干草等物系扎在人体腰部的一种着装形式。通过各种系扎的形式和运用不同的材料可以使腰衣式服装形成各异的形状和装饰效果,从而被赋予不同的意义。在服装起源的众多学说中,腰衣式服装形式为多种服装起源学说提供了有力的证据。例如,因为保护了人的生殖器官,"保护说"成立;正像亚当夏娃在有了羞耻

今天,各式各样五彩缤纷的短裙也可以称作腰衣的现代版本。腰衣式服装以就地取材,简单易行和形式多样赢得了世界各民族的认同和喜爱,而且经过了漫长的服装历史演变进程,依然保持着其强大的生命力。

（四）前开式

"前开式"亦称"包裹式"或"综合式"，是东方许多民族的主要着装方式。前开式服装的主要特征是指服装以平面结构为主，其前身开襟，以扣、袢、带等形式加以固定，因此，致使服装不仅可以完整地覆盖着装者，包裹其身体，而且可以达到穿脱自如的目的。前开式服装的典型形式为中国历代传统长袍、蒙古族袍装、日本和服等。也有不十分典型的服装，只要具备开襟的结构形式，并非有完整的固定形式，而是以腰带、围裙等辅助系扎，均可以为"综合式"穿着方式。

前开式的着装方式历史悠久，为世界许多民族人们广泛使用，其款式、风格丰富，多彩多姿。

前开式服装具有极强的生命力，其主要特征仍为现代着装人喜爱，并且往往在不断变化的时尚审美中占据重要的位置。

（五）合体式

"合体式"的最初意义在于上、下分制的着装方式。合体式服装形态是以衣身和袖子的分割为主要结构特征的，对应人体的躯干和上肢的结构特点。

早期的合体式服装形态是运用在服装腰部打气孔，穿绳子的方式将服装收紧而显露腰身。在哥特时期，受到哥特式建筑的影响，在服装上创造出将整片的布料进行多片分割的裁剪方法，并出现了意义非凡的省道工艺，将二维的服装形式转化成了有三维立体空间的窄衣基型，即合体式服装。从此，多片分割与省道的运用，成为西方服装技术中的核心内容，并以此展开了西方服装款式造型千变万化的新阶段。合体式服装的出现不仅受到当时的宗教信仰、民族文化和社会审美的综合影响，也是服装技术发展的重要标志。人们在了解人体的基本结构和形态的基础上，在考虑人体活动功能性的同时，用面料造型表现人体的曲线，完成对人体的再塑造。追求造型美和人体美是现代服装的造型基本理念。

真正合体式服装的出现是西方服装文化进程中的转折点，作为世界民族服装形态中的一种，在当今以西方文明为主导的世界服装文化中占有重要的地位。

第六章　服装设计名师名作

第一节　高级服装设计名师名作

一、高级服装设计师与高级时装店

（一）服装设计职业——工业革命的产物

1750 年的工业革命，现代设计逐步产生。现代建筑、工业产品设计、平面设计等各类设计行业开始经历着几千年都未经历过的天翻地覆的变化，当然服装设计也是其中非常重要的内容之一。

作为一个独立的职业，服装设计如同其他门类产品的设计一样是西方工业革命的产物。尽管在此之前，众多工艺品在个体或者作坊的生产中所形成的样式、纹样及功能性，均需要通过周密而巧妙的设计才得以实现。每一件人们生活用品（包括服装）的设计均体现着社会的特征，反映出时代的各种变化。然而，自古以来以能工巧匠为主体的设计活动并非具有社会性职业的专门化劳动的特点。在现代时装设计产生之前，欧美上层妇女穿着的考究服装是由裁缝精心制作的，这些裁缝在服装上并不具名，他们只是传统意义上的匠人，法文称为"fournisseur"，即裁缝的意思。设计仅仅是裁缝的部分工作内容。

当社会性大生产来临之日，即欧洲资本主义工业革命时代到来之时，蒸汽时代带来贵族们生活范围的加大，户外活动的增加，传统宫廷样式远远不能适应时代的新环境，服装新样式的功能性和审美性的革命成为必然。以圈地运动、飞梭、珍尼纺纱机、织布机的不断创新为先导，以纺织品产量的不断提高和价格的不断下降为基础，为数众多的各阶层市民百姓的着装要求有了得以实现的可能。以资本主义阶段新贵及平民不断要求平等、自由的思潮为动力，尤其以欧洲主要国家资产阶级政权建立为契机，一切在封建世袭、血统论制度下所形成的维护皇权和贵族权益的相关的服装禁令均得以彻底废除，在人民着装上的平等与自由，时尚与创新首当其冲地直接表现出来。此外，19 世纪末女性参加社会活动的呼声越来越高，而以紧身胸衣为核心的服装样式，严重妨碍了他们的参与。因此，无论从服装样式的变化还是服装数量的需求上，均使服装行业的兴盛与发展成为必然，服装的社会性生产导致服装设计师作为一个独立的职业出现成为必然。时代的风云变幻造就了服装设计师，而服装设计师也确实在不同的时代扮演着风云式人物。19 世纪初在巴黎出现了服装设计师（couturier），他们以新颖的设计为中心，以自己的姓氏为品牌，开设以自己名称命名的服装店，为少数上流富裕的女性或演艺界明星服务，通过她们促进流行式样。

（二）高级服装设计师与高级时装店

19 世纪中叶，以沃斯（Charles Frederick Worth）为代表标志时装设计产生的开端，一直到 20 世纪五十年代以迪奥（Christian Dior）为代表标志着雅致服装的结束。这个世纪以来服装设计大师们不仅使服装的样式不断更新，而且以敏锐的洞察力和革命家的胆识，打造出一个为消费者所接受的、不断创新的纪元，通过服装的变化实现了时代的进步，完成了人们生活观念的革命。早期服装设计名师往往被称为"大师"，他们所创造的服装样式往往影响某个时期，成为某一时代象征，为后人所熟知和崇拜。

早期的"高级服装设计师"开办"高级时装店"，以个体定制为主要经营形式。由于历史的原因，高级服装店云集巴黎，他们以时代的宠儿且最具经济实力的人群为对象；以提供仅适合消费个体需要的独一无二的设计为特点；选择最优质的材料；雇用手工艺最好的裁缝；必须经过量体裁衣和多次紮样；在多次试装和修改后方可最终完成使定制人满意的时装。此类服装应定义为"高级时装"。高级时装件件力图成为经典，套套价值连城。高级时装是财富和地位的象征，其拥有者为数不多，但影响力很大。在某一成功的服装设计师的旗下，不同风格的时装带动着其忠实的消费者。消费者坚定不移地追随、拥戴自己喜爱的服装设计师，无论对于其时装、箱包、皮具以及香水均从一而二，展现出高贵的气质和特定的风格是他们永久的追求和炫耀的资本。而对于广大的平民阶层而言，效仿的目的在于实现梦想的过程之中，行动之中。因此，无论对于任何阶层的人，服装设计师的名字及其作品都会成为倾慕的对象，成为茶余饭后人人皆知的话题，服装设计师的名字往往如雷贯耳，并且连同其作品成为某一时代美好追忆。因此，早期高级服装设计师所处的时代是英雄造时势的时代。在这一个世纪间，无论是新艺术运动、装饰运动等这些艺术风格运动，还是两次世界大战，都对服装有着直接的影响，它们都在服装这本"社会百科全书"中留下了深深的痕迹。

二、高级服装设计名师名作

（一）查尔斯·沃斯（Charles Frederick Worth 1825～1895）（英）

"高级服装"设计的第一人——查尔斯·沃斯理所当然的被誉为时装之父。他以新款时装参展1851年的英国水晶宫万国博览会，并一举获奖，为服装设计师赢得了世人瞩目的地位。沃斯所创办的高级时装店成了王室贵族们的时装沙龙，而他设计的服装款式也成为众多服装作坊模仿的对象，他在传统的维多利亚隆胸、蜂腰加裙撑的造型基础上去除了笨重的裙撑，创造了以臂垫为支撑的S型。凭借着他的社会影响力，其经营也大获成功，时至今日其品牌仍具有旺盛的生命力。

沃斯对20世纪服装界的影响和贡献是巨大的。当时服装店的营运方式是顾客们自带面料来店订购加工自己喜欢的款式，这一方式无法发挥设计师的创作能力。沃斯让模特儿穿上自己设计的服装展示给客人看，改变了设计师只能负责制作的状况。使顾客对设计师的依赖性越来越强，后者对前者的选择有强烈的引导权和决定权。此外他还创立了自己的服装品牌，利用自己的名字作为服装品牌，从而达到促进服装流行的目的。

帕康夫人很早就开始探索摆脱S型及A型的设计，试图寻找服装的新形式。她在当时的名气相当响亮，不但担任1900年万国博览会服装部分负责人，同时也是第一位获得法国荣誉军团勋章的女性，更是法国第一位在纽约等世界各地开设分店的女设计师。除此之外，她在时装史上最大的影响莫过于她是第一位采用"模特儿"展示衣服的先驱，此举大大地改变了之后的时装呈现形式。帕康和沃斯同样都是属于擅长设计豪华舞会礼服的设计师。她的作品是以温柔、调和的中间色调和18世纪礼服的美感为设计主体。她对鲜艳色彩有很强的驾驭能力，尤其擅长运用黑色。她把黑色从19世纪代表不吉利的角色中解放出来。1896年，她设计了一件黑色大衣，里子却用了非常辉煌的红色，强烈的对比效果消除了黑色所具有的尊大和悲哀的情调，这种红色后来被发展成有名的"帕康红"。帕康设计的特色体现在其对皮毛的运用，在服装的衣领、袖口、下摆等处用貂皮、狐狸皮、猴皮等做装饰，并且销售得很好。

（二）简·帕康（Jeanne Paquin 1869～1936）（法）

（三）保尔·波阿莱（Paul Poiret 1879~1944)（法）

号称20世纪初时装之王的保尔·波阿莱是真正具有创新精神的设计师，他一系列的创新之举搅得当时的时装界异常活跃，从而带动了时装的迅速发展。他最为杰出的贡献是从怀孕的妻子身上获得灵感，摘掉女性紧身胸衣，不仅解放了女性的身体，同时也解放了女性的思想。他设计的直筒型时装使女性迈向了健康之美。此外，向往东方艺术的波阿莱在巴黎观看了一次来自俄罗斯的具有东方风格的芭蕾舞剧之后，将东方艺术引入时装，从而掀起了20世纪初西方人对东方服饰和文化的前所未有的热情。

在创新之举中，也包括他成立的法国时装版权保护辛迪加（the Syndicat de Defense de la Grande Couture Francaise)，专门从事保护时装设计版权工作，这在设计史上又是一个重大突破。

另外，值得一提的是他也是世界上第一个出品自己香水的时装设计师，这比夏奈尔五号香水的发表时间整整早十年。

（四）让·朗万（Jeanne Lanvin 1867~1946)（法）

让·朗万的风格是浪漫而优雅的，特别是以绘画为题材的绘画女装和从中世纪教堂的彩色玻璃画获得灵感的"朗万蓝"十分著名。朗万店也是19世纪创业以来现存下来最老的服装设计室之一。1926年，朗万开设男装部门，由此打开了高级时装店经营男装的先河。

（五）让·巴铎（Jean Patou 1880～1936）（法）

巴铎是一位风靡高级服装界和高级成衣界的巨匠。他的服装店在历经了两次世界大战后，仍保持着雄立巴黎服饰界的地位。他与夏奈尔一样，设计的女装都带有明确的社会性，是现代派女装设计师。20世纪20年代初期，他的运动装为服装界开辟了新的局面。推出了既可外用又可内穿的新式运动服。巴铎的服装哲学是简洁性，他积极提倡自然的腰围线和流畅的外轮廓造型，并将立体派艺术运用到设计中。

（六）玛德莱尔·维奥耐（Madeleine Vionnet 1876～1975）（法）

裁剪实验家维奥耐在设计服装时从来不画设计图，而是直接在 1/4 大小的人台上进行剪裁。她在设计服装时仿佛是在做一次次裁剪试验，试验的核心就是怎样用面料来体现女人优美的线条。

在试验中她结合当时社会的流行风潮，不断吸收外来文化的精华，将古希腊服饰与日本服饰的剪裁引入自己的裁剪实验中，创造出长方形、圆形、1/4 圆、三角形的裁剪法，特别是她依据女性优美的曲线，开创了一种史无前例的裁剪方法"斜裁"，她运用斜裁中斜丝面料的弹性达到优美的女性造型。维奥耐非常强调人体结构和服装的关系。她认为，将二度空间的布和三度空间的人体曲线相结合，是服装最吸引人的特征。

维奥耐有一句名言："当女性微笑时，她的服装也应随之一起展妍"。体现女性的优雅气质和内心的美，是她永恒的设计主题。

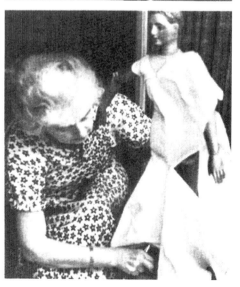

（七）加布理埃·夏奈尔（Gabrielle Chanel 1884～1971）（法）

夏奈尔是一个真正的职业女性，她终身未嫁，完全依靠自己的设计而生活。她的中性化设计风格既领导又顺应了一战后的服装风格的潮流。她的设计也是她生活的真实反映。独立、简洁的款式，男性化的直线，便于活动的裤装，休闲化的针织外套，这样的装束将向往独立和社会尊重的女性们以自信的姿态站在男人的面前。从此独立新女性的代言人夏奈儿开启了职业女装之门，同时她的时装造型也成为经典的职业女装造型。

在夏奈尔之前，珠宝的佩戴更多的是对财富和地位的炫耀，而夏奈尔改变了这一装饰的观念，她用合金和假钻石做成既夸张又精美漂亮的首饰，垂挂在夏奈尔简洁的款式上，形成了强烈的装饰效果，从而改变了珠宝的装饰观念，使得普通的平民百姓也有了装扮的快乐。服饰更多地为了人本身而抛掉地位和财富的张扬，变得更加大众化，使得流行得以更加广泛的传播。这些都是夏奈尔给现代时装带来的新观念。

（八）爱丽莎·夏帕莱里（Elsa Schiaparelli 1890～1973）（法）

如同现代艺术不能忘记超现实主义一样，夏帕莱里的设计思想在现代服装史上具

有不可忽视的历史价值。夏帕莱里与当时许多现代艺术家都有深厚交往,创作思想明显受其影响,她将最新的艺术形式直接引用到服饰中。因此,夏帕莱里被称为"时装界的超现实主义者"。她的服装充满了创意,是个性与才能、独创性与功能性的完美结合。

(九)尼娜·丽希(Nina Ricci 1883~1970)(意)

与其说尼娜·丽希是一位设计师,不如说她是一名布的雕刻家,她赋予女性所穿着布料以生气。经丽希夫人手的布全都展现出优美、典雅。丽希夫人的服装制作是在无设计图情况下进行的,她拥有着直接将面料披在模特儿身上,边进行褶皱的处理,边设计,边剪裁的卓越能力。其作品以女性味十足而闻名于世。

（十）阿里克斯·格蕾（Alex Gres 1899～1993）（法）

维奥耐的唯一传人格蕾夫人被誉为布料的雕刻家。她创作时不画设计图，直接在人台上像搞雕塑一样地造型，每一件作品从设计到完成全部自己动手。风格细腻独特，最为突出的就是流动且富有立体感的各种褶皱和大胆而高雅的配色。

（十一）克里斯托巴尔·巴伦夏加（Critobal Balenciaga 1895～1972）（法）

出生在西班牙的巴伦夏加，秉承父业在西班牙开设了自己的服装店，顾客多为西班牙的皇族和名流。1937 年他来到巴黎开设

了自己的新时装店,不久就赢得了许多上流名媛的青睐。他的设计非常强调造型的立体感和细节处理及手工制作的精致细腻,在款式上常常有大胆的设计。例如,夸张的荷叶边、气泡裙、束腰外衣装、口袋装等,他喜欢使用挺实而昂贵的服装材料来塑造女性的线条。简洁夸张而又极具装饰性的轮廓线不仅体现着浪漫古典的西班牙风格,也体现出巴伦夏加精湛的裁剪和制作技艺。巴伦夏加的服装造型和服装技术对以后的设计师都产生了重要影响,其中包括纪梵希、温加罗等女装设计师。

(十二)皮尔·巴尔曼(Pierre Balmain 1914～1982)(法)

巴尔曼在高级服装店高峰期的20世纪50年代,与迪奥、巴伦夏加一起被称为服装界三巨头。他把建筑设计中的灵感运用到服装上,因此,他设计的服装享有"活动的建筑"之美誉。就连二战的炮弹也没能改变他的设计风格,他设计的女装结构简洁、优雅、精致,体现了一种"全新的法国风貌"。50年代,巴尔曼更是以完美的形象打造开创了"漂亮太太"时代。即使在因年青式样兴起,高级订购服装界出现危机的60年代,或是混乱动荡以及异国情调风行的70年代,他也坚持自己经典洗练的风格,而没有去迎合潮流。

大器晚成的迪奥仿佛一夜成名,1947 年 2 月 12 日,他的首个系列"新风貌"(new look)女装给当时仍活在二战阴影下的巴黎的女性们带来了梦幻色彩,让她们为了这优雅的古典新造型而疯狂。迪奥也从此领导了世界时尚界 10 年的演变。在这 10 年期间,迪奥推出一系列极具造型感的高级女装,并以字母来命名。如,A 型、Y 型、H 型、S 型等,使流行变得有序。

迪奥每次推出时装系列会根据轮廓而赋予一个简单明了的主题词,他偏爱选用高档上乘面料。如,绸缎、塔夫绸和华丽的刺绣品等。

(十三)克里斯汀·迪奥(Christian Dior 1905~1957)(法)

的设计既有华贵的宫廷样式服装,也有充满活力、简单明快,富有现代气息的服装。他成功的另一方面在于和影星奥黛丽·赫本的合作。

（十四）尤贝尔·德·纪梵希（Hubert de Givenchy 1927～）（法）

纪梵希生于法国的比奥尔斯,那里是法国著名的织锦画艺术中心。在如此得天独厚的环境中,纪梵希潜移默化受到艺术的影响和熏陶。因此,他对艺术设计和色彩的理解有着超乎常人的感悟性。纪梵希在积极地继承巴伦夏加的服装哲学和技术的同时,建立了自己独有的世界,他的设计风格可以概括为4G:Gneteel（古典）、Grace（优雅）、Gaiety（愉悦）、Givenchy（纪梵希）。纪梵希为各个年龄、各种身份的名流设计服装。温莎公爵夫人、摩纳哥格雷丝公主、罗兰·巴朵、玛丽·柯林斯、索菲亚·罗兰、伊丽莎白·泰勒、达西·米勒等,都是其设计对象。纪梵希

（十五）瓦伦蒂诺（Giovanni Valentino 1932～）（意）

"Valentino"这个词在意大利语中是"有魅力的情人"的意思，他同时也意味着豪华、富有，甚至是奢侈，表明了一种华丽壮美的生活方式。穿着瓦伦蒂诺的服装，会使人感到温文尔雅又内藏激情，永远成为追求格调，注重生活品质的贵族形象。已走过了40年设计创作历史的瓦伦蒂诺，始终保持着其优雅高贵的设计风格。他凭着其设计创新、选料和工艺要求严谨，得到了意大利贵族和世界名流的欢迎。

浪漫的瓦伦蒂诺有一种东方情结，他曾是最早来到中国访问并将中国元素运用到自己的礼服设计中的西方设计师之一。在瓦伦蒂诺看来，服饰是一种美的文化，服装风格是一个民族文化精神的表现。中国传统服饰审美观念讲究端庄和文雅，注重社会礼仪；意大利服饰则讲究自由和个性，表现人体体态之美。为了实现结合中、意文化，瓦伦蒂诺在设计理念中引入很多的中国色彩。

1990年，瓦伦蒂诺研究所成立，人们便热切希望这处能成为追求文化与艺术的避风港。自从1969年瓦伦蒂诺的时装展示会在巴黎举行后，他的高级女子时装设计一直都很受欢迎。今天，全世界已有超过560家瓦伦蒂诺运送部及60家专卖店。瓦伦蒂诺已经创建了真正的时装王国。

第二节 现代品牌成衣设计名师名作

一、现代成衣业

（一）成衣业形式与发展

时装业作为国际性大产业形成于20世纪60年代，而时装真正成为设计师可以驾驭的事业，并取得商业上的巨大成功，是以成衣业的形成和发展为新的里程碑的。

19世纪服装纸样已经出现，服装按规格、号型生产的形式已经实现，但是，以20世纪60年代作为阶段性起点，标志着成衣大批量生产的时代的到来。20世纪60年代以迷你超短裙为代表性样式的兴起不仅反映了当时年轻人的反叛思潮，而且其工艺简单、节约布料迎合了大批量生产所需要的条件。当迷你裙以人们意想不到的速度进入当时的主流市场，连作为20年代身体力行的提倡将礼服改短的服装设计大师夏奈尔的反对之声都显得苍白无力。迷你裙不仅为社会年轻人所接受和喜爱，而且亦被巴黎高级时装所容纳和青睐。

进入20世纪60年代以后，成衣业迅速发展，成衣企业、成衣市场规模越发膨胀，服装行业不再被称为夕阳产业，而且被世界有识之士看到前途，并踊跃投资。规模生产带来的规模效益使服装经营者大受裨益。

（二）成衣设计师的创造

服装真正意义上的流行并成为不挡之势，也应当归功于服装产业化。此时服装设计师不再孤芳自赏，不再仅仅抓住上流人物创造世界，成衣设计师的生存变得更为现实，更为残酷。在人如潮水，人人希望凭借服装彰显个性，彰显时尚，彰显成功的多元时代，在以消费者为主导的大市场面前，每一位成衣设计师均面临着顺者昌、逆者亡的考验。成功的服装设计师如同灵活的"弄潮儿"，他们参与到服装市场竞争的大潮中，与商家、媒体形成默契，共同导演着"时尚"的游戏，引导消费者慷慨地掏出自己口袋中的钱，从而不断满足自己的穿着欲望，追逐着无尽的流行。

近半个世纪以来，迅速膨胀的服装行业及快速扩展的服装市场使无数服装设计师经过大浪淘沙，成功于时势造英雄的时代之中。

人们在世界的每一个角落尽情地感受着60年代的迷你裙，70年代的喇叭裤，80年代的蝙蝠衫、宽肩式泡泡袖。中国在文化大革命结束不久，在国内尚未全然开放之时，中国老百姓中间的服装流行现象亦十分明显。几乎全世界人们均根据自己的经济实力购买不同价格、不同档次、不同品牌的成衣，因为批量生产所带来的服装成本和造价的低廉，已经使日益富裕的现代人形成了购买成衣的能力，而且批量生产的质量可靠性和款式变化的快捷也使广大现代人体会了购买成衣的乐趣，同时形成了享受成衣的习惯。

二、现代品牌成衣设计名师名作

（一）伊夫·圣·洛朗（Yves Saint Laurent 1936～）（法）

伊夫·圣·洛朗1936年生于阿尔及利亚奥兰市，少年才俊的他在19岁时参加了一次由羊毛局举办的女装比赛获奖而引起世人关注，惜才的迪奥将其收至旗下，聘他做迪奥公司的设计师，当时迪奥公司近三分之一的作品都出于他之手。

1957年迪奥因病去世，伊夫·圣·洛朗出任主设计师之后，设计才华开始向世人真正显露：热爱戏剧和喜欢绘画收藏的伊夫·圣·洛朗，被公认为是一位将时装与文化、时装与艺术融为一体的杰出设计大师。

伊夫·圣·洛朗是勇敢的女装男性化缔造者。在1967～1968年，他推出了最令人难忘的男性化女装。特别是他设计的女裤装，塑造出独立自信的新女性形象大受职业女性的欢迎。他将光效应艺术（OP Art）和波普艺术（POP Art）应用到时装设计里，并溶入东方文化和嬉皮士（Hippies）文化，甚至结合了东方哲学的精神。他也是民俗风格的推行者，推出了一系列以俄罗斯、非洲和中国为主题的民族系列。他的女装线条严谨、裁剪精良、简便合身，散发着高贵、经典和低调的性感，最大限度地体现女性美。伊夫·圣·洛

朗用自己独特而经典的设计赢得了"新晚装之父"的赞誉。

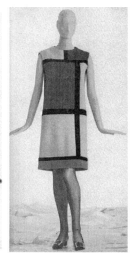

外出装
1976年—77年
圣·罗兰

（二）安德烈·克莱究（Andre Courreges 1923～）（法）

20世纪60年代中期，尽管前卫派的设计师们在作品已不断接受并体现出年轻的时代气息，高级女装向年轻化、轻便化、单纯化发展，但高级时装界真正发生转变是于1965年克莱究发表的裙摆线位于膝以上5厘米的迷你裙之后。他设计的迷你裙，几何学形及裤装礼服化等思想对传统的冲击，对禁区的突破以及设计理念上的革新，奠定了20世纪后半期服装设计的方向。安德烈·克莱究被誉为继波阿莱、夏奈尔和迪奥之后，现代服装史上的又一里程碑。

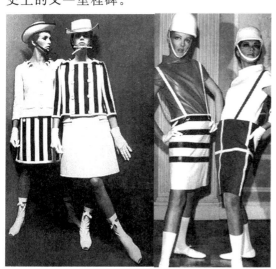

（三）皮尔·卡丹（Pierre Cardin 1922～）（法）

在20多年前，刚刚打开国门的中国人第一位认识的国际时装大师就是皮尔·卡丹。他诞生于意大利的威尼斯，幼年移居法国，早在十四岁就开始了服装裁剪和设计的学习。从20世纪的50年代，他开设了自己的第一家服装公司至今，皮尔·卡丹凭借着自己的经营才能，构筑起了一个从时装、餐饮到化妆品的卡丹商业王国。

大胆突破，始终是皮尔·卡丹设计思想的中心。他运用自己的精湛技术和艺术修养，将稀奇古怪的款式设计和对布料的理解，与褶裥、皱褶、几何图形巧妙地融为一体，创造了突破传统而走向时尚的新形象。他设计的无领夹克、哥萨克领衬衣、卷边花帽等男装，为男士装束赢得了更大的自由。甲壳虫乐队穿着的卡丹式高纽位无领夹克衫就是60年代时髦男子的必备，在与高圆套领羊毛衫一起穿着时，显示出一种悠闲而不失雅致

的风貌。

皮尔·卡丹的创作从男装、女装、童装、饰物到汽车、飞机造型；从开办时装店到经营酒店，几乎无所不包。皮尔·卡丹拥有 600 多种不同的专利产品，为皮尔·卡丹工作的人员达 17 万人，分布在近百个国家和地区，其品牌遍及五大洲，每天约有 600 家工厂企业生产 Pierre Cardin 和 Maxims 品牌的各种服装、香水、家具、食品及器皿，据说如果把 Pierre Cardin 牌的领带连接起来，可以环绕地球一周。皮尔·卡丹不无得意地说过：用 Pierre Cardin 作牌子的一切都属于我。我可以睡 Cardin 床，坐 Cardin 软椅，在我设计的餐厅里进餐，用我的灯照明。去剧院看戏到展览会参观，都可以不出我的帝国。

（四）爱曼埃尔·温加罗（Emmanuel Ungaro 1933～）（法）

温加罗与克莱究都是巴伦夏加的弟子，克莱究继承了巴伦夏加严格的带有建筑式的设计手法，开创了未来派风格；与此相反，温加罗从大师那里领悟到了对纤维力学和美学的感受性，在材料美的创造上开创了自己独特的世界——面料在他的设计中占有决定性作用。

温加罗打破了服装界的黄金规律：绝不要将格子和条子混在一起，由此脱颖而出。典型的 Ungaro 系列是波尔卡圆点、斑马条纹、苏格兰方块和艳丽花朵的自由组合。他似乎很中意裙子的混乱以及式样的繁复。温加罗的服装同他那起伏多变、玉润金声的多元音名字一样蔓延而娇娆。在克莱究和卡丹时装横行的年代，温加罗的迷你裙似乎在银饰上仍然是硬角和尖锋。

（五）卡尔·拉格菲尔德（Karl La-gerfeld 1938～）（德）

（六）玛丽·奎恩特（Mary Quant 1934～）（英）

卡尔·拉格菲尔德在时装界被称为天才，被称为巴黎时装界的凯撒大帝。他曾担任芬迪（Fendi）、克罗埃（Chloe）、克里琪亚（Krizia）、瓦伦蒂诺（Valentino）、麦克斯·麦拉（Max Mara）、查里斯·罗丹（Charles Jourdan）等不同风格品牌的设计师。1983年卡尔·拉格菲尔德开始担任夏奈尔的设计师，1984年，他在巴黎和德国同时成立自己的品牌。卡尔·拉格菲尔德品牌裁制精良，既优雅，又别致，他把古典风范与街头情趣结合起来，形成了诸多创新。卡尔·拉格菲尔德的时装合身，窄肩、窄袖的向外顺裁线条，以一种极其纤细的感觉追求着女性感，使穿着者显得修长有形。卡尔·拉格菲尔德品牌有一条明确的思路：把握高级女装的成衣化倾向，把成衣的便适与高级女装的绚丽优雅统一为一体。

"迷你裙"席卷全世界，玛丽·奎恩特开创了服装史上裙下摆最短的时代。玛丽·奎恩特成为20世纪60年代红极一时的时尚代表。她不同于以往的设计大师们，不是一个自始至终的时装家，但她曾经是20世纪60年代伦敦时装狂飙运动的领袖，她被誉为"迷你裙之母"。像一颗彗星一样迅速升起，像焰火一样光芒四射，但又很快在时装界里消逝了。这是一位独特的，在服装史上不可忽视的重要的设计专家。

作为创造和最早推出迷你裙的服装设计师玛丽·奎恩特，在当时名不见经传，但是时代思潮涌动之时，她站在了潮头的最前列，她所创造的迷你裙以最能体现时代精神的造型，成就了时代形象的同时也成就了玛丽·奎恩特自己，从而使她和迷你裙永载史册。

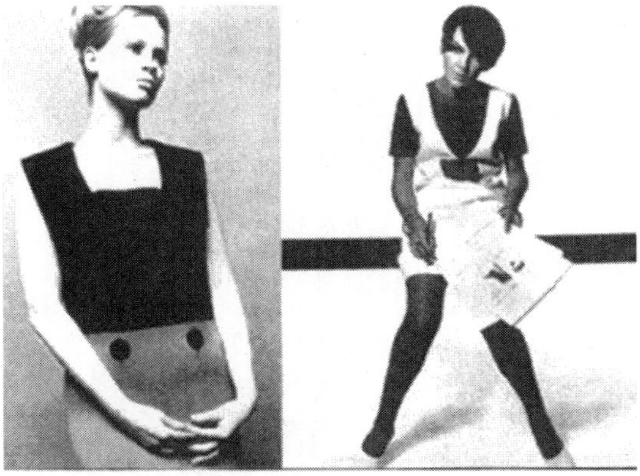

（七）维维安·维斯特伍德（Vivienne Westwood 1941～）（英）

如果说法国高级时装是由英国人沃斯开创的话，对这个历经不到百年高级时装传统进行颠覆的同样是一个英国人，她就是维维安·维斯特伍德——这个号称自己是朋克之母的设计师。在20世纪的70年代，朋克乐队开始风靡英伦，他们那种反时尚反传统的音乐风格影响着社会生活的方方面面。维斯特伍德则成为这股潮流中服装的急先锋，不对称的上衣、残破的衣袖和裤边、紧得不能再紧的长裤和印在汗衫上色情意味的口号。还有她开设的几家服装店的名字，“世界末日”、“性感”、“摇滚吧”、“叛乱分子”，都可以看出她对于传统审美意识的背叛。这位英国最前卫的设计师也不断地让人们领略她非凡的创造力，无上衣的撑架裙、无跟袜、橡胶套装、超高的厚跟鞋等。她将阴暗和丑陋的形象鲜活地表现出来，表达着对世界的看法和反叛。因此，她在服装上的创新和探索也成为很多设计师的灵感来源。

（八）让·保·戈尔捷（Jean Paul Gaultier 1951～）（法）

让·保·戈尔捷在他初露才华之时，曾被外界评论为“巴黎的错误”、“恐怖的坏孩子”。原因是在20世纪的80年代，保守传统风盛行之时，戈尔捷的嬉皮加朋克风格仿佛又将人们带到了文化震荡的60年代。历数他的惊人之举中，以为歌星麦当娜设计的内衣外穿式的金属色演出服最为著名。那高耸的紧身式胸衣,成为麦当娜最典型的反叛形象,而戈尔捷式的内衣外穿的设计理念,则在一片惊呼和骂声中不断被模仿。带着耳环,永远的蓝白海魂衫,面带孩子般顽皮的微笑。他让男人再次穿起了裙子,他让女人在性感中显露着一份强悍。他在服装中为男女重新定位,他在看似玩笑和胡闹的设计里却注入了最深刻的社会嬗变。

（九）高田贤三（Kenzo Takada 1939～）（日）

高田贤三是一个在巴黎获得成功的日本设计师,他的服装与很多日本设计师不同,永远有令人惊喜的大胆的色彩搭配和创新图案,他把东方的灵感融入了西方的服装线条轮廓中,服装让人联想到宛如置身于大自然的自由状态,鲜艳浪漫,纯洁欢乐,如果见过,你一定难忘这个牌子——Kenzo。

高田贤三将来自东方的文明和西方的文化都融入到他的设计中。20世纪70年代初期,他放大袖笼,改变了服装的肩部造型。1977年,高田贤三推出一款长长的、宽松的夹克,紧跟着第二年,又推出短夹克配短且宽大的长裤组合,这种比例的服装至今还在欧洲的街头看见。高田贤三用结构主义和解构主义奇妙地重新包装法国时装,他将之命名为"高级女装的结构主义"。

自由、愉快、快乐的活力充满了高田贤三的每一件服装。他把四季都想象成夏天,在颜色上变换着扣人心弦的戏法。高田贤三的图案往往取于大自然,他喜欢猫、鸟、蝴蝶、鱼等美丽的小生物。

高田贤三所设计的是解放身体的服装、舒适的服装、休闲的服装、价格适宜的服装,他开辟了成衣服装大众化的先河,对揭开高级成衣时代的序幕起到了重要的作用。

的设计洋溢着女性独特的气质,优美典雅是最突出的特点,经常采用一些透明、半透明的丝绸制作服装,上面再用日本传统的花卉图案来装饰。细微的装饰、配饰都体现出她的设计理念。她基本上是在西方的形式上加上日本传统的装饰,很受西方女性喜爱。她创造的设计理念"衣生活文化"得到了国际时装界的肯定。

（十）森英惠（Hanae Mori 1926～）（日）

（十一）三宅一生（Issey Miyake 1938～）（日）

森英惠毕业于日本东京女子大学,后来学习服装设计专业。1951年,她开设名为"HIYOSHA"的服装店,从此开始了服装设计师生涯。

森英惠的才华在电影服装和高级成衣方面发挥得淋漓尽致,1965年在纽约举办的发布会获得成功。五年后,设立森英惠纽约分公司和森英惠USA分公司。1977年,她开始将主要精力投入巴黎的高级成衣展,写下第一个日本人在巴黎的高级成衣界求得发展的历史纪录。不久,森英惠加入巴黎的高级服装店协会,正式成为一名国际性的服装设计师。

森英惠遵循一条西方人习惯的路线,她

在西方的服装设计理念中,人体塑造是一个核心内容。西方人总是通过对人体的改造来达到服装造型的目的。而这一核心理念在遇到三宅一生后被彻底改变。三宅另辟蹊径,重新寻找时装生命力的源头,从东方服饰文化与哲学观念中探求全新的服装功能及装饰与形式之美,他独特的东方服装观念,猛烈冲击了西方列国一统天下的时装王国,给时装赋予新的艺术概念。

三宅一生发现,西方人在经历了高度发达的现代科技、现代工业的发展后,对于人与自然、人与社会之间的关系充满迷茫。因此他运用东方美学的观念,从服装材料入手,运用服装来体现人与衣服的和谐,表现和服背后的精神。

三宅一生强调设计应充分考虑材料的多种性能,喜欢对传统面料进行改造和创新。他常常自己动手去纺线、织布,尝试一切可以用来织成面料的东西,鸡毛、纸、橡胶、塑料、藤条等都是他的试验品。三宅有时直接去找纺织工人,寻找织坏的次品布料以及地毯零头,从中得到灵感和启发。他所选择的面料肌理充满与众不同的新鲜感。正是他对面料的这种双重设计,创造出了风靡全球的并以其名字而命名的褶皱面料——"一生褶"。

三宅一生的设计在国际时装舞台上掀起阵阵东方狂潮,使一批东方设计师走上了国际舞台,改变了西方设计师独步天下的格局,而对服装材料的改造和创新成为了一个重要的设计元素。强调人衣和谐也成了一股越来越强大的设计潮流。

(十二)克雷斯汀·拉夸(Christian Lacroix 1951～)(法)

在拉夸还是个孩子的时候,他就对戏剧服装产生了浓烈的兴趣。1984—1985年间他第一次尝试了戏剧服装的设计,从此戏剧服装一直左右着他的设计历程。他在时装设计中善用浅粉橙色、深紫色等艳色,喜欢用战争年代的素材做成的有陈旧感的礼服和褶皱的设计,他把繁华的设计灵感转化成实用可穿,并可大量生产的成衣。他不会强调清楚什么细节和形象才是拉夸的永远风格,永远关心女性周围世界的变化,永远从中寻找各种灵感出现的契机,才是他关心的主题。婚礼服在拉夸的第一次高级女装系列中就出现了,它的浪漫、欢愉和诗一般的感觉让设计师迷恋不已。1994年拉夸推出了便衣系列。这个系列继承了礼服般的精致,尤其体现在针织衫上,图案复杂,融合了各种风格,却又

和谐,富于都市气息。拉夸对街头文化也抱有好感,他从里面发现了很多个性元素。

（十三）川久保玲（Rei Kawakubo 1942～）（日）

川久保玲没有服装专业的教育背景,在一家丙烯纤维厂的工作经历使她对面料有了特殊的感觉。因此,她凭借自己的努力开办了一家自己的服装公司 Comme des Garcons,中文意思为"像男孩一样"。她的设计往往没有常规服装的局限,在造型和结构上打破了以往的结构和塑造准则,正如她所说,"我不喜欢显现体型的服装"。因此,在裁剪上的无拘无束,服装材料的创新使用和永远的黑色成为她设计的主要风格特征。支离破碎,皱皱巴巴,翻露在外的毛边线头,衣服上的破洞,这种离经叛道破烂式的风格风靡20世纪80年代,成为解构主义在服装中最好的说明。她服装中所蕴含的文化反思,被很多人所推崇。

（十四）山本耀司（Yohji Yamamoto 1943～）（日）

充满哲学设计特质的山本耀司，与川久保玲、三宅一生并列为当今时尚界最重要的三位日本服装设计师。从来不把所谓的流行考虑在设计概念内的山本耀司，其作品在时尚圈内总是独树一帜，几乎与主流背道而驰，

不过其充满东方哲学性的设计风格与不断突破创新的剪裁技巧，让山本耀司备受瞩目。

山本耀司被誉为世界时装日本浪潮的新掌门人，也是 20 世纪 80 年代闯入巴黎时装舞台的先锋派人物之一。他以和服为基础，借用层叠、悬垂、包缠等手段将西方式的建筑风格设计与日本服饰传统结合起来，形成一种非固定结构的着装概念。

山本耀司喜欢从传统日本服饰中吸取美的灵感，通过色彩与质材的丰富组合来传达时尚理念。西方设计师多在人体模型上进行从上至下的立体裁剪，山本则是从两维的直线出发，形成一种非对称的外观造型，这种别致的理念是日本传统服饰文化中的精髓，因为这些不规则的形式一点也不矫揉造作，显得自然流畅。在山本耀司的服饰中，不对称的领型与下摆等屡见不鲜，而该品牌的服装穿在身上也会跟随体态动作呈现出不同的风貌。

山本耀司并未追随西方时尚潮流，而是大胆发展日本传统服饰文化的精华，形成一种反时尚风格。这种与西方主流背道而驰的新着装理念，不但在时装界站稳了脚跟，还反过来影响了西方的设计师。美的概念外延被扩展开来，质材肌理之美战胜了统治时装界多年的装饰之美。

巴那（stefano Gabbana 1962～）是近年来从意大利涌现出的一支很重要的设计组合。他们的设计遵循规则，每次发表会都有新鲜感和意外感：让塑料素材显出巴洛克风格，给尼龙粘配上花边，在玻璃加工素材上加上织锦品等。

多尔切和嘎巴那作为设计师的高超之处在于超越时代与国境，将男装与女装相融合，他们在创作过程中，为服装注入了很多内涵，并能使人一看便知是他们的作品。信心、适时和诙谐是多尔切和嘎巴那作品的又一个重要特征。他们为服装塑造了一种令人难忘的美，给人留下深刻印象。

（十五）多尔切和加巴那（Dolce & Gabbana）（意）

多尔切（Domenico Dolce 1958～）和嘎

（十六）范思哲（Gianni Versace 1946～1997）（意）

范思哲用鲜艳斑斓的色彩、大胆奔放的设计开闯出了一条与法国高级女装风格不同新路，在所有的产品上，都可以看到充满艺术气息的"Medusa（蛇发魔女）"头像，这个图案象征着范思哲带有神话色彩的设计风格。而他把大众化的艳色、夸张的金饰、连颈式上衣、迷你裙、紧身裙等有媚俗之嫌的设计融进高贵典雅的高级女装中。他的设计中彰显着对富贵的炫耀，张扬着女性的性感之美。这种美学革新让人震惊，也让人着迷，以至于得到了无数世界各地名人和演艺人士的青睐，许多社会名流都是范思哲的忠实顾客。如英国皇妃戴安娜，好莱坞影星伊丽莎白·泰勒、金贝辛格、黛米摩尔等。

范思哲是由兄妹三人创立起的家族品牌，由詹尼·范思哲，这个感性的设计天才开创出充满意大利文艺复兴时期艺术特色的华丽服装王国。在詹尼去世后，娜泰娜·范思哲又给予范思哲风格以新个性。娜泰娜继承了詹尼打破常规的性感优雅，将时装和摇滚乐结合起来，从而给范思哲增添了新的魅力。

（十七）阿玛尼（Giorgio Armani 1934～）（意）

出生于意大利的阿玛尼既有意大利艺术家的浪漫，也具有意大利设计师的理性和严谨。这正构成了阿玛尼的设计风格：优雅、流畅、合体、精致。在20世纪70年代末，人们对六七十年代"嬉皮士"、"朋克"的纷杂混乱、光怪陆离的打扮方式也心存倦意，这时阿玛尼那种高雅简洁、庄重洒脱的服装风格，十足的意大利大家风范，恰好满足了人们新的时装需求，使人耳目一新。阿玛尼的设计在80年代成了世界为之倾倒的对象，而阿玛尼本人也成为那个时期的偶像。阿玛尼的风格既非潮流，亦非传统，而是二者很好的结合。他的服装是面料与色彩的相融相合，人体与时装的相衬相映，其优雅含蓄、大方简洁及做工考究，让众人领略到意大利式时装美学的经典。他的代表作——优雅的男、女西服套装成为商业成功人士的必备行头。

（十八）唐娜·卡兰（Donna Karan 1948～）（美）

Donna Karan 与 Calvin Klein 和 Ralph Lauren 并称美国三大设计师。她创立了以自己名字命名的高级女装品牌——Donna Karan。而她的二线品牌 Donna Karan New York 简称 DKNY，可称为世纪末最受青年一代喜欢的朝阳品牌，其声名甚至超过她的正牌。

唐娜·卡兰品牌组反映出设计师唐娜·卡兰的服饰原则:服装应具有可搭配替换性,有从早到晚,从夏到冬的广泛适应性。她的服装是多文化的衣装语言表达,集舒适、方便及功能性于一体。其中基本而典型的款式有紧身套衫、黑色开司米及弹性织物、性感缠绕式设计的款式等,所有这些都忠诚于艺术的品位。

第三节　当代服装设计名师名作

一、当代服装设计特点

(一)当代服装行业优势

1. 服装消费需求空前

21世纪人均消费的不断提高,使得人们越来越强调生活质量。当今的服装业最具快速发展的行业特征,即艺术加技术的特征。服装以科技为依托,注重审美情趣,高品位的设计日益受到青睐。服装消费在发达国家占有人均消费的比例越来越高。大规模消费城市中,时装在大型商城的经营内容中成为主流的商品。越来越重视自身生活质量的现代人对于时装需求的量与质与日俱增。中国正处于经济高速发展期,服装产业和服装消费市场均处于高速提升期,农村城市化更加速了这一进程的发展。在全球经济一体化时代世界各地展会频频,信息资讯发达。在时装展上流行信息由媒体在几分钟之后传遍世界各地,而处于世界每一个角落的设计师们均会对此信息报以极大热情地关注和分析、研究,并及时形成设计投入生产,使市场上时装的流行迅速蔓延。

2. 年轻人购买力与热情空前

另一方面,知识产业,尤其信息产业的快速发展使得社会财富的分配更为年轻化,在都市中激烈竞争的年轻人对服装的需求和更换速度都体现出前所未有的热情,有些运动装、休闲装的消费已进入了快速消费的阶段。在庞大的服装超级卖场中,青年人购买的T恤衫常以一打(12件)为单位,如同搬一箱饮料。因此,当代服装行业充满了发展的机会并带动了系列产业。

(二)当代服装行业特点

1. 服装全球产业一体化

服装全球产业一体化,使得异地生产,异地消费均成为可能。而不同地区与国家形成的资金链、产业链更大大推动了服装全球性的发展趋向。这就使得服装设计在文化内涵的投射中,呈现出当今世界的发展特征,即多元性、科技性、世界同化性。因此,法国的顶级时装品牌的设计掌门可能是英国人,而意大利的老牌可能由美国设计师扭转乾坤。许多品牌的并购和转让使得品牌与设计师之间的关系更加多变和复杂。服装设计师已经成为服装企业在生产和资金运营中重要的一环。

2. 年轻设计师与品牌推动市场

年轻的、反叛的、前卫的设计师们以表达着自己的情感的设计作品迅速赢得了同代人的认同而成为青年人的代言,他们对于着装新的理念,对于生活新的诠释也得到了社会的理解甚至宠爱。年轻的设计师以及他们的品牌完全可以与巴黎传统的百年品牌相抗衡,表现出强大的生命力和强劲的市场推动力。服装的艺术在年轻人的作用下更加绚丽了、多姿了、有趣味了,富于神奇的魔力了。

3. 大众品牌引领大众消费

一些创建了百年的老品牌也争相改变着曾经一成不变的风格,向年轻的一代摇起橄榄枝了,他们不再矜持,不再固守着传统,有的彻底颠覆了风格,让其忠的消费群睁目结

舌。有的虽然维系着其传统的理念，但悄然改变的细节表现出强烈的年轻信息。有的靠品牌策略的灵活性保持着市场的平衡，并且以二线品牌，系列产品，平行展开，不断争抢着年轻的消费群体。

聪明的服装商与设计师联手打造着一批大众品牌，他们从不标榜高贵和个性，而是以大众的品位，以快速的反应，以大空间货场和低廉的价格成为大众消费的引领者。

二、当代服装设计名师名作

（一）约翰·加里亚诺（John Galliano 1961～）（英）

是谁在高级时装的经典品牌处于日薄西山之时，力挽狂澜于既倒？加里亚诺。是谁将街头的、运动的、朋克的、民俗的、传统的、前卫的统统集于一身，创造了混搭的新服装美学？加里亚诺。1997 年当他第一次站在迪奥的时装 T 台上时，不知招来多少骄傲的法国人非议和不满。时至今日，法国人为这个使顶尖的老牌焕发新生命力的英国人而欢呼。这位混合游戏大师用他超人的设计才华吸引了全球的目光，他在玩转时装的同时也玩转了世界。他用敏锐的洞察力准确地用服装反映出当今社会的发展趋向——多元化，而在他的看似纷繁无序的服装里总会贯穿一个故事。

加里亚诺也是作为设计师从幕后的华丽走到台前的第一人。为了配合每一次发布会

不同的风格，他都会请专门的造型师为他那短短几分钟的亮相而精心设计。于是他的亮相也就成为整场发布会永远的亮点。是这个时代和加里亚诺的才华与勤奋共同创造了他明星设计师的地位。

传统和主流的另一种颠覆。

（二）亚历山大·麦克奎恩（Alexander McQueen 1969～2010）（英）

当今时装界以鬼才著称的英国"坏小子"亚历山大·麦克奎恩凭借其惊世骇俗、大胆前卫又不失女性韵味的设计令世人期待他的每一次发布会。出生于20世纪60年代末的麦克奎恩，是英国一个出租司机的儿子。十多年的服装行业的工作经历，圣马丁艺术学院的设计教育以及来自街头文化的反叛与张扬，为今天的时装界带来了一个有着奇思与激情的设计天才。他利用时装对传统审美的调侃与嘲弄，运用不同文化和民族素材的混合对高级时装的颠覆，无不显现出当今后现代艺术的影响和折射。而他常常利用时装发布会和一些机会表现出对时尚媒体的轻视和傲慢，这是自称"时装工业受害者"的他，对

（三）古奇（Gucci 1881～1953）（意）

古奇作为经典及优质的意大利品牌，已显赫全球七十多年。在过去数十年间，古奇

由家族产业演变成市营公司。今日,古奇已成为一间在纽约及阿姆斯特丹联交所均有上市的公司,由不少私人和机构性质的投资者共同拥有。

公司创办于 1904 年,这年适逢 Gucci 刚从海外吸取工作经验回归家乡意大利,并于佛罗伦斯开设其首间店铺,主要售卖卓越佛罗伦斯手工艺制造的皮具用品。

古奇品牌时装一向以高档、豪华、性感而闻名于世,以"身份与财富之象征"品牌形象成为富有的上流社会的消费宠儿,一向被商界人士垂青,时尚之余不失高雅。现在古奇是意大利最大的时装集团。除时装外,古奇也经营皮包、皮鞋、手表、家饰品、宠物用品、丝巾、领带、香水等。

20 世纪 80 年代末,陷入财政危机的古奇聘请汤姆·福特(Tom Ford)负责设计和产品开发。如今的古奇成为意大利时尚的制造者。

（四）普拉达（Prada）（意）

21 世纪开始,意大利时装最热门的品牌之一就是普拉达。它的专卖店遍布世界各地,人们喜欢它的设计,不但服装,其他饰品、附件也都相当热门,是意大利时装业非常成功的例子之一。

普拉达和古奇有些相似的地方,他们都是从皮革产品开始的,都有近百年的历史,他们都经历过设计的彻底革新,方才赢得今日的成功。普拉达的创始人是马里奥·普拉达兄弟(Mario Prada and Brother),1913 年他们在意大利米兰注册该品牌,最初普拉达是以经营皮件与进口商品为主。

现在普拉达品牌正在继续走红,它走的道路兼而具有艺术品位、高级感觉和大众文化的特点,这是它成功的主要原因。普拉达制品给人的总体印象是造型简练、材质精细高贵、拥有着高级的缝制技术。在手提包上使用尼龙面料是其看家本领。缪科雅·普拉达的设计往往将不同的材料、不同的感觉相互搭配、组合在一起,具有丰富的启发性。

(五)卡尔文·克莱恩(Calvin Klein 1942～)(美)

奉行"少即是多"的现代设计理念的卡尔文·克莱恩,是美国时装设计师的杰出代表。他的设计追求简洁、实用的原则。他认为服装应该使穿着者感到身心的舒适与愉悦。他希望通过简单的款式、中性化的色彩满足今天忙碌自信的职业女性的生活要求。

卡尔文·克莱恩的设计是为那些成功的职业女性准备的。他充分考虑了她们的实际生活状态,追求高品质但不喜欢矫揉造作和哗众取宠的着装要求。以丝质衬衫、外套、长裤、平跟鞋的基本组合,通过细节和装饰变化创造时尚和变化。他的设计注重单品之间的协调和可搭配性,使旧的服装和新款服装能够和谐组合,给穿着者带来了搭配和变化的乐趣。

卡尔文·克莱恩被誉为都市简约主义的先驱,他所创造的简约又时尚的时装哲学,被众多成功职业女性所信奉追捧。

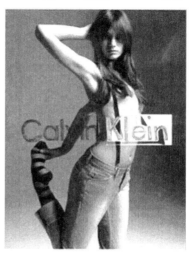

卡尔文·克莱恩一直坚守完美主义,每一件 Calvin Klein 时装都显得非常完美。因为体现了十足的纽约生活方式,卡尔文·克莱恩的服装成为了新一代职业妇女品牌选择中的最爱。

(六)拉夫·劳伦(Ralph Lauren 1939～)(美)

拉夫·劳伦是有着一股浓浓的美国气息的高品位时装形象。款式高度风格化是拉夫·劳伦名下的两个著名品牌"拉夫·劳伦女装"和"马球男装"的共同特点。拉夫·劳伦时装是一种融合幻想、浪漫、创新和古典的灵感呈现,所有的设计细节架构在一种不被时间淘汰的价值观上,其主要消费阶层是中等或以上收入的消费者和社会名流。

(七)安娜·穗(Anna Sui 1955～)(美)

安娜·穗是一个非常有主见的设计师,她喜欢用自己的眼光来判定对时尚的取舍。

比如,她非常喜欢用比较便宜的面料做出让许多人都能够接受的服装。基本上,她的设计风格是让你第一眼就被抓住的。她总结自己的设计理念是"略带幽默、摇滚风格、反怀旧感觉"。事实上,她非常喜欢用旧的东西经过重新处理来得到新鲜的观感,这使得她的时装洋溢着浓浓的复古气息和绚丽奢华的独特气质,大胆而略带叛逆,刺绣、花边、烫钻、绣珠、毛皮等一切华丽的装饰主义都集于她的设计之中,色彩的搭配出人意料,丰富,有奇异的和谐;基本的款式轻巧、简洁,但是并不喜欢极简主义。她的作品注重细节,喜欢装饰。她的牛仔裤就是招牌特征之一,绣花、缀钻石等等,充满了街头感觉的同时也保留了一点高贵的影子。

安娜·穗的服装虽然前卫,可是她的主导思想仍是强调可穿性和市场感的。在每一季时装发布会之前,安娜·穗总是进行全面彻底的市场调查,以便了解现时市场最关注和最热衷的东西。因此,她的设计总能保持一种激情和活力。

(八)柏帛丽(Burberry)(英)

柏帛丽在成为时尚品牌之前一直是个较为实用的牌子,直到 19 世纪末,它还在人们的户外服饰中占了主流。在维多利亚后期和爱德华七世纪初期,柏帛丽几乎为所有的户外运动生产了专门的防水服和猎装,包括女士高尔夫球和射箭穿的衣服,男士的网球装、钓鱼装以及登山、滑雪、骑单车的服装等。甚至在 1914 年第一次世界大战中,英国军官们也穿了柏帛丽专门生产的"防风雨服",由此柏帛丽形成了一种"战衣"的风格,并进而达到了极致:与众不同的肩章、带皮条的袖口、领间的纽扣、深深的袋兜、防风雨的口袋盖及附着的金属环。据估计,在大战期间有 50 多万的英国官兵都是穿柏帛丽的。20 世纪初,柏帛丽推出了多款分别适用于各种场合的运动装束,为喜爱户外活动者提供不同选择。由驼色、黑色、红色、白色组合成的格子图案,几乎就代表了柏帛丽。这格子图案原是 1924 年柏帛丽雨衣系列的衬里设计,现在则成了柏帛丽的经典标志。如今,柏帛丽这个典型传统英国风格品牌已在世界上家喻户晓。它如同穿着盔甲的武士一样,保护着大不列颠联合王国的服装文化。

（九）MANGO（西）

创立于 1984 的 MANGO，以时尚、摩登、具都会感的服装设计成功赢得全球年轻女性的一致青睐，同时，也迅速传递西班牙时装的形象语言，让喜爱时髦、钟爱流行的时尚女性，有全新、与众不同的漂亮选择。

MANGO 坚持全球各地的旗舰店、门市，甚至店中店都应该与其品牌形象一致的理念，坚持给予消费者最佳购物空间，同时也

让消费者感受即时流行的前驱感。

（十）H&M（瑞典）

H&M（Hennes & Mauritz）的历史可以追溯到 1947 年。在北欧瑞典的韦斯特罗斯市（Vasteras），这个曾是中世纪文化、贸易中心的宝地，出现了一家名为 Hennes 的服装店，Hennes 在瑞典语中即"她"的意思。很显然，Hennes 是一家专营女装的商店。

"Hennes"规模也不断地增大，1968 年一举并购了一家名为"Mauritz Widforss"的商店，这家商店的主营业务是为顾客提供打猎用品。因此，产品中也有一大批男士服装。并购"Mauritz Widforss"后 Hennes 的店名改为 Hennes & Mauritz 并沿用至今，店里

的服装也开始增加了男装的系列。目前,该品牌在瑞典约有 100 家分店,在美国东北部有 80 多家分店,在丹麦、瑞士、英国、荷兰等欧洲国家有 400 多家分店。

（十一）贝纳通（Beneton）（意）

贝纳通是由总设计师朱丽安娜·贝纳通领导的一个有 200 多名设计师的设计师团队。最初贝纳通是手工编织套衫,陆续推出休闲服、化妆品、玩具、泳装、眼镜、手表、文具、内衣、鞋、居家用品等,它主要的目标消费群是大众消费,特别是年轻人、儿童。

说起服饰广告,人们所看到的无非是各种艳丽的色彩、新颖的款式,及给人带来的舒适感受或品位的提升等。由于产品诉求点基本一致,所以在令人眼花缭乱之后,令人过目不忘的品牌并不是很多。由此看来,"贝纳通"可谓服饰广告中的一枝奇葩。

（十二）飒拉（Zara）（西）

作为 Inditex 公司的旗舰品牌,Zara 创始于 1975 年,它既是服装品牌,也是专营 Zara 品牌服装的连锁店零售品牌。目前,Zara 已在全球 50 个国家拥有 680 多家分店,并且每年都以 70 家左右的速度增长。Zara 自己设计所有的产品,公司总部有一个近 300 人、由设计专家、市场分析专家和采购人员组成"三位一体"的商业团队,一起共同探讨将来流行的服装款式,用什么样的布料,大致成本以及售价等问题,并尽快达成共识。与普通的竞争对手不同,团队不仅负责设计下个季度的新产品样式,同时还不断更新当季的产品。

Zara 虽然从不以广告促销,但凭紧贴潮流的设计触觉,以及约一星期两次推出新货的换货频率,已成功抓住了喜爱新鲜感的女士们的芳心。

（十三）李维斯（Levi's）（美）

Levi's 是来自美国西部最闻名的名字之一。它也是世界第一条牛仔裤的发明人李维·斯特劳斯（Levi Strauss）的名字。Levi Strauss 在加州淘金热中发现帆布做的长裤用于挖金这种粗活非常合适。于是他把帆布送到裁缝匠处订制了第一件 LEVI'S 牛仔裤。人们对这种强韧牛仔裤一传十，十传百。年轻的斯特劳斯不久后便在三藩市开了第一间店。他在 1860～1940 年期间为原创设计了不少改良、包括铆钉、拱形的双马保证皮标以及后袋小旗标，如今这些都是世界著名的正宗 Levi's 牛仔裤标志。Levi Strauss 公司的确已成美国传统，对全世界的人来说，它代表的是西部的拓荒力量和精神。

经过五代人一个多世纪的努力奋斗，LEVI'S 已经在全球 160 多个国家进行商标注册登记的李维斯品牌一直代表着独创、正直和创新。它的产品品质不仅以耐磨坚固而著名，同样，它的品牌广告也是屡获大奖，为世人所称道。

（十四）爱斯普利（Esprit）（美）

20 世纪 60 年代后期，爱斯普利在美国加州创立时，正是甲壳虫乐队的爱与理想之歌和伍德斯托音乐节之风气流行的时代，而爱斯普利则坚守自己对生活时尚这个概念的理解。在那个年代最纯洁的理想是世界和平和自我表现，迄今，它仍是这家公司的主要宗旨，一直由创始人 Doug 和 Susie Tompkins 坚持下来的。爱斯普利公司 70 年代的注册名"Esprit de Corp"，其意为创造企业内"有组织、相互合作、相互交流、相互友爱"的精神。其品牌风格独特，是"从街头风格的时装如 DKNY 品牌、CK 品牌到职业服装风格的安妮·克莱因 Ⅱ（Anne Klein Ⅱ）品牌的巧妙结合"。在爱斯普利品牌服装中，从来不可能出现紧身的鸡尾酒会晚礼服，也不可能出现令人窒息的弹力紧身服装及跛足高跟女鞋。宽松棉背心、上装配以宽脚长裤或是柔软的及小腿肚位置的棉质裙，是典型的爱使普利品牌的形象。爱斯普利带给人们的是一种北加州的生活方式，明媚的阳光，亮丽的色彩，户外运动及永葆青春的大众生活方式。

第七章　参赛(毕业)服装设计规范程序

第一节　参赛(毕业)服装设计准入

服装设计大赛是传播新信息、引发新思潮、产生新争议、刺激新科技、挖掘设计新秀的舞台。对于学习服装设计和初步踏入服装设计领域中的人而言参赛设计是很有意义的,参赛者可以感受到各式的设计新理念,看到各种新技术、新手段,这样各参赛选手及观众的思想会激烈地相互碰撞,获得多种设计启发,产生丰富的灵感火花,无形中使设计思路得到拓展,服装设计水平得到整体提高。许多著名设计师都是在其中获得设计自信的,年轻时的参赛作品往往成为其迈向成功的第一步。

服装设计大赛的优秀作品会对服装市场产生一定的影响,其理念、技术等创新都是企业和市场密切关注的。材质拼贴时装、多种穿着效果、多功能服装、解构的造型设计、民族文化与时尚元素的结合设计等都可能是由赛场走向市场的。

随着国内服装企业品牌意识的不断增强,通过比赛以扩大影响,寻找设计人才成为许多加盟大赛企业的目的,而正是企业的介入,使服装大赛走向了市场化,参赛选手在其中有可能赢得更多机会。

服装院校设计专业的学生毕业设计的意义和要求与参赛设计是基本相同的。因为校方组织学生进行毕业设计环节的本质是以将学生在校期间系统学习的理论付诸设计实践为目的,是学生亲自体验设计全过程的机会,是走向市场的前奏。较参赛作品而言毕业设计环节更具备时间的保证、教师指导的优势和团队合作的条件。

一、服装设计赛事选择

(一)服装设计赛事搜索

目前国内各种各样的服装赛事颇多,所以要根据自己的愿望认真搜索与选择。对于自己希望参加的大赛,通过各种搜索渠道,可以将其尽收眼底。

1. 互联网搜索

现在的互联网已经遍及天下。网络的信息搜索能力极强,在地址栏输入"设计大赛"或"服装设计大赛"就可以搜出一大批服装设计大赛的信息。以下是几个常见赛事信息登载网站:

www. fashion. org. cn

www. modechina. com

www. fashioncolor. org. cn

www. fuminfashion. com

www. veryfashion. net

www. e-vogue. com. cn

这些网站一般都有窗口介绍专业赛事,并且随时更新,可以经常搜索。赛事信息不会固定在某一个网站发布,不少时尚生活类网站都会发布,搜索时应广泛涉猎。

2. 报纸、杂志搜索

更多人喜欢通过报纸、杂志搜索赛事信息,因为报纸杂志更方便阅读。可在报纸、杂志的目录部分及其广告页搜索。服装专业的报纸杂志均会发布赛事信息,杂志的种类见

第四章。

3. 电视搜索

目前电视的普及率在各类媒体中是最高的，这为广大服装专业人士及服装爱好者提供了很好的信息搜索平台。电视不仅会经常播出时尚类（着装打扮、时尚消费、名模风采、设计作品欣赏等）节目，还会发布一些赛事信息及广告。

4. 其他搜索

除了以上搜索途径，有时候某些非专业人士（与服装相关媒体及机构的非专业工作人员）、广告栏（某些非专业报纸杂志的广告栏目、服装企业及院校的布告栏等）、广播电台等都有可能在报导及消息中传播专业赛事的信息，所以也应留意。

通过各种途径搜索到了大量的赛事信息之后，接下来就要考虑参赛的问题了。首先应选择赛事，选择时应考虑自身的条件和赛事的要求。例如，对于专业水准较高的年轻人而言，全国专业性组织主办或市级以上政府部门主办的全国或国际性大赛比较值得参加，因为参加这样的大赛可以获得更好的学习和交流机会。但是参加此类大赛获奖的可能性肯定不高，而且做服装成本会比较高。也有些赛事只需要画出服装效果图，参赛的门槛很低，适合初学者参与。

了解主要服装设计赛事及种类是参赛选择的重要问题。

（二）创意类大赛

1. 中国国际青年设计师时装作品大赛——昔日"兄弟杯"，今天"汉帛奖"

本大赛是由中国服装设计师协会主办的一年一度的国际性时装赛事。自1993年来，一直吸引着中国乃至世界时装界的目光，在国内外服装界和社会各界产生了广泛而深远的影响，并成功地推出了一批国内外优秀的青年服装设计师。

本大赛在2002年以前由日本兄弟工业株式会社，兄弟国际（香港）有限公司提供赞助，冠名"兄弟杯"，自2002年9月起，汉帛国际集团公司取代日本兄弟工业株式会社，正式冠名"汉帛奖"，成为第一家共同主办这一知名大赛的中国企业，也让那些关注中国服装产业发展的人们看到了新的曙光。

本赛事重点：

（1）主题方向

为国际性主题，探讨"重"、"大"之问题，要求参赛者关心社会时政、经济、文化等动态。

（2）风格要求

其风格主要偏向原创性、艺术性。

（3）参赛资格

35岁以下，任何人均可参赛。每系列设计作品的作者仅限一名设计师署名。

2. CCTV服装设计电视大赛

本大赛由中央电视台主办，旨在发现中国服装设计英才，努力寻求民族的、传统的服装与国际服装设计文化的融合，打造中国服装名牌、中国服装设计名师，在国际舞台上树立中国服装新形象，从而推动中国服装市场的真正成熟，真正与国际接轨，以权威媒体之力倡导健康、文明的时尚消费。

本赛事重点：

（1）主题方向

一般为高级文化主题，反映高层次的、积极向上的时尚文化。要求参赛者关注高层次、主流的文化与生活。

（2）风格要求

该比赛倡导创意的高级时装风格，反映时代特征，具有商业价值和市场潜力。

（3）参赛资格

国内外服装设计师与设计爱好者均可参赛，每系列设计作品的作者仅限一名设计师署名。

（三）企业赛事

1. "真维斯杯"中国休闲装设计大赛

本大赛是由中国服装协会、中国服装设

计师协会和真维斯国际(香港)有限公司共同主办,全国纺织教育学会、香港贸易发展局、香港时装设计师协会协办的国家级休闲装大赛,在业界有着良好的影响,逐渐建立了国际性知名度。如今,大赛除了专业设计大赛外,还设有模特大赛。此赛事已成为受国人顶级关注的赛事。

本赛事重点:

(1)主题方向

一般为国际化的休闲生活主题,立足市场,探讨人们休闲生活的前沿,要求参赛者深入生活,贴近消费者。

(2)风格要求

该比赛强调创新的休闲时尚风格,注重"实用性"与"艺术性"的有机融合。

(3)参赛资格

国内服装设计师与设计爱好者均可参赛,每系列可多人合作。

2."真皮标志杯"中国时尚皮革、裘皮服装设计大奖赛

本赛事是由中国皮革工业协会主办,中国服装协会支持,浙江省皮革行业协会、海宁市皮革工业协会协办的皮革、裘皮类专业权威赛事,已举办数届,为我国储备了大量的皮革、裘皮服装设计人才,为繁荣我国的皮制服装事业作出了巨大贡献。

本赛事重点:

(1)主题方向

一般为时尚生活主题,贴近生活,反映时尚,主导潮流。要求参赛者深入生活,关注时尚文化。

(2)风格要求

实用性与艺术性有机结合,强调创新,反映时代要求。

(3)参赛资格

国内服装设计师与设计爱好者均可参赛,每个系列作者不多于两人。

二、服装设计参赛条件

(一)自身准备与导师指导

1. 心理准备

参赛必须有充分的信心,使自己满怀激情地开始并顺利展开所有工作。有了这样的信心,才会坚定脚步,不会半途而废。另外还应该放松心情,不要太在乎最终的结果,学习应该是最重要的目的。

2. 物资准备

需要充分准备好参赛过程中所需要的费用和设计用材料、工具。例如,自己擅长的或设计所需要的绘画工具及纸张,制作实物所需要的手针、缝线、缝制设备,所需要的面辅料等,花费主要是购买材料、用具及差旅的费用。如此种种都应提前准备好,以防影响参赛的正常进行。

3. 导师指导

要有计划、有步骤地实现自己的参赛梦想,高水平的专业导师是必不可少的。他(她)会教给你如何高质量、高水平地抓住并表达主题,引导你走好参赛路上的每一步。即使一个优秀的职业服装设计师,如有可能,最好有一位优秀的内行人士在你旁边出谋划策,他(她)很有可能比你看得更深刻,帮你做得更到位。

4. 针对性研究

选准所要参加的大赛之后,应进行针对性研究,这是对参赛足够重视的体现,也是专业学习和提高的必需。

(二)理解赛事主题及定位

理解并准确把握大赛主题是参赛的关键。每个赛事的主题都与当时的社会背景有一定的联系,所以理解赛事的主题少不了对社会背景的认识和分析,这也会使作品主题更具合理性与说服力。比如,"汉帛奖"第十二届国际青年设计师时装作品大赛的主题是

《世界的中国》,该主题应理解为一方面展示世界各国选手眼中的中国,另一方面展示现在中国已不再保守自闭,呈现多元化的开放姿态,中国已是世界的中国。在此基础上,作品具体的主题定位需从某一个点深化主题,推敲设计作品命名,如,《激扬文字》、《再领风骚》、《时尚新贵》、《忙碌》等,都表现了"中国"整体面貌的某一具体侧面,由此实现设计作品的风格定位。

根据各赛事的要求,搞清楚设计类别定位是实用还是创意。例如,兄弟杯、汉帛杯偏重创意设计,而某些企业发起的服装设计大赛则偏向于实用型设计。在创意设计和实用设计之间,往往没有明显的界线,这就需要参赛者斟酌赛事的倾向性,确定设计作品的装饰程度。

此外,应根据服装设计的风格和类别性质,选择适当面料。正确选择和调整面料在一定程度上是决定参赛作品水平的关键。

三、创作灵感捕捉与积累

"能够生存在这样美丽的世界里,我们应当心存感激"。对生活的热爱是我们快乐的源泉。对于服装设计师而言,这种热爱更表现于对美的无尽追求,用心地去感受生活赋予我们的一切。设计师的工作就是运用自己对美的体会创造出美的作品。

设计构思不仅包括设计的理论思考,还有一遍遍修改设计草图(除非有些大赛不需要画图),把分散的、不深入的认识加以集中、提高,然后对已获得的认识进行整理的过程,是对研究环节的延续。广义而言,从灵感启发(将多样灵感统一起来)、创作主题(作品的具体主题)、创作思想(如,后现代主义和解构主义创作思想)、表现风格(整体作品是街头休闲的、民族的还是田园的风格等)、表现式样(具体的款式面貌)到创新手段(应用的创新方法、技术)等都需要逐一确定。

(一)历史的借鉴

博物馆有时似乎沉闷而枯燥,但是在那些古人创造出来的巧夺天工的艺术珍品中,往往一件古物就有可能使设计师获得一生的设计理念。借鉴历史在时装设计中不仅可行,而且是获取素材的一种基本方法。当你首次参观博物馆时,最好多花一些时间找到能给你启示的物品。只有经过细微观察,物品的精美之处才能清楚的凸现出来。陶器品、雕塑、珠宝饰品、书法,甚至是艺术馆的氛围都可能给你带来灵感。

过去的时装——参考历史图画以及过去佩戴的装饰品,激发自己的服装设计理念。

参观浏览博物馆,找到灵感和启示时最好做些笔记或速写记录下来,记录时最好面面俱到,不但要看大体的形状,还要记录微小的细节,注意大小比例,还可以放大细节,缩小整体体积等。

下一步就是整理记录,回忆在博物馆里给你印象深刻的那些艺术品,或是反复的观察,或是随手勾勒,将这些原始的素材拓展成线条、色彩、廓形、块面、装饰品、质感等能够运用到时装设计中的元素。

反复尝试这些素材的表现方法。例如,一座古老雕像上佩戴的饰品配合材质的改变,可能就会成为具有现代感的装饰品;古埃及壁画中的服装形式也许可以变成时装裙裾上的一块装饰,或者一条斜摆压褶的礼服。运用不同的方法所表现出来的艺术效果是有很大差别的。

无论灵感来源于哪里,最后都要体现在服装的设计当中。造型、色彩和材质都要用服装的语言传达。因此,在仔细研究了灵感的本质后,设计师需要反复斟酌如何在服装上表现灵感中的造型,或是如何表现不同的色彩、图案;还是用什么样的材料表现出灵感中那种独特的肌理效果;以及选择何种工艺手段最为恰当等。

当这一切都思虑成熟后,设计师就需要开始真正的动手实践了。想法和实践往往会有一定差距,但是,实践的过程也就是完善想法的过程。在设计实践中有时不可避免地会与最初想法有一定差距,但是在不断修改过程中又可能会带给设计师新的灵感。

(二)"建筑"的魅力

建筑和时装,似乎相差甚远。建筑设计有着长久的视觉生命力,时装则是每季都在变化。然而,两者都具有三维空间和有条理结构的特性。无论在建筑物的总体主题还是细节上,我们都能发现有价值的理念。优秀的设计师只要开始研究建筑,就会发现许多素材,并且同时就是设计理念的有趣的结构、精妙的色彩及突出的细节特征。

无论选择古老的皇家建筑还是著名的现代建筑,甚至是自己的家,只要仔细观察素材,都会有意想不到的收获。例如,摩天大楼的反光玻璃暗示着可以使用有闪光的现代织物来表现服装;海滩旧木屋上剥落的油漆可能使你想到斑驳的印染效果;使比萨斜塔增色不少的拱廊圆柱可借用在服装中复杂精细的袖子和胸衣的花边上;建筑物的透视图线条常常能激发总体造型灵感。许多当代的时装设计大师就曾经是建筑设计师。

服装设计师几乎在所有的建筑素材中都能找到设计服装廓形和细节的灵感。

例如,受火车站中八字形线条启发而设计出的一条褶裥裙;受阳台上锻铁花饰品启发而创作的刺绣图案或是褶裥饰边;将摩天大楼的窗子排列的方式运用到设计时,变成

了悬挂在丝带上的装饰品；悉尼歌剧院美丽的"白帆"会变成模特身上飘扬的裙摆。在把建筑设计的硬朗风格转化为时装设计的柔媚风格的过程中，建筑的明显痕迹已经消失了，然而与原始素材的渊源还在——即理念的"基因"还在。

（三）艺术创造艺术

绘画艺术似乎总是在无止境地激发设计师们的想象力。从第一幅时装插画的诞生，到后现代风格的暗含隐喻的各色服装，整个20世纪中艺术与时装加强了交流，产生了真正的对话：服装成为引用艺术作品的借口，而艺术家则把时装纳入了他们的创作主题，服装因此而完全拥有了艺术作品的性质。毋庸置疑服装师与艺术家已永远地联系在一起了。被夏奈尔嫉妒地称为"裁衣服的意大利艺术家"的 Elsa·Schiaparelli，与超现实主义运动结盟，制造了时装形象的玩笑，推动普及了艺术与时装最激进的融合。一顶如小羊排的帽子，一串像阿司匹林药片的项链，一件用视错法绘制的泪珠图案的昂贵晚装……所有这些均出自这位特立独行的女艺术家之手。她继承了保罗·布瓦列特对色彩、面料的热爱，又增添了较女性化的装饰，以及她所喜爱的戏剧性、异国情调的想象力，形成她特有的古怪的幽默感。

绘画艺术还会提供设计师们经常会用到的图案设计素材。图案设计中可以很好地被运用绘画的技巧与明亮的色彩。杜飞（本人也是印花设计师）、蒙德里安、康定斯基、米罗、马蒂斯和毕加索，都是设计师们喜爱的画家。伊夫·圣·洛朗那件著名的连衣裙就是将蒙德里安的抽象绘画作品成功地借鉴到了服装设计当中，以图案的形式将其震撼人心的造型和鲜明的色彩表现出来。虽然一幅画与一件连衣裙相差是如此遥远，但原画中的精华部分被设计师注入服装设计之中，既可以看出其来源，同时也使之成为了一件独特

漂亮的艺术品。马利欧托也运用毕加索的战争画作"格尔尼卡"，以及希腊神话中的人身牛头怪物的形象：牛头画在皮革上，也缝在长度到脚踝的外套或晚礼服上。

设计的过程从选择艺术家的作品开始，仔细地观察研究你面对的素材，思路要清晰，删掉不必要的因素，将需要表现的细节放大，而这一过程是至关重要的。此时不能"贪得无厌"，过多的灵感和素材叠加在一起时往往会造成混乱。每一种灵感的实现都会面临"取舍"，将杂乱的因素舍掉，保留最能与你产生共鸣的部分。但这也是不够的，将这些素材进行进一步的艺术加工，并转变为时装设计中能够表现的手法。例如，从一幅绘画中，获得的灵感可能是这幅画的图案令人感动，

也可能是其色彩，或是画中某一形象，设计师要能够理性地将最主要的素材提炼出来：绘画变成了服装织物的图案；美妙的色彩提示了服装的色彩搭配方式；画中的形象转眼可能就变成了模特手中的挎包，或是头上的帽子。

（四）民族文化的再现

在这个洋装盛行的年代，一些以民族服饰为基调的设计作品，为在这个工业社会生活已久的都市人们带来了一缕清香，一丝特别。工业化大生产给人们带来了舒适便利的生活条件，同时也带来了千篇一律。"个性"成为了现代都市人的追求。民族服饰多数由手工制作而成，装饰性极强，精美的绣工更是工业生产的成衣无法匹敌的。许多高级订制的设计师都以此入手，赋予服装艺术品以生命，传达着民族文化气息的优秀设计作品往往其价值已经不仅仅为穿着，甚至用于收藏。

以原始种族理念为基础的民族特点的图案和风格被设计师一遍又一遍地重复着：这个季节可能想到了拉丁美洲印第安人的编织，下一季，又可能以非洲某个部落的图案为特色。东方情调也一次又一次的在国际时装舞台上展现。具有鲜明民族特点的时装越来越被现代人所喜爱，设计师们在民族文化的灵感宝藏中，一点点细节都会给一季的服装带来前所未有的新意。

中华民族是一个具有鲜明文化特征的典范，许多传统艺术中鲜明的色彩、精致的造型和精美的图案都是极好的素材，不管是美丽丝绸的织锦工艺、独一无二的造纸术、各式华丽的金银饰品，还是意境深远的国画艺术，都需要我们保护并传承。

利用具有强烈的传统色彩的素材可以确保材料不过时，不被时尚潮流吞没。民族文化的研究可以涵盖许多方面：建筑、绘画、服饰、工艺品、戏剧……从各种渠道收集民族的物品，织物、布料、拍照、画图，研究民族文化，探求可以运用到服装设计当中的色彩、造型、材料和工艺等。

（五）流行的涟漪

服装设计师还要时刻把握时代脉搏：音乐潮流、街头文化、影视、艺术动态。每个时装季节都有典型的样式，这绝非偶然，不同的设计师常常在一季中设计出相似的色彩系列和造型，因为他们同时敏锐地意识到了当时的时代特点和当季的流行趋势。例如，上世纪初在巴黎演出的俄罗斯芭蕾舞团的"一千零一夜"和"蓝神"，美丽的舞台效果和服装设计，引发了"装饰艺术运动"，也影响了全世界第一位时装设计家——保罗·布瓦列特（Paul Poiret）。由此他创造出了东方风格和现代艺术混合一体的保罗"一千零一夜"的时装晚会。

电影明星也是设计师们钟爱的设计对象。设计师们总是结合时代潮流,设计出让人们爱不释手的服装。回眸好莱坞电影时装发展历程,好莱坞已经与时尚行业紧密地结合在一起,互相推进、互相影响。设计师们竞相将他们的时装在电影上展示,或是由明星们在各种媒体场合穿着。一些明星甚至拒绝制片人的选择,从而挑选更具个性的服装。在早期默片时代,演员们的衣橱里仅有一些适用于当天拍摄的简单服装,如晚礼服、备用服装、宽大的睡衣等。因此意味着演员们将为演出而自备服装。在1915年的《Birth of a Nation》(《一个国家的诞生》)影片中,Lillian Gish(莉莲·吉斯)的母亲为女儿设计服装并且亲自缝制。那时服装设计是那么的无足轻重,以致直到1948年才设立奥斯卡服装设计奖。20世纪20年代服装设计变得生动起来。Vivien Leigh(费雯·丽)扮演"斯佳丽·海沃斯"深情地演唱《Put the Blame on Mame》(《责备妈咪》)时穿着的华丽长袍让所有人留下美好的记忆。好莱坞清醒地认识到服装及其配饰在一部影片中所起的创造环境、烘托氛围的重要作用。美丽的奥黛丽·赫本演活了"罗马假日"中的公主,也使她经典的束腰少女装流行于世。

(六)生活的亮点

艺术来自生活,灵感也来自生活。创作的灵感来源并没有规定的方向,可能是任何事物,可以来源于物体、情绪、人物、地点或者形态,甚至是某个过程、技术或嗅觉,发现灵感没有任何规则,全凭设计师的兴趣。

一些很小的生活细节可能为设计师带来灵光一现的设计灵感。投射在地上婆娑斑斓的树影可能在设计师的脑海中成了一块深深浅浅的印花图案;一枚平常的齿轮的装配方式就可能激发一种有趣的缝口设计;一块小小的线路板会用于小珠饰或花式针织品的设计构想;显微镜下昆虫的翅膀会变成美丽的透明织物;铁锈和油污也会成为设计师表现街头服装不羁的符号。生活的印痕都将沉淀在思想里,写在生活态度上,等待厚积薄发,而"灵感"正是源自于此。我们无法期待上天赐予灵感,但是我们已经被赐予发现灵感的心灵。无时无刻不在寻找灵感的脚印:一幅画,一张照片,一段文字,一曲动听的音乐,甚至一枚美丽的贝壳,一颗生锈的铁钉,灵感悄无声息地留下了它的痕迹。我们需要用无比敏锐的眼睛和敏感的心灵,看到,感受到。

国伦敦地铁线路图,这是一种必须仔细观看才能体验的低调式幽默。

有时不一定是一件具体的事物,一种感受也能够成为设计师的灵感。"幽默"也成为服装设计师灵感一闪的创意,意大利的品牌 Moschino 结合文化和社会现象的创意就是其重要卖点。例如,印满各式锅碗瓢盆的 T 恤,是要鼓励妇女回归家庭;设计师还别出心裁地用人造纤维做成毛茸茸的立体效果,充满童趣创意;至于英国人的风趣,需要一点思考和冷眼旁观的心情:Vivienne Westwood 的名为"探索"的女装主题,将整个书柜统统搬上套装,一本本排列整齐的英国百科全书一下子成为服装上的图案,穿上这一系列印满图书的衣服,绝对会增添穿着者的气质。而 Paul Smith 却在男士西装内里印上了英

对于设计师而言,有了创作灵感之后需

要了解灵感的实质,如果不知道自己所感兴趣的事物为什么会带给你灵感,那么它就不可能被有意识地或是建设性地用于服装设计当中。每个物体都蕴含着极大的可能性和无数种观察它的方法,重要的是如何将灵感表达出来。要避免将整理收集来的素材成为一种机械的行为。整个收集的过程要保持高度的热情和创作欲望,这样才会很好地体会到这些文化精品的精髓。在创作的过程中将对这些素材的理解融入服装设计当中,需要保留素材的独特的风格,又并非单纯的模仿。例如,服装设计师在借鉴传统的织物纹样、服装轮廓或装饰品完成设计作品时,一定要在古老的形式中注入当代理念,创出新意,并使作品呈现出多文化融合的效果。

第二节　服装设计赛事初赛与效果图

一般的服装设计大赛都需要通过绘制效果图进行初赛,评委只能通过效果图了解参赛选手的设计思路,因此第一轮筛选完全是依据效果图来进行的。所以参赛效果图一定要力求突出,完整地、恰当地表达设计意图,且有很强的针对性。例如,艺术性赛事效果图可以强调画面的艺术氛围和独特效果,而实用性赛事效果图则需要规范、整洁地实际表达设计效果。

一、彩色服装效果图绘制

(一)解读参赛要求

1. 判断赛事类别

首先辨别比赛类型,选择相应的绘画工具以表达适合的效果图风格,并借助某种绘画形式以准确实现符合该赛事对严格要求的表现服装设计效果图。绘画风格和形式的选择必须根据自身的能力,采取自己熟悉的能够驾驭的方法。

(1)企业实用性产品类设计比赛

用于企业的产品设计效果图要求最为严谨,必须很明白地表达服装设计思想,不可含糊其辞。所以应尽量减少设计图夸张的渲染装饰,力求简明、朴实、准确。实用要求较高的服装设计大赛注重写实风格的表现。此图为设计师李玲艺为"奥运北京公交系统职业装设计大赛"绘制的参赛效果图。

(2)创意类服装设计大赛

艺术性大赛和注重创意的实用装大赛适用艺术风格突出的效果图,需要以较强的画面感染力吸引、打动评委。当然必须把握好其中的"度"，与大赛的主题要求切合。参赛效果图画面效果不仅要符合实物的真实效果，还应具有强烈的艺术氛围。

2. 设计图纸要求

在动笔之前，一定要先看清该比赛对效果图的要求。如，效果图尺寸、绘图方式（有的比赛要求用电脑绘制）、设计的服装套数等，并且应综合考虑面料小样、款式图、灵感来源和个人资料的文字叙述等。设计效果图版式也十分必要。另外，对于设计图的内容一定要认真核查，不要遗漏某些内容，不少人因为忘了写姓名，或忘了画款式图而被淘汰。

（二）手绘服装效果图技法

各类服装设计比赛（及毕业设计）最基本的要求即绘制彩色服装效果图，因此，如何将自己的设计原创意图和具体款式色彩表现出来，并且生动、艺术，个性突出、引人注目，是每一位参赛的设计师需要下大工夫的。在此，选择最适当的技法十分重要。

1. 水粉技法

水粉技法是最重要的服装效果图绘画技法之一，是东、西方服装绘画名家常用技法。水粉画法主要有干画法、湿画法及干湿结合法。干画法使用水分较少，适于表现厚重的服装；湿画法使用水分较多，表现轻薄一点的

服装；干湿结合画法则功能强大，可以较好地表现各种服装，而且效果生动、丰富。所以水粉画法是广大服装绘画爱好者所钟爱的技法。此图为设计师高阳采用水粉技法画的休闲牛仔服装设计效果图。

2. 水彩技法

水彩色的清新透彻、酣畅淋漓是其他色彩工具难以比拟的，最适合表现材质轻盈、结构简洁的服装。由于其以淡彩表现为特点，所以不要追求过多的虚实、明暗关系及色彩的微妙变化，用笔力求简练、生动。下图为设计师高阳用水彩技法绘制的服装效果图。

下图为设计师杨光用水彩绘制的丝质服装效果图。

非常喜欢这种技法,原因在于其实用、方便、快捷。此图为设计师王婕萍以麦克笔技法为主绘制的皮毛饰边礼服效果图。

3. 彩色铅笔技法

彩色铅笔携带和使用最为便捷,可以很精细地表现服装的细节,也可以简练地概括服装的形式,总之彩铅技法适于以线条的美感刻画服装灵魂。许多服装画家和设计师都很喜欢用这种技法。此图为设计师杨光用彩铅绘制的夏季连衣裙。

5. 油画棒技法

油画棒粗犷洒脱,极适于表现棒针毛衣、裘皮等具有粗犷风格的服装。用笔依造型结构而行,力求概括。德、意等国的服装画家很乐于使用此种技法。

4. 麦克笔技法

麦克笔技法有特殊的笔触效果,力求精练、洒脱,适合依服装的结构造型运笔,很概括地表达服装的色彩与结构。美国服装画家

6. 综合技法

综合技法即多种技法的综合应用,特点是效果丰富,表现深刻。例如,水彩铅法、水粉油画棒法等。综合技法对于各种服装的各种效果都可以表现,但不够方便快捷。此图为设计师扬光采用综合技法绘制的创意服装

效果图。

滤镜、定义图案、图层、涂抹、喷枪、钢笔等各种工具,出色地完成服装设计效果图,还可以画出参赛要求的平面款式图。

左下图为设计师高阳用 PHOTOSHOP 绘制的服装效果图。

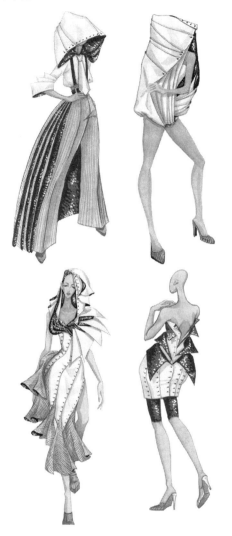

（二）电脑服装效果图技法

电脑服装设计效果图即在计算机上用适合软件进行的服装设计,并且以彩色图的形式展现出来。电脑设计能迅速准确地实现效果、便于修改、传输便捷,其优越性远在手绘之上。电脑服装设计绘图的软件有很多,主要有 PHOTOSHOP、PAINTER、COREL-DRAW、ILLUSTRATOR 等。

1. PHOTOSHOP

PHOTOSHOP 功能强大,既可以绘制风格多样的时装画,又可以运用画笔、套索、

2. PAINTER

与 PHOTOSHOP 相比,PAINTER 的绘图功能更加强大。该软件有大量特殊笔触功能,更善于表现各种手绘效果。如,油画、水彩画等。但不适于做较为规范的结构图等。

3. CORELDRAW

CORELDRAW 是非常出色的矢量图制作软件,极适合绘制平面款式图,也可以绘画简单的设计效果图,但是效果不能与前两种

软件相比。此图为设计师扬光用 COREL-DRAW 绘制的创意类服装效果图。

4. ILLUSTRATOR

ILLUSTRATOR 是一款非常强大的矢量绘图软件，在专业领域中非常流行。参赛者可通过此软件绘制平面款式图，同样也可以设计精美的版面，绘制漫画、插图等风格的服装效果图。

相对手绘方式而言，使用计算机及其软件有很多捷径之处。例如，运用 PHOTO-SHOP 的各种滤镜时，如果熟练，则在很大程度上可以事半功倍，作为设计师应该综合各种工具优势，实现快捷高效。

设计过程中的草图、实物照片等资料一定要妥善收存，特别是彩色正稿最好一式两份，或拍下照片，以作保存，因为大赛组委会一般不退设计稿。

此图为设计师胡康用 ILLUSTRATOR 绘制的服饰图案适合纹样。

二、服装款式图及其他要素

（一）服装款式图

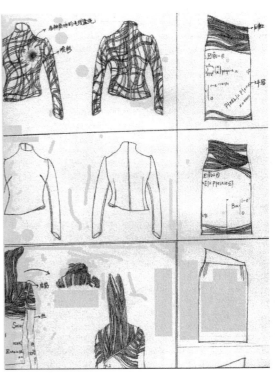

"服装款式图"即"平面图"或"平面款式图"，款式图是对服装结构及款式细节的具体表达。它以平面形态展示服装设计实物的正、背面造型结构及款式细节。款式图应结构清楚、比例准确，多用线描手段，也可略加阴影来辅助表现，必要时也可附文字说明。需要重点展示的局部细节也可以放大局部图示意。上图为设计师杨光绘制的前述综合技法中服装效果图的平面款式图。

（二）文字说明与料样

1. 灵感来源

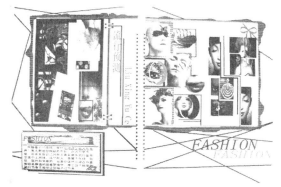

"灵感来源"应包括灵感从何而来，设计作品的亮点以及设计亮点和大赛主题之间的联系等内容。

2. 个人资料

参赛者应按要求写明个人姓名、单位、联系方式等。

作品的文字说明书写应该尽量规范：用简体字，字迹工整，内容与形式标准、完整，并且具有一定的美感。如果手写体达不到上述要求，可打印完成。

3. 面料小样

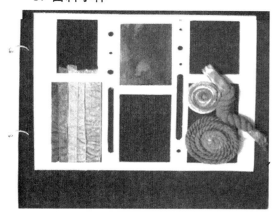

"面料小样"能给评委以视觉与触觉的双重直观感受，便于评委结合效果图对参赛作品形成全面的印象。选手在制作服装之前，有可能找不到完全合适的面料。因此，可以对现有面料进行再加工，如在质地相同的面料上染色或手绘图案。此外，在附面料小样

时，应只固定一边，便于评委触摸。

三、服装设计图装裱与投递

（一）服装设计图装饰装裱

装裱作品时应考虑装裱和设计图风格一致，色彩和材质协调统一。装裱时，在追求牢固的基础上，应慎用液态黏料（浆糊、胶水等），以防破坏作品，尽量使用不干胶、双面胶或喷雾胶。

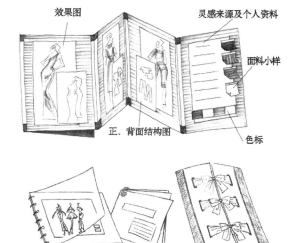

（二）服装设计图投递

作品投递的过程也应得到重视，因为这一关如果有所疏忽则有可能前功尽弃。

1. 包装

包装是为了保护作品，便于投递。此外，也应该经过包装设计，使其与效果图风格吻合。包装应干净利索、美观大方，体现对接收方的尊重，建立好印象的基础。参赛者应先注意征稿启事有无包装要求，如有不可以卷装、折叠等要求，则只能做平展包装。

2. 亲自送交

在赛区当地的参赛者最好选择亲自送交的方式，将包装好的作品直接送到大赛组委会。这样可以确保作品不会丢失，并且可以

将作品清洁、完好地展现于评委面前。

3. 邮寄

需要邮寄的作品一般比普通信封大（常规定为27cm×40cm），且比较薄，通过邮局邮递往往容易弄坏。因此，可以在包装中加一个硬纸板或塑料板来支撑，或以包裹箱形式投递。投递时也可以向当地的邮局咨询更好的方法。有条件的参赛者可以集体邮寄，既可节省成本，又能加大保险程度。

第三节　服装设计赛事决赛主要程序

设计作品入围后，新的一轮比赛，即决赛开始了。一般决赛形式为实物表演。参赛选手需要做实物准备。对于不需要提前制作实物的大赛，则有可能在决赛现场进行制作比赛，那么就需要提前"练功"，以保证决赛顺利通过。

一、完成作品制作及其他准备

按入围要求认真制作参赛作品，并且对实物作品进行改良、整理，一定要一丝不苟。

（一）作品制作

1. 备齐材料

参赛者必须按作品效果的要求选用恰当的面料、里料和辅料。若以面料为重点，可亲手加以改造，彰显材料的魅力；扣子、拉链、缝线等辅料常常起到画龙点睛的作用，亦不可忽视。

2. 确定工艺

服装的制作工艺也是服装设计工作的一部分，应考虑设计点的可实现性及不同工艺对服装作品的表现效果，在将效果图中夸张的表现手法落实到实物的过程中，随时调整服装的节奏、比例等，适当加、减细节工艺。如果自身能力不够，可以求助于专业工艺师及裁缝做出成衣。应与有耐心的工艺师合作，因为在制作中会反复调整，并有可能产生二次创作的灵感。所以相同的效果图，不同工艺师使用不同方法做出来的服装，效果有很大区别。有的大赛还专门设有最佳工艺奖。

3. 试穿整理与配饰

作品完成后应让合适的模特试穿并对不适宜的部位进行修改，在此过程中完善整体形象，配以鞋、帽子、项链、手镯、腰带、箱包等配饰。然后对所有服装进行整体的后整理（除线头、整烫等），最后妥善存放（存放于人模或吊挂于衣架）。

（二）拍照及其他

1. 拍照定型

对每套服装分别着装拍照，作用大致有三：

（1）通过照片作者可从宏观角度研究服装整体造型，以便做进一步修改。

（2）照片可作为服装与配饰、道具搭配及其穿着方式的备案，有利于参赛者在比赛时与工作人员沟通。

（3）照片便于参赛者及编导安排出场次序。

2. 包装运送

将参赛作品套上保护袋，交到组委会，注意每套衣服的所有配件等都应放在一起。尽量保证服装的完好性，避免污损或褶皱。按要求在保护袋上写明选手姓名以及选手代号。

3. 选择音乐

参赛者应选择与服装风格相一致的音乐。一般多用节奏鲜明的音乐，有利于加强模特走台的节奏感和表现力。不同风格的音乐节奏差异很大，直接影响模特的表演速度，有意识地选择节奏快速、中速或者慢速的音乐反映服装的风格十分有效。

二、决赛现场

（一）物品准备

1. 工具及随身物准备

参赛选手应带好应急工具，如针线包、大头针、别针、剪刀、胶带等。若有特殊要求，应自备特殊工具，如熨斗、衣架等。

2. 服装整理

清点系列服装的套数和每套服装的总件数，将每件物品分别编号，以便于查找。例如，以 5—7—1 表示第 5 套服装，共 7 件中的第一件物品。参赛前应把需要整理的服装熨烫一遍，分开挂在指定位置。

（二）及时沟通

1. 与穿衣工沟通

参赛选手根据赛事安排在条件允许的情况下及时与穿衣工沟通，确认系列服装落实到哪一组，哪一名模特，本系列服装的出场顺序和每套服装的总件数是否正确，并且与每一位穿衣工交待好每套服装的穿着、搭配方法，强调注意事项。

2. 与模特沟通

及时与模特沟通是非常必要的。在表演之前，必须要求模特试穿设计作品并且预演，即使模特认为简单的着装肯定没有问题时也需要坚持。模特的身材差异是很大的，只有作者在场监督模特试穿，才可以发现问题，用别针、缝线等简单手段及时修正，以保证展示效果。当发现模特身材、气质与作品差异过大而不能修正时应及时找相关人员调换模特。另外，在模特试穿服装时听到作者直接讲述服装设计意图和风格特点可以启发模特对于作品的深层次、多层面内涵的领悟，并且激发模特的表演展示热情。

3. 与其他专业人士沟通

此外与其他专业人士（如赛事组织者、编导、灯光师、音像师等）的交流也不可忽视，注重沟通细节是完美秀场的重要因素。

三、参赛（毕业）设计案例

（一）服装设计大赛获奖作品

1. 第十届兄弟杯中国国际青年服装设计师作品大赛银奖

作品名称：SPORT

设计师：高阳、胡康

灵感来源：作品的灵感来源于与运动相关的各种球类、运动器械等。

2. 第二届"浩沙杯"中国泳装设计大赛金奖

作品名称：红色风暴

设计师：蒙涛

灵感来源：运动场上红色的塑胶跑道和白色的分道线，整组作品由红与白构成，以热情而富于动感的红色为主色，简洁顺畅的白色平行线作为结构线及装饰线。足球短袜和运动背包加强了作品与运动场的联系。

（二）学生毕业设计作品

1. 高阳　北京服装学院 2003 届毕业生

作品名称：歪了

本组作品灵感来源于作者家乡的老房子。陈旧的房屋建筑因年久失修，各部位都成倾斜状态，但又相互制约，形成一种新的和谐。作者将这种不严谨的结构关系运用到服装设计中，用各种不对称的设计表达这种感觉。

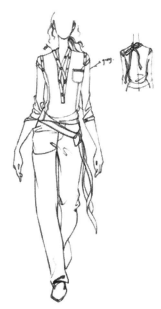

本组作品借鉴了西方高级礼服的结构，使用中国传统元素立领、盘扣，在书法的表现上，追求图案的装饰感与现代感。作者没有对传统书法的直接借用，而是运用了中国特有的介于似与不似之间写意手法来表达民族情结，通过这种中西合璧的方式，将"民族化"融入"国际化"。

3. 周溪竹　北京服装学院 2003 届毕业生

作品名称:色戒

工业社会产品被成批复制，使人变得千篇一律，快节奏的现代生活要求服装从过去的繁缛走向简洁明朗。因此，作者在作品中运用了几何形状符号，大量直线条以及中性黑白两色，塑造了模糊性别差异的现代职业女性形象。

2. 陈辉　北京服装学院 2004 届培训班毕业生

作品名称:行云流水

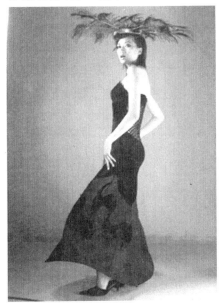

第八章　各性别服装与童装设计特点

第一节　主流男装经典样式及设计特点

一、男装特点与设计原则

（一）重规矩与社会化特点

1. 重规矩

工业革命之后，西方女装瞬息万变，而男装仍依循传统，变化微妙。但是在其微妙变化中，时尚性悄然而至，逐步成熟。服装行业的俗语有"男装重规矩，女装讲变化"，体现了现代男装的设计和工艺技术特点。

2. 社会化与职业化

"为成功而着装"成为大多数男人的着装观念。处于社会主导地位的男人，是数千年来社会道德规范的强势人群，其道德观和审美标准左右着女性的服装观念，使女性"为悦己者容"。在日益残酷的社会生存竞争的压力下，男装的社会意识成为第一位。个性与偏爱的展现则退居其次。在男装设计中首要关注的应是男装的群体性和共性特征。社会规范化、职业化是男装设计的基础和前提。

（二）男装设计原则

1. 传统与责任——主流男士形象

男装设计应保持塑造男性理性、传统、担负社会责任的形象。在熟悉传统男装的前提条件下，依据男装构成的元素拓展是男装设计原则之一。

2. 战争与运动——角逐中的阳刚之气

男装是朝着多元化发展，即种类的多元与款式的多元。因为现代人们的生活层面是多元的，而且劳动强度和劳动时间的减少给了男人更多的休闲与自主。男装多元种类的设计特点是随着男人参与的主要社会性事务而展开的。例如，战争和运动是男人为主体的社会性活动。运动是在和平环境中的竞争，与战争相比，虽有本质的不同但却有角逐的共性。强调功能、张扬男性阳刚之美，既是现代男人对服装的偏好，也是男装设计的原则之二。

3. 边缘与另类——柔美倾向

除此之外，男性的柔美是客观存在，是人性的另一面。在男装中，柔美倾向的设计受到一些男人的喜爱，有时会出现一时的强势流行。在西方历史上，假发、蕾丝和毛皮将巴洛克时期上流社会的男人打扮得华美、妩媚；在今天的休闲风劲吹之时，女性化男装又开始大行其道，并有越演越烈之势。因此女性服装元素的局部应用成为男装设计原则之三。

二、经典男装样式

（一）男衬衫基本款式

男衬衫主要特征是领子精致合体，定型好，翻折顺，细节变化微妙，其基本款有局部折领和全部翻折领两种。衬衫领部翻折是为了系领带和领花。依据颈部结构特征，立领通常前低后高；袖口的袖头收紧，便于活动和工作；下摆一般为侧边上提的圆弧形,使衬衫便于束在长裤里;过肩为双层,是定型和吸汗的需要。

全部翻折领　局部折领　领尖系扣

（二）西服套装基本款式

传统的西服套装包括:单排两扣、平驳头款式西装上衣,双排四扣、戗驳头款式西装上衣,燕尾式礼服,西服背心和西裤等。

1. 单排两扣平驳头西服

单排两扣平驳头西服上衣为三开身结构,衣襟下摆为圆角,系扣后左、右门襟下端自然咧开,呈八字状。两扣距离 10 厘米左右,最下端的扣位通常与衣袋口平齐或相差无几。下口袋为双开线夹袋盖样式。双开线使用正斜料,袋盖宽为 5.5 厘米左右。左前胸有一板式挖兜,兜板宽为 2～2.3 厘米,主要用于礼仪场合佩戴手帕。左侧平驳头领部有一假扣眼,用于插胸花。腰部的省道使西服贴体。装袖,大、小两片,袖扣 3～4 粒。

2. 双排四扣戗驳头西服

戗驳头双排四扣西服的领子与平驳头西

服相同,但驳头上戗,通常驳头较宽;扣子为双排扣;门襟下摆为直角,其余参照单排扣平驳头西服。

双排四扣戗驳头西服

单排扣戗驳头西服

单排两扣平驳头西服

3. 燕尾式男西服

燕尾服仅用于现代生活中礼仪场合穿用。作为最高级别的礼服,其结构严谨,造型优雅庄重。上前身短,后身长,后身腰节以下呈燕尾状。衣领和驳头可选择同色亮缎,强化装饰效果。燕尾式西服一般佩丝制领结和腰封。

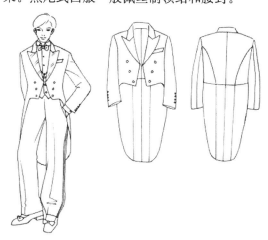

4. 男西服背心

西服背心衣身为三开身,前片材料与西服面料相同,后背由双层里料制成,滑爽方便,易于套穿在西服之内。西服背心前门襟有 4 粒以上单排扣;下摆前低后高,与门襟衔接处呈内撇式尖角状;后身中腰处有带袢,带袢用料与后身材料相同,左、右带袢用金属环相连接系扎束腰。

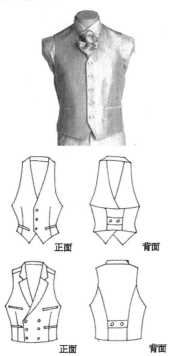

正面　　　　背面

正面　　　　背面

5. 男西裤

西裤造型为合身直腿裤,有适当松量;裤

口大小与鞋相称;斜插兜位于前片的裤中线两侧,后片左侧后袋为带盖式挖兜,袋盖中线有立眼,可系扣。

正面　　　　背面

(三)男大衣经典款式

男大衣经典款式有单排扣西服大衣、双排扣短大衣、双排扣长大衣、双排扣风雨大衣,其特征可以根据上述西服套装规矩推论。

双排扣风雨大衣

双排扣长大衣　　双排扣短大衣

单排扣西服大衣

三、商务男套装设计特点

商务套装即主流社会活动中男士的着装,包括外衣裤、背心、衬衫、领带,还包括公文包、皮鞋甚至发式等。因此,商务套装亦被称为男性职业装,以西服经典样式为主。

职业装的范围越来越宽泛:企业或集体定制的职业装、各种档次品牌职业装、高级订制职业装、上班族在工作场合穿着的较为正式的服装都可以称为商务套装。

不论是哪一种感觉的商务套装设计,设计师需要在"板型"、"面料"、"细节"、"色彩"几个主要元素上运用相互呼应的设计手法,创造出非凡的商务男套装。

(一)商务男套装造型设计

1. 身型设计

造型是男式职业装设计和制作极为重要的环节。男装的造型是通过板型体现的。无论是定制男式商务套装,还是品牌男式商务套装,好的板型作用非同小可。经典男装造型是以凸显男性体型特征的健美为依据的。例如宽阔的胸膛,结实的肩部和臂膀等。板型中又加入理性成分,追求平整、挺阔与规则。随着休闲风潮的蔓延,男式商务套装的板型也从原来千篇一律的宽垫肩、厚胸衬逐渐开始多样化,并且开始强调"自然"风格。甚至休闲西服也开始登上男式商务套装的舞台。传统西服采用 7 种衬(如黑炭衬、黄麻衬、白布衬、驳头盖布衬、帮胸衬、马尾衬、下脚衬)工艺,采用边制作边修剪式制作,特点是"重、硬、厚、板、紧"。而现代西服采用粘合衬和黑炭半胸衬工艺,进行预缩、粘合、定型等制作,从而使西服在同等条件下重量减轻约一半,体现了现代西服"轻、柔、薄、挺、舒"的特点。

2. 肩型设计

在职业男装的板型设计中,肩型是很重要的部分。肩的造型甚至可以决定整件上衣的板型特点。西服肩部的基本款式主要有四种:一是自然肩型,即肩部不夸张,不太用垫肩,肩型较合身;二是垂肩型,整个肩部略显圆润,肩膀下垂,穿起来非常大方,普通美国式上装采用这种肩型的较多;三是方肩,肩头稍微上翘,很适合耸肩的人穿着,能缓和、淡化耸肩胛的特征,给人一种柔和的印象;四是凹肩,肩头上翘,适合削肩的人穿着,欧洲风格的西装多采用这种肩型。

(二)商务男套装面料设计

和所有服装的设计一样,面料的选用合适与否同样体现设计师的素质。通过选择面料也可以控制成本,尤其是定制设计师,不同的客户对面料档次有不同的要求:精纺毛织品是以纯净的绵羊毛为主,亦可混用一定比例的仿毛型化学纤维或其他天然纤维,经精梳设备工艺加工,通过多次梳理、并合、牵伸、纺纱、织造、染整而制成的高档服装面料,是

高档男式商务套装首选面料,但是成本会比较高;如果将面料中毛的成分含量降低,则相应降低了面料的价格,满足客户定制中低档职业服的需要;一些新型面料,价格可能不会很高,却有着很好的性能和外观,设计师不妨多加尝试。

不同感觉的男式商务套装运用的面料也有所差别:庄严肃穆的传统男式商务套装多采用挺括的素色或暗条纹精纺毛呢;轻松的现代商务套装则强调随意的感觉,面料愈发多种多样,各种混纺毛呢、花呢,甚至是各种肌理效果的新式面料为现代职业男装设计提供了广泛的选择。

(三)商务男套装细节设计

精彩的细节,让男人更有品位。在大轮廓几乎没有变化的男装中,"细节"就成了设计师们一决高下的武器。男式商务套装绝不是千人一面的制服,其魅力在于个人风格的塑造。有些设计师轻而易举的细微设计,体现了男式商务套装的精华所在,也展现出设计者审美趣味和鉴赏水平。

1. 领子设计

在男装设计中,"领子"如同整件服装的"脸面",是人们视线集中的焦点。男式商务套装以西服领为主,但局部细节略有不同:领面有宽有窄,其中菱形和剑型领以规矩典雅见长,披肩领显得豪华隆重;宽度为8~10厘米的普通菱形驳领能使多数男士显得胸部宽阔。六七十年代驳领宽度曾变得非常大,某些上翘式驳领几乎触及肩部,但最近几年来驳领宽度又渐渐变窄,稍窄的驳领,使人显得

颀长而高雅;开领的高低也会随着流行有所变化,流行4粒扣的时候,开领一般会相应比较高;而三粒扣、两粒扣西服则开领较低。

2. 衣袋设计

传统的男式商务套装衣袋在左胸上侧有一个手巾袋,腰下两侧各一个衣袋。衣袋一般采用嵌线袋,并设计有袋盖,袋盖使髋关节部位显得宽些;采用贴袋形式,会使设计具有便装风格。设计师已经不再拘泥于过去的形式,尝试多袋式、夹克式的斜插袋等多种变化。

3. 背面设计

男式商务套装的背面一般设计有西服式

的骑马背开衩或侧边开衩。欧洲式的西服一般用骑马背开衩,能够增添纤长优雅之感。侧边开衩特别适合喜欢双手插在裤袋里的人。臀部太宽的人穿侧边开衩的西服可以改善视觉效果。也有无开衩西服,同样具有典雅的传统风格。

4. 长度设计

套装上衣的长度,各国传统不尽相同。英国式西装上装较长,美国式次之,欧洲式最短。对于自己适宜穿着的上衣长度,有一种简便的计算方法,站立时,从侧颈点量至地面距离的 1/2 为最佳。较矮的人上装的下摆线设计在臀围线向上大约 1.5 厘米处,会显腿长、身材匀称。

(四)商务男套装色彩设计

"黑、蓝、灰、驼"这几个百搭色已经不能代表全部的男性色彩,男人们越来越花哨。以前只有女性才会穿着的粉色、嫩黄色、鲜红色、蜜糖色、紫色、绿色、橙色都被男人们所接受。鲜艳的颜色经常在衬衫、T恤或领带中出现,与外套的灰、黑和灰蓝色形成冷暖色调的对比。设计师们要时刻关注流行趋势,这些颜色往往会随着流行有很多变化。专业场合里的西装颜色,保守的颜色,如深蓝、深灰、卡其、黑永远比标新立异的颜色如酒红、黄绿好。如果要穿着"特别"的颜色,则尽量设计在衬衫或领带上,而不是西装上。深蓝色、灰色的西装最能显示专业气度与权威感,适合大企业、大公司的文化与穿着需求。特别是正式会议、首次与重要客户见面时,深蓝色、灰色的西装会塑造出干练的形象;而深灰色与中深的灰色也比淡灰色西装看起来更有分量。棕褐色系予人温暖亲切感,适合重要却不严肃的场合,或者需要缓和气氛的时候。例如,为熟客接机、安抚员工、律师与客户第一次见面等。淡色西装有"极好极坏"的特色,所以在穿着时,要特别注意质料、剪裁、合身度、品质与搭配,以塑造出"极好"的形象。

黑色西装效果很有弹性,不但婚丧喜庆皆宜,上班场合亦适合,是男士衣橱里必备的行头。除了在热带以外,白色西装是不适合上班穿着的,更适合演艺行业、创意行业、晚宴或休闲场合。

(五)商务男套装时代特点

在被流行与时尚统治的世界里,"职业装"也被设计师们设计得越来越具有时代感。

1. 经典与流行结合

男式商务套装在款式上的变化不大,以经典正规的西服套装为主,也有改良中山装的形式。传统的商务装,严格地规定具体到几粒扣子、几个口袋以及袖口宽度等。如今,男式商务套装开始坚持简洁而富有个性的商务休闲路线,将实用性与艺术性、经典与流行元素巧妙结合。低调、优雅地展现都市职业男士的成熟魅力,创造出富有审美情趣的着装风格。

男装也具有时代特点。设计师对流行与时代的理解,会直接影响到设计。男式商务套装的设计没有一成不变的规矩,无论定制男式商务套装设计师,还是品牌男式商务套装设计师,"客户"的需求永远是设计的前提。

2. 网络时代的活力

在商务活动频繁的今天,全世界似乎都受到了硅谷服装风格的影响,男人们开始厌倦旧有的千人一面的西装、领带、公文包的标准商务男装。现代商务男装逐渐摆脱了以往严谨的西装加领带的形象,而融入了更多互联网时代的风格,"轻松"上阵。纯真、自信、轻松与写意是现代商务男装的风格,静与动的合理结合,轻松而多样的款式、趋于简单和流线型的款型,处理上更加亲和的细节给传统的商务正装带来新的活力。

3. 回归自然的清新

如今像纪梵希、登喜路、高田贤三等服装品牌大量使用自然的色彩,如典雅的鹅黄、率性的橙色、中性的咖啡色等,充满动感与和谐

统一。商务 E 时代的渲染,给设计师们增添了不少灵感,自信、高智商,是成功商务男装的"最高境界"。从田园吹来的清新微风把健康和享受生活带到了传统男士身边。

4. 休闲假期的轻松

对终日忙碌的上班族来说,假期的惬意和无所事事是令人神往的。在日常工作和生活中也同样放松一下紧绷的神经,工作并快乐着。甩掉刻板,穿上轻松:黑白相间的双色小格子,两粒扣的西装,代表坚毅和沉缄,也透露一丝幽默;压了沉静花纹的黑色真皮外衣,款式简洁,显得修长便捷,充满轻松假期的味道。

5. 轻松一族的随性

随着职场男人的年轻化,时尚与动感的元素开始连续不断地出现在上班的行头中。运动鞋、牛仔裤和 T 恤配搭而成的男人们,不注重"优雅",盼望着"简单"。一件有条纹点缀的衬衣或 T 恤,足以满足他们渴望年轻的心理。还有纯棉卡其衣裤,令穿着者看上去像奔跑的动物一般充满活力与诱惑力。把那些商务套装的衣服重新搭配一番,令其变成商务休闲装。花点工夫,立刻又是一副"雄赳赳、气昂昂"的样子,超然于"职场"之外。新职场男人的形象,即便仍然是西装革履,但在"西装"与"革履"的选择上,绝非以前的男人所能比的。西服,不再是那种老成持重的灰色、黑色,而改成了白色或条纹,甚至艳丽色泽,每一年流行的色彩元素,都可能是西服的色彩。

四、男便装与个性化男装设计特点

(一)男便装设计特点

除了经典男士商务套装之外,男装还有多种多样的男便装,包括猎装、休闲装、风雨衣、街市装等。

1. 原型借鉴

男便装为大多数男士所喜爱,带有强烈的阳刚之美,并且带有典型时代特征,设计灵感都有着来自军装与运动服的痕迹。例如,军装中的卡叽布和色彩被广泛运用在休闲装的设计中;飞行员的毛领皮夹克造型也演变成为各种风格的男式夹克;男士风衣的原型就是军用大衣;T 恤衫的流行则与运动有着不解之缘。

2. 构成元素

军装与运动服装的构成元素是男装设计中必不可少的设计手段。例如:肩祥、袖祥、腰部宽祥、各种金属扣链和环、不同用途的口袋、各种领型、腰带及装饰线等。设计师应细致观察军装和运动服装的元素,将其运用到男装设计之中,在强调功能的同时赋予男装以风格和个性。

猎装　　　　　　　　　　夹克

2. 不失原则

随着人们着衣观念的变化,男性服装的社会约束力弱了,设计元素多了,装饰更直接了,变化更丰富了。但是男装设计毕竟是为男人所穿用,在表现柔美的同时要反映男人的阳刚帅性、健康活力之美。如果只柔无刚则归为另类。因此,在男装设计手段丰富的同时,男装的设计原则并没有改变。

(二)女性倾向男装设计特点

近年来时代的发展使得男装的总体造型越发贴身合体,T恤的弹力面料使其更为紧身、贴颈,男装阴柔的内涵是不可忽视的。与此同时,悄然间第三类男装正处于快速发展期,男装的又一次革命正在进行,追寻柔美的风格体现在很多男装中。

1. 女装元素

有时男装风格的柔美看似摸不着,其实在设计师的手中具有可操作性,并有章可循。例如,将女装元素部分移植:紧身造型、局部的装饰造型;精致华美的面料及高弹材料、透明材料;粉质的色彩;具有很强装饰性的大型图案等。

第二节　女装设计特点

一、现代女装设计原则

数千年来,相对于男人而言女人在社会上处于从属地位。一百多年来女性的角色发生了翻天覆地的变化,从家庭走向社会的几乎每一个工作岗位。在抓住女性角色变化的大前提下,女装的设计应从三大原则出发。

(一)突出女性性感之美

1. 自我与无规则

在传统社会中女人往往"为悦己者容",着装目的更为单纯。除了世俗的道德和传统制约之外,女人的爱美之心较男人更为自由和自我。影响女人形象的不是来自社会上的竞争,而是两性之间取悦和被取悦的关系。因此,女人着装的个人意义大于社会意义。俗称"女人善变"、"女人如水",同样体现着装

审美的内涵。因此，女装设计的特点也依循此道理。

从单纯的审美意义出发，以各种手段千方百计体现女人的妩媚、性感、清纯、活泼、可爱，女人的一切特点都可以通过服装设计得以张扬。

头发的发式、眉眼的妆面、服装的款式、材料的肌理、绚丽的色彩、装饰工艺、配饰与着装方法、纱袜和靴鞋等一切细节均为女装构成的元素，如同男装设计中强调"规矩"的特点一样，女装设计的特点则是强调"变化"。富有的女人甚至从来不重复穿用同一套服装。她们在常变中追求新生，在时尚中获得美丽，通过"装"与"妆"永葆青春。

2. 性感与阴柔

女装应对女性的性别、性感和阴柔之美直接或间接地描述。这一特点在所有的女装的设计中均不可或缺。例如，晚装、常装、内衣、泳装等设计中突出性感之美是第一位的。女性婀娜多姿的曲线和弹性光润的肌肤形成了人体美的基本元素，针对女性特有的体形特征进行服装造型设计是体现女性性感的重要设计手段。女性的生理结构决定了女装的整体造型以强调曲线为设计重点。因此，女性的腰部、臀部、胸部、背部、肩部成为突出造型的重点部位，以此而形成的造型：X 型、A 型、O 型、沙漏型、郁金香型等都成为了女性化造型的经典。同时以女性的关键形体部位作为服装分割的重点，如胸线、腰线、臀线，这些线位的高低，形成了对不同人体部位的强调及各异的服装外观。款式设计的分割线线型也与女性的人体曲线相联系，圆润的弧线和浪漫的曲线能塑造出女性化的装饰效果。

（二）体现女性社会性角色

1. 借用规则

今天的女性参与社会工作、社会竞争，要求与男性享有平等的机会和权利，女性着装所表达的意愿亦在于此。职业女性服装设计特点即男装中的"规矩"元素与女性柔美性感元素并重，或做适当比例调整。此类服装设计是表现女性柔中有刚或刚柔相济。一百多年来女装所发生的翻天覆地的变化，是在女性走出家门、步入社会，从母亲、妻子变成医生、银行职员，甚至警察和军人的过程中发展而来的。生活环境的变化、内容的丰富，使女装必须要满足女性新的要求。职业化的套装、适合运动的外出装，各种运动装以及男装里的裤装，都随着女性进入社会的步伐逐渐成为女性服装中不可缺少的种类。近百年来的女装发展，是女性从家庭走向社会，从男性的附庸走向独立的见证。

2. 不失柔美

女性的角色远远不同于男性，他们不仅是社会人，还是家庭人，既是公司经理、学校教师、政府职员，更是母亲、妻子和女儿，因此，服装既要满足不同角色的功能需要，也要满足其心理需要。女性自身的生理与心理的特性决定了女装设计的特点和设计方向。女性服装，即使是女性职业套装，设计必须注重将女性风格蕴于其中，从柔软的材料、女性身体的曲线和细窄的腰身，富于变化的细节中体现女性特征。例如，领型、衣边、开气、口袋、局部装饰等。

（三）休闲中性化倾向

1. 全新的生活概念

自从 20 世纪夏奈尔大胆地创导女装男性化设计思想以来，休闲中性化的女装设计越发深入人心。妇女们从繁琐的服饰中解放了出来，展现出一种全新的生活概念和生活方式。女性的服饰变得更加自由、开放，线条简洁流畅。

2. 简洁而明朗的风格

休闲中性女装是男女服饰因素的混合体。它并没有完全抹杀女性因素，而是在女性因素中又加入了男性因素。若男女双方因素选择合适且比例适当，可以达到双倍的效果。此类服装在款式设计上倾向硬朗简约的风格，稍带干练的男性化色彩，但在造型方面以女性主义为本，尽量体现女性化特点，如收腰和线条感是女装区别于男装的根本。款式上力求简单、明朗，避免过于繁复的设计。

（四）多元化趋势

1. 服装用途与功能多元性

休闲装、家居装、旅游装、假日装、运动装以体现服装的功能性和女性特征的综合目的为设计特点。以上各类服装与男装共同表现着人类的最本性的人性特征，同时又不失性别特征，因此，设计元素与设计原则存在许多交叉与共性。人性与性别在服装设计中各有侧重，赋予女装以休闲的内涵无疑是社会进步的表现：过去女人为取悦于社会的男性审美，用紧身内衣、"三寸金莲"残害自己，现在休闲女装是对于妇女身体上和精神上的解放，其本质较男装更为丰富。

2. 服装设计无制约

此类服装设计是最无拘束的，可包罗万象。除了强调回归自然、回归民族的设计之外，还可以最体现高科技成果的材料、最夺目的色泽、最怪异的饰品和最不拘泥于现实要求的造型和款式。年轻一族的女性反叛精神最直接由着装反映，她们可以从头到脚地改变传统女性的一切。除了服装外，她们可以将脸的颜色染白、头发染成绿和红，指甲画上彩油，她们可以在身上挂各种饰品，一切无秩序和多元素杂乱聚合又形成了新的秩序。先哲的启迪作用对于服装设计师具有使命意义，夏奈尔永远是设计师的榜样。女性服装

设计的本质,就是在继承传统的同时实现概念的革命。

二、彰显女性柔美的材料

在纷繁复杂的面料世界中,大部分面料都是为女性准备的。面料为表现女性特征的款式设计提供了广阔的平台。在设计女装中,选择好面料则成功过半。

(一)纱质之轻薄透明

各种不同透明程度的纱,可以表现女性体态朦胧之美。对于女人的好身材有极佳的表现力。各种纱的不同张力,在表现服装的造型中起着或挺拔、或悬垂的作用。

1. 支挺纱之形态

支挺的纱料透明而有力度,可以产生蓬松感完成局部造型。

2. 轻飘纱之随性

悬垂则随体,是表现女性曲线美的最佳素材,各种纱还具有不同程度的飘逸感,纱之飘逸不仅仅随人肢体而动,产生动感之美。而且可以随风展示其轻飘、随意,更增加女性的神秘和优雅。

(二)绸缎之亮泽华丽

1. 不同的光泽效果

绸缎平滑细腻具有精美的特质。不同品种的绸和不同品种的缎光泽有不同程度的变化。材料的光泽可以使色彩显得更鲜更亮、富于变化,可以使紧束的体形更为优美、富于活力。

2. 不同的性能质感

材料的光泽使服装更醒目、更突出、更迷人。不同品种的绸、缎具有不同程度的飘逸性、悬垂性、支挺性等。绸缎中所表现的自然的、精美的皱褶是对于不同风格的服装具有不可替代的表现力。因此,不同品种的绸、缎可以完全满足不同造型的女装设计。绸、缎是中国对世界衣文化的伟大贡献。

(三)毛绒之厚实细腻

1. 饱满的体积感与色彩饱和度

绒料表面是由整齐而细密的绒毛组成的。因此,其特点表现为厚度(即体积感)和对于光线的吸收。因此,绒料上的颜色饱和度非常高,显得厚重而沉稳,在绒料表面,绒头的整齐又表现出对光泽的局部反射。因此,绒的色是具有穿透力的。然而不失光泽美。光泽的表面给深沉的颜色带来更多层次,带来神秘感、圆润与柔软,用绒料表现造型时,其厚度和韧性会使服装形态效果稳定。用绒料表现褶皱时,其色泽的层次会使自然的褶皱更具立体感。

2. 绒之长、短与特性表现

绒料有长绒短绒之分,长绒可蓬松厚实,长毛飞扬,简洁的款式设计最能表现出时尚的本质。短毛绒是女装中最长用的。例如,乔其立绒的华丽与高贵是任何其他材料所不能比拟的。绒料女装的款式设计主要体现对传统的继承,尤其注重装饰重点与身体部位的协调性,以装饰为手段,以表现体态为目的。设计中对于凸显女性体形特征的部位给予足够的重视,采取独特的处理方法。例如突出高耸的胸部、纤细柔软的腰部、丰满的臀部。在不同部位的处理中需要突出重点、彰显优势、有简有繁、形成节奏。

三种材料均具有很强的个性。一类轻薄透明、一类厚实细腻、一类亮泽精美。在设计中,往往搭配使用,三类材料中无论哪两类相互搭配均形成较强的对比效果。即使材料的颜色相同,其肌理视觉差异之大形成的对比也十分生动,具有层次美和装饰美。

三、彰显性感设计手段

(一)身体局部袒露与精湛工艺

1. 身体局部袒露

身体局部袒露是体现性感的有效方法之

一。

例如,女人长长的脖颈、优美的双肩、凹凸对称的锁骨和鸽胸、修长的双臂等。袒露,在设计中是手段,而并非目的。因此,袒露部位、面积、形状均由设计风格决定。当然,在礼服中,也有以袒露为主要手段的设计方案。例如,由深色的纱绒材料和极简洁的款式共同完成的晚装。

2. 精湛工艺

在张扬女性阴柔美的服装中,往往是以工艺取胜。

以细节装饰取胜也是当前时尚的设计方法。因此,女人的精美与服装的工艺美相映生辉。工艺特点可以使女装平添趣味,精湛的工艺亦是高品质的象征。常用的工艺手段有:绣花、缀珠片、褶裥、开气、蝴蝶结等,局部材料重塑和打散组合也是时尚的工艺方法。

(二)多变的风格与时尚

1. 多种角色彰显个性

世界上没有两片相同的叶子,女性的美同样千姿百态、风情万种。在每一位女性心中都有自我形象的设计目标,这一目标都带有鲜明的个性。例如,有人喜欢奥黛丽·赫本古典与书卷气质,也有人喜欢麦当娜前卫不羁的个性,有人会对希拉里的女强人形象推崇不已,也有人会对山口百惠的贤妻良母

形象情有独钟。社会的多元使女性扮演的角色多元化,社会的进步使女性有了选择更多角色的自由。追求自己喜欢的风格往往是追求自己理想生活方式的开始。因此在女装设计中,风格鲜明、个性突出是赢得消费者欢迎的必要条件,设计师应针对不同女性,演绎出不同设计风格,满足她们的身心需要。

2. 女装风格类别

女装风格丰富多彩,大致可分为三大类:女性化非常强的,如古典、优雅、柔美、浪漫;偏向于职业化的,如都市、运动、休闲、前卫等;偏重于自然的,如田园、民族。可以说每一种风格都反映着一种女性的心理需求,也代表着一个消费阶层。女装风格的多样与鲜明正是女性情感细腻而执著的具体体现。

3. 流行的选择

在女人心中,自己的衣橱里永远"少一件"衣服。女人的从众和出众心理成为流行的推动力。于是流行的主题、色彩、面料、样式每季都在变化。然而,消费群对流行的理解与接受差异很大,因此,把握流行的分寸是成衣设计的关键。同样的不对称元素,礼服设计可以洋洋洒洒,如云堆雪,装饰感极强;而正装设计中,不对称可能只是一个小细节。例如,斜垂在侧边的小群摆。如何从流行中选择出最适合品牌风格与消费者口味的元素,将其演变成各自风格的流行设计,使顾客永远能够找到新感觉,是女装设计师永恒的研究内容。

四、女式商务套装设计原则

(一)刚柔相济原则

女式商务套装设计相对于商务男装设计更加丰富多彩。女人们追求美丽,即使工作的时候都不忘炫耀自己的丽质,女式商务套装设计就显得愈发重要。女式商务套装的形式越来越多样化。例如,传统的裙套装、裤套

装、连衣裙、针织套装、衬衫，T恤等。同时各种形式的服装又可以自由搭配，同样的服装，不同的穿着方法也会产生不同的着装效果。

1. 简洁的外轮廓

为了强调干练的形象，女式商务套装的外轮廓设计以利落简洁的直线条为主，在造型上多用H型，但不是一成不变的。职场女性们一开始追求与男性平等，在着装上强调与男性一样具有力量感、权威和严肃，服装上"宽厚的垫肩"成为女性模仿男性最有力的证据。但是随着时代前进的步伐，女性们开始参与越来越多的社会活动，职业领域也越来越多宽阔，"工作"不再是男性的专属，女性在工作能力和业绩上也与男性平分秋色。爱美的女人们开始回归本性，甩掉了坚挺凌厉的男性线条，改变了原本的"大宽肩"的造型，肩部越来越合体、柔和，腰部曲线也逐渐显现出来，"女性特征"成为女式商务套装的流行趋势。

2. 含蓄的合体性

为了工作穿着的需要，女式商务套装的造型设计不论H型、X型都具有合体性。一些扩张的造型设计不适合用于女式商务套装设计。例如，夸张的大裙摆、过于宽松的连衣裙、蓬蓬袖、灯笼裤等。含蓄的"合体"是职业女装造型设计上需要把握的尺度。例如，为提升气质，稍稍拉直背部、放松胸部、提高领位、将领稍后倾；或略提高收腰、适度紧身；使下身比例增长，修长身材；适当地增加胸和腰的差数，突出女性的立体曲线。

(二)注重细节原则

1. 丰富的结构设计

简洁的廓形不等于款式单调，女式商务套装的情调可以通过款式和细节设计体现。款式设计可以包括：结构工艺设计、局部细节设计、装饰设计。女式商务套装的合体性决定了其必然注重结构工艺。例如，省道、分割线等。省道和分割线的设计同时也体现了一个设计师对服装结构的理解。省道与分割线的排列、节奏和变化可以将视觉上的审美与功能性结构巧妙结合，款式独具匠心。除了面料拼接本身产生的凸起的接缝效果外，还可以用明线、镶边、色块拼接等手法强调装饰效果。

2. 精致的细节设计

女式商务套装的造型变化相对较少，细节设计必不可少。例如，领、袖、口袋、门襟、裤裙腰、裙摆、开襟等要与整体的廓形搭配，上下身细节设计风格需统一。

（三）适合环境原则

1. 装饰中庸

女式商务套装穿着的时间（工作时间）、地点（办公场所）、人物（职业女性），是设计师首先要想到的三点外界因素。

2. 细节规范

在细节设计上也要时刻注意女式商务套装穿着的场合，例如，贴身穿着的服装领口不能过低；裙子不可过短；裙摆的开气不能过高，既要便于运动，坐下时又不可暴露出臀部；袖子的形式可长可短，若是外穿的服装尽量避免无袖设计，以免暴露出腋下。

与其他时装不同，女式商务套装的装饰不可以过于强烈、刺激。办公场所以庄重、安静为主，如果身着过于夸张、热闹的服装上班，产生强烈的与周围环境的反差，令人产生不适。

3. 三色原则

色彩的心理作用，主要是指色彩的联想特征和情绪体验。商务环境氛围严肃，色彩沉稳，女性商务套装的色彩必须与办公环境相适应、相融合。女式商务套装往往表现为套装的形式，若上装和下装同质、同料、同花色，设计时应注意上下分割比例，其色彩应符合人们的视觉习惯和审美需求；不同色彩、质料的上下装，设计时要注意配色原理。服装色、局部色和配饰，总体色彩以不超过三色为原则。色彩设计应有利于职业女性的身心健康、形象美化，使其与工作环境相协调。

4. 百搭效果

"服装搭配"是再次设计艺术，设计师会把一件或一套服装设计得完美成熟，作为穿着者，如果可以几件服装变化搭配，就能够穿出各种不同的效果，很有成就感。所以设计师同时也应是很好的搭配师，在设计一件或一套作品的同时，应考虑到如何与其他形式的服装搭配。女式商务套装受其穿着场合限制，无法像时装、休闲装那样无所顾忌，所以搭配技巧就显得尤为重要了。

第三节　女性内衣设计特点

内衣设计师须具有良好的审美观，了解并掌握人体的基本结构、色彩搭配和款式变化，既要灵感，又要实际，所谓灵感来源于市场要求，流行趋势，即要从实际出发，不能凭空想象，要考虑纸样与工艺是否可行。因此，必须经过一段时间的工作实践，充分掌握内衣从设计到生产的各个环节，才能成为一名专业的内衣设计师。

一、女性内衣种类

随着审美的不断发展,妇女们不断改变着自己的腰肢和臀部,用以表现身份和地位,因此,女性内衣的变化是时代流行的晴雨表,内衣的发展神秘而令人困惑,在这个过程中充满了曲折与艰辛。内衣的英文为"Lingerie",之所以如此,全因古时候的内衣是由薄亚麻布所制,而麻的法文是 Linge,所以便有"Lingerie"。

早在我国上古时期,就已织成最早的麻布,但那时内衣却与外衣无甚区别,只是原始的遮体、保暖之用。4000 年前,丝织技术的传播,内衣日渐区别于外衣的功能,称之为抹胸及裹肚等。从《簪花仕女图》中的薄纱低胸绣花衫,我们看到了唐代女子的"亵衣";而《西厢记》中的宋代女子,则抹胸在内裹肚,一根幼带围颈,一块菱中遮胸,掩起千般风情,万种妩媚。但直至清朝末期随着洋纱洋布进入中国,西方的胸衣才真正演绎在中国女子的身型之上。

"会穿内衣的人是真正有衣着品味的人",内衣被称为人的"第二层肌肤",在现代人们生活的着装中占有着很大的比重。比起以前人们穿着随意性的内衣,现代人不仅重视内衣所带来的视觉诱惑感,更重视其带来的健康呵护和健美造型。内衣的种类依据功能划分为三种:

(一)内层衣(Under Wear)

1. 概念

内层衣属于保暖类,一般是指最近身体的内衣,具有防寒、保温,又可以吸汗、防止污染的作用,所使用材料富于保温、吸水性且较柔软的布料。

2. 主要品种

内层衣主要有针织内衣、针织内裤、保暖

内衣裤等。

（二）基础内衣（Foundation）

1. 概述

基础内衣属于塑型类，指可调整身材的内衣，主要有可以美化胸部的胸罩，将腰腹部收细的束腰带，提高收紧臀部的内裤等。基础内衣可以调整女性身材实现理想的曲线美。

2. 主要品种

胸罩、内裤、束腰、美体内衣等都属于基础内衣类。

（三）中间衣（Lingerie）

1. 概念

中间衣属于衬托类，是介于外衣与基础衣之间，穿着于外衣之内时使身材更能表现出女性优雅的气质，吸汗、柔滑，隔离了外衣与皮肤直接的摩擦。

2. 主要品种

衬裙就属于中间衣类。

二、女性内衣设计要点

（一）内衣设计要点

内衣的成功之处在于不露声色地成就外衣的造型。

1. 舒适性设计

由于贴身穿着，内衣相对于其他种类的服装，功能性和实用性显得尤为重要。"穿着舒适"成为评判内衣的头条标准。而舒适感主要来自三点：造型即板型是否合体，尺寸选择是否合适，材料运用是否得当。内衣设计师必须首先了解内衣的号型、制板以及各类制作内衣材料的特点。在完成每一件设计样品之后，"试穿"是必不可少的。如果有可能，设计师本人最好能够试穿自己的设计样品，直接体会是否舒适、合体。

2. 合体性设计

内层衣即保暖类型内衣，大多具有很强的合体性，主要通过运用弹性材料达到，但在板型方面也不可以忽略，尤其几个关键部位。例如，袖笼、裤裆等。

（二）罩杯设计要点

基础内衣即塑型类的内衣，以女性的胸衣，即胸罩为主，对板型的要求更加严格。不仅要求适合人体，还要有修正体型的效果。基础内衣的造型精髓在于含蓄。

胸罩又称为文胸，是女性所独有的内衣形式。胸衣最早产生于古罗马时期。16世纪还有铁、木头制的紧身胸衣，女子们为了美受尽折磨。直到20世纪初，开始有了健康胸衣，放松了对腰部的束缚。并且伴随弹性织物在服装中的广泛应用，内衣变得越来越舒适易穿。胸衣的造型和功能是十分多样的，胸衣的造型主要体现在罩杯的形式上，不同形式的罩杯适合不同体型的人穿着，胸衣的

罩杯形式主要以下几种：

1. 全罩胸衣

全罩胸罩可以将全部的乳房包容于罩杯内，具有使乳房被支撑与提升、集中的效果，是最具功能形的罩杯。任何体型皆适合，尤其适合乳房丰满及肉质柔软的人。

2. 3/4 罩杯胸罩

3/4 罩杯是三款胸罩中乳胸集中效果最好的款式，可以让乳沟明显的显现出来凸显乳房的曲线。3/4 罩杯胸衣适合于任何体形。

3. 1/2 罩杯胸罩

夏季几乎迷住了所有女性的吊带裙，带来性感美丽和凉爽，而如果因为内衣的穿着，在女性美丽的肩膀上露出的不同颜色不同质地的肩带会大煞风景，于是可拆卸肩带的文胸应运而生，与之相配的 1/2 罩杯也随即产生。

1/2 罩杯胸罩利于搭配服装，此种胸罩通常可将肩带取下，成为无肩带内衣，适合搭

配露肩的衣服。胸罩的功能性虽较弱，但提升乳胸的效果颇不错，胸部娇小者穿着后会显得较丰满。

4. 保健型胸罩

保健型胸罩可修饰胸部曲线，使胸部挺立、增加丰满感，同时防止双乳外开、下垂，呈现优美动人的乳沟。

（三）束衣设计要点

除了女性日常穿着的胸衣以外，近年来开始流行的"塑身美体内衣"更加强调修正体型的功能，可以满足渴望拥有模特般完美身材的女性的需求。这种美体内衣也有不同的设计形式：

1. 胸腰腹三合一束衣

顾名思义，可调整胸、腰、腹三部位曲线，穿起来具有稳定性，不易松动。

2. 一件式全身束衣

一件式全身束衣从胸至臀，连身包起，除雕塑各部位曲线外，尚可防止驼背、矫正姿

势。最主要的功能是美化女性的身体,并且令女性穿着舒适。设计师必须通过运用多种剪裁手法,设计出合理而具有功效的内衣板型,能够提升女性的胸部,使两侧的支撑力达到稳定平衡,并且塑造出立体的造型。对人体的了解是一名内衣设计师必备的知识。人体如何运动,怎样能够使内衣穿着之后,既可以达到美体的效果又不会因为过于紧绷而妨碍人体的正常运动。

3. 紧身衣与素衣无痕

紧跟外衣"简洁"潮流,近几季,以"纯色、表面光滑无缝痕"为主要特点的"素面无痕"内衣被各品牌推出并逐渐走俏。尤其是像弹力紧身的背心、轻薄透明的衣裙,都不允许内衣有过多的"自身表现",要求其能够和身体融为一体。于是,突出结构设计而表面极度简洁的内衣开始和时装完美结合。

4. 露背装与隐形内衣

露背装、吊带裙、薄纱衣,所有的一切似乎将内衣逼到了无处可藏的境地。设计师打出"隐形"招牌。所谓"隐形"也并非真的睁眼看不见,其精髓是表面没有任何面料拼接、钢圈痕迹,罩杯与土台一体成形,无棱无角,无点滴生硬的感觉。后背带比通常位置下降5厘米,夏日里让女士穿露背装的梦想成真。

5. 时尚内衣

在女性心目中,穿着内衣弥漫着享受自然与追求平衡的心态,内衣设计上力求舒适与精美,并引入大量时装流行元素,在创新设计的基础上坚持内衣的经典功能,同时大胆前卫、追求内衣时装化的风尚。内衣设计师还必须使内衣具有视觉上的诱惑感,"诱惑"消费者同时"诱惑"她的伴侣,增添生活情趣。

三、女性内衣材料选择

内衣与人体时刻"肌肤相亲",材料的舒适感尤为重要。各大品牌的保暖内衣等不断强调新型材料的运用和更新。例如,"暖卡"、"莫代尔"、"天然彩棉"等等,甚至纳米技术也被运用其中。设计师在设计不同的内衣时需要选择不同的材料。

(一)传统内衣面料选择

1. 棉

纯棉材料的透气性能好,易于染色和印。少女型内衣大多以此作为基本材料以创造健康和青春气息。

2. 涤纶

涤纶超细纤维是近年研制成功的。吸湿性好,穿着舒适,已经大量用于内衣中。

3. 尼龙

尼龙合成纤维结实不易变形,大部分胸罩肩带用此制成。许多塑体型内衣也使用尼龙材料。

4. 氨纶

伸缩性强的氨纶合成纤维常用做胸罩扣带,以便身体活动自如。氨纶也用于内衣的花边、超薄胸围罩杯和无缝内裤等新产品设计中。

5. 莱卡

当初杜邦公司研制莱卡的目的就是替代紧身内衣上的橡皮。莱卡富有弹性、穿着舒适和具有承托力,现在被普遍用于内

衣、裤、袜中,能使内衣更贴身、不易变形,裤袜也不易出现皱褶。LYCRASOFT 比普通弹性纤维弹力高两倍,已用于束腹衣新品设计。

6. 丝

内衣在材料方面更广泛地采用丝绸,并在丝质内衣设计中加入法式蕾丝或瑞士式刺绣。

7. TACTEL

轻盈而光亮的 TACTEL 与莱卡混合,普遍用于连身内衣和内裤上。而一种名叫 NYLSTAR 有保温作用的新纤维也用于裤袜上,令双腿更温暖。

(二)新型内衣材料选择

1. 天然彩棉

天然彩棉具有天然的色彩,彩棉织造加工过程中,无需经漂白、印染、后整理等中间加工过程,因此彩棉制品无任何化学物质残留,实现了从种植到成衣的"零污染"过程,环保而健康。由于未经化学品处理,彩棉制品还具有手感好、弹性好、柔软性强和天然色泽淡雅、大方等优点,用彩棉制成的服装穿着舒适、自然、无害,是典型的高科技绿色制品。

2. 莫代尔(Model)

莫代尔是人们将欧洲的榉木制成木浆,再纺丝加工而成的纤维。原料全部为100%天然纤维,并能够自然分解,对人体及环境均无害。它的优点是具有丝绸般的光泽和悬垂感,手感柔软,具有良好的可染性,而且色彩饱和度高,经多次清洗仍能保持绚丽色彩。

(三)内衣辅料选择

1. 多种类

可以用来制作内衣的材料越来越先进,花样繁多,但是创造出美丽的内衣还需要使用大量辅助材料。例如,制作一件胸罩除主面料之外还有花边(蕾丝)、网眼和有光拉架布、无纺布、全棉针织或细布、肩带、松紧带、钢丝、背钩、调整环、斜条(绸带、捆条)、装饰花、缝线等十三种以上的材料。根据设计师的创意,首先需要测算出每种材料的单件用量,再考虑每种纺织面料或无纺布的功能、弹力、纱向之间的配合程度。从主要的面、辅料的选择,到一枚小小的背钩都需要设计师运筹帷幄。

2. 多渠道

组料渠道也往往涉及国内、外许多国家和地区。例如,有时为一件设计新品组件,要选用英国贝宁公司的主面料,法国诺阳花边公司的蕾丝,巴西的弹力拉架,日本清水公司或东洋纺的缝线,上海浩晟公司的松紧带、肩带,大连的钢丝,广东的背钩、斜条等。所以设计师需要时刻关注各种内衣面料的展览会,了解国内外最流行的面辅料信息。

四、女性内衣色彩设计

色彩的运用,可以成就一件"惊艳"的内衣诞生。

人们在选择内衣时,内衣的色彩能够第一时间抓住顾客的视线,引发顾客购买的兴趣。内衣的色彩同外衣一样具有流行的特性,除了白色、黑色、粉色系等传统色系,绚丽明快的色彩令内衣同样拥有豪放和不羁的特质,而且每一季的流行将不可避免地引领内衣色彩的变换。

(一)传统色系设计

1. 皮肤色

皮肤色内衣是最为中庸、经典而且最为实用的颜色,为每位女人所接受、所必备。皮肤色内衣配任何风格或者任何颜色的外衣都合适,因为与皮肤颜色相同,所以不会造成任何不协调,尤其配穿轻薄而颜色淡雅的外套。皮肤色内衣的作用是任何其他颜色内衣所不可替代的。

2. 白色

白色内衣所拥有的干净、纯洁令人无法抗拒。白色，是内衣永恒的时尚。白色家族中充满自然感的本白色，纯净无瑕的漂白色，微妙的冷暖倾向变化打破了白色的单调。

3. 黑色

黑色，意味着成熟和性感。深暗的颜色提取自宁静的夜晚，厚重、强烈并具有戏剧化的效果。同样选择黑色，亮光与亚光的作用不同，使得浓重的颜色充满了精准的装饰效果。

（二）粉色系设计

1. 女性化

几乎所有粉色系的色彩在女性内衣色彩中都可以看到。例如，粉红色、粉绿色、粉黄色、粉蓝色、粉紫色等。柔美的色调飘荡着粉色和橘色的梦幻，亲切、温和、纯净。

2. 孩子气

粉色系具有略带孩子气的天真，带来的是几乎所有女性渴望拥有的青春。

（三）彩色系设计

1. 运动时尚

运动时尚的兴起也给内衣世界带来不小的冲击，强烈、积极的亮色灵感来自运动世界，高纯度使它们直击人们的视线，明亮而大方。这些来自运动装的颜色夸张中带有游乐意味，碰撞着都市的灰暗。鲜艳的橘色、强烈的黄色、明亮的绿色都不含一丝的灰暗。强调前卫感的设计不妨试试这一类的颜色。

2. 红色

红色这一特殊颜色，承载着中华民族几千年的传统文化。除了其本身具有的"热烈、明快、刺激"的感情特点，中华的子民们还赋予它"喜庆、辟邪"的法力，每逢年节、婚庆、庆典，甚至本命年的寓意都与红色相关。在中国，红色是内衣设计的永恒主题。

五、内衣细节设计

个性设计往往体现在别具匠心的细节上，不论外观还是结构细节，都会给人带来独特的感受。

（一）功能性细节设计

人性化的设计理念在内衣结构上的小细节处理显得尤为突出。

1. 避免肩带滑落

为了避免肩带滑落，可以设计任意交叉使用的肩带，从而让背带的长度能够按需随意调节。

2. 避免积压感

为了让内衣穿着更加自然舒适，没有积压感，将钢托的位置从下面改到侧面。

3. 防止勾挂面料

为了防止面料出现勾挂，专门研制一次压膜成型的加工工艺。

4. 曲线完美造型

为了让穿着者显得更有曲线美，特别设计了加厚的魔术杯垫，力求通过加厚、加大的内衬，勾勒出圆润、丰满的完美曲线。

只有细心的观察和体会，设计师才能够从功能细节的点点滴滴抓住挑剔的顾客的心。

（二）装饰性细节设计

1. 随处可见

所有的内衣都具有装饰作用，即使最简洁的样式。用精准的工艺做出整齐而优美的边缘线、车缝线迹、滚边，配上宽窄和谐的肩带、大小合适的扣环、小小蝴蝶结等，内衣的装饰美无处不在。而且，华贵的丝带、水钻、金线、蕾丝花边等等最具女人味的点缀都被运用到了内衣的设计上。

2. 独立的服装

内衣不再是配角，而是一件独立的衣服。美丽的内衣总是能够迷惑人们的视线，装饰性的细节设计将这一点发挥得淋漓尽致。刺绣花边会引起人们的注意，无论棉、蕾丝、丝绸等，都能施以刺绣，尤其在薄纱上刺绣，将秀丽与狂野在内衣上完美地结合起来；镂空花卉蕾丝，是极富女性魅力的装饰物，特别能够表现花卉的浪漫与美丽；在透明的网纱布料上，绣出华丽精致的图纹，使内衣呈现犹如人体彩绘效果；纤弱的滚边支撑着轻薄丝织物和网状织物，再加柔软、透明、有奶油般手感的布料，会显得温柔而富有情感；闪光面料，轻薄透明纱的巧妙搭配，表现出轻柔和动感绣花的巴厘纱和透明薄纱，富有东方情调；蕾丝花边，繁华的绣花纹饰，体现出富于变化的对比和趣味。

第四节　中性化休闲服装设计特点

一、服装休闲化趋势

（一）为休闲生活而设计

1. 休闲装设计原点——文化背景与物质所在

生活形态是影响服装分类的重要因素。

随着社会变化和生活环境的改变，人们在服装上的要求也在不断地变化着，因此新品种服装或形式逐步取代不适应生活要求的服装。例如，休闲类服装、牛仔装，随着人们对于健康生活方式的追求，而成为生活中服装的主要品种，曾经显赫一时的旗袍、中山装、S型裙装、束腰胸衣则在大众生活中渐渐淡化。

20世纪五六十年代，休闲装伴随着运动

与健美活动首先在美国崭露头角。当时一位美国成衣设计师蒂娜·莱斯因其设计出方便舒适的休闲装而风靡美国,并很快传遍全球。伴随着后工业化的到来,网络、数字化、知识经济在人们的生活中扮演着越来越重要的角色。人们一边享受着科技带来的快速、高效、便捷和高品质,同时也经受着无处不在的竞争压力。基因工程引发的生物遗传上的革命,使得人类面临着人类史上前所未有的精神和伦理道德危机。今天的人们厌倦了千篇一律的机器克隆和工业"一元化"商品,渴望心理放松和个性释放,得到休闲慰藉和人文关怀。于是,休闲的概念便在人们的生活中悄然而生。休闲服装、休闲运动、休闲保健、休闲旅游等随之产生。

2. 休闲品牌与服装与正装并驾齐驱

休闲装发展到广泛流行,并且逐渐成为与礼服正装并驾齐驱的服装品类,足以说明了服装是对人们生活状态最直接的揭示与反映,与社会文化和人们的价值观念息息相关。简洁舒适的休闲装弱化了阶层概念,模糊了性别观念,强调人与人之间的平等关系,拉近人们之间的距离。设计休闲服装应充分了解休闲服装兴盛的文化背景和实质所在,并以此作为设计前提和展开点,真正体现休闲的精髓。

(二)主流服装风格休闲化

1. 休闲风格的渗透

随着休闲概念的不断延伸,在休闲活动中穿着的服装,逐渐成为平日生活装的重要部分,休闲的设计风格融入到正装里。例如,商务休闲正装、休闲运动装、休闲礼服等。

把工作搬回家的SOHO工作方式,给休闲装的延伸起到了推波助澜的作用。严谨规整的商务套装模式在悄悄改变,从只允许在一周里一天不打领带开始,今天几乎所有的西服品牌都在设计商务休闲系列西装,将休闲服作为产品品牌的服装公司越来越多。

2. 高级时装休闲无一例外

休闲品牌犹如雨后春笋般在世界各地开花结果,如 CK、ESPREE、TOMMY、HI-FIGER 及三宅一生、高田贤三等。在这一股股强劲的休闲风吹动下,高级时装以及许多传统型服装品牌都纷纷放下高贵的架子,将休闲风格纳入到自己的设计风格中。无论是迪奥、夏奈尔,还是古驰、爱玛仕、路易·威登等奢侈品牌无一例外。今天的时装正被休闲品牌和品牌的休闲化风格所包围,以此为核心演绎种种流行。

二、休闲服装设计特点

(一)削弱性差自然造型设计

1. 中性化趋向

在某种意义上,休闲男装或休闲女装均以削弱性别特征为主要特点趋向中性化风格。在某些样式的休闲装中,性别特征已荡然无存,留下的只有对应于穿着者的尺码差异。目前,许多畅销品牌的休闲服装均带有此特点,尤其为年轻人设计的休闲中性服装,效果事半功倍,从商家的角度服装的受众成倍增加不仅降低成本,而且减少管理的环节;从消费者角度、情侣、同伴、好友,甚至亲子均不费气力地找到同款或者近似款的穿着装扮、生活情趣的增加,办事心情的愉悦自然无可鸣状。

2. 自然造型设计

抽取休闲装着装效果的规律性元素,设计的方法自然已在其中,即削弱性差自然造型的设计。

男性身材特征是,颈粗而直,肩宽而平、胸背阔、腰粗、臀小,手臂有力。因此,服装造型往往极夸张此特征而使之尽现阳刚之气。因此,设计休闲装时则需反其道行之,如保持自然肩型,减少门襟敷放硬衬,回避直线条结构,均必不可少。

女性身材特征为颈细、腰细、四肢细、乳胸高凸,臀丰、骨盆大。因此,主流女装造型往往以曲线条突出胸臀造型,以分割或省道强调蜂腰效果,表现婀娜妩媚。休闲装设计则必须直接削弱胸、腰、臀部的尺寸差,使身型更自然顺畅,强化直线造型、直线分割,恰当表现服装的各部位容量,则效果明显。

无论男性、女性其人性为共性,在休闲装设计中,抓住人的共同身材特点和精神特点,美化人,同时张扬自然人的身体和精神,愉悦人之生活,则抓住了休闲装设计的核心与根本。

(二)宽松造型的合体设计

1. 运动部位宽松

休闲装的设计特点与运动和野外活动分不开,与运动装、户外装相关的元素往往成为休闲设计的基本元素。便于活动是休闲装造型的首要特点。宽松的A型、直线的H型、趣味性的O型成为休闲装设计的主要造型。随着休闲装的时装化,设计师应认识到在宽松造型里的合体设计和在合体造型中的合理设计是休闲服设计中的重要内容。

2. 关键部位合体

宽松造型里的合体设计是指在造型要求上,服装关键部位依然以合体为设计原则。例如、领部、肩部、袖口、裤口等部位的服帖及面料丝道的顺直流畅。休闲服装设计师需要在宽松与合体、美观与舒适中寻找造型上的

平衡点。因此对板型及细节尺寸的要求并没有随着其宽松度的增加而弱化,相反更增强了。在宽松造型中施以合体性设计往往成为休闲服品质的衡量标准。

3. 合体造型的设计合理性

合体造型中的合理设计是针对时装化休闲装如何体现休闲的本质和精髓而提出的。当今流行风潮中的修长、合体,甚至小一号的穿着观念,也影响着休闲服的设计,在体现流行的同时,如何强调休闲带给人的放松与舒适,是设计中的思考点。设计师除了可以运用品种繁多的弹性面料之外,局部及板型设计的作用不容忽视。在保持修身造型的同时,加入便于活动的局部设计。例如,在肘关节、膝盖等活动处增加活褶或弹性面料,在腋下等部位加入气孔设计以便于散热等,使服装合身却没有紧张感和压迫感。在板型设计中,应将活动量与造型充分结合,运用省道转移和松量调整找到造型与合体的平衡点。

(三)功能性装饰元素

1. 功能性局部样式设计

运动及军旅风格是休闲服设计的重要灵感来源。这是由于两者之间具有很多的相似性决定的。以军装和运动服装为设计元素的各种功能性的局部设计,如各种口袋设计、不

同部位的拉锁设计、袢带的设计、活动部位的功能性设计、可拆卸的袖子和裤腿、便于活动的省道设计、强调保暖散热的材料组合设计等,都适用于休闲服设计之中。

2. 运动与军旅时尚

在服装色彩和面料选用上,休闲服也都与运动服装和军装有着千丝万缕的联系。集装饰与功能于一体的明线设计、简洁明亮的色彩、强调透气散热以及便于运动的面料,都是休闲装必不可少的设计元素。

（四）打破规则改变对称

在休闲装设计中,除了追求舒适感和功能性之外,求取精神上的解放和视觉上的轻松亦必不可少、设计主要手段存在于两方面之中。

1. 打破规则

在传统的、经典的服装中,明规则十分严格、工艺的程式化十分规范,潜规则也无处不在,尤其在喧闹的都市生活中秩序也成为生活之必需。在休闲服装设计中,有意识地打破规则为重要思路,当然,针对休闲装的品种和用途,以及主流服装休闲化程度,把握尺寸、分寸显得至关重要。换言之,了解并决定应用打破规则的方法并非难事,然而经过反复斟酌,拿捏打破的程度,从而找到适合的方式,重新创立新规则并不容易。在当今服装市场上畅销和为众多人所接受的休闲装比比皆是。例如,休闲服所采用的面料多为明条

料、格子呢,尽可能回避传统正装西服所用的单素色、暗条纹、本色小提花材料;其款式更直接打破规则,选用明贴袋、异色扣、直身型,甚至在袖肘部位贴补丁,采用花什线、标识明露等,以表现对于传统的反叛和面对世俗的不屑一顾。以此为鉴,西服作为现代社会最正统、最礼仪、最严谨的服装,其规则的打破均势在必行,还有什么规则固若金汤。当然,为大众所接受的休闲西服仍然保留着其基本结构和样式,保留着轻松氛围的尊严,或自嘲式的礼貌,谁接受了哪款休闲西装,则表示着接受着某种程度对传统的叛逆与维护,如此浅显的道理是设计师需要时时铭记的。

2. 改变对称

在人体左、右对称的法则下,人体之着装大多以对称为设计法测,尤其在社交或礼仪场合中适用的着装。因此,从观念上打破规则的具体尝试,往往以改变对称为手段而造成明确的,甚至是严重的打破和重建,形成视觉的休闲。例如,在素色薄呢子西服休闲设计中,仅仅将右下袋上方再添加一个稍短的口袋盖,并且与原袋盖平行放置,使右端点对齐,左端点错开,其他元素各部位丝毫不变,而整体看去,此西服的休闲之风格油然而生,只此一处看似不大的元素增加,严重打破了对称,打破了法则,因而打破了西服正装的严谨意义。又如,在牛仔薄料衬衫上,一改经典男衬衫中上口袋的样式,使左、右的两个口袋设计为一侧贴袋,袋口上沿居中钉一粒小白扣;另一侧为有袋盖挖袋的形式,袋盖正中也钉一粒小白扣。当人们不留意时,感受到的是左、右口袋位置对称所占面积的大致相同,分量大体相当,而且两粒白扣醒目、对称。冥冥之中似乎有着活跃的、变化的、有趣的元素存在,给人以愉悦。不难得出结论,改变对称的设计方法在休闲服设计中可以一两拨千斤,作用明显,但是与之辅助的手段是追求均衡,只有达到视觉上的新的平衡,服装的稳定性、和谐性方可以得以保持,使休闲轻松之感

孕育其中。

有时,改变与不变是相对的,方法简单、手段丰富。往往在主流服装上并不需要任何款式与细节的改变,同样可以设计出休闲感觉来,仅将左、右身片上贴袋的颜色做出差异。例如,一件黑绸料夏日外套单衣,将左前身片换成白色或格衣料,使之与右前身片色彩反差很大,并且在右片身上贴袋色使用左前片料,左前片贴袋使用右前片料,形成相互呼应,达到视觉平衡。在改变对称的设计中是存在很大风险的,求取平衡,要经过反复试验方可成功。

第五节　中性化运动服装设计特点

一、运动服装设计元素

(一)运动服装类别

1. 运动品牌发展

在服装各类别中,运动服装形成较晚,但是发展迅猛。运动服装不仅是各体育项目的运动员比赛和训练的专用服装,也是人们平时锻炼和休闲时穿用的服装。具有影响力的运动品牌,其产品涵盖了包括服装在内的运动用具:鞋、帽、包、运动饰品、香水等众多产品种类。成功的运动品牌都有忠实的消费群体,他们以拥有自己喜爱的运动品牌的产品为荣。其中除了品牌效应之外,设计师功不可没。日前,以每年一款新造型的乔丹运动鞋,推出了第21代产品。前20款的造型都印在这一款上。因此,这款鞋刚推出就受到了乔丹迷们的追捧抢购。而乔丹鞋独特的造型与时尚的色彩,是除了乔丹名气外,保证其热销的重要因素。因此服装设计师的创新是品牌永远保持生命力的原动力之一。

2. 运动服装主要类别

在运动品牌的服装中,主要包括比赛类运动服装、基础类运动服装、时尚类运动服装和高级运动服装等。

(二)运动服装基本设计元素

运动服装的设计,往往注重从运动装和基础型服装的基本构成元素出发,给予夸张和变化。使服装形成独特的风格特点。典型的元素有:

1. 品牌标识

将典型的品牌标志放大,放在服装的胸前、背后或者其他部位。也可以将标志缩小,进行几何形的排列组合,之后放在肩线、袖头、裤侧缝等部位。还可将标志中色彩、线条的某一项弱化或强调,组合形成新的造型等等。

2. 号码元素

国际球星的号码往往成为球迷们迷恋的对象。可将号码视为图案,成为设计的重要元素。号码的字体、位置、大小和数量都具有特有的意义和装饰性。

3. 品牌名称

可以将品牌名称的文字缩写形式视为图案,装饰在服装的前、后衣片、袖子、裤子及鞋帽上。

4. 拼色

色彩运用在运动装中以拼色为一大特征,具有民族特色的色彩、国旗色等经常设计成为运动服装拼色色彩。

5. 结构拼色

以结构分割线为色彩界限。例如,插肩线、胸围线、过肩线等横向(水平方向)围度线分割拼色或者门襟、袖中缝、裤侧缝、腰省等纵向线分割拼色。

6. 彩条拼色

将彩色细条作为色彩装饰,用组色形式较完整地体现运动装的装饰美,体现细腻的工艺美。用拼色设计产生服装风格,是运动装的常用手段。色彩拼条主要装饰分布在兜口、裤侧缝线、肩袖连线等部位。彩条拼色既可以单独使用,也可以多条组合,形成整齐而富有节奏的效果。两条或三条一组为常见类型,也有彩虹造型或宽窄相间,形成不同的节奏感。对比色拼接,使服装鲜艳夺目、个性张扬;同类色拼接,或与黑、白、灰相搭配,则温和安静。不同的比赛服装,色彩装饰也各不相同。

7. 风帽

在休闲类运动服的设计中,风帽是基本设计元素之一,既实用又有很强的装饰效果。通过风帽与衣身在色彩上的拼接、抽绳、毛皮边饰、镶条等手段达到装饰目的。

8. 绗缝线

将绗缝线作为装饰线是简单易行的办法。绗缝线的线迹可以通过数量变化产生不同的效果。例如,双线、三线甚至多线。线迹的颜色既可以与面料相同,也可以与面料色相异。在服装的分割线、口袋、袖口、衣摆等处采取绗缝线形式,可以增加层次感,产生夸张强调的装饰效果。

9. 口袋

口袋是休闲类运动服中经常使用的设计元素。将不同用途和不同袋型的口袋放到服装的适当部位,通过不同面料、颜色及明线以强调,产生强烈的装饰效果。

10. 省道

暴露结构是现代设计的典型手段之一,以前纯功能性的省道今天也成为装饰形式。运用省道在人体关节部位进行造型处理时,将省道暴露在外,再用明线的方式强调夸张,从而产生装饰效果。

11. 醒目图案

大面积、多色彩、不对称的图案是反映都

市反叛精神的最直接的形式。图案的主题和形式往往与当今的流行和审美相契合,若采用非常规的布局,使服装更具有强烈的视觉冲击力。通常此类服装的款式较为简单,服装主色以灰黑色调居多,图案本身会强调其鲜明的艺术风格,蕴含某些文化含义。

特殊功能与审美是形成品牌运动服特殊性的根本所在。品牌运动服装的设计概念是在不同类别设计中实施系统性产品设计。成熟的品牌运动服装基本由三大类产品构成,这三大类产品是依据不同的场合及穿着用途进行相应的设计,以满足不同消费群的需要。因此设计在款式、色彩和服装材料上都不尽相同。

二、各类运动服装设计特点

(一)比赛类运动服装设计特点

比赛类运动服装是指各体育项目的运动员在比赛和训练中的专用服装,因不同运动项目分为多种服装名目,每一款服装的样式都会与相应的运动特性相协调。此类服装的设计特点主要体现在功能性与注重标识上。

1. 功能性

在设计上,比赛类运动服装的功能性体现为材料的选择与款式的适应。首先各类比赛类运动服装必须注重舒适性,款式简洁、轻便、随体、吸汗、排湿、散热等。因此比赛类运动服装的材料往往是最具高科技含量的新型材料。对比赛类运动服装的新型材料的发展动向予以关注,不仅是运动服装设计的需要,也是时装设计的需要,因为很多运动服装材料都会较快地进入时装领域。目前运动服装选用的主要材料和里布是针织材料和网眼类里布,面料品质与价格依照服装的档次决定,从每公斤十几元到数百元不等。

在比赛类运动服装的款式设计上,首先应遵循满足功能性要求的原则,除了满足运动员机体自身的功能要求以外,还应依据不同运动项目的动作要求和特点进行款式设计,这也是设计的创新点之一。

2. 高纯度用色

高纯度用色实现了运动服装多色彩的统一性,强调目的的标识作用。比赛类运动服装的色彩设计要求在视觉上最醒目,容易被捕捉和识别。首先每个品牌的运动服色彩有一定的传承性,一方面受到比赛项目约定俗成的色彩因素影响,另一方面,品牌本身标识性的色彩也是影响色彩设计的因素之一。其次,流行色也会给每季的设计带来新的设计元素。比赛类运动服装常常采用多色设计,特别是撞色的拼接设计,高纯度能带来相对统一的效果。而荧光色等新型材料色彩在比赛类运动服装中的运用更加彰显了运动活力和青春气息。

3. 记号设计

在比赛类运动服装设计中,记号设计是必需的。例如,运动员的名字、号码、国家、运动队名称及赞助商标示等内容。其造型、色彩、位置、大小等都需要精心的设计,在记号设计中蕴涵着很多商业因素,有可能成为下一步市场开发的起点。

（二）基础类运动服装设计特点

基础类运动服装是指用于锻炼休闲的大众型运动服装。例如，运动长裤、短裤、夹克、T恤衫、跑步服等。基础类运动服装是品牌运动服中卖点最高、零售量最大的品种，是运动品牌认知度的基础。

1. 款式的继承性

基础类运动服装受流行的影响相对较小，样式较为中庸，以局部细节变化为主，多以结构分割线作装饰分割。在设计上追求变化的少而精，往往以细节设计和局部面料变化取胜。设计上追求整体大效果基本不变，而在关键部分有创新内容，在不变中求变化，需要厚实的设计功底。

2. 色彩搭配

基础类运动服装的色彩避免比赛型运动服的高纯度对比。以常见的蓝、白、灰、黑、红等大众色为主，多选择具有品牌特征的色彩，使服装色彩在各品类间形成系列感，为服装单品之间的相互搭配留出了空间。与此同时，服装色彩中必须有无彩色系进行搭配设计，从而使其应用性更广，销售面更宽。

（三）时尚类运动服装设计特点

时尚类运动服装可以根据风格及时尚程度分为时尚休闲运动服和运动型户外服。

1. 时尚休闲运动服

此类服装与时装最接近，色彩上常常使用高纯度的流行色或高明度的粉彩系列。款式造型上最先引入最时尚元素，细节设计与时尚流行相吻合，性别化设计非常明显，性别差异较大与基础类的设计风格有很大不同。服装材料的选用也与时尚流行贴合得很紧密。其目标人群多为20～30岁的都市年轻人。

2. 运动型户外服

运动型街市服的设计定位介乎于时尚休闲和基础运动服之间，比时尚休闲更倾向于功能化。因其穿着目的往往是户外游玩和旅行，因而比普通的运动服增加了装饰和流行的成分。相对于时尚休闲的运动服，设计性别化差异减弱，而利用贴兜、拉锁、风帽及绳、袢等细节进行装饰和功能兼顾的设计较多。例如，可以拆卸的袖子和裤腿，既有装饰性，又很实用的手机口袋等等。时尚色彩与常规色的相互搭配也是设计特点之一。

（四）高级运动时装设计特点

世界上许多著名运动品牌都经营高级运动时装，其价格昂贵。高级运动时装以高品质为特点。例如，高档材料（高科技的新型材料）、高质量工艺、高级设计、高价位及品牌高额附加值。

高级运动时装的设计概念，即在强调品牌风格的同时找到运动服装和经典服装的契合点，在保留运动类服装特点的同时追求经典和传统的影子。因此，高级运动时装的造型洗练而简洁，色彩清新而传统。高级运动时装的标识性品质提供给追求身份象征的消费群体，具有很强的品牌效应。

随着社会财富的积累和人们生活水平的提高，高级运动时装有着极大的市场提升空间。

第六节　童装设计特点

儿童是非常特殊的消费群体,其特殊性在于:童装的分类主要以不同成长期为依据;儿童正处于生理和心理关键的发育期;童装的保护安全性异常重要。儿童作为消费主体却没有足够的消费主动权,父母的审美与孩子的个性之间的矛盾也是设计不容忽视的。因而,童装设计往往从对儿童身体的保护、担当教育的责任、满足孩子的生长心理等方面出发,根据不同年龄的特点而各有侧重。

一、儿童年龄段与服装设计原则

儿童的年龄界定在从出生到16岁的年龄之间。依据儿童将成长的不同阶段分为婴儿期(1岁以内)、幼儿期(1～3岁)、学龄前期(4～6岁)、学龄期(7～12岁)、少年期(13～16岁)。童装也依据相应的生长期而划分类别。在不同的时期,儿童的发育特点和心理特点均不相同,需要设计师给予细致的调查和研究。

(一)婴、幼儿期服装设计原则

1. 婴儿期服装

婴儿期服装以宽松、毛边或锁边的系带上衣、后片开裆的连脚裤和睡袋为主。服装样式应便于更换,接触皮肤的衣服一般不要加拉锁和扣子。面料以轻柔的纯棉布为主。夏季的肚兜、冬季的斗篷都适合婴儿穿着。

2. 幼儿期服装

幼儿期服装包括上衣、裤子、外套、鞋帽等。

爬行期的服装不宜过于宽大,特别是腰、腿部,以便于孩子的爬行。接口的处理应以暗扣、拉锁为主,以免孩子吞咽。

学走步的时期,裤装设计以背带裤为主,

可以利用背带防止孩子摔倒。幼儿鞋的设计应轻便柔软,不宜过沉。

(二)学龄前与学龄期服装设计原则

1. 学龄前期服装

学龄前期服装要便于儿童自己穿脱。例如,前开式上衣和裤子。色彩设计应较为鲜艳,易辨别。此时孩子的活动范围加大,而自我保护意识差,可以通过服装上的色彩设计达到保护目的。

2. 学龄期服装

服装的规范性和满足集体生活的需要是学龄时期的服装要点。此时活动范围、活动量进一步加大,服装应相对宽松,尤其是裤装。可以使用弹性面料加大伸缩性。

儿童的自我意识萌芽、性别意识完全建立,选择服装的自主性在逐渐增加,设计中应以儿童自身的心理特点为主要依据。

（三）少年期服装设计原则

少年时期的服装无论是在款式与尺寸上都已接近成年人。尤其是上衣，仅肩宽和袖长比成人短。服装款式受流行及成人服装的影响很大，甚至成为成人服小号版。这一时期的童装一方面要满足孩子模仿成人的心理和快速发育的身心需要，另一方面要考虑到不应把成人装的性感、阶层等因素带到童装的设计中，使儿童失去应有的单纯和天真。

二、童装设计基本元素

（一）功能保护元素

儿童时期是生命最娇嫩的时期，也是最容易受到各种病菌、环境污染侵害的时期。服装的设计应强调服装保暖、防寒和散热、吸汗等功能性。在秋冬装的设计中，应选择轻柔、保暖、天然的面料。例如，纯棉绒布、针织、绗缝面料及灯芯绒等。

应注意上衣的造型不要过短，裤子的立裆要稍长些，使服装能够保护住孩子的腹部，避免受凉。风帽的设计具有装饰性，又可以避风寒。

服装上的防护细节，也是童装的设计重点。例如，裤装的膝盖处绗缝各种卡通和几何形的布贴，使服装可爱漂亮，也使孩子在向前摔倒时可以减轻膝部的碰伤。带有声音和闪光的童鞋、印有反光色的图案都会提醒大人或车辆注意孩子，使其免受创伤。

（二）体态元素

儿童在每个生长期的发育速度与发育特征都不一样，体形体态也不相同。儿童的体态特征应是设计时必须考虑的因素。

1. 头大、脖子短、肩小

头大、肩小、脖颈短是儿童的共同体态特征，因此服装领口的设计既要满足头的大小，又不宜太大，尤其婴幼儿时期。因此设计往往采用前身开口或肩缝开口的办法。这一时期的领口设计应避免用抽绳的手段，以免发生危险。另外头重脚轻的特点，使童装裤口和袖口的设计应尽可能的简洁利落，尺寸不要过大，不要有过多的饰物。

2. 凸腹、挺身

儿童在性别发育之前是没有明显的腰线位置，腹部前倾得厉害。在上衣的设计中应考虑运用抽褶、加裥等形式加肥、加长前衣片的长度和宽度。背带裤设计可以避免裤子下坠问题。

3. 性别元素

服装具有教育的功能。有儿童教育专家提出，对于儿童的美育教育和社会角色教育是由给他们穿什么衣服开始的。儿童的性别意识大约是 3 岁左右开始出现，这一时期的童装应该体现性别区分：

（1）女孩

在设计上，女孩的服装造型开始向女性化发展，以 A 型、O 型、H 型居多。色彩上以柔嫩的粉彩色系和纯度较高的暖色为主。装饰上运用花朵、蝴蝶结、抽褶加花边等装饰手法强调女性化倾向。

（2）男孩

男孩服装的分割设计以直线和几何形为

主,造型一般为 O 型、H 型,几乎没有 A 型。色彩也开始使用中性色和冷色,如灰色系列的蓝、绿、黄等。

(三)卡通元素

动画卡通几乎是每一个孩子的最爱,卡通里的人物影响着孩子们的思维和举止。卡通形象深入孩子的心中,印有经典卡通图案的商品也成为孩子购物的首要选择,许多父母也会对卡通服装情有独钟。

卡通造型作为主要装饰设计手段,被广泛应用在各个时期的童装中。卡通造型往往在服装中占较为突出的位置和相当大的比例,因而十分醒目。但每个时期的卡通造型选择有所不同:

1. 婴幼儿期卡通

婴幼儿期,通常以经典、造型简单、形象可爱的卡通形象为主,博得购买者——母亲的好感。

2. 学龄前期卡通

学龄期前、后的儿童对于卡通有了自己的选择,他们常常以时下最流行的动画片为依据,性别化的选择也开始出现。女孩更多的喜欢芭比娃娃类形象,男孩则会选择机器猫、数码宝贝等卡通人物形象。

3. 少年期卡通

少年期服装中的卡通造型在数量、造型比例上明显减少,由卡通类的文字、数字替代。少年期女孩的卡通形象以花朵及较成人化的卡通为主,男孩的选择会与不同的运动方式相联系,如足球、棒球、篮球或球星的号码、名字、球队的名称标志等。

三、童装设计特点

(一)符合身体生长规律

1. 增加单品设计

在儿童的成长发育期购买童装的频率不同。婴幼儿期,裤子的更换率是最高的,主要原因是裤子的换洗频率远远大于上衣。这一时期的童装设计应增加服装单品,在款式相近的情况下增加色彩变化,在色彩和款式上应使单品之间相互协调。成套的设计无形中使父母造成消费浪费,或丧失销售机会。

2. 号型系列设计

在整套服装的规格号型的推放上,设计师如果以成人的推放标准作依据,忽略了孩子腿部长得快、变化大的因素是不可取的。如此设计会出现上、下衣在尺寸上配比不合理,上衣合适而裤子短小的现象。因此,下衣号型系列的跳挡尺寸差应比上衣大,才符合儿童生长规律。

(二)兼顾父母意愿与儿童个性

童装的购买主动权在父母的手里,设计师要认识到父母眼里的童装和孩子眼里的服装是存在差异的。父母会把安全、质量、款式及价格进行综合考虑,而孩子则被兴趣及周围的环境左右。父母的购买主动权与决定权会随着孩子的成长逐渐转移到孩子身上。在童装的不同时期设计迎合的消费心理对象是变化的。

1. 婴幼儿时期

父母有绝对的主动权,设计以引起妈妈的兴趣与喜爱为重点。

2. 学龄前后

父母购买权为主,孩子为辅。但有时孩子的坚持会让父母做出让步。迎合孩子与父母的共同认同是设计的重点。既考虑到父母关心的安全和质量,又将孩子喜欢的形象作为设计点。

3. 少年期

只要价格和款式在父母眼里较合理,决定权基本在孩子手上。因此设计以孩子的心理变化为主要依据,但要考虑社会的规范性要求,注重服装的教化功能,不要过分追求新、奇、怪,使少年期服装符合社会的主流审美。

第九章　各材料服装设计特点

第一节　牛仔服装设计特点

牛仔装是由意大利海港水手穿着的棕色帆布裤发展而来的。19世纪中叶,美国淘金热吸引了众多的冒险家到加利福尼亚实现发财梦,年轻的巴伐利亚商人李维·施特劳斯将这种用耐用结实帆布制成的工作裤,卖给淘金的工人们,淘金者视之为最好的服装。之后不久,李维·施特劳斯将牛仔裤的颜色改为靛蓝色,并与合作者想出办法,用铜钉对腰部和后臀部的贴兜进行固定,利用结实的粗线双绲在衣服的缝合处。从此,牛仔装的基本形态确立下来,以后没有大的更改。

一、牛仔装主要风格

一百多年,美国最底层劳动者穿着的劳动裤,发展到今天,成为上至国家总统,下至城市打工仔皆可穿着的服饰。牛仔裤的广泛流行象征着美国平民文化在全球广泛传播,体现着自由的精神和平等的社会关系。今天的牛仔装,已拥有牛仔裤、夹克、衬衫、裙子、西服、风衣、外套、棉服等丰富品种。不仅仅人人可穿,并且伴随着众多的设计师和服装大牌步入高级时装的行列。当年,保罗戈尔捷曾因发表过一系列以牛仔为面料的礼服设计而轰动时装界。今天,每一个高级时装和高级成衣品牌都有自己的牛仔装系列。例如,CK成为牛仔服的领导一族,夏奈尔推出了牛仔套装,GUCCI可以定制带有毛皮和刺绣的牛仔裤。牛仔装已成为时装重要的组成部分,发展为各种风格类别。

(一)经典风格

纵观百年牛仔装,虽然伴随不同时代的审美与时尚也有一些变化,但其主要颜色与制作手法却历久不衰,并已变成永恒的经典而深入人心。蓝靛色、双绲明线、铜扣、铜拉链固定成为牛仔装的标志,也几乎成为牛仔服装设计的法典。

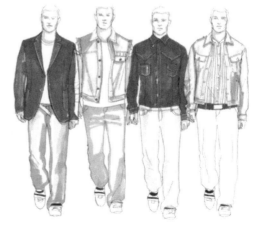

经典装牛仔装的主要构成元素有:靛蓝色斜纹布、多片分割、绲白色或黄色双明线、铜拉锁,裤子前片两个插兜、后片两个贴兜,造型合体。上衣夹克式、翻领、立门襟、铜扣(金属扣)、窄摆条、袖头。经典风格牛仔装是受众最多,穿着百搭百鲜,久穿不厌的服装。经典风格牛仔装设计需要注重细节,不断出新于不经意之中。

(二)工装风格

连身工装裤有五个兜,装饰手法与经典装相似,尺寸较宽肥,口袋多,且尺寸大,局部细节颇具功能性。这种款型是20世纪初美国工人最时髦的穿着。在所有以牛仔服装品牌中,工装风格均必不可少。在工装风格中,其随意、舒适、帅气与朴实的特性是其他风格的牛仔装并不多见的。因此,工装风格的牛仔装具有稳定的消费群体。

(三)时尚风格

时尚与牛仔的结合使牛仔装呈现出各种不同的风格。新型面料的加入更使牛仔服装的造型和舒适度进入全新的境界。牛仔布出现了时髦的褶皱、弹力、印染、镂空、刺绣等,应有尽有,层出不穷。牛仔布与其他材料搭配设计更突出时尚个性。例如,搭配皮革、裘皮、蕾丝、针织等。

随着永远变化的流行主题,每年每季的牛仔装均不停地变化着,对于牛仔装设计师而言,需要走在前端,以牛仔为载体,演绎流行的各种特征,因为时尚风格的牛仔设计对象是年轻的新新一族。例如,当罗可可之风盛行时,牛仔上曲线突出、小花边满布;当巴洛克之风流行时,牛仔上必有皮毛和纱料的

混搭;当装饰主义抬头时,牛仔上则出现珠宝与绣花。因此时尚风格设计需要走鲜明、前卫之路,当然程度的把握应根据品牌风格和消费者需求而定。

二、牛仔装设计原则与方法

(一)靛蓝主题与材料创新

1. 永远的靛蓝色主题

蓝色是牛仔服的首要标志,是牛仔中不可替代的色彩。尽管靛蓝色从崭新演变成现在的磨毛、做旧,但其基本色调却没有改变。可能设计师与牛仔的开发商深知蓝色中蕴含的文化情感。因此,今天的设计,往往是在蓝色的基调下,追求丰富的层次效果。

2. 牛仔材料创新

品种繁多的斜纹和平纹织物,面料结构、薄厚、织纹不尽相同,不同染色、克重及后处理使得牛仔面料色彩和肌理更为丰富。开发商依据每季的流行,进行相应的面料处理和设计变化。例如,在面料中加入莱卡,使服装穿着更舒适;开发出超薄型和悬垂感强的牛仔面料,进一步丰富牛仔的外观效果;在面料中加入抗菌成分,使夏季穿着牛仔裤更加卫生。今天的蓝色牛仔面料和百年前的传统靛蓝牛仔面料不可同日而语,蕴含着太多的科

技与创新设计。但是不论如何变化,都是永恒的蓝色主题下的精彩演绎。

(二)线饰原则

1. 明线设计

"明线"在牛仔中的出现,是由于其功能性经久不衰。在牛仔装上,明线工艺不仅可以使缝边压紧、牢固,而且其粗犷的风格成为广受欢迎的装饰手段。因此明线设计不仅成为牛仔服设计的经典元素,也对休闲装、运动装等其他种类的服装产生了影响。伴随牛仔行业的飞速发展,各种专业机的出现和使用,线迹的工艺设计与线型设计成为牛仔设计里的重要一环。

在线型设计上,除了经典的双线外,还出现了单线、三线、五线、多线,另外,除了直线,折线也是近两年比较流行的装饰手法。明线的色彩,除了经典的蓝布配白线以外,红色、黄色、绿色等多种颜色结合不同的面料色调都纷纷出现在牛仔里。

2. 加强线作用

牛仔的分割线处以明线设计仍达不到强化其粗犷、彪悍时,往往融入其他线性材料和适合工艺使"线"成组合形式,不仅出风格,而且独具工艺美。

围绕线迹又不断有新的装饰手段加入。例如,在前、后衣片的分割线处,缉明线的同时加入蕾丝、流苏、皮条、气眼、毛线边和毛皮等装饰,强调了装饰分割,也使其更加风格化。

(三)细节设计

1. 贴兜设计

牛仔服贴兜设计是款式设计中变化较为丰富的部分。无论其外形轮廓、线迹组合、外部装饰,还是工艺手段,都变化无穷。这不仅为每一款牛仔服装增加了设计亮点,漂亮的后兜设计也使得牛仔裤的臀部造型圆润饱满,更加引人注目。牛仔裤的后兜底部通常有箭头和圆形两种形状,造型上宽下窄。在

贴兜的兜面上会有品牌的商标标牌,并用明线缉出各种图形,也有的用其他面料进行拼贴,以及近两年较多的刺绣、缀珠片等。贴兜的设计使牛仔在整体造型变化不大的情况下有了新的时尚亮点。

2. 扣子设计

牛仔服中的扣子除了耐用结实外,也成了设计和牛仔文化的一部分,不同公司在不同时期推出的牛仔服装上扣子的图案都不相同,无形中成为牛仔服装和一个品牌最好的历史见证,有很多人专门收集不同时期牛仔服扣子。因此扣子设计也成为必不可少的牛仔服的设计内容。如今,扣子在材质、色彩、工艺上都极为丰富,有传统型的金属扣,还有木扣、贝壳等,图案以品牌的标识、经典符号为主。

3. 局部装饰

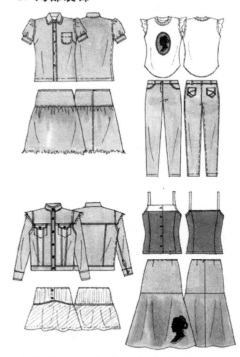

在设计上,牛仔服的局部装饰比整体更加紧密地与流行结合。当后现代的设计风潮流行时,种种设计流派的表现都出现在牛仔中,如"坏品位"里对优雅、传统、规范的一系列颠覆,牛仔服首当其冲:磨破的衣边、破袖口、破洞的裤腿,可谓一破到底,其反叛个性

一览无余。而当怀旧思潮涌来时,仿旧色成为牛仔里的主流色,甚至LEE品牌还推出了用桐油浸泡过的、发黄的二战版牛仔服,价格不菲。在局部打磨、漂色后再进行刺绣、缀珠片、盘皮条、打孔、手工拼缝等细节设计,表达着后工业时代的人们对于手工方式的向往。

三、著名牛仔品牌

(一)Levi's

Levi's品牌的牛仔服装由牛仔裤的创造者李维·施特劳斯创建的牛仔装公司生产。从1849年开始,李维开始向加利福尼亚的淘金工人销售牛仔裤。他将裤子染成靛蓝色,并与自己的合作伙伴,铜锭固定口袋的发明者——雅戈斯戴维一起最终确立了牛仔服的基本样式。最初的牛仔裤为背带式,共有5个兜,后来又发展为无背带的工装裤。李维的牛仔裤曾获得1915年巴拿马太平洋国际博览会金奖。直到1936年,李维的牛仔裤才将Levi's标签加在裤子的后袋上,即在牛仔裤上缝一块油布,上面写着:这是一条李维的牛仔裤,真正的美国产优质品,享有盛誉。李维公司的发明

与百年来的经营,才使牛仔有了今天的繁荣。

(二)Lee

Lee的创始人H·D·LEE最初只是一位工作服制造商。在经历了长期的努力和创造后,Lee成功的开创了牛仔装的新领域,将牛仔的坚韧品质与时尚的元素相结合,为美国的牛仔文化谱写了新篇章。1926年,Lee诞生的第一条拉链牛仔裤,成为当时时装界关注的焦点,这是历史上的第一条拉链牛仔裤。另外,Lee的合身剪裁,在当时的时装界也极为风行。贴身的款式,时尚而且性感,将西部牛仔的万般风情与狂野表现得淋漓尽致。同时期Lee的著名标牌诞生,醒目的标记,皮质的感受,让Lee品牌更加炫耀夺目。1975年,Lee品牌的女装牛仔裤问世,名为"Fit For Girls"的女装牛仔裤系列随之产生。Lee品牌的男装牛仔市场的成功建立,为女装牛仔系列登场创下了良好的基础。随后,Lee公司又先后创立了适合各个年龄的品牌系列,建立了稳固庞大的牛仔王国。Lee的品质与信誉也早已在美国乃至全世界的品牌里名气十足。Lee不断吸取时代的气息,融合经典与时尚,继续散发着牛仔的魅力。

第二节   皮革服装设计特点

从茹毛饮血的洪荒年代到当今信息高速公路纵横的高科技社会,皮革已经伴随着人类跋涉了数十万年。究其实质,皮革是来源于大自然的服用材料,如同人们用羊毛、棉花、蚕丝等天然纤维纺线织布制作服装一样。我们的祖先在远古的森林里奔跑追猎时,系扎在腰间的兽皮是皮衣的雏形,现代人以前穿着皮衣是财富的象征,现在皮衣已经成为人们衣橱里秋冬季必备品之一,几乎人人拥有。

一、皮革面料分类

皮革外观肌理丰富、高贵华丽、手感光滑细腻,现代加工技术又赋予了它更多的外观和质感,使皮革又具有了纺织品所不能替代的特质。不仅成为时尚界的宠儿,也为服装设计师所钟爱。

(一)传统分类方式

1.原材料分类

服用皮革大致分为:牛皮、羊皮、猪皮、鹿

皮、麂皮、马皮、鸵鸟皮、鳄鱼皮、蛇皮等。其中羊皮、牛皮、猪皮、鹿皮因价格相对低廉，而成为大众皮革服装的主要原材料。这类皮革厚度为0.6～1.2毫米，具有良好的透气性、吸湿性，染色坚牢、薄、轻、软等特点。

2. 质感分类

皮革类又分为正面皮革和绒面皮革两大类：正面皮革保持原皮的天然粒面，从粒纹可以分辨原皮的种类，其优劣取决于原皮的粒面特征；绒面皮革是皮革面经过磨绒处理，当需要设计新品种或皮面质量不好时将其加工成绒面。

（二）皮革材料创新

1. 仿制

时尚界的日新月异、求新弃同，让大众们也想拥有更多不同质感、外观的皮革。随着制革工艺的发展，一些较昂贵的鹿皮、鸵鸟皮、鳄鱼皮、蛇皮也可以用成本较低的皮革类仿制，大大丰富了服用皮革的种类，也让服装设计师们有了更多的设计材料和灵感。

2. 新工艺

除了仿制其他的动物皮革，喷染、手绘、印染、覆膜、双层压花等工艺也被采用到皮革上，创造出更加丰富的面料效果。印花革、绒面革和传统正面革三分天下，各有所长，增加了皮装的美观性，提高了欣赏性。

3. 新主题

皮装的材质和面料从色彩、质地、手感、厚度上都有明显变化。仿自然、仿旧是近来流行的主题之一，通过桶染、水洗的面料在光泽、纹理上产生别样的效果，有墙壁、路面、树皮斑驳等感觉。

4. 新趋向

近来皮装的面料还明显趋于轻、薄、柔、软，有的与棉布相仿，有的甚至有丝绸般的质感；图案错落有致，颜色缤纷多彩，不再是单调的黑色和棕色，而是明暗相配、浓淡皆宜，大红、粉红、泥土黄、浅蓝、纯白等各种颜色争奇斗艳，让人感受到现代化皮革的气息。

二、皮革服装设计方法

(一)分割设计

1. 必然性分割

皮革原料的大小只能取决于该种动物的大小,而且腹、背部的肌理差别,每张皮的轻微色差和厚、薄差别都制约着设计。因此,皮革类服装的长短、重量、分割线、结构线、制作工艺、制作成本是设计师们面临的难题:既要很好的体现设计意图,又要顾及材料成本。

设计师设计皮革服装,尤其是进行一些

小皮张用料的设计时,设计师有时不得不采用分割、拼接的方法克服皮张幅面过小的问题。以皮服的结构线为分割线是以分割求完整的最佳方案。例如,女性服装身片的公主线、刀背线,男性服装身片的过肩线等。在传统制衣标准中,对分割线位置和尺寸都作了严格规定。例如,袖片长度分割线必须在后袖口一端,斜向,距袖口线 7~10 厘米。皮装的分割设计既需要解决服装本身结构的需要,又要巧妙地将有限的面料拼接起来,皮装服装设计师都是服装分割设计的高手。

2. 装饰性分割

时尚皮衣的分割线是无规则的,只要具备装饰美即可。例如,将皮革材料打散组合,甚至局部打碎拼接,用皮革拼接图案;将分割线不对称分布;追求修长感、纵向线条、多条排列等。

(二)特殊工艺设计

根据皮革本身的特性,很多有别于面料服装的工艺也应运而生。例如,皮革服装设计中经常用到的毛边工艺。因为皮革不会脱丝,皮革服装可以设计为服装的缝份以减轻重量,减少缝合处的厚度。而且毛边后粗犷的效果也是面料服装所没有的。设计师利用这一特点,可以将服装设计成不规则底摆,表现一种粗犷野性的味道。

新工艺更讲究细部处理,除传统的镶嵌、拼贴外,出现了起梗挤缝、镂空、无衬里、无压边工艺。

与新型辅料搭配使服装平整、服顺,克服了皮革服装边角过厚、弹力不均、门襟易翘、口袋易撕裂的缺陷,更适合贴身穿着。类似这样的工艺很多,随着科技的进步还会有更多的工艺诞生。

(三)材质搭配设计

传统的皮革服装多以纯皮类为主。现代的皮革类服装不仅颜色鲜亮多彩、响应流行,而且与各种材质灵活搭配。

1. 皮革＋裘皮

皮革加裘皮这是一种最常见的搭配方式,传统搭配时裘皮只加在帽口、袖口、下摆等处作为饰边。时装中裘皮出现在更多的部位。例如,加在前胸和后背,仿佛在皮衣的外面加了一件裘皮马甲;加在内里增加保暖性能;加在或翻或立的领子上的可拆卸裘皮毛领不仅温暖惬意,又为皮衣平添了高贵。

皮毛一体裘皮与皮革的搭配也花样繁多。例如,厚薄相同的皮革与裘皮正反搭配,营造轻薄舒适、皮毛兼备的双面穿用或双面印象的新概念设计。

2. 皮革＋毛呢

毛呢类面料的柔软与皮革的冷峻,形成一种材质对比搭配的美感。皮革的光泽(对光的反射)与毛呢色彩的浓郁(对光的吸收)对比强烈。例如,两者色彩相同而光泽不同,对比效果既统一,又层次分明。

3. 皮革＋针织

针织与皮革的搭配十分流行。针织面料的丰富的肌理效果为皮衣设计增添了许多休闲时尚色彩。同时利用针织的弹性特点,将

针织面料用于袖、袖口、领、底边,既增加了服装的保暖性能,又使皮衣更为柔软、亲和。

4. 皮革十丝绸

皮革加丝绸的设计是一种大胆而极端的搭配方式,新技术使皮装的材料柔软、轻薄,皮装也不仅仅是冬季才穿着的服装。设计师们将皮革与柔软的丝绸搭配,营造出不同寻常的视觉效果。

5. 皮革十牛仔

皮革加牛仔是个性十足的搭配方式,使皮衣风格休闲、颓废而狂野,成为时尚。牛仔与皮革的搭配可以将年轻人的时代感觉发挥得淋漓尽致。

三、皮衣设计理念

(一)传统的遵循与突破

1. 品种延伸与季节延伸

皮装设计突破御寒保暖的局限,愈来愈大胆。保暖性能曾是推动皮装消费的主要动因,但也使皮装消费受到季节的限制,束缚了皮装的发展。新面料的不断涌现,为皮衣的设计和生产提供了新的发展空间。在款式上,皮装越发朝着个性化、时尚化方向发展,各具特色的裙装、裤装、夹克、风衣、大衣、西装、休闲装等将皮装消费向四季延伸。

2. 休闲化

皮衣绣花、镶边、编嵌等装饰充分体现了各层次的消费需求,向休闲方向发展。线条明快、流畅、简洁成为大多数新款皮装的共同特点。简单的线条辅以前襟、腰部、袖口等处的细部搭配和点缀,一扫皮装的沉重感觉,给人们带来休闲的情调。

3. 时装化

新款男装讲究简洁大方、休闲随意,多采用整皮制成;减少收袖和收边的设计,代之以宽松的袖口和下摆;女装则更加美观时尚,强调收身,以显出线条。

（二）整体与细节的和谐

1. 整体柔美

皮装近几年也越来越强调细节设计。皮革面料变得像雪纺一样轻薄，整体设计也都更加放松，趋向柔美。

2. 细节自然

细节上的设计还体现在一些辅料的运用上，同样有自然味道的果壳扣、质感强烈的金属扣代替了塑料扣、长拉链，更好地配合面料演绎出自然的感觉。

今天，皮革极富感染力和表达力的质感，既独特又深邃的韵味，在社会观念的变迁与加工工艺的支持下被不断注入新的内涵与活力。曾是单调古板的皮革服装，正进行年轻化、时尚化和多样化的航程，并慢慢地融入到绚丽多姿的皮革新时代。

第三节　裘皮服装设计特点

同纺织类服装相比，由于裘皮服装在材料和加工方式上的特殊性，曾经独立于服装行业之外。随着材料加工技术的飞速发展，裘皮服装的设计变得时尚和年轻，逐步融入到时装的行列之中。毛皮材料在材质上的多变和丰富的质地效果，也给时装带来了深刻的影响。因此，作为当今时装设计师，对于裘皮服装的设计特点充分了解，是开拓设计思路、丰富产品设计形式的有效方法和途径。

一、裘皮服装材料

裘皮是人类最古老的服装材料,在纤维纺织品被人类发明以前,动物的毛皮是人类最主要的服装材料。自19世纪末开始,伴随着动物养殖业的规模逐渐扩大,社会经济的逐步繁荣,裘皮服装越来越兴盛。进入20世纪90年代,世界各地,特别是中国动物养殖业的规模迅速加大,裘皮服饰在全球掀起了流行潮。新科技、新工艺的迅速发展使裘皮摆脱了以往沉闷的色彩,变得缤纷明亮、时尚年轻,材质也从厚重变得轻薄柔软。

(一)裘皮材料分类

1. 根据毛的长短分类

今天的毛皮材料主要来源于人工饲养,饲养种类以狐和貂为主,附加有其他的动物。毛皮材料的种类很多,也有不同的分类方法,根据毛的长短可分为:厚型毛皮,也称大毛皮,以狐皮、猞猁、貉子为代表;中厚型毛皮,也称中毛皮,以水貂皮、黄狼、兔毛为代表;薄型毛皮,也称作小毛皮,以羊羔皮为代表。即使同一种毛皮也会由于毛皮的部位及加工方法等差异在毛皮的厚度上有所区别。

2. 根据毛的粗细分类

还可依据毛的粗细,即毛质和皮质可划分为:小毛细皮类,如紫貂、水獭、扫雪貂、灰鼠、银鼠、猸子、黄鼬等;大毛细皮类,如狐狸、貉子、猞猁、狸子等;粗毛类,如羊毛、狗毛、黄狼、旱獭等;杂类,如猫皮、兔皮、青鼬皮等。

(二)毛皮材料特点

1. 毛的自然结构

毛皮的毛的自然结构通常分为底绒、针毛(锬毛)。底绒细密柔软,比较短但保暖性强;针毛也称枪毛,比较稀疏而且较粗硬,但光泽性强,在光线下会呈现美丽的色泽,随着毛皮的抖动,裘皮会显现出蓬松与弹性。

具有底绒和枪针毛的毛皮有:银狐、蓝狐、水貂、黄狼等皮。也有一些毛皮是只有底绒没有枪针毛,或者底毛和枪毛合一,即毛的下段具有底绒性质而毛尖如枪毛般滑脆。如家兔皮、猫皮等。只有针毛的有猞猁、海豹、斑马皮等。此外,还有羔羊的卷曲针毛和滩羊长长的蓬松针毛。

2. 名贵毛皮的三特点

毛皮的名贵主要在于保暖、轻薄柔软以及毛皮色泽三个方面。貂皮以其柔软细密、保暖性好、光泽度高名列各种毛皮之首,因此不论中国还是西方,都将貂皮视为名贵毛皮。狐皮等则以其毛色取胜,特别在彰显财富和地位的时期。

在裘皮服装的历史上,不同的毛皮品种代表着不同的身份地位,其中以紫貂、银狐最为名贵。在西方的中世纪和文艺复兴时期,封建统治者制定了专门的法令,其中明确规定貂皮只能由王室成员和贵族穿着,而市民只能穿着猫皮、牛皮、兔皮。在我国清代也有明文规定不同等级的毛皮标准:皇帝、皇子的瑞罩用黑狐和紫貂,亲王贝勒的瑞罩用青狐,文官三品以上的瑞罩用貂皮,侍卫则用猞猁和豹皮。

(三)裘皮材料深加工

裘皮材料自身的性能和外观在服装的设计中占居首位,从感官到物理结构充分认识不同毛皮,是裘皮设计的前提。了解裘皮材料的加工方法和手段是设计的重要组成,围绕着材质特性与加工方法进行的设计创新才是裘皮设计的根本特征。

1. 鞣制

毛皮特殊的加工方式比较繁复,每一张刚经过剥离的皮板被称为生皮。应将生皮清理、用化学方法鞣制、清洗、烘干等使其成为熟皮,成为可以制作服装的材料。毛皮的鞣制技术是世界上最古老的手工艺技术之一,经历了从手工技术向现代科技过渡和发展的过程。从最早原始人用手搓、牙咬、棒槌对毛

皮进行处理,到提炼柳树和栎树叶里的鞣酸进行浸泡软化,直至19世纪末毛皮工业大规模兴起,近代化学工业领域的蓬勃发展,人们开始运用多种化学制剂和物理方法进行毛皮的鞣制处理,不仅增强了毛皮的牢度,也使得毛皮像面料一样柔软和轻薄。科技为古老而又年轻的行业注入了新的活力。

2. 漂、印染

在熟皮上可以染色、印花,现代化的机器设备、颜料和新技术为裘皮材料的加工提供了广阔的平台,一切纺织材料的时尚创新均有在裘皮材料上尝试的可能。以北欧毛皮世家(SAGA)和北美毛皮协会为首的西方毛皮组织及毛皮企业,将高科技手段应用到动物科学育种、有机饲养、毛皮无公害处理、绿色环保的漂染过程和服装缝制加工的每一个环节。不仅如此,毛皮的漂染成为裘皮流行设计最重要的因素之一。利用科技手段,毛皮不仅可以进行电脑配色的单色漂染,还可以将每根毛分段染色进行一毛两色的幻彩染,一毛三色的染色。可以进行浸染、刷染、扎染、渐染等多种漂染方法。新兴的毛革两用材料是高水平的毛皮鞣制技术和漂染技术的具体体现。毛革材料不仅要在鞣制上对毛皮的牢度进行特殊处理,在进行毛面漂染的同时,还要对皮板进行二次或多次处理。因此,毛革材料在印染周期上要比一般的毛皮材料长5～7天。

3. 剪毛、雕花

在熟皮上可以剪毛。将整张皮毛剪成整齐而短短的绒头,使之如同丝绒一般柔软、光亮。可以将整张皮毛雕花,凹凸不平的纹饰使之立体而神秘。可以将整张皮毛镂空,使之软而轻盈。可以将毛皮切割成条,每季毛皮之间夹革缝制,从而节省原料而并不影响毛色。可以发挥设计师想象空间,变一切不可能为可能。

4. 毛革一体

将毛皮的毛面染成各种流行色,毛色随着短毛的卷曲,显得自然而丰富;而没有毛的革面则通过素革扎花,图案彩印,金属涂层等手段与毛面的颜色相配,形成一张皮子两面可用的毛革一体形式。以毛革一体的材料设计出的时装不用绱缝里布,其工艺简单,衣身为印花革面,袖头、翻领和驳头自然外翻出毛绒,透着自然和时尚。

5. 仿胎羔

在胎羔皮面上,表现出的斑驳的毛绒和穿插的皮板效果是设计师的新追求,也成为消费者的新宠。在短毛皮上将毛面染色及革面涂层仿制胎羔皮,一经推出就迅速流行起来。尽管这种产品价格不菲,但依然挡不住订货商的商约,高科技的成果是抢占商机的最有效途径。正如中国国际裘皮革皮制品交易会的专家所说:科技成为推动裘皮产业发展最主要的因素之一,技术革新引发了裘皮服装的新趋势,技术进步更带来了新的一轮产业革命。

二、传统裘皮服装工艺

一件高品质的裘皮服装需要经过20余道工序才能完成。例如,除设计、确定用料、制板、制作布样、试样、修板之外,还需要算料、配皮、配色,开皮、钉皮、裁皮(抽刀或整皮)、车缝、再钉皮修样、熨烫、缝衬、缝里、后整理和干洗等一系列过程。与纺织面料服装差异很大的加工方式,使得裘皮服装的人工制作费用相当高,这也是裘皮服装价格昂贵的原因之一。

(一)抽刀

1. 抽刀主要程序

"抽刀"工艺是裘皮缝制工艺中独有的加工方法,显示了裘皮服装工艺的高超技艺。"抽刀"亦称"柳叶皮",即加工人员先在裘皮材料皮板上划出脊背线,再将皮板依脊背线左右对称,呈45度角方向切割成宽0.5～1厘米的长条,似柳叶宽。最后,皮条按照相邻次序进行重新缝合,缝合时令其长度错位,以此来改变毛皮缝制品的长度、宽度、色彩和肌理效果。在此基础上,还可以通过拉大空间,加入皮革等手段,使皮张加长、加宽去薄或改变形状,从而达到省料和进行毛皮的板面设计的目的。

2. 抽刀目的意义

尽管抽刀的方法将毛皮分割成极小的单元,但其目的并不是为了将服装打散,而是在增大单位面积的基础上追求服装的整体效果,因此在组合的过程中追求自然毛色或服装图案的完整性。抽刀工艺是以完整作为组合的出发点和追求目标。在这一目标下,服装运用里布、衬布等辅料突出服装造型,形成了传统裘皮服装雍容华贵和整体大气的特点。

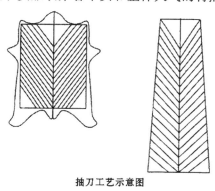

抽刀工艺示意图

(二)原只与半只

1. 原只

"原只"亦称"整只","原只"裁剪是在保持了毛皮原貌的基础上,取皮张最大的面积直接裁制成形,或直接将裁好的皮张拼接缝合成服装。"原只"裁剪的工艺制作比较简单,突出了皮张的原始外观。每张原皮的脊背毛厚、色深,而腹肷部毛薄、色浅,拼缝后保持原样,适合追求简洁、自然、舒适风格的毛皮服装。原只裁剪选用的毛皮以短毛类为主。

2. 半只

与"原只"相似的工艺还有"半只",是指将皮板处理好之后沿脊背线切割,然后再进

行拼合。拼缝后可以看到脊背线与腹肷部的对比更加强烈,形成不同色泽和薄厚的自然纹样。

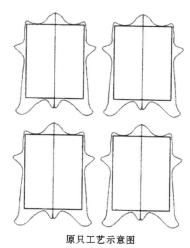

原只工艺示意图

(三)褥子

1. 褥子规格与作用

褥子裁剪是将毛皮经过初步的裁剪,缝合成 120 厘米×60 厘米规格的长方形毛皮材料(俗称褥子),将服装板型在褥子上进行裁剪的方式。

2. 褥子种类与用途

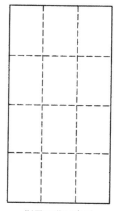

褥子工艺示意图

在褥子的加工过程中,将动物脊背、头或四肢进行分别的组合拼接,因此褥子种类有整皮褥子、脊背褥子、腹肷褥子、头褥子、前腿褥子、后腿褥子等。无论哪种褥子,规格尺寸都是不变的。拼合材料按照动物花纹的大小

裁成统一的尺寸,通过不同的方法组成各种图案。褥子裁剪在加工制作及原料运输等方面比原只裁剪更加方便,节约了配皮、配色的时间。褥子的价格较原只经济实惠。

(四)裘皮缝合方法

1. 拼缝

"拼缝"的方法是用专业的皮革机缝制完成的。拼缝不需要留衣片做缝份,将两片毛皮对在一起通过缝线套锁的形式进行缝合。缝合后在皮板面的拼接处会看到一条锁线,但在毛面看不到任何痕迹。

2. 搭缝

"搭缝"是将两个衣片重叠搭在一起,用平缝机进行平缝的方法。这种方法需要留出衣片做缝份,与普通的衣片缝合相比,搭缝可以保留毛皮的自然边缘线。

3. 出峰

"出峰"是指在普通服装的边缘露出毛峰的方法。"出峰"的缝制方法是将毛皮裁成条状,使峰毛的倒伏方向统一,长度一致;再将皮条缝接起来,使其符合服装的边缘长度;然后将皮条缝在服装的边缘上,使毛峰均匀地露出服装表面。露出的峰毛的长度和密度是设计师根据服装的风格而设定的,因此,缝制工艺可以灵活变化。

4. 加革

"加革"的方法是在毛皮之中加入皮革。具体做法是:首先,根据毛头的大小和疏密程度将其剪成宽窄相同的条状;再剪出适合宽度的皮革条;然后依次将每一条皮毛和一条皮革拼接,以形成毛、革间隔的效果。加革后的皮毛表面毛向顺畅,而且松软自然,具有更加理想的服用效果。加革技术可减轻服装的重量,降低成本,是毛皮服装设计中常用的手段。

三、各类裘皮服装设计特点

进入 21 世纪,随着国际时装大师的时尚设计,裘皮服装成为时装重要的组成部分。裘皮被国际时装设计师们视为一种天然的新面料,全球超过 200 位国际顶级时装设计师将其注入著名品牌的时装系列中,大胆地为裘皮创造令人耳目一新的风格,裘皮服装的服装设计品种和形式也随着流行趋势变得更加多样化。裘皮设计不仅有传统意义上的全裘皮服装设计,还有裘皮的编织设计、毛皮两用服装设计、裘皮饰边配件设计等。

(一)全裘皮服装设计特点

全裘皮服装设计是裘皮服装设计领域中的主要品种。由于服装需要消耗大量毛皮材料,如狐皮、水貂等,因而价格昂贵。全裘皮设计在加工制作的工艺上以抽刀工艺、原只裁剪和加革方法为主,因此服装设计的重点是围绕着材料的特点,选择相应适合的加工方法,充分反映毛皮的优良质地和华贵的色泽。

1. 抽刀设计

抽刀设计不仅突出精致、完整风格,而且细密的暗缝形成的具有方向性的暗纹,呈现出整齐的、一组组的人字纹样,可以成为设计的元素。

2. 原只设计

原只裁剪可以表现色泽变化和图案效果。例如,运用自然色泽的沙狐、红狐、刷脊的獭兔等突出脊背和腹肷之间毛色差异的毛皮材料时,设计应通过利用原只裁剪的方法将完整的皮张或半只皮张进行花色拼接,形成多种图案。拼接的方法有平置的拼接、波浪的拼接、网型拼接等。

3. 加材设计

为了追求材质上的变化,减轻服装的重量,在拼接的过程中可以加入其他的毛皮、皮革、蕾丝等材料。加入其他材料的设计更容易反映时尚和流行的元素,为青年消费者所青睐。由于全裘皮服装的价格昂贵,拼接设计还可以有效地降低裘皮服装的成本。

(二)裘皮编织设计特点

1. 裘皮编织基本方法

裘皮的编织设计是指将毛皮裁成宽0.4厘米左右的毛皮条,在有网孔的网料上进行各种缠绕、编织的服装及制品设计。通过在网料上的不同穿法,形成各种肌理效果和图案。穿网的主要方法有平穿和缠绕穿。

平穿就是将毛面和板面方向不变,平行穿在网格里,形成毛面在外、板面在里的状态。

缠绕穿则是将毛皮进行翻卷式的穿行,使服装的表面和里面都有毛,没有里外的区别。

裘皮编织服装是当今比较流行的一个裘皮品种,其特点是整体服装蓬松柔软、重量轻、省原料、穿着舒适。

2. 裘皮编织设计

裘皮编织服装多为宽松随意的套头式毛衣或夹克,裘皮编织披肩和围巾也特别流行。在穿着和披裹时,既舒适保暖又轻松透气,有较强的休闲味道,一经出现就受到热烈欢迎。其选用的毛皮材料也非常广泛,从水貂皮、狐皮、貉子皮、家兔皮、獭兔皮到海狸鼠皮等均可。裘皮编织要求皮板结实、皮毛密实。编织设计加工手段较为简单,运用多种毛皮搭配,多种缠绕组合,多彩网格变化及珠片、水钻、蕾丝、流苏等装饰,成为流行裘皮设计不可缺少的组成部分,受到年轻消费者的喜爱。

(三)毛革一体服装设计特点

1. 毛革一体服装特点

毛革一体服装也称作毛革两用服装,是与普通的裘皮服装相比较而言的。一般的裘

皮服装毛在外,皮板在里,而毛革服装的毛皮材料则是将毛皮的皮板经过磨革、加涂层、染色、涂饰等加工处理,制成绒面或光面的革皮效果,使裘皮的毛面与皮板可以分别穿着在外。毛革服装对原皮质量要求较高,加工的工序数量与技术含量都要大于普通的裘皮服装。当前的毛革服装,特别是高级时装和时装化成衣,通常以革面在外的穿着为主。

毛革服装材料除了选用传统的狐皮、貂皮外,以杂皮为主,较多地采用獭兔皮、麝鼠皮、羔羊皮、黄狼皮等。因为杂皮在价格上和狐皮和貂皮相比较为便宜,且经过印染等工艺处理,杂皮和狐、貂皮非常相似,特别是运用多种印染技术使革面呈现了丰富的花色,不仅可以在革面上印染迷彩、牛仔、花卉等花色的面料图案,还可以在革面上进行刻花、压光、磨砂、刺绣、镂空等一系列工艺设计。特别是近两年流行的在羔皮的毛面上进行局部的革化处理,形成不规则图案,并进行花色或金属涂层的处理,使毛革材料呈现出异常丰富的面貌。

2. 毛革一体服装设计

毛革服装采用整皮裁剪,必然会在服装上形成以皮张大小为单元的分割线,而毛革两用服装最大的特点是两面穿着,革面的连接就成为无法遮盖的线条,因此,毛革服装设计把分割线作为设计中必须考虑的因素。服装的分割涉及不同毛皮种类皮张的大小,因皮张的尺寸而产生的设计尺寸,以及如何通过设计有效的利用皮张,并产生新的比例和造型等问题。例如,同样的兔皮,公兔与母兔尺寸不同,设计服装时规格尺寸与哪种兔适合也必须做出选择。不同皮的尺寸会影响分割线的位置。除此以外,流行设计与流行风格也会对分割产生重要的影响。

围绕毛革服装的裁剪方式和独有的穿着方式形成了特殊加工工艺。由此在设计上要把皮张的大小和分割线位置及工艺细节放在首位。在此基础上形成了其特有的,同时也恰好和休闲风格相吻合的装饰手段。例如,

不规则的衣部边缘、分割线的出峰处理等。

(四)裘皮饰边及配件设计特点

1. 裘皮饰边服装及配件特点

裘皮饰边服装是指运用毛皮装饰于领口、袖口等服装服饰的衣边。裘皮配件则指毛皮材料的披肩、围脖、帽子、鞋、包等。由于饰边和配件选用的毛皮量较少,甚至选用碎料。因此,低廉的成本使其比裘皮服装的流行更加广泛,并超越了裘皮的季节跨度。

裘皮饰边和配件在时装领域里的大肆扩张,带动和加速了裘皮服装流行的脚步,因此设计师决不能忽视裘皮饰边和配件设计的价值和作用。

2. 裘皮饰边服装及配件设计

裘皮饰边设计以皮条与衣片的拼合为主要形式。例如,棉服中的帽边、袖口边以及中式棉袄的领子、衣襟和袖口边。又如,在针织服装和羊绒披肩中,设计师经常采用裘皮编织的手段,即将皮条在毛衣衣边和披肩边缘进行缠绕穿行,使得衣边轻巧,又节省原料。另外,将毛皮切割成大小不等、形状各异的毛皮块,依据不同的图案直接将毛皮款悬挂固定在衣服上,毛皮具有动感又随意轻松。

同时与时尚装饰面料多种搭配也是饰边设计的重要内容,毛皮具有多变的质地和天

然的亲和力,与多种材料组合呈现出的丰富面貌与风格,成为裘皮饰边服装及配件流行的重要原因。

四、裘皮服装设计原则

(一)规格设计优先

由于材料昂贵,设计人员缺少穿着经验,没有切身感受,致使设计无把握可言,制作出来的成品常常与设想差距很大。

1. 充分把握皮毛扩张性

材料的特殊性决定了裘皮服饰的设计规律。例如,裘皮材料有很强的扩张性,尤其是长毛材料,不了解这一特性势必导致服装造型的失衡。当一件獭兔整皮外衣需要搭配狐狸整皮领子时,往往设计师对狐皮的扩张性估计不足,虽然在领子的样板上作了尺寸的收缩,但做出来的狐领显得又大又笨重,与衣身比例失调,同时使成本提高。一款轮廓设计得修长的外衣,制作出来后衣服却比预想的短,原因是裘皮长毛的横向扩张改变了成品在视觉上的比例关系。当经验不足的设计师在设计整皮加革的衣服时,想象中的成品应该是毛的部分大,隐约可以看见皮革,但是由于在样板上毛与革的比例不能精确把握,以致成品出来后,不是革皮过宽显得成品档次不高,就是革皮根本看不到,达不到效果而

且成本上升。

2. 斟酌确认尺寸规则

此外,在掌握材料特性的同时,尺寸和规格的确定也非常重要。例如,一条双面编织围巾和单面编织围巾的规格不可相同,可能10厘米×120厘米的规格比较合适,但是把规格加大到一般单面编织围巾的常用规格15厘米×140厘米就显得过沉。因为双面编织的工艺会增加一倍的用料,在增加一倍成本的同时,又增加了一倍的重量,同样就会影响产品的销量。再如,设计披肩时,不同的材料会有不同的风格尺寸。可能稍大一点的传统水貂披肩或狐狸披肩会更显雍容华贵,尺寸过小会显得寒酸,具有休闲感的披肩尺寸可以比较随意。皮草服装设计师熟悉掌握皮草的性能和规律,斟酌尺寸规格设计是第一位的。

(二)合理用材优先

1. 合理分割皮张设计

裘皮服装设计师合理利用昂贵的裘皮材料尤为重要。例如,设计獭兔刷脊整皮的衣服时,仅仅画出款式、打出样板是远远不够的,还要考虑到獭兔皮上脊背部位的位置安排问题。有时因为排脊的合理性,甚至需要改动衣长的尺寸。在设计兔皮制革衣服时,打完样板后最重要的工序就是"破皮"(即在样板上画出合理的分割线)。因为兔皮的大小有限,且每张面积尺寸不同,皮子的分割设计比其他方面更显重要。

2. 合理搭配碎料设计

传统的裘皮服饰以"整"为美,但是现代人的休闲着装观念使得裘皮的下脚料大有用武之地。裘皮碎料的合理设计与利用成为设计的关键点。与面料服装相比,裘皮几乎没有废料。裘皮碎料的搭配利用正已成为裘皮服装国际流行的热点,其成品价格甚至比整皮昂贵。裘皮碎料的合理利用加强了裘皮服装的肌理变化和色泽层次感,更具装饰美和自然魅力。既是创造美的过程,又可以增加

产品的利润空间。

（三）工艺技术优先

1. 新工艺展现裘皮新面貌

裘皮的可塑性很强，通过现代的新技术和新工艺展现出裘皮崭新的面貌。例如，剪毛、拔毛、抽刀、喷色、漂染、镂空、编织等。裘皮与其他服饰材料相结合，平添了裘皮风格的多样化。

2. 工艺合理性决定设计成败

工艺的设计是裘皮服饰设计的主体，工艺的革新与改造会给造型和款式带来全新的视觉效果。例如，由于成功地研究出"转转转"的转毛条技术，使得在普通的编织围巾边缘设计结实、严谨的毛坠和外周绕边产生很好的效果。用这种工艺方法可以推展出很多产品。当转出的毛坠换用不同的颜色、不同的材料搭配、不同的尺寸规格，都会演变出更多的成功设计。在裘皮服装中所有成功的设计必须以工艺的合理性为前提。

3. 改变传统创造时尚

近年非常流行牛仔服配毛领，选配灰狐可以更体现出休闲时尚的感觉，但传统领子的外边用灰狐皮脊背效果中规中矩，如果将脊背放到里侧，则结果大不相同。在裘皮服饰日益时装化、休闲化的时代，设计师以反传统的工艺设计取胜。

（四）创新才有生命

"创新性"设计是凭借其超凡的大胆想象，提出新的课题。创新性的设计师通常也是新技术的实验师，可以用过人的创造力在不可能中去寻求可能，打破陈规，创造新的技术规则。

在裘皮服装的设计中，为著名裘皮服装品牌芬迪（Fendi）做了近 20 年裘皮服装设计的时装大师——卡尔·拉葛菲尔就是一位杰出的"创新性"设计师。创新设计使芬迪从一个意大利的家族式的裘皮时装店，发展成为当今世界知名的奢侈品品牌。卡尔·拉葛菲尔

德对裘皮作了最为大胆的个性设计，用时尚、年轻、明朗的色彩，一扫传统裘皮服装的沉闷；运用挖洞的方法来减轻毛皮的重量；选用以前做衬里的松鼠皮做小礼服；将水钻、金属亮片、珍珠装饰在毛皮的表面；卡尔·拉葛菲尔德设计的毛皮服装几乎都可以两面穿着。

拉葛菲尔德设计作品

加利亚诺设计作品

当今顶级时装品牌迪奥（Dior）的首席设计师约翰·加利亚诺也是一位裘皮服装的创新者。在近几年连续推出自己的裘皮设计，其超凡的想象和大胆的创新同样为裘皮服装开创了新天地，并引发了裘皮服装的热潮。在他推出的印第安风格的毛革服装中，毛革的拼接方式成为创新亮点。他用碎皮拼接创造出全新的视觉效果，也使碎料服装风行一时。

开创性的设计既引发了新的时尚潮流，也为技术提出了新的课题和发展方向。

第四节　针织服装设计特点

随着针织工业的发展，针织服装不仅在家居、休闲、运动服装方面具有独特优势，而且现代针织面料更加丰富多彩，逐步进入多功能和高档化的发展阶段。针织服装独特的功能性也为梭织服装所不能替代。世界针织服装逐年递增 5%～8%，而梭织服装仅有 2%。一些发达国家如美国、英国和日本等市场上针织服装与梭织服装的比例已平分秋色。

针织服装按照服用用途分为针织内衣、针织外衣、羊毛衫和针织配件四大类。

一、针织服装造型特点

（一）针织物特点

由于梭织物与针织物织造方法不同，所以其结构、特性、工艺和用途也有不同之处。作为服装设计师需要很好地了解这两种织物的差异，根据针织物的特点、长处进行针对性设计，更好地体现材料的美感和实用之处。

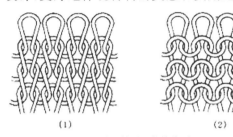

(1)　　　　(2)

纬平针组织的结构图

针织物是由线圈相互串套而成，线圈是针织物最小的基本单位。针织物能在各个方向延伸。因针织物是由孔状线圈形成，有较大的透气性能，手感松软。针织面料具有弹性、脱散性、卷边性、透气性和吸湿性、工艺回缩性、纬斜性等性能特点。

针织面料的性能对于针织服装的款式造型有较大影响，针织服装的轮廓造型大体有三种基本类型：宽身式，直身式，紧身式。

（二）直身式针织服装

1. 造型特点

直身式造型是传统的针织服装造型，一般需要选用较为密集、延伸性较小的针织坯布或针法。直身式针织服装的肩线呈水平稍有倾斜的自然形，腰线可以是直线或稍呈曲线。直身式针织服装线条简洁明快，造型轮廓端庄大方，穿着合体自如，方便舒适。

2. 结构设计

直身式造型针织服装适合的年龄段最宽，而且可内穿，也可设计成外穿样式，在其织纹组织、花色及领、袖型上的设计均无顾

忌。最经典的造型往往生命力最强。受时尚流行影响,在造型条件下,服装可长短变化,可施以贴铅、绣花、镂空、加皮草等装饰手段。

(三)宽松式针织服装

1. 造型特点

宽松的造型由简单的直线、弧线组合,宽松度较大,人体三围处没有明显的尺寸差别,以肩部支撑整个服装的造型轮廓。宽身式造型能够较好地体现针织面料柔软悬垂的性能优势,无论使用厚、薄的针织面料都可以获得很好的造型效果。

2. 结构变化

宽松针织服装除了简单的前后片组合外,结构上的变化更是层出不穷。例如,多片组合、长短不一、简单随意平面式的领、袖设计等,都为针织服装增添了几分个性。

(四)紧身式针织服装

1. 造型特点

"弹性"是针织物突出的特性,针织物的织法不同,织物产生的弹性也会不同。例如,在纱线中混纺入弹性纤维,则会产生更强弹性,以此制作紧身式的服装既能够充分展现人体的曲线美,又能伸缩自如,适应人体的各种活动和运动需要,同时兼具透气舒适的特点。

2. 结构设计

针织服装的款式造型设计应以简洁、高雅为主格调,采用流畅的线条和简洁的造型

来强调针织服装特有的舒适自然性。任何过分夸张的设计构思及复杂繁琐的结构手法,不但在以线圈为结构的针织面料上不容易表现,难有出人意料的效果,而且还会喧宾夺主,使针织面料失去应有的质感性能优势。为了避免和弥补因造型简单而产生的平淡呆板感,设计时可在面料的组织、款式细节、色彩、图案、装饰上变化,力争出奇制胜。

二、针织服装色彩设计

(一)肌理与色彩分割设计

1. 肌理与色彩分割

针织服装必须强调服装的实用与艺术的统一,增强针织服装的外观舒适性和艺术性。利用针织服装织物线圈的肌理效应,可以进行与服装色彩的组合设计,或是大块色面的分割,使之强烈醒目或色彩协调自然(如浅粉、淡绿的分割,或一种颜色由浅到深的过度)。也可运用局部细节的小面积色彩对比,使之浪漫而有趣味。

2. 流行色运用

人们的色彩感觉与商品价值有着密切的直接关系。例如,凡是具有流行色彩的漂亮服装,都能以其美感魅力对消费者增加吸引力和说服力,调动消费者的购买欲望。流行色彩运用得当能转化为经济价值。从目前市场销售中看到,那种不符合人们需求的过时

色彩,即便在销售价格上折了又折,也难以引起消费者的兴趣。

(二)功能与色彩设计

色彩设计与服装的服用功能的结合不可忽视。例如,体育运动服常用强烈饱和的对比色,以达到相互衬托,易于辨认的目的。其中体操、跳水等运动员还要求轻盈绚丽的配色,并十分注意运用色彩的扩张感和收缩感来体现运动员的身材,使艺术造型更加完美,满足人们生理上和心理上的舒适感。又如,居室是休息的场所,家居针织服装的色彩和线条也要相应的柔和。总之,只有服装色彩和人的活动整体协调,才能增强服装的舒适性,吸引消费者,提高服装的使用价值和经济价值。

三、针织服装材料设计

(一)针织服装材料选择

针织面料与服装设计关系密切,设计中必须重视针织面料对服装设计的影响。只有在保证对针织面料性能的扬长避短的情况下,才能使服装设计充分表现设计者的设计构思,一定要重视根据其面料的优缺点来运用各种设计手段和根据不同的服装种类选用不同的针织面料。

1. 针织汗布设计

汗布质地轻盈,具有吸汗、透气、滑爽的性能,适宜设计成各种直线型 T 恤;若在领、袖、兜、襟等部位通过色彩或质料加以变化,则更显新颖别致,穿着轻松自如,能适应多种场合。

2. 针织绒布设计

针织绒布和棉毛布的质地柔软,富有弹性,可设计成简洁的运动便装型,再采用镶嵌拼接等工艺,便能体现这类服装在造型、色彩、比例及线条上的节奏感,具有潇洒精干的服用效果。

3. 针织毛衫设计

针织毛衫质感丰满轻柔,伸缩性较大,显得轻松自然、舒适随意、富有个性,可在服装

上作些色彩和图案的精美设计或在领、袖等局部进行变化,时代感和高品位油然而生。

4. 针织内衣设计

设计装饰内衣要选择舒适针织面料,并且注重面料的审美特征,如花边或经编衬纬花色组织的织物。

5. 针织外衣设计

设计制作针织外衣,应选择质地紧密、稳定性好、比较挺括的经、纬编提花织物或复合织物等。

若忽视针织面料的特性,单纯追求复杂的结构造型,势必造成事与愿违,使实际服用效果和设计之间出现很大偏差。

(二)针织服装花色设计

1. 针织肌理与图案

由于针织服装的面料较为特殊,所以针织服装一般不追求复杂的结构设计,而强调针织肌理、编织变化和图案的丰富。随着编织技术的不断提高,针织面料的花色也越来越丰富多彩。

2. 电脑针织设计魅力

电脑编织机的发明使以前只能用手工编织的花色肌理开始被应用于大批量的成衣生产,而且针织面料设计不再仅限于平面的图案和几种基本的花色组织了,应用形形色色的纱线在各种不同的针织设备上编织,采用各种不同的组织结构进行多种多样的后整理,可形成多种多样的肌理效应。例如,平坦的、凹凸的、网孔的、波纹的、轧花的、彩色的,具有闪光感的、丝绒感的、呢绒感的,仿裘皮、皮革的,厚重的、轻薄的等,丰富多彩、变化万千。针织面料本身的舒适性,与时尚形式有机结合,必定能增添针织服装的艺术魅力。

四、针织材料特性与设计

在针织服装中,紧紧抓住其特性,并围绕其特性展开,才能更好地体现针织服装的优势和特点。

（一）伸缩性与设计

针织面料较梭织面料最大的不同是其"伸缩性"，这决定了针织服装在设计和制作上的独特之处。

1. 伸缩性与板型设计

因针织面料具有良好的伸缩性，在样板设计时可最大限度地减少为造型而进行的接缝、收褶、拼接等，而且一般也不宜运用推归、拔烫的技巧造型，可以利用面料本身的弹性或适当运用褶皱手法，以适合人体曲线，面料伸缩性的大小成为样板设计制作的重要的依据。当针织面料弹性特别大时（与采用的纱线和组织结构有关），设计样板时不留松量，样板尺寸和人体的围度尺寸相同，甚至比人体尺寸更小。

2. 伸缩量与款式设计

弹性较大的织物组织，如罗纹组织，经常被用来设计较紧身的款式，或用于服装的领、袖口等处；而弹性相对较小的面料，像四平经织物组织，常用于相对挺括的衣身设计，或者用于保型性稳定的门襟、领边等位置。针织面料会因不同的组织、织法而产生不同的弹性效果，设计师要达到某种造型设计效果时，需要首先了解针织材料基本组织特点，才能完美体现自己的设计。

（二）卷边性与设计

1. 卷边性

针织物的卷边是由于织物边缘线圈内应力的消失而造成的边缘织物包卷现象。卷边性是针织物的不足之处，可能造成衣片的接缝处不平整或服装边缘的尺寸变化，最终影响服装的整体造型效果和服装的规格尺寸。但并不是所有的针织物都具有卷边性，仅纬平针织物等个别组织结构的织物才有。

2. 规避卷边设计

对于卷边性织物，在样板设计时可以通过加放尺寸进行挽边、镶接罗纹、滚边，或在服装边缘部位镶嵌粘合衬条等办法解决。有些针织物的卷边性在织物进行后整理的过程中已经消除，避免了样板设计时的麻烦。

3. 利用卷边设计

聪明的设计师在了解面料性能的基础上反弊为利，利用织物的卷边性，将其设计在样板的领口、袖口处，从而使服装外观风格特别，令人耳目一新，特别是在成型服装的编织中，还可以利用其卷边性形成独特的花纹或分割线，形成服装个性特点。

（三）脱散性与设计

1. 规避脱散性设计

针织服装风格不但要强调发挥面料的优

点,还应克服其缺点。由于个别针织面料具有脱散性,样板设计与制作时要注意不应运用太多的夸张手法,尽可能避免设计省道、切割线,拼接缝也不宜过多,防止发生针织线圈脱散而影响服装的服用性能,应运用简洁柔和的线条,与针织品的柔软适体风格协调一致。

2. 利用脱散设计

在织物中设计出局部脱散效果可以产生休闲、叛逆、前卫等多种风格,也可以创造毛织物的动感效果。

（四）回缩性与设计

1. 整体回缩率设计

尺寸不稳定是某些针织物的缺点。这一特点除了与织物的组织结构、织物密度有关外,还与使用原料的性质有关。如棉针织面料纵、横向都有较大的收缩率,其收缩时间也很长。所以设计样板时要考虑适当增加一定的回缩率,避免对服装成品规格的影响。

2. 局部保型性设计

针织服装的关键部位需要加强其保型性。例如,袖笼吃纵量不宜过多,袖山处需用嵌条,以此增加袖子的立体感、尺寸稳定性和牢度。

（五）成形性与设计

1. 成型性优势

针织独有的成形性是针织服装的一大优势,利用针织机在编织过程中改变针床的针数而改变织物的幅宽,也可以利用密度的调解和织物组织的变化来实现造型,节省梭织服装运用切割线或省道造型的复杂工艺。减少裁剪和缝制的细节,从而减少加工工序,节省制作时间和原材料,最终降低成本,提高经济效益。

2. 快速变化设计

针织独有的成形性还使其产品的满足性比梭织物好。例如,一些特殊的板型:帽子、袜子、柔软舒适的内衣,以及在工业、农业、医疗卫生、国防等方面的功能服装及用品。随着新材料的出现、编织技术的发展,成形服装变化手段的增多,针织成形服装可以在款式、色彩、原料上快速变化,紧随流行更新产品,使针织成型服装具有极强的时代感和生命力。

五、针织服装结构设计特点

针织服装的结构是指与服装主体相关联的组成部分,主要包括领子、袖子、门襟、口袋及组合形式等。从设计的基本原则出发,各个局部结构不仅要有良好的功能,还应与主体造型有机地结合,达到协调统一。

（一）针织领子设计

领子是服装结构之一，在整体造型中起着十分关键的作用。针织服装的领型分为两大类，即无领型和有领型，有领型又可以分为立领、翻领和摊领、连帽领等。

1. 针织无领设计

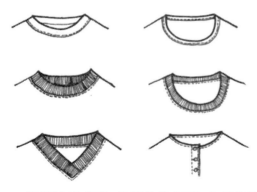

无领是最基础、最简单的领型，也是针织服装的特色经典领型，保持了服装的原始形态，在服装领口部位挖剪出各种形状的领窝。例如，圆领、V领、一字领、方形领、梯形领等。通过折边、滚边、饰边、加罗纹边等工艺手法对边口进行工艺处理，丰富了无领型的款式变化。不仅解决了针织面料边口的脱散性、卷边性问题，并运用面料的伸缩性解决了穿脱活动等功能问题，具有造型简洁、大方、整体，穿着舒适、柔软、行动方便的特点。

2. 针织立领设计

针织服装的立领结构属直角结构，造型上不过分强调直立、合体，追求严谨、庄重的效果。针织立领多为封闭宽松型，注重防风保暖的功能，工艺上采用软处理，表现轻松、随意的感觉。有的配以绳、扣等辅助小饰件，既得到装饰效果，又强化了功能性。针织立领根据领子的高度分为中、高立领。

3. 针织翻领设计

针织服装的翻领从材料上分为与大身材料相同的领型、横机领和异型材料领三种。不同材料的翻领其造型效果不同。

（1）同料翻领设计

采用与大身材料相同的翻领，其款式的细节变化表现为领面宽窄、领子开门的深浅、领口的大小、领子在脖颈立起程度和领子外口线形状等，设计时依据翻领的结构原理进行结构选择。

（2）横机领设计

横机领是 T 恤衫的专用领型，是采用专用横机进行编织的成形产品，根据设计所需要的领宽和领长在编织时设置分离横列，下机后拆散而成。为了款式上的统一，一般袖口形式与领子相一致。

（3）异材领设计

异型材料领型的使用，多从领子造型及尺寸稳定性要求方面考虑设计的相关问题。

4. 针织摊领设计

摊领是翻领的极限形式，其造型特征是领片自然翻贴于肩部部位。摊领舒展、柔和，一般用于儿童和女性服装中，设计中摊领可以产生多种形式的变化，领子的宽度、角度、内领口形状和外边缘形态可根据服装主体造型的需要进行变化。

5. 针织连帽领设计

连帽领是在立领和摊领的基础上演变而

成。前领部分类似水兵领，后领部分可立起遮住头，具有实用的功能性和审美性。

（二）针织袖子设计

针织服装的袖型涵盖了连身袖、圆装袖、插肩袖和肩袖四类。针织袖子的合体性结构直接运用面料的弹性获得，不存在两片袖结构和袖压肩的造型特征。

1. 连身袖设计

连身袖特点为身、袖相连通、贯通的结构。在针织服装中常用于睡衣设计和休闲装设计。

2. 平袖设计

平袖是针织服装的常见袖型，在工艺上是圆装袖的一种。其袖山长度与袖窿围度尺寸相等，缝合后平服、自然，外观效果平整、流畅，便于活动。

3. 插肩袖设计

针织服装的插肩袖一般是全插肩、一片袖形式，款式的变化体现在衣片与袖片互补的量与形状上。

4. 肩袖设计

"肩袖"也称"无袖",针织服装可以利用折边、滚边的形式对袖窿进行工艺处理,结构上多体现为合体性设计。肩袖的设计需要综合面料的特征,对结构尺寸及构成形状很好地把握和选择。

此外,针织服装设计中,在造型上应充分考虑利用面料的肌理求得变化,丰富针织服装的造型语言。可采用不同组织结构的面料用于衣身和袖子等部位。例如,大身选用梭织面料,而袖子用针织面料;袖口组织与袖身组织的变化等。

(三)针织口袋设计

针织服装的口袋构成形式有明袋和暗袋两种,由于面料的变形因素,其装饰作用大于功用的目的。

1. 贴袋设计

贴袋是贴附在服装的主体上的,口袋的整个形状完全显露在外,所以也称明袋。贴袋是针织服装常见的口袋形式,具有功用性

和装饰性。

贴袋的数量、形状、面积、尺寸位置与主体结构有着直接的比例关系和醒目的视觉效果。

贴袋的缝制、线迹所构成的线条具有较强的装饰效果,其装饰的作用已大于其最初的功用性。

2. 插袋设计

插袋是利用衣缝制作的口袋,常用于裤侧缝中,属于暗袋的一种形式。一般以实用功能为主要目的。

3. 其他暗袋设计

暗袋的主要特点是袋口在服装表面,而袋布在服装反面,视觉上简洁、利索。袋口可以有针织滚边,可以镶拉链、绳等装饰。袋布可以暗贴缝或者暗吊装。

（四）针织门襟设计

针织服装中门襟常被用到。门襟的构成形式有半开襟、全开襟和不开襟三种。针织开口的闭合处有拉链闭合和纽扣闭合多种形式。

1. 半开襟

针织半开襟设计元素除开襟位置、长度、闭合形式之外还需选择门襟宽度及与之相适应的针法、工艺细节等。

2. 全开襟

针织外衣开襟形式的设计应实现功能作用和装饰作用并重。由于针织服装面料的伸缩性强，穿脱的功用在多数情况下不成问题型。为了强调其装饰作用，设计时一般需要结合领型的构成决定样式。

针织外衣门襟设计时注重门襟的开、合两种状态均完美，因为针织开衫经常被不系扣穿用。

3. 不开襟

不开襟即假开襟，是特殊的设计形式，以装饰为目的。

六、针织缝制工艺与装饰设计

（一）针织缝制工艺设计

1. 强力适应性缝制设计

由于针织物具有伸缩性和脱散性，要求缝合裁片所用的缝迹必须与针织坯布的延伸性和强力相适应，使缝制品具有一定弹性和牢度，并防止线圈脱散。经常受拉伸的部位要选用弹性好的缝线，设计富于个性的线迹。

2. 针对性缝制工艺设计

常用于针织服装的缝迹种类较多，如链式缝迹、锁式缝迹、包缝缝迹、绷缝缝迹等。针织服装以链式缝迹为主。缝制工艺要根据不同的面料和不同的服装部位而设计不同的缝迹和不同的线迹密度，以满足针织服装的伸缩性和缝合线迹的牢度。例如，衣片之间的缝合，下摆、袖口的卷边等拉伸较多的部位宜采用链式缝迹或包缝缝迹。滚边、滚领、折边、绷缝拼接和饰边等应采用绷缝缝迹，既有很高的强力和弹性，又能使缝迹平整。在衣服不易拉伸的部位，如袖口、兜边、订商标等处使用弹性小的锁式缝迹。所以针织服装的缝制设备也要比梭织服装复杂得多。

以营造不同的风格和个性。例如，毛皮、绳、坠、金属环、色织条带、拉链等。

（二）针织装饰设计

针织服装设计中装饰手法的运用也很重要。可将镶、嵌、贴、滚等工艺手段运用于针织服装的裁片接缝、领口、袖口、裤口、下摆、门襟、口袋边等结构边缘处，来增加装饰效果。传统辅料和新型辅料用于针织服装都可

第十章　成衣设计师职能

第一节　成衣设计师概念

一、服装"以产定销"经营模式

（一）经营模式与设计师类别

服装的类别和企业经营方式的区分等诸多因素，形成了对于服装设计师工作内容、工作方式、领域和工作职能的区别。因此，有必要对服装设计师进行科学的分类，以准确、透彻地了解各类服装设计师的职业特点和要求，从而更好地认识各类服装设计师应尽的职责和应起的作用。

1. 服装设计师一般分类

由于服装的分类和品牌的差异，根据不同类型的服装的各自需要，服装设计师的工作性质和领域会有很大的区别。因此，依据服装的分类可以将设计师分成高级时装设计师（早期出现的设计师均属于这一类）、高级成衣设计师、成衣品牌设计师、成衣批发设计师、个体经营设计师以及一些特殊要求的设计师。如影视服装和舞蹈戏剧服装设计，军队、警察等特殊行业服装设计等。

2. 依据经营模式服装设计师两大类别

按照经营模式可以将服装企业分为两大类，即以产定销类经营和以销定产类经营。不同经营模式的企业中也需要不同工作职能的服装设计师。因此，将服装设计师分为两大类，即以产定销服装设计师和以销定产服装设计师。当然，在某些企业中，由于经营内容交叉，服装设计师的功能也是综合的。此外还有一种经营型设计师，其工作形式与企业型设计师有较大的不同。如此划分服装设计师的方法是较科学和严谨的。

（二）以产定销模式概念及优势

1. 以产定销模式概念

以产定销是指生产优先，销售在后，即在没有具体的消费者的前提下，首先自己出资购料自己生产服装，然后再决定销售策略，将其卖给销售者，逐步收回成本，进而获得利润的经营模式。

2. 规模生产决定规模效益

在现代化大生产中，"以产定销"为服装企业的主要经营方式。其中成衣品牌企业、批发成衣企业，均依循此种模式。由于企业的经营模式所决定，服装的规模生产决定规模效益。因此，以产定销具有高风险和高回报。

二、成衣设计师职责及基本认知

（一）协调配合参与决策

1. 与各环节协调配合

成衣设计师特指为工业化批量生产的服装进行设计的设计师，其中包括品牌成衣设计师、商场自营成衣设计师、批发成衣设计师、贴牌加工型企业成衣设计师等。所有成衣设计师的共同职能特点是：设计对象是一个具有共同消费需求的群体；设计原则严格服从企业最高决策，例如，服装市场定位、品牌形象、成本价格等;设计肯定受到批量生产所需要的机器设备、材料资源、工艺能力等制约;成衣的销售时间往往比设计滞后 2～4 季,因此,成衣设计必须具有前瞻性和预见性;成衣设计依靠设计团队完成;成衣设计是大生产中的一个重要环节,需要与各个环节密切合作与相互协调;成衣设计和成衣设计师必须经受市场的检验。

2. 承担风险参与决策

在此类企业中,服装经营的风险很大程度上压在服装设计师肩上,他们是决定企业生产什么、如何生产的重要决策参考者和执行者。服装设计的合理与否直接决定其是否畅销,企业是否赢利的大问题。

(二)产品市场及价格定位

1. 消费群定位

成衣设计师需要十分明确自己所在品牌受众是谁? 应在市场中找到产品的消费群体定位。消费群是既定的条件,但并非固定的特指某某人,他们有着既定性别、年龄、体形、经济能力、消费习惯、职业范围。文化程度甚至生活状态及各种生理和心理的特点和需求。

2. 产品市场定位

服装用途定位,在即定消费群中,他们在某种时间、某种场合下,为某种目的所穿用的某种服装,这种服装所具有的某种特性是市场的空缺。因此,服装的市场意义是毋庸质疑的,同时是设计所必须依循的条件。

3. 成衣价格定位

价格的确定并非仅仅取决于各种因素、各种成本的累计,而是首先取决于市场的需要和消费者心理的需求。在设计师的操守中,价格定位是先决条件,然后除去利润和中间环节,确定成本价格,继而计算出工艺成本和材料成本等主要因素,并以此作为设计依据。

(三)服装风格定位

服装风格定位是指在经典或休闲、男性味或女性味、都市或乡村、现代或民族原始的区别及其程度中,所形成的主体坐标位置,风格是需要经过仔细斟酌而确定下来的。

1. 设计对象

成衣的设计对象即消费者是虚拟的,然而是有选择的,或既定的。因此,对于设计对象的了解必须是科学的、准确的,必须从其生理及心理的需求进行细致的调查研究。

2. 产品的定位

成衣的产品定位即市场定位,是由企业决策确定的。

3. 预见性

成衣设计的重点是对于消费者需求的预见性和服装市场的预见性。

4. 服装平面结构图

在生产企业中,绘制服装的设计图,特别是平面结构图是最重要的。因为成衣设计、服装工艺、规定服装规格等的所有细节均需要准确标出,以确保其准确生产。

本章以成衣设计师进入角色、主要设计程序以及工作重点为主线,阐述成衣设计师职能。

第二节 成衣设计准备

一、进入成衣设计师角色

一年的季节分"春、夏、秋、冬",服装的"季节"亦是如此。成衣设计师总是在准备"下一季",而且永远不会停顿。成衣设计师必须提前做好准备,而且至少要提前半年完成成衣设计,才能保证产品顺利地设计、生

产、销售。

为目标顾客准备"下一季"的产品将是一场浩大的工程。成衣设计师的设计主要分为三个阶段，即：

成衣设计准备阶段——信息搜集，信息分析，确立设计概念及主题；

成衣设计创作阶段——产品的品类设计，产品的系列设计，产品的款式、颜色、面料设计，绘制设计草图、效果图；

设计后配合与市场反馈阶段——设计师与供、产、销各个环节的配合和产品的销售信息反馈等。

（一）了解市场细分环境

如果不是成衣设计师自己做老板，在品牌创立之初就已经完成了目标市场的细分和定位。因此，许多成衣设计师在学生时代更多的是按照自己的喜好设计服装，而从事成衣设计工作之后，就必须学会适应所在公司服装品牌的路线。

成衣设计师初到一个新的工作单位，从何开始着手工作？首先要了解公司的市场细分，需要知道你的工作面向的是什么样的市场？一般企业在细分市场时会从两个主要方面入手，即宏观市场环境和消费者个人环境。宏观市场环境包括成衣销售地区特点，如城市规模、气候等；消费者个人环境包括年龄、性别、家庭状况、经济状况、社会阶层、个性特点、时尚感等。

1. 宏观市场环境分析

国家或者地区	中国、美国、欧洲、非洲等
国内区域	东北、华北、华南、西南、东南等
气候	温带、亚热带、热带、特殊气候条件等
城市规模	特大型城市、大型城市、中型城市、小型城市等

2. 消费者环境分析

年龄	6岁以下、6～11岁、12～19岁、20～34岁、35～49岁等
性别	男、女
家庭人口	1～2人、3～4人、5人以上
人生阶段	少年、单身青年、已婚未育青年、已婚生子青年、已婚中年、老年
经济收入	1000元以下、1000～3000元、3000～6000元、6000～10000元、10000元以上
职业	公务员、教师、工人、农民、公司职员、业主、学生、主妇、退休等
教育程度	初中、高中、中专、大专、大学、硕士、博士、博士后
宗教	佛教、道教、天主教、基督教、伊斯兰教、无神论者
人种	黄种、白种、黑种
国籍	中国、美国、英国、法国等
社会阶层	工薪阶层、蓝领、白领、金领
穿着场合	社交、居家、旅游、工作
购买要点	质量、服务、价格、功能、外包装、促销
购买情况	从未购买过、以前购买过、想要购买、初次购买、经常购买
忠诚度	无、中等、强烈、绝对

待购阶段	不知道、知道、感兴趣、想买、即将购买
时尚态度	投入、热心、肯定、不关心、无所谓
生活方式	积极进取的、消极颓废的、安定保守的、革新开放的
个性	开朗、忧郁、独立、无主见、内向、外向
购买动机	求实、喜爱、慕名、时尚
时尚意识	极端保守型、安全保守型、时尚感觉型、时尚创新型
价格	高档、中档、低档
品类	裤类、裙类、套装类、上衣类等
零售类型	百货商店、专卖店、店中店、卖场

（二）熟悉目标顾客群

公司确定细分的市场后，设计师的一切工作将为之服务。"什么样的人会穿我们设计的服装？我们的设计是给什么样的人穿的？"是成衣设计师永远面临的经典问题。

1. 成为设计对象

如果可能，成衣设计师最好成为被设计对象中的一员，无疑这是一条捷径——如同年轻人最能够了解最新的流行歌曲，小孩子总会知道哪种糖果好吃一样自然。成衣设计师需要知道她（他）们的生活方式，她（他）们的喜好，她（他）们的追求，甚至她（他）们的社会压力；还要了解她（他）的内心所想，希望保持的现状和渴望变化的未来；他（她）们的年龄范围；他（她）们的生活方式（包括工作、休闲娱乐、社交和个人私生活）；他（她）们的收入，还有喜欢怎样花钱；各类生活用品的消费比例（尤其是在服装上的消费比率）；购物时，在某些商业区域的出现频率；会看什么样的杂志和电视节目等。将这些记下，不是记在纸上，而要记在脑海里，记在成衣设计师日常的工作生活中。

2. 设身处地思考

当然，成衣设计师不一定正好是企业市场定位的对象群体的一员，但是必须设身处地地换位思考，了解他们的一切，甚至要做他们爱做的事情，喜欢他们喜欢的东西，把自己当作顾客。问问自己是否喜欢穿为他们设计的服装，而不一定总能得到肯定的答案。那么如果是否定的答案，你的设计所面对的市场将会有局限性，自己都不能接受的作品，顾客又怎么会喜欢？只有迎合你的顾客，才会有人捧场，这是市场能够运作成功的公开的秘诀之一。掌握了这一点，才有成功的可能。

成衣设计师创造了美，设计出了服装，还要在自己的顾客所能接受的范围内，尽量把成衣设计师对美的理解传达给他们。流行总在不断地更新，不停地变化，而且总是匆匆忙忙。成衣设计师必须能够带领顾客跟上流行的步伐，把适合品牌风格的流行信息融合到产品里，带领消费者走进时尚，融入时代。

二、信息收集与应用

（一）信息收集

成衣设计师开始下一季产品设计的第一步是收集"信息"。精准的服装信息将帮助我们确定产品方向和结构。

时装业本身就是一种信息产业,时装是根据各种信息来设计、生产和流通的。因此,一位时装成衣设计师需要在收集各种信息方面很花些力气,有时甚至需要像小报记者般嗅觉敏感。

现在中国和国际社会发生了什么大事?什么是人们现在最关注的话题?什么电影被人们津津乐道?商场里充斥着什么?缺少些什么?消费者希望购买些什么?今年的气候将是怎样的?市场的经济状况如何?

当成衣设计师还是学生的时候,头脑里关于时装的信息更多的来自图书馆的书籍。各种时装书籍帮助设计专业的学生们完成了许多作业。但是现在,成衣设计师已经无法仅仅依赖书籍就能完成设计工作了,而是需要从各种各样的渠道收集相关信息。有些信息看似和时装没有直接的关系,但却间接影响到时装业的发展。

(二)流行预测意义

1. 具备预测能力

各种流行时尚反映着当前消费者的审美取向,体现着服装消费者所推崇的自我装扮意识。人们的审美意识发生转变的时候,流行趋势也会随之发生改变。例如,1999年春夏,随着流行已久的女性优雅风格的退潮,休闲风格开始遍布大街小巷。2006年装饰之风大行其道,2007年则必然逐渐走向清淡朴实;2008到2009年流行张扬、夸张的风格"越大越美丽",接下来2010和2011年,则提倡实用、简约、环保、恒旧的新朴素主义。成衣设计师需要具备对时尚流行的基本的预测能力。

2. 重视权威预测

国际国内形形色色的专业的流行预测机构和组织为成衣设计师提供各种信息,权威的流行预测机构和咨询专家能够对数个季节,甚至五年的流行趋势进行预测。一些权威机构的研究成果为成衣设计师的工作帮了

大忙,有时可以对产品设计产生很关键的参考作用。在成衣设计师"下一季"的产品设计中,即主题设计、色彩、面料、花纹、造型式样设计,类别、搭配及着装方式等,都可以在流行预测信息中找到相关的内容。

3. 关注时装发布会动向

时装发布会是直接传递流行信息的最佳方式,几乎每一位国际知名的一线设计师,包括法国的高级时装设计师和美国、意大利等各国的高级成衣设计师等。在几大时装中心,如法国巴黎、美国纽约、意大利米兰、英国伦敦、德国法兰克福、日本东京等地,每年两度发布设计师最新的时装(春夏、秋冬)设计作品。每一场时装表演都吸引着全世界时尚人士的关注:时尚编辑们到这里来挖掘流行情报;各大买家细心地为自己的商场挑选货品;明星名媛更是不能错过这样的时尚盛会,她们也是各大品牌最受欢迎的顾客;二线设计师们,则是学习着他们前辈的每一季的花样辈出,收集着自己可以借鉴学习的资料,紧紧抓住最新的流行动向,准备自己公司的产品。

研究流行预测的意义在于发掘其中对自己品牌有用的部分,并且进行提炼,使产品设计既紧跟流行,又具备品牌特色。

(三)流行信息应用

色彩设计是"下一季"服装首先考虑的因素,是决定成衣销售成败的关键。因此,色彩设计通常是设计全过程的开始步骤。

1. 缓慢变化提前一年半预测

色彩的流行变化不像款式和面料那样急骤和多端,是缓慢的、过渡性的。形成广泛流行的色彩往往经过数年的酝酿和培育才能达到高峰,然后再缓慢地衰退。

色彩的流行与社会的政治、经济动向联系十分紧密。有这样的说法:经济景气的时候流行暖色调,不景气的时候流行冷色调。国际上有许多关于色彩的信息机构,其中专

门研究色彩问题的机构是国际流行色协会。每年2月和8月召开两次国际会议,分析各国代表带来的信息,在流行季节到来的一年半以前推出下一季的流行色。

2. 市场色彩分析

对于色彩信息的收集是几乎所有服装公司都非常重视的。从市场调查、销售额统计、不同颜色的销售比例等方面都可以看出市场的色彩倾向,以此进行下一季产品企划的重要参考。

3. 百搭色比重大

时装行业也有常用的色彩被称之为基础色。例如,浅驼色和茶色是秋季常用的色彩;白色和蓝色给夏季带来一丝凉爽;春天,肯定少不了明媚的粉红色和活泼的绿色。一年当中不分季节,黑色、白色、藏青色、米色随时可见,这些是"百搭色",几乎可以和其他所有的颜色搭配。在每一季的产品中是必不可少的颜色,而且还是产量比重很大的部分。

4. 色彩选择与品牌个性

另外,品牌形象和目标市场不同时,在产品的色彩上也会有所差异。休闲品牌就与职业装的色彩有着不同之处,有些品牌以某些色彩作为形象标志。例如,单用黑白色设计服装,虽然颜色单调,但丰富了面料材质的设计运用,一样能带来很好的市场效应,同时,独特的色彩给消费者留下鲜明的印象。

5. 流行面料应用

面料流行趋势的信息,是在各种专业媒体或者面料展览上获得的。成衣面料的选择一般在成衣上市的一年前或半年前举办的面料展览上进行的,作为设计师,时刻把握面料的流行趋势是必需的。

参观面料展览,不仅仅是为了寻求制作衣服用的面辅料,收集有关的流行趋势的信息同样重要。国内外有各种各样的面料展览,有的展览以出售面料为主要目的,有的不仅面料的交易,而且提供全世界的时装业都非常关注的面料信息。全世界的时装业都非常关注的面料展有巴黎的PV面料展、法兰克福的印特斯特夫、意大利科莫的面料展等。

(四)相关信息作用

除了与时装业直接相关的信息,其他间接相关的信息之外,设计师同样需要了解如下几个方面信息。

1. 社会环境信息

打开电视,翻开报纸,社会资讯无处不在,科技的发达,信息产业的进步,随时随地都可以了解地球村各处正在发生什么。我们每个人都置身在人类社会的大环境中,工作也同样受到社会环境的影响,国内外的社会状况、经济态势及市场特性等方面处处与成衣设计息息相关。

2. 文化动向信息

从"服饰文化"这一常用词语中看出,服装本身就是文化的组成部分。了解各种文化信息,可以紧跟时代潮流,发掘极具时代特点的灵感来源,使设计作品具有时代特点。

3. 技术革新

科学技术的革新层出不穷,很多品牌的产品在推向市场时就打出高科技的旗号,以赢得消费者的青睐。科技不仅可以为设计提供有用之才,而且可以为服装设计提供物质的、理念的众多条件和依据。

4. 服装市场状况

国际、国内的行业协会等机构经常会有一些关于行业市场的统计数据和调查报告,一些专业期刊也会定期公布每一细分市场的销售排名等信息。有些接受过专业训练的设计师虽然对审美、艺术等方面异常敏感,但对于这类枯燥的数据表格,却往往视而不见。然而正是这些数字,告诉我们服装市场上正在发生些什么,什么市场处于萌芽上升状态,什么市场正值成熟繁盛期,什么市场已经逐渐衰退。为什么某些品牌在北方卖得好,在南方却无人问津?为什么在同一个城市中,有些商场人气旺,有些却萧条?这些数据提出了很多问题,同时也提供了很多答案。成

衣设计师必须了解这些问题,同时找到解决问题的答案才能够借前车之鉴,掌握设计的成功秘诀。

5. 竞争品牌动向

另外,与自己公司细分市场相似或相同的竞争品牌的一举一动都需要特别关注,市场如战场,知己知彼才能百战百胜。分析竞争企业经营状况的目的在于正确衡量自身的经营风险,并且寻找到可承受风险的前提下的最佳市场机会。

6. 业内部信息

"知彼",还要"知己",企业的内部信息资料是设计师接触最密切的,但是往往熟视无睹。倘若连自身公司的情况都不清楚,又如何发展产品呢?

(1)分析企业以往的产品业绩:哪些畅销?哪些滞销?有哪些库存?为什么会产生库存?

(2)分析店铺的营销特点:把握款式、色彩、材料、价格等方面的消费动态。

(3)分析卖场的顾客特征:通过在卖场中实地调查、观察卖场中前来购买、发生消费的那些顾客,进一步切实了解目标顾客和他们的购买状况,以及对产品的种种评价、意见。

第三节 无休止的"下一季"成衣设计

一、设计理念、风格、主题与元素

(一)确立设计风格与主题

1. 产品企划决定设计理念

已经做过那么多的信息收集并不意味着就可以着手开始设计具体的款式了。收集的信息五花八门,有些很有价值,有些也可能暂时派不上用场。需要对信息加以整理、归纳、分析,确立公司"下一季"产品整体的设计理念,首先要进行产品企划。对于时装公司,尤其是具有鲜明品牌形象的服装公司,如果产品设计的理念不明确,品牌形象就很难通过产品表现出来。企业家的经营策略和设计师的设计概念如果不一致,所有环节的工作人员就无法紧紧把握公司的总体设计概念所描述的产品形象去努力。如果稀里糊涂做衣服,稀里糊涂卖衣服,也许偶尔在一季或几季销售不错,但是无法长久给顾客留下鲜明的品牌形象,也无法在市场中长盛不衰。

2. 确立设计风格与主题

在确立了品牌形象的前提下设计,重点在于对"下一季"主题风格的把握。许多时候不同的品牌都在促销款式类似的服装。现在,服装品牌的数量已经多得都无法数清,然而给消费者留下鲜明印象的也许屈指可数。一些品牌更像"拼盘",不求统一的风格,而盲目地把新潮的款式拼凑堆积在一起,照搬其他品牌的畅销货。服装企业的经营理念并不完全等同于品牌理念。在服装市场日益成熟的背景下,如果设计产品之前没有明确的设计理念指导,就直接进入到色彩、面料、款式的设计,设计出来的产品难免存在缺失,尤其是由几位设计师共同完成设计工作时,每个人的喜好不同,设计风格也会存在出入,设计的产品更加五花八门。成熟的服装公司设有首席设计师,带领设计师团队把握的设计方向,使大家能够步调一致,风格统一。

每一个品牌都具有相对稳定的风格形象类型,并且逐渐被消费者所接受。最典型的、最具有代表性的风格恰恰形成了四对相对立的方向,即经典或者前卫、现代或者民族、优雅或者活泼、柔美或者硬朗。每个品牌的理念以及产品风格和形象定位都偏重于其中某一类型,也许对其余少数类型也有所涉及。

（二）首席负责团队创作

1. 充分沟通高度统一

一般公司的首席设计师会带领设计团队共同确定产品的整体风格与主题。设计师团队会将前面收集到的信息资料整理归纳，根据公司的市场定位提出"下一季"的产品理念，即设计主题。此时，每位设计师将自己的理念提出，首席设计师会将大家的意见汇总，同时要与公司经营者沟通，并且共同研究，确保产品的主题理念与经营策略保持一致。

2. 元素设计

通过设计师不停地沟通交流，在主题理念设定的前提之下，决定"下一季"产品的各个元素的设计。例如，面料、款式、色彩的运用。

3. 设计的系统性工作

在团队作用下的充分沟通后决定了"下一季"产品将以怎样的形式展现给消费者。例如，"下一季"品牌视觉策划，包括广告、陈列、促销等。

二、成衣设计传达

成衣服装设计师需要具备一定的绘画基础和表现产品设计的能力。一般成衣设计是以图纸的方式表现出来的。绘制成衣设计图并不像画家"画画"，服装设计师主要绘画的内容旨在表现服装整体或细节的图画，例如，设计草稿、彩色成衣效果图、产品平面图等。设计图纸的不同形式需要根据生产管理的要求决定，以实现准确表达设计和指导生产之目的。

（一）设计涂鸦——草图

绘制草图是很重要的创作过程。绘制草图不仅仅是在上班时才做的工作，而是平日里的日积月累，渐渐的，在那些随手的勾画涂鸦中，捡到金子。

1. 灵感随笔

草稿是设计师思想火花的捕捉，是设计师的"日记"，将每天看到的、感受到的记录下来。当面对空白的纸有些气馁，偶尔脑子里闪现出不连贯的想法的时候，可以先在纸上边写边画之中记录一些凌乱的设计词汇或符号。例如，"褶皱的"、"圆的"、"纯洁的"等，并且不时地联想设计可能产生的效果。"草图"具有涂鸦的性质。草图便于修改，保留过程，强调重点，随意勾勒，灵感不断。

2. 思考关联组合完善

设计师的思维不会像科学家那么理性，有时一个想法和另一个想法之间似乎没有关

联,但是设计草图会把设计师脑海里的点点滴滴记录下来,尤其在进行成衣系列创造的时候,将与设计素材有关的所有理念都表现在草图上,才能有效地帮助设计师积极思考,逐渐找出各种素材之间的关联,并且做出客观地评估,进一步将最适合的素材组合、完善,展现设计系列的效果。

(二)产品设计平面图

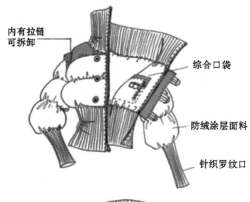

内有拉链
可拆卸

综合口袋

防绒涂层面料

针织罗纹口

棉质面料

1. 严谨清晰传达意图

产品平面图是设计师在完善设计思维后交出的一份工作图稿。设计师需要用产品设计平面图的方式将自己的设计构思和设计意图,严谨地、清晰明了地传达给其他工作人员,以使产品生产过程的各个环节顺利进行。所有品牌成衣设计师,从首席设计师、设计师,到助理设计师,人人都要具备这种基本技能。

2. 注重全方位不失细节

绘制产品平面图需要将产品的正面、背面,以及特殊部位的细节标注准确,各部位的尺寸都应该尽量做到符合实际比例,甚至直接标注局部尺寸以供制板师、裁剪师参考。

(三)成衣效果图与综合图

1. 成衣彩色效果图

成衣彩色效果图适合整体表现产品的风格,准确反映产品各个部位的比例关系,是用以表现人体穿着成衣时的最终效果为最佳形式。

成衣彩色效果图往往用于设计师的作品接受审查,指导生产和销售。

2. 综合图

综合图是指将产品效果图、平面图、规格表等合一的形式。许多企业习惯使用综合图,集合多种功能,方便多道环节。每一个企业的综合图形式不尽相同,各具特色。

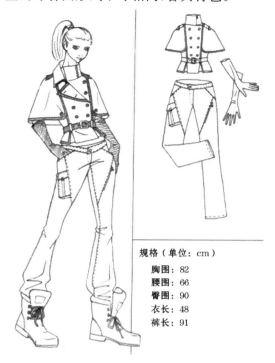

规格（单位：cm）
胸围：82
腰围：66
臀围：90
衣长：48
裤长：91

三、各环节配合与市场反馈

（一）设计后配合与指导

成衣设计师在确定了设计方案,并且完成设计图纸之后,更需要重视设计的正确无误实施和体现,因此,必须对与设计相关的各个环节进行紧密的配合与指导。

1. 选择面料与辅料

成衣设计师必须直接参加产品的面料、辅助材料与装饰材料的选择与采购。材料质地与色彩等千差万别,对比效果大不相同,必须反复挑选仔细斟酌。当现有材料不符合原设计需求时,必须由成衣设计师及时修改设计方案,因势利导,重新选择适合的材料。

2. 样衣监制

当设计图纸和样衣材料全部送到样衣制作环节之后,成衣设计师有责任按照时间要求在样衣的制板、裁剪、缝制、试衣的全过程中及时解决所有疑难问题。例如,局部工艺、细节尺寸、比例搭配等。

成衣设计师必须负责对制作完成之后的样衣进行检查、审核和认定,当发现重大问题时必须及时修正,有时甚至需要反复拆改、修正,并且由专业的试衣模特反复试穿,才可以完成。

3. "跟单"生产

在产品投入批量生产的环节后,成衣设计师必须在生产车间跟随生产通知单进行产品生产监督,以便及时发现问题,及时解决问题,保证产品质量和生产效率。

4. 展示与销售指导

成衣设计师还必须对产品最后的销售环节进行具体指导。例如,绘制产品搭配指导图,到卖场指导货品摆放,进而设计出具有品牌特色的、与成衣风格相统一的销售环境空间等。

（二）市场反馈信息分析

在满含激情地完成了"下一季"的产品设计之后,需要保持冷静的头脑,由市场评判凝注了设计师心血的作品成功与否。

产品上市后很快就反映出某几个单品非常畅销,或是哪一个系列销售不错,当然也有相对销售不好的产品。此时需要冷静的分析影响产品销售状态的各种因素,从而找出其本质的原因,需要注重产品细节设计的作用,即在市场中的意义。

整体观察服装市场和对比其他品牌同类产品的销售情况亦十分重要。

成熟的设计师会把市场反馈的信息作为"下一季"产品设计的重要依据。力争设计出赢得、引导市场的成衣产品。新入行的设计师必须避免以个人审美品评产品,主观断定设计的优劣。

第四节 "一盘货"设计

在企业里成衣设计师每一季推向市场的产品并不仅仅是一款或是几款成衣,每个成熟的品牌需要在每季推出几十种,甚至是上百种款式。即使是只做单一品种的品牌。例如,羽绒服品牌、羊绒衫品牌、裤子品牌等。每一季推出的品种也并不是仅限于寥寥数款。然而,成衣设计师除了为每一个季节设计多数量的产品样式设计之外,更为重要的是必须具备"一盘货"的整体思考,做好"一盘货"整体结构设计。

一、多品种产品结构设计

提供多产品的多类别、多品种设计,才能使品牌成衣的结构合理。

(一)搭配设计本质

1. 推销生活方式

比较成熟的品牌往往采取更为时尚的设计方式,即以产品不同的款式、色彩、材质的上衣、裤、裙、鞋、包搭配起来形成多品种产品设计,并且通过具有特色的卖场布置,陈列展示方式,将主题产品结合搭配饰物,甚至室内装饰品等成功地提高销售业绩。设计师创造了服装产品,同时还设计了一种氛围,向消费者推销的是某种生活方式。

2. 合理组合方案

简而言之,产品的门类设计即服装的搭配设计。顾客把衣服买回家首先会想到与什么样的衣服搭配穿着好看,能够在什么时候,什么地点场合穿着等。作为成衣设计师要把产品设计理念传达给顾客,为之解决这些问题。例如,一件外套可以与什么样的下装(裤子或是裙子)搭配,又可以与什么样的内衣(衬衫还是针织衫)搭配;可以与之搭配的服装最好选择什么样的面料,什么样的颜色;甚至与之搭配的内衣该是什么样的领型、袖型;与之搭配的下衣又该是什么样的款式等。为顾客在选购某一件服装提供合理的组合方案。

在每一季促销员培训中,成衣设计师都应该将主打产品和可以与之搭配的另一件甚至几件的搭配设计理念,传达给销售一线的工作人员,使他们很好地掌握设计师整体设计意图,能够在产品推销时向顾客提供专业的、有益的建议。

(二)搭配设计内容

服装各品种产品的搭配设计及合理的比例分配均为成衣设计师先于样式设计之前的重要工作内容。

1. 品种结构设计

一般服装的品种设计包括:上衣类(夹克、大衣、衬衫、T恤、背心、羽绒服、棉服、毛衫);下衣类(裤子、裙子、连衣裙)。也可以按照服装穿着的形式考虑外衣和内衣的搭配;按照服装的长短照顾套穿的配搭效果。

季节不同,上市的品类也会有所差异。在产品品种设计中成衣设计师尽可能摈弃个人的感性好恶,而应该理性的根据所了解的客户需求、市场变化以及流行趋势的信息等综合分析的结果,设计出完善的服装品类的结构框架。

2. 品种比例设计

在"下一季"设计中总共需要设计的款式数量是多少,主要款式设计是哪些,其中上衣、裤子、裙子、衬衫、针织衫各需要多少款,主要推出哪种材料,棉、麻、丝、毛等等的比例

和侧重点,精确的上市品种和时间等。

产品结构设计需要经营者与首席设计师根据当年的销售业绩以及未来的市场需求,做理性的投资计划。系统地分析决定产品结构的合理性,其中包括很多方面:市场宣传、设备、人员、卖场以及服装结构制定和服装原辅料投入等。

二、产品类别与比例设计

在成熟品牌的产品设计中,将产品类别划定为三种,即促销商品、主题商品和长销商品。

(一)产品类别划分

1. 促销产品

促销产品一般是对于"上一季"相对销售较好的产品的一种发展。

促销产品的设计强调实用性,同时又具有较明显的流行特征。促销产品的色彩选择也会比较丰富,一个款式会有若干种色彩设计。

促销产品为消费者提供的选择性很强,产量比较大。因此,设计时需要重视产品成本,争取做到最具竞争力的价位,以保证销售热点的形成。

2. 主题产品

主题产品具有很强的时尚感和流行性,是品牌产品中最有煽动力的部分。在拍摄宣传册时,一般都会选用主题产品。

主题产品具有最流行的色彩，运用最新的面料，创造最时尚的款式。主题产品重在"主题"上，设计师在设计时会配合流行趋势推出与品牌相应的流行主题。例如，夏季常用的主题——"海洋"，那么主题产品设计就要使顾客能够联想到"海洋"的感觉。可以运用深深浅浅的蓝色、白色、沙滩色等，在色彩上首先营造"海"的感觉；还可以运用常见的代表大海的形象符号，如海魂衫的蓝白条、船锚图案、海滩椰树的印花图案等。主题产品往往是设计师灵感可以充分发挥的部分，也是货场中的看点。

3. 长销产品

长销产品以基本款为主，每一季的款式变化不大。色彩的设计也以基础色为主，款

式板型经典，成熟，无可挑剔。

长销产品是每一季必不可少的搭配产品。例如，经典裤装，冬季以棕色、黑色为主；夏季以卡其色、白色为主。

（二）各类别产品比例设计

以上三类产品在每一季的设计中都会有所涉及，但是不同的品牌由于市场定位不同，风格不同，三类产品的比例会有所差别。

1. 大众化的成年女装品牌和较保守的男装品牌

长销产品（40%～50%）＞促销产品（30%～40%）＞主题产品（10%～20%）

2. 时尚女装品牌和时尚男装品牌

促销产品（40%～50%）＞主题产品（30%～40%）＞长销产品（10%～20%）

3. 一般规律

越年轻、越前卫、越时尚的品牌就会越偏重于主题产品的设计；越成熟、越正式、越传统的品牌一般越善于长销产品的设计。

三、产品系列设计

（一）"系列"与"品类"排列组合

来源于产品系列化思考，色彩的系列化

和品种的系列化排列组合,为消费者提供方便,使产品多而不杂,同时奠定了本季产品设计的大方向和赢得市场的基础。

1. 系列化设计

成衣设计师面对"下一季"产品永远是那么小心翼翼,而又满怀希望,在多款式、多品种、多类别的设计中,必须把握产品的整体理念,而不是孤立的思考;创造一组和谐连贯的服装系列,而不是单件的、独立的服装,即注重系列设计的方法。

2. 品类设计与排列组合

服装的品类设计是一种纵向展开的思维方法,系列设计则是一种横向展开式的设计思维形式。在成衣设计师确定了"下一季"的产品理念、品类组合之后,首席设计师会带领整个设计队伍在确定"下一季"可能是一个,也可能是几个的主题之后,做好每一个主题的设计系列。还必须注重每个系列与各个品类的排列组合关系。

(二)系列设计元素

利用一些重要的因素如色彩、造型、图案、比例等,并且采取同一或雷同的设计方法,可以使产品之间形成和谐关系,建立整体产品的一致性。

1. 共同色系

系列设计可能运用共同的色彩系。例如,将一组表现秋天的暖色系:橘色、褐色、米色、橄榄绿色共同表达同样的款式。

2. 相同材料

系列设计可能运用同一种材料,设计相似廓形的服装,加强主推品种;用同种材料设计不同的品种,以形成最恰当的搭配效果。

3. 图案和肌理搭配

系列设计可以利用织物上相同的图案和肌理效果互相搭配设计,利用主要图案的结构,在不同服装上使用不同形式的设计,妙不可言。

4. 相同细节

系列设计可以在一组产品中呼应共同的细节设计。例如,开叉、皱褶、蝴蝶结等。

成衣设计师创造每个系列的目的在于引起消费者更多地关注,诱发顾客更踊跃的购买欲望。系列设计一定要避免不必要的重复,必须追求产品的整体协调和带给

顾客更大的选择余地;系列设计追求所有服装随意放在一起的,又可以产生新的搭配效果,而且具有自由替换的方便;如果系列设计促使顾客一次性购买 2～3 款甚至更多产品,此时成衣设计师的成功系列设计得到了最有力的验证。

第十一章　定制服装设计师职能

第一节　服装"定制"概念与特点

一、服装"定制"概念

(一)服装"以销定产"经营模式

1."以销定产"概念

"以销定产"即依据服装的固定销路或固定消费者的需要,在拿到服装的部分定金之后再行服装生产的经营模式。这种顾客化的经营方式曾被美国的著名营销学者科特勒誉为 21 世纪市场营销最新领域之一的"定制营销"。

2."以销定产"经营优势

以销定产经营模式决定了企业的起步投资低。在日常经营中,企业可以等客户的待预订金到位后再买料,下生产通知单;待企业将服装成品交付与客户时再结算,并收回全款。其经营稳定性较强,而且投资风险大大降低。

3."以销定产"经营特点

"以销定产"服装多针对体现特殊功能,强调个性审美服装市场,服装的单款数量较少;生产流程设计以单件和小流水生产为宜。因此,生产之前投入的管理、技术环节较多,生产后的服务性投入也相当重要,有些甚至延伸数月之久。

同样由于企业的经营模式所决定,资金的回报率有限,中小型企业或销售中低价位的服装企业尤为明显。

(二)服装"定制"模式发展沿革

1. 源头——服装作坊

服装"定制"的生产方式由来已久,近代以前,服装全部是"定制"的作坊里加工生产出来的。普通百姓到布庄买布,交给裁缝,由裁缝根据顾客的身高、体形"量体裁衣",并且按照顾客喜欢的式样加工缝制。皇家贵族的服装由专门的手工作坊和造办处精工细作。

2. 百年——高级定制

以法国为代表的、璀璨的高级定制时装牢牢占据着时尚界顶点,一个多世纪以来,全世界时装界的明星大师们提供最独到的设计,并且在顶级工艺师和制板师的协助下,耗费不计其数的高级面料和珠宝装饰,经过反复假缝、试穿、修正的过程,一针一线地缝制,满足了上流社会人们对价格昂贵的高级时装定制的无限热情,同样催生了个性服务定制服装工业。每年由巴黎协会组织各个高级时装店按期举办时装展示活动,引领时尚流行。

3. 国内——专业裁缝

在中国,长久以来,人们一直存在着寻找服装作坊量体裁衣,为自己打造个性服饰的消费习惯,尤其在改革开放以后,人们追求衣服的个性化的需求日益增加,尤其各种社会活动的复苏,使服装设计师在定制模式的经营中逐渐发挥不可或缺的作用。中国的定制服装无论从观念、品质、价格均上升到新的阶段。

4. 趋势——个性化服务

随着经济的快速发展,居民收入、购买力

水平的提高,消费需求向高级阶段发展,人们的消费水平、消费观念发生着变化。体现出世界市场营销中明显的趋势,即从共性消费向个性消费转变,从感情消费(指消费者对商品的要求不满足于达到规定的质量标准,而是要求满足个人的需求与期望,即量的满足、质的满足和感性满足)向差别消费转变。现代定制营销是指企业在大规模生产的基础上,将每一位顾客都视为一个单独的细分市场,根据个人的特定需求进行市场营销组合,以满足每位顾客的特定需求。定制营销是制造业、信息业迅速发展所带来的新的营销机会。与现在主流的以产定销的营销方式相比,定制营销逆向取道,以销定产风险较小,成本投入也相对较低,可以作为大众品牌消费的一种补充。但由于消费部落也相对较少,目前定制还是一种"小众消费"。

二、服装"定制"模式的时代特点

(一)我国定制产业现状

目前我国服装行业内的"定制"大、小规模并行存在。

1. 大规模

大规模的定制加工企业利用其资金与规模优势或依托于面料生产优势等开展大批量定制业务,一般以高档男、女职业装或制服的集体定制业务为主。

2. 中规模

一家以生产西服为基础产业的公司,主要以其西服品牌的营销经验与生产技术为依托,主营男、女套装定制,而且将公司命名为"裁缝店",直接传达出其延续传统量体裁衣的经营理念,发展成"现代定制"的经营模式;还有以高级女装定制为主的各式风格的中规模定制公司,包括婚纱、礼服定制,中式风格的唐装定制等。一般大、中规模的定制公司都会设立对外的店铺,位置会选在目标客户相对比较集中

的地区,门店面积装修档次较高。

3. 小规模

小规模定制有两种形式:一种是有门店经营,能够通过门店吸引招揽客户,门店内需要较为充分的产品展示,还可以附加小批量的零售经营;还有一种是无门店经营,客户来源需要通过关系网获得,即人际关系网以及现代化的网络,成本较低,节省了店租费用。

(二)现代服装定制模式特点

1. 顾客化营销

现代的定制营销正以大规模定制的方式卷土重来,其主要形式为公司利用先进的信息技术和制造技术,在大规模生产的基础上单独设计某种产品,以满足每位顾客特定的需求。定制营销可看作公司营销方式细分市场的极端化,即将每个顾客个体看作一个细分市场,因此,定制营销在西方被称作"顾客化营销"。1999年10月,上海一家著名的百货集团公司在其下属的所有门店都建立了"消费者家庭档案",集团公司根据档案设计出各种档次的家庭用品消费方案,并分别送给这些家庭,结果家庭用品销售额立即猛增了3倍。这种顾客化的营销方式也被美国著名营销学者科特勒誉为21世纪市场营销最新领域之一的"定制营销"。

现代定制有别于几个世纪前定制的一般作坊形式,现代定制具有现代特征。

2. 集团定制呈现上升趋势

随着社会文明和物质文明发展到一定阶段,人们的文明生活越来越丰富,针对各种团体活动的定制市场异常活跃,如2008年奥运会的举办为集团定制开拓出广阔的市场。

3. 更符合人性化需求

定制服装尽可能实现一定的功能性,并且越来越注重人们的审美需求,以及舒适的环保要求。

4. 数字化的管理

现代化的数字管理,使定制实现了从质

量到数量的统一，既可以满足客户对品质的要求，又可以在短时间内完成一定的数量的定制产品。

5. 地域局限性越来越小

由于现代社会信息产业的飞速发展，地域已经不再成为一种局限。国内各地、国际之间的定制加工已经占有现代定制市场很大一部分份额。

6. 品牌效应

定制企业也可以树立品牌，还可以形成各地的连锁和加盟、发展代理商及各种分销渠道。

（三）服装定制设计师基本职能

1. 服务意识

设计对象是具体的、固定的，甚至是可以直接接触的。因此，掌握他或他们的信息是较容易的、全面的，特别是对于客户的心理需求是要细心体会的。正因为如此，客户的期望值也较高，对于服装的穿着效果是否达到预期，取决于设计师的设计能力和服务意识，需要投入感情。

2. 掌握基本素材

定制服装设计师并非依靠短时间的临场发挥，而是要事先做好充分地设计准备，掌握基本素材，包括服装材料、服装款式等，有时需要将积累或准备好的素材装订成册以供客户选择。

3. 服装设计效果图

定制服装设计师需要以图面效果展现设计效果，取信于顾客，从而赢得订单。在争取客户的大批量服装订单时，往往需要通过画图招标的过程。因此，画一手好图，并且掌握手工绘图和计算机绘图的多种手段，是定制服装设计师的基本功。

第二节　个人定制服装设计师职能

服装个人定制是专门为个体消费者设计、生产服装的经营形式，其经营内容区别于集团定制。

一、个人普通定制设计师职能

按照消费档次分类，服装个人定制可以划分为两类，一类是普通服装个人定制，一类是高级服装个人定制。两者本质的区别在于定制服装的对象及价格，由此，服装高级定制设计师与普通定制设计师的职责亦不相同。

（一）个人普通定制客户群特点

一般到普通定制店的客人大体可以分为三类，具有特殊条件或特殊需求是服装普通定制的前提。

1. 服装特殊审美群体

有些人最忌讳与别人的穿着相同，在服装审美上标新立异，个性鲜明，在服装商场中的品牌成衣只能给他们提供参考，明星们的着装可能成为追逐的对象。因此，此类人群喜欢接受定制模式的个性化服务。

2. 服装特殊需求群体

人们在需要特殊服装时需要定制。例如，结婚礼服、某些特殊场合穿着的服装，或者某些带有民族风格的服装等。

3. 特殊体型群体

由于身材高大、肥胖、矮小，或者有某些缺陷，不可能直接从商店里买到规格尺寸合适的成衣，只能通过定制解决着装问题。

以上三类客户群还具有共同的特点，需要定制服装，可以接受特殊服务而支付适当的费用，但并不希望费用过高，他们的服装需

求仅限于普通档次，或者稍高的品位，追求一般意义的性价比。

（二）个人普通定制经营特点

服装普通定制相对于服装高级定制而言，服装价格虽然较一般大众品牌的成衣略高，但远远低于高级定制服装的天价。普通的服装个人定制经营者的服务对象一般为普通经济收入人群。因此，其经营特点是根据消费对象所决定的。

1. 适中的价格

普通定制服装的消费人群的经济收入决定其消费能力。只有把握适度的价格定位，方可以赢得市场。因此，在价格定位的大前提下合理消化定制成本，即从原料和辅料价格、劳动力价格等方面控制成本，确保经营利润。

在不同城市、地区中，存在不同层次的定制服装消费者，每一个定制经营企业必须根据市场细分，寻找稀缺市场，确立自己的市场定位和产品的适度的价格定位，做出特色。

2. 适度的工艺

根据普通定制服装的不同品种，控制工艺环节的适度是保证服装价格的重要条件。在一般样式服装的制板、假缝和试衣、修板过程中，必须尽量缩减环节，避免重复劳动。为此，不仅需要工艺师技艺高超，而且需要从管理上强化理念。设计师对于工艺技术纯熟，方能把握局面，引导顾客。

（三）个人普通定制设计特点

1. 注重适合

服装设计师面对普通定制消费群的设计，必须注重"适合"。例如，设计师需要了解各种人群的体型特征，掌握方法规律。面对特殊体型的个体顾客，能够设计适合其体型并且美化其形象的设计。

设计师必须把握最经典的服装样式特点，关注最前卫的流行符号，根据不同审美特

点的顾客潜意识的心理需求，迅速做出最适合的设计。

设计师必须熟悉各种特殊用途服装的种类，对于不同服装穿着的时间、场合、地点、目的了如指掌，为顾客提供最适合的指导。

2. 突出服务

个人普通定制设计师必须在客户心中树立信任、信赖才可以实现设计。在与客人沟通的时候，设计师的谈吐要和蔼可亲，同时还要能够提出专业性的建议。只有突出服务意识，换位思考，与顾客毫无保留、毫无障碍地沟通、交朋友，才可以真正了解顾客的习惯、喜好和生活方式，细节设计来源于设计师对于顾客细节需求的了解。例如，人体各个部位微妙的差别，走路时的习惯姿势，是否喜欢将手插入口袋等。

3. 当面画图

成衣设计师可以经过很长时间的市场调研、资料查询等方式来完成设计工作，而定制设计师们则需要在与客人沟通后，快速构思，并当场将设计向客人表达出来，同时还要向客人提供面料、色彩的建议等，这也是对定制设计师的一大考验。一般是以手工绘图的形式，辅助以相关的图片，向客人表达想法，最大可能地描述出来，使客人能够充分地理解设计师的意图。

对于一些已经有较为清晰概念的客人，准确地将他的想法表现出来，并给客人提出一些专业的意见，使其想法更加合理化。比如，客人想定制一件短裙，那么裙子的长度就一定需要与客人共同确定，"短"到何种程度，与什么样的服装搭配穿着等。此外应让客人了解，裙长达到什么样的尺寸就不能够遮体，需要在裙子里面配合裤装穿着。所以在原始图纸上，一些关键设计部位的尺寸也要十分严谨地与客人共同确定。

4. 掌握全面技能

在个人普通定制店内，服装设计师应该了解制板技术与缝纫常识，更好地承担为顾

客试衣、修板,甚至制板的工作。一专多能更具有发展空间。

二、个人高级定制设计师职能

(一)个人高级定制客户群及时装特点

热衷并有能力到高级时装店定制高级时装的人是世界级高端消费者,是令人瞩目的当红明星、上层社会名人和爆发新贵。穿着个人高级定制时装是荣誉和身份的象征,此消费群在世界范围内仅两千人左右。高级时装件件具有个性、时尚,充满艺术魅力。例如,在奥斯卡颁奖大会上耀眼的明星们的穿着。个人高级定制服装的主要特点如下。

1. 独一无二的样式

个人高级定制的高级时装必然是由著名设计师针对客户的特点和诉求所设计出的独一无二的样式,消费者对这一样式享有专权。

2. 精美的材料

高级时装打动消费者的同时也会打动观看者,其样式和材料共同完成了创造过程,而且往往材料优先。材料的感染力是设计成功的前提条件,选择材料是不计成本的,以适合、精美为原则。

3. 精湛的工艺

由高级技师、裁缝精心打制的高级时装不仅合体舒适,而且所有细节考究、精巧。

在制作过程中,除对顾客精细测体之外,还经历用近似原料性能的白坯布进行裁剪、假缝、试穿、拆改、修正、再假缝、再试穿、再修正的反复试制过程,直到顾客满意为止,再行正式缝制。在缝制装饰细节时,所使用的工艺和辅料也是最讲究的。例如,刺绣、珠片等。

4. 惊人的价格

高级时装每件价值连城,少则数万美金,多则数十万、百万美金的单价,令普通人望而却步。

即使当今高级时装定制的营销策略有为扩大客户群体而一再降低服务价格的倾向,而对于大众的消费能力亦望尘莫及。惊人的价格不仅体现了高级时装的高品位,而且也体现着其鉴赏和收藏价值。

(二)个人高级定制设计师职责

可以担任个人高级定制时装的设计师必须具有扎实的功底、丰富的经验和娴熟的技术,是具有一定行业知名度、被客户信赖的设计师。其职业特点有以下几点。

1. 创造性审美

设计师面对的高端消费客户的高期望值必须以实力取胜,不断学习,不断创新,不仅理解流行,而且创造流行,引导流行。设计师的个性风格和坚持往往是其品牌价值所在,是客户的选择理由所在。创造性是设计的生命力,是高级定制的标志性特征。

2. 深入性指导

不拘一格的设计必然依托特殊的工艺技术和不俗的方法,设计师对实施方案的设想不能够完全依赖技术人员,而应该有足够的把握,尤其对关键的工艺技术问题。需要对各环节进行深入性指导,甚至亲历亲为地试验和研究。不介入技术,不指导工艺的设计师不可能设计出客户满意的艺术作品。

3. 全方位设计

个人高级定制模式最能够准确地体现服装设计的完整意义,设计师所设计的并非一体或一套服装,而是对顾客的整体形象设计,从头到脚,从穿着到环境,从服装到首饰,包括发式、妆面等全方位的设计。穿着高级时装对于着装者也是提高审美、提高品位的过程。

第三节　职业服装定制设计师职能

职业服装定制企业主要经营各行业的制服定制、大型酒店的各类别、部门服装定制和大、中、小学校服定制业务。此三大类职业服装区别较大，设计特点各不相同。

一、制服定制设计原则

制服的范围很宽，一般指社会中特定的职业人群的标识性着装。例如，海、陆、空军人的着装；公安、法院、律师的着装；门诊医生、手术室大夫、护士、护工的着装和某集团、某部门、某工种的职业着装。例如，某石油化工集团、某钢铁公司或者某美容院、某事务所的职业着装等。

（一）功能性原则

设计师应充分考虑设计对象的作业要求、工作环境、特殊需要等，不能单纯考虑美观，否则将会给穿着者的工作带来不便，甚至造成安全隐患。

1. 样式功能性

一般制服款式要求美观大方，并有利于

提高工作效率，个别行业还需要具有保护穿着者的功能。例如，在机械行业作业环境中，许多工具及设备处于运动状态，为防意外事故，所穿制服的款式不可太宽松，以合身、不妨碍操作为主，故服装的"三口"部位以紧凑为宜，其他部位也不得过于宽松。对于微生物、有毒、腐蚀、烟尘等环境，制服款式应以密闭、隔绝为主。

2. 材料功能性

在制服设计过程中，应特别注意材料的功能性要求，尤其是特种环境的制服，其材料功能极为重要。例如，处于高温环境的制服，其材料应隔热、耐高温、吸湿透气好。而低温环境的制服，其材料则要求保暖、吸湿、透气。水下作业的制服要求材料具有防水、保温、吸湿的特点。易燃、易爆的工作环境穿着的制服材料必须要有抗静电性、阻燃功能。在选择不同作业环境的制服材料时，应针对环境因素及作业性质对人体可能带来的损害或影响，有目的地选择具有抵抗及防护功能的材料，同时兼顾对环境的适应性。必要时可考虑制服材料对人体的保健、卫生作用。制服材料通常要有一定的强度、良好的耐磨性、必要的弹性,以保证服装具有一定的使用寿命。同时材料不能太重、太硬,应减轻人体负担。此外,制服材料应有一定的抗污、防尘、易洗、易干、吸湿、透气及多功能作用。

(二)标识性原则

制服、时装或者普通职业装重要的不同之处在于其标识性。制服的标识性主要有以下几个方面:

1. 企业文化标识

制服是企业的名片,人们可以根据企业员工制服所塑造出的职业形象,判断出该企业的性质、经济实力、营销理念、文化品位、企业精神等多方面的物质和精神文化内涵。制服的一个重要作用就是增强团队精神与集体荣誉感。企业是员工的第二个家,所以在设计、制作制服时,应注意服装和工作环境的协调、企业专用颜色和企业标志的合理使用,让员工穿着制服走进公司时,感到立刻融入其中,与其他同事一起形成一个团结的整体,心理上的归属感带来的必将是更高的工作自觉性与积极性。

在企业文化、CI理念广泛进入社会生活的今天,制服代表的是一个企业的风貌和品位,它直接向人们展示着企业素质的高低,所以在创意性上,它的要求也更加多元化。在日常生活中,常常有若干人穿着同样的服装,而在商业领域里,每个企业却都要求自己的制服与其他企业不同,带有明显的个性化特征,就如同企业的标志一样,是不允许雷同的。具有特色的制服是企业在商品化竞争中树立自身品牌、突出自身形象的重要途径。

2. 穿着者身份标识

以宾馆制服为例,因岗位不同,制服风格也不同。门童应给游客以庄严、知礼懂节的感觉;大堂服务员的着装应给人以友善、和蔼可亲之情,行李员的着装则给人以刚劲有力、

诚实可信之貌;客房服务员着装可给人以热情周到、亲善友好、宾至如归之心;而餐厅服务员着装应使就餐人员感到清洁卫生、迅捷周到。此外,宾馆制服的材料、款式及色彩的选择与搭配,除与各自岗位功能相适应外,还应与宾馆建筑风格、设施情调及室内装饰相呼应,浑然一体,使宾客感到舒适、典雅、协调,从而倍添几分特殊魅力。

3. 特定色彩标识

某些制服形成了约定俗成的色彩标识,例如,医疗卫生部门的医护人员所穿白色职业服,给人以宁静、安详、清洁、卫生之感;军队的绿色从最初野外作战的保护色作用已经发展成其代表性的色彩,"军绿色"成为一种颜色名称;而一些国家机关,如公安、税务、工商等则采用庄严肃穆的藏蓝色,代表着正义与不可侵犯的权利。

(三)审美性原则

制服设计同样需要赋予穿着者美感。优秀的制服设计，必定兼具实用性与创意性完美结合。

虽然制服设计在一定程度上有些程式化，但仍然需要设计师发挥创意才能，方能将制服设计出新意。例如，航空公司制服在很大程度上要求美感，空姐这个令女性羡慕的职业，已经变成了一种美丽的符号。不同国家的航空公司制服设计都有不同之处，但是有一点是相同的，就是尽最大可能将公司文化甚至是本国家的传统形象，通过空姐们身上的制服表现出来，将她们的美丽、端庄、典雅、热情的形象表现得淋漓尽致。

二、酒店制服定制设计特点

酒店制服亦属于制服的范畴，因其业务的广泛和竞争的激烈，几乎所有酒店，尤其星级酒店对制服的需求量很大，要求无比挑剔。客人对酒店的第一印象是由酒店工作人员的着装形象产生的。

酒店里不同岗位的工作人员需要穿着不同的服装，并且带有明显的岗位特征，使客人能够通过服装辨别出工作人员的职能，确认可以得到相应的服务。不同的酒店具有不同的风格与文化，应选择不同的制服风格。

星级酒店内的职业岗位有三四十种之多，相应的制服款式也必须相对应，如果按季节再行变化，上百种服装款式不仅要求标识分明，而且必须统一协调，共同展示酒店文化和与时俱进的时尚之风。本书在此根据酒店内相对集中在相同环境中的主要职业岗位要求及着装特点提供给设计师作为参考。

（一）前厅制服设计特点

一般酒店的前厅部包括迎宾员、行李员、总台服务员、商务中心、管理人员。

迎宾员、门童的服装具有明显的礼仪标志特征，要体现庄重、热情、大方。设计中必要的服饰相配既能展现迎宾员的精神面貌，又能反映酒店的档次级别。

行李员、行李生领班着装主要表现行动敏捷、利索，款式多为立领、低圆筒帽，上衣稍短而得体，适合工作活动的需要。

前台是酒店最重要的职位之一，是酒店经营服务的中心环节。前台的服装主要特征是亲切、严谨、配饰整齐，不花哨，颜色宜素雅而明快；管理人员以严肃庄重的形象为主，既有威严感，又不能与客人产生距离感。

（二）餐饮部制服设计特点

酒店的餐饮部一般包括中餐厅、西餐厅、咖啡厅、酒吧、特色餐饮厅等。

1. 中餐厅制服

中餐厅职业装多以旗袍设计为主。款式力求简单而美观，线条清晰而高雅。旗袍可分为中餐咨客、中餐服务员、中餐传菜员和中餐领班。中餐咨客、迎宾员多以长旗袍设计为主，长至脚腕，可长袖、短袖、七分袖，也可无袖。服装主要特征是庄重、优美、大方，体现东方女性特有的魅力与美感，颜色多取鲜艳色调；中餐服务员为短款式旗袍，袖部、下摆部适应服务需要；中餐传菜员多设计为简练式旗袍，线条清晰，造型简练，既体现中国民族特色，又便于服务运作，可以佩戴围裙，装饰程度和颜色与中餐服务员相对呼应。中餐领班、部长多以国产毛料或制服呢的西服套装或变化款西服为基础款式，配上与中餐服务员或传菜员服装上相同颜色的花边或配

饰，颜色多选取深色与服务员服装色彩相呼应，体现部门的整体和谐。

2. 西餐厅制服

西餐职位分为西餐咨客、西餐服务员、西餐领班。西餐咨客多为女性，一般着黑长裙，配短西式上衣，内穿白衬衣，系腰封和领结，色彩多以红、白、黑色等响亮色为多；西餐服务员可以穿短西服或西式马甲，内套白礼服领衬衫，打黑领结，配黑腰封，色彩同咨客相同。

厨师服款式宽松，强调卫生，一般为白色，配帽子。西厨帽子很讲究，帽子愈高，级别愈高。厨师长、副厨师长、中厨总厨、西厨总厨一般穿着黑扣白色涤棉或纯棉上衣，黑裤，高白帽配三角巾；厨师为白扣白色涤棉或纯棉上衣，小黑白格裤，白帽，配三角围巾；厨工、洗碗工为白色上衣、蓝裤，配围裙。

3. 咖啡厅制服

咖啡厅岗位有咨客、领班（服务员）、送餐员、调酒员（领班），穿着较为随意。服务员款式多为短西服或西式马甲；女服务员可选择连衣裙，面料可采用棉质碎花布，服装的主要特征是浪漫、温馨；咖啡厅咨客可以穿黑色侧开衩长裙，上配与服务员同色系的马甲或短西服，内穿白色衬衣，领型可变化，色彩比较明亮、活泼。

4. 酒吧厅制服

酒吧多用男性服务员，可着西式马甲，也可为露背式马甲，可以选用缎面或闪光花料的面料，衬托环境的华贵与气派。

5. 快餐厅制服

快餐厅服务员的服装要求简洁明快，体现快餐洁净、快速的服务，颜色多用红、黄、蓝、粉红等明艳的色调以体现热情、活泼的服

务风尚；多采用彩色条纹布料，以表达青春的动感；宴会厅服务员的着装，以沉稳的色调，保守而优雅的款式来表达规范的服务风尚。

（三）客房部、洗衣部制服设计特点

客房部服务员服装必须适应清理房间等一系列操作需求，便于活动，款式力求简洁、大方、宽松，颜色洁净便于洗涤；在服装局部可以设计简单的装饰细节，与酒店标识色相呼应。洗衣部服务员的服装以白色为主，突出洁净的感觉。

客房部与洗衣部岗位上服务员有男性，也有女性，其制服色彩设计一般相同或相似，细部样式略有变化。

（四）工程部办公室等部门制服设计特点

1. 工程部制服

工程部一般多设计夹克衫配工程裤或连体裤（夹克和裤子连体），套穿 T 恤衫，其主要特点是方便工作，布料易洗、耐磨、吸汗。

2. 办公室及后勤其他部门制服

包括总经理、副总经理及办公室男、女管理人员的制服均多为两件套装，其职位区别往往从品质、样式、面料、色彩、细节等处体现。

电脑房工作人员的制服以中长、开领、束袖口的外罩衫等样式为宜。其他后勤部门制服依工种功能特点而定款。

三、学生制服（校服）
定制设计原则

（一）整体与主流审美原则

1. 整体原则

校服是学生在校学习和参加群体活动时穿着的服装，体现学校文化传统和学生的精神风貌是校服设计的基本原则。校服设计不能仅追求个体穿着时的完美效果，同时还要考虑到几百人甚至几千人同时穿着一起出现时的整齐美观的情景。这时细节上的变化已经不那么突出了，而整体的效果最突出的首先就是色彩。例如，如果单一采用黑白灰的无彩色系设计正装校服，个体学生穿着时也许还显得庄重严肃，试想如果几百个学生穿着聚集一起时，就会有些过于沉闷，缺乏生气。所以色彩的选择上不仅需要考虑单件的穿着，还要想到一群人同时穿着的效果。

在大城市中，每一所学校里的学生至少几百名，有的几千名甚至万人以上，每一所学校均同时包括不同年龄的学生，他们处于生长发育阶段，体型不同、身高不同、性格不同。但是，在教室里，在校园内，他们一起读书，一起运动，一起嬉戏，共同成长。

着装不仅使个体适合，更重要的使群体和谐。学生统一着装象征着学生无论家庭贫富享受着同样受教育的权利，平等的竞争机会，学生统一着装体现着青少年团结、守纪律、重视集体荣誉的好品德，反映出年轻人步调一致、天天向上的好作风。因此，校服设计不可以仅仅追求某一个学生的着装效果，而必须重视学生整体的精神风貌。

2. 主流审美原则

学校是教育青少年的阵地，传统、主流文化、道德、社会规范、知识、运动、健康应该是学生在课堂学习的内容，是充满校园的氛围，体现着学校对青少年时刻的引导作用。因此，有争议的另类文化和审美是不可以大行其道的。在学生的着装上绝不会引导过于前卫、时尚或偏激的形式，而是在主流审美、传统审美中加入时尚的符号，体现与时俱进的时代感。

3. 实用原则

学生校服设计必须以实用为原则，表现在穿着方便，洗涤方便。中、小学生每天的节奏紧张，校服必须便于穿脱，并且保证其一下穿戴到位、规范，避免由于烦琐带来学生服着装的不整，甚至邋遢。夏季女生不可以有运动裙，无法卫生环保。注重学生生理卫生、避免因着装带来不安全因素、使青少年健康成长，是设计的重中之重。面料、里料和尺寸设计必须符合这一原则，不可忽视。除此之外，还要耐磨耐洗。在校服设计中，选择材料和工艺必须保证校服在学生活动量大时耐用。

4. 特色原则

每一所学校均处于不同地域，建校背景不同，形成不同特色，具有不同的传统。在设计校服时，首先要以表现学校文化特色为理念，利用材料（包括色彩）、样式等元素体现学生与学校的和谐，学校与环境的和谐。

在社会性各学校集体活动中，每个学校学生的着装均不相同，无论色彩、样式、细节或饰品搭配。让学生们穿出风格，穿出精彩，是校服设计师面临的挑战和责任。

(二)分类设计原则

在不同经济发展阶段和不同地区,学生校服可以为一套也可以为多套。当学生处于不同场合,有时需要穿着不同的校服,如正装校服和运动装;季节性的冬装与夏装。在设计时首先应明确校服的分类。

1. 正装校服

正装校服即侧重礼仪性的校服,一般用于室内课堂穿着,有些学校还专门为学生外出参加社会性活动或者各种比赛设计更为注重仪表仪态的校服。正装校服不可以在上体育课和激烈运动时穿着。在设计时需要强调正装的庄重、素雅的特点,在色彩上应以沉静、稳重的色彩为主,但也要有一定的变化,避免使学生们看上去过于严肃刻板。可以搭配条格料呼应主色,追求变化。

在正装校服设计中面料选择上应注重板整、定型,样式上强调造型传统,细节变化显出情趣。

2. 运动校服

运动校服的体现"运动性能"是设计最重要的目的。采用跳跃、令人兴奋的纯色和多色块分割,体现年轻人的活力与朝气;宜采用弹性面料,透气性、吸湿性好,易于保养,并且最大限度地适宜青少年大动作的运动需求;

利用短夹克套装配 T 恤的简洁样式不仅可以反映学生们在课业中守纪律和统一的意志,而且表现着青少年活泼、快乐、健康的精神风貌。在经济不发达地区的学校中,如果学生只配备一套校服,运动类校服是最佳选择。

3. 系列配套校服

在将校服设计划分成正装与运动装的同时,校服设计还要体现季节变化,即冬装和夏装。但不同季节校服设计并非独立分离进行的,运用同样的色系和共同的元素及类似的细节变化做系列设计,可以使学生在不同季节的着装中体现统一的校园文化。例如,夏季的 T 恤配短裤、裙裤与秋冬的夹克配长裤带有相似的分割和装饰条纹。在季节变化的过渡期,易于实现着装风格的统一。在有条件的学校中,校服的配件可以成为设计的亮点。例如,帽子、靴鞋等。多种搭配的穿着方法,也能够避免长期穿着同样服装而产生的厌倦感。

(三)"适龄"设计原则

学生在不同年龄段具有不同的特质,校服作为学生群体穿着的标志性服装应体现其相应的群体性特点,与某一年龄层的学生相适合。

1. 小学阶段

小学阶段为儿童成长的童年期(6～12岁)。此时的孩子处于对有组织有纪律的群体生活的适应阶段,引导学生专注地学习知识并形成能够与人相处的群体意识是至关重要的。穿着统一的校服对学生集体健康成长无疑起到了潜移默化的作用。小学生的校服应该穿着舒适,留有相当的松量,避免束缚学生身体的发育。当然也不能过于宽松,影响学生的活动;可以采用色彩搭配设计,注重选择适合的主色调,不仅体现儿童天真可爱的形象,而且保持校服的严肃性,必须避免相同面积的纯度高的多种色彩搭配在一起,使人眼花缭乱。设计中强调细节是很必要的,如

采用装饰性刺绣的校徽等,但也要避免繁琐的细节,使校服丧失整体感。

2. 中学阶段

中学阶段的孩子处于少年期和青春初期,是走向成熟的过渡期。第二性征的日益明显使他们对于校服性别特征异常敏感。因此,这一阶段的校服设计必须注重男女性别的差别。女装可稍稍强调身体的曲线美,但不能过于收紧腰部限制学生的活动。男装则要强调男性特征,如加宽肩部等,使学生们对自己的形象产生满足感,增强信心。

在同一所学校初中和高中的不同阶段

中,校服也可以采取不同的设计,以体现不同阶段学生逐渐成熟过程中性格的变化和情趣的差异。例如,可以用相同主色设计,但是用色彩的纯度变化体现不同,在高中学生的校服中,以相对较低纯度的色彩和更简洁的样式,可以使同一学校中的学生层次分明,各有特点。

第四节　演艺服装定制设计师职能

演艺服装是表演服装和艺术服装的简称。演艺服装设计,包括歌剧、话剧、舞蹈、音乐剧、戏曲等各种传统戏剧的舞台服装设计,及其他表演形式的服装设计。例如,影视剧服装设计、团体操等大型活动中的表演服装设计等。艺术服装是指特殊场合穿着的象征性服装或拟扮装。例如,化装舞会服装等。此类服装均需经过设计、定制完成。

一、演艺服装设计共性

如今现实主义与非现实主义的表演形式层出不穷,为演艺服装设计开创了更加广阔的领域,形成多元化的格局。演艺服装设计的创作走向、艺术思想、表现观念、运用手段在不同的时期、不同的剧种、不同塑造的剧目中会有不同的效果,但是,演艺服装设计也具有很强的共性和规律性。

(一)灯光装饰化

1. 材料对光的吸收或反射

在舞台的环境中主要照明靠舞台灯光,很大程度上灯光决定了舞台服装设计的特殊性。舞台服装的选材用料所具有的装饰性和不同于日光的色差都会影响人物造型在舞台上的效果。各种材料质地和织纹组织对于舞台的强烈光线具有不同程度的吸收和反射,有时表现出十分丰富的对比效果。当表现角色华贵的气质时,则选用反光性强的面料;当反映人物老练深沉的效果时,运用纹理粗糙、吸光的材料。因为舞台上的演员与观众有一定的距离,所以服装的细节不容易看到,整体服装的色彩、造型以及材料的质感尤为重要。

2. 光作用下的装饰品和色彩效果

在演艺服装设计中,一般会运用夸张的装饰手法追求较为强烈的装饰效果。例如,大面积的运用亮片,形成强烈的反光效果;采用纯度和明度高的色彩,使演员的运动更加具有动感美。在设计细节时,更需要强调某种元素以形式美的方法,引导观众的视线。无论任何表演形式,人物角色都不会孤立存在,即使是独唱或者是独舞,也存在着人物与背景、灯光等关系。

(二)角色典型化

在中外演出史上,可以没有布景的舞台,却从未见过没有表演服装的正式演出。通过服装和整体设计,最终创造出生动、可视,并渗透着戏剧性的人物角色形象。

1. 源于生活更具符号化

演艺服装与生活服装有区别,甚至有很大区别。演艺服装的形式如同其表演形式一样,源于生活,但特色更为突出和典型,甚至仅剩下特征被抽取和保留下来,更具有符号化特点。

2. 角色特点与演员特质

演艺服装作为"角色包装",是角色的一部分。演艺服装以符合艺术形象的造型法则为前提,以假定性、直观性与装饰性的形象为元素设计和创造出生动、可信,具有典型性、代表性的人物角色形象。

在进行演艺服装设计时要考虑的界定因

素非常多。首先要考虑的是角色的需要。其次演员自身的气质、性格。因此，在进行演艺服装设计之前，需要用很多的时间和精力做大量的案头准备，了解整个剧情、角色等相关信息。例如，历史背景、人物特征、舞台整体设计等。

3. 主角与配角

在服装设计上要能够体现出主角与配角的人物关系，能够突出主体人物的形象，而配角起到陪衬的作用，并且丰富层次，烘托气氛。设计师可以通过色彩之间对比的运用，配合以不同的材料来增强角色的层次变化。例如，可以运用光泽感强，且带有浓烈色彩的面料，突出主要角色的性格。演员自身的条件是设计必须参考的依据，通过设计恰当地表现其气质，掩盖其形体的不足。

（三）舞美整体化

1. 服装与舞台的整体关系

演艺服装是依赖于戏剧和舞蹈等表演形式，借助于特有的空间来展示自己魅力的独特艺术。演艺服装的艺术含量是不容忽视的。演艺服装是戏剧、舞蹈及舞台美术的一个构成部分，而且有着独立系统性特点。演艺服装设计师通过与舞台各门类艺术之间的配合，创造出一种造型艺术，通过观念、技术、材料的综合体现，必须经过思维、创意、语言提示、物化、形象成立几个阶段，决定着服装形象的最终演出效果，因而演艺服装设计是一个系统工程，人物外形表演决定着人物的成败。演艺服装的成功设计给人们留下了深刻的、不可磨灭的艺术形象。

群体性的演艺服装设计，必须充分考虑舞台的整体性。一是服装的整体性，二是与舞台的整体性。

2. 服装的整体美

众多角色之间共同演出动人的情节是最为常见的形式。因此，角色之间存在着主次关系，存在着多层关联，每一个角色随着表演

的深化，不断展现其特点，揭示着表演的目的。因此，整体性是设计必须始终遵循的原则，整体还是支离零乱是决定设计成败的决定性因素。

二、传统戏剧服装设计特点

传统的中国戏曲角色的行当化和服装的程式化关系密切，中国戏曲服装具有独特的审美价值。

京剧是中国传统戏剧中最具代表性的表演形式，是国粹。程式化是京剧表演艺术的基本特征之一，利用京剧的唱、念、做、打一整套表演形式、表演语汇去创造和表现各种类型人物，并且形成了京剧的表演规范。京剧服装与京剧表演一样，一出完整剧目和处理各类人物，服装管理分门别类地划分为大衣、二衣、三衣、盔帽等专业行当，形成服装衣箱制、类型化的特点，各个专业行当又有自己的工作范畴和具体使命。

（一）程式化特点

1. 人物类型化

京剧服装是类型化，在处理不同类型人物时，不考虑季节变化，都按常规类型去装扮。

以京剧为例，无论剧目情节中人物众多，均可以分为"生"、"旦"、"净"、"丑"四类造型

设计,表现人物的年龄、性格、甚至忠奸。"生"为男性角色,又分为老生、小生、武生;"旦"为妇女角色,分为花旦、青衣、老旦、花衫、刀马旦、武旦等;"净"为性格刚烈或者粗暴的角色,通称"花脸";"丑"指滑稽人物,有文丑、武丑之分,因为鼻梁上抹白粉,故又称"小花脸"或"三花脸"。

2. 服装类别化

京剧服装在样式品种方面,总计不过四五十种,但要塑造上至上古,下至明清诸多朝代、诸多历史故事和成千的人物,要依靠四五十种样式服装去概括中国历史全貌,这又体现京剧服装另一大特点——不分朝代。

京剧服装的管理分为大衣箱、二衣箱、三衣箱,分别管理衣服、靴鞋和盔头、髯口等。

京剧的服装有几大类,有披(对襟长袍),为"旦"角外穿;袄、裤、裙、腰包,为旦角穿用;褶子(交领长袍),多为"生"角穿用。靠,为武将的着装。蟒袍多为"生"角、"净"角服装。

京剧服装设计必须在尊重传统程式的前提下设计色彩、细节和纹样,以及配饰与搭配。

(二)寓意性特点

京剧服装的装饰纹样所采用的花鸟鱼兽大都赋予它寓意,根据人物和剧情需要创造

形象(图案),采取"比喻与象征"、"双关寓意"等组合装饰纹样。例如,皇帝所穿着的蟒袍上运用龙纹象征其真龙天子的身份,皇后则穿着绣有凤的纹样的服装,象征着龙凤呈祥;绿林英雄及花脸行当在处理服装纹样时常用狮虎,显示他们性格勇猛、粗犷,如廉颇、高俅、李元霸穿着的开氅;利用阴阳八卦图案象征着诸葛亮、张天师具有深谋远虑,运筹帷幄,知天文、晓地理的超凡人的身价;在告老还乡的高官,年过半百的富豪绅士服装上,常用青松、仙鹤来象征人物的长寿;官宦小姐、绅士夫人,为显示自己的身价和家境富有,她们穿着的服饰在纹样处理上多用牡丹等。

(三)归纳色特点

以传统京剧服装为例,色彩简单而精炼,大色块运用,有归纳色之感。

通过色彩的不同纯度和色相变化完全可以体现角色的主次、人物身份的高低、年龄、性格等。色彩的高度归纳赋予服装极强的表现力和塑造能力。归纳性是科学性的体现。

1. 上"五色"与下"五色"

传统京剧服装有十蟒、十靠制度。十蟒、十靠是指十种蟒衣(文官穿用)和十种靠衣(武官穿用)的组合。十蟒、十靠的色彩有十种,分上五色(红、绿、黑、白、黄)和下五色(蓝、紫、香色、淡青、粉),色彩虽很简单,但可以塑造上至皇帝下至贫民各种类型的人物形象。一般以上五色的服装来表现核心人物以及年轻的角色,而下五色多用来表现老年角色以及第二主角。

2. "四白"

"四白",即白护领、白水袖、白靴底、白髯口等。

"白"是每个人物塑造中不可缺少的点缀。

白护领是每件服装内必须佩戴的,在完成着装后,每一人物的脖颈根露出的窄窄一条白色,起到了隔色作用,使众色提神。

白水袖增强了人物的肢体动作。水袖是设计的细节,或飘逸、或飒立,或长、或短,表现了动态美和技艺美。

选择不同材料、质地和尺寸的白靴底,厚而轻,烘托了人物行走的轻便和台步的功夫美。"亮靴"的动作将观众的注意力牢牢地吸引,白靴底增强了动作的幅度和力度。

白髯口不仅塑造老年角色的持重感和权威感,而且装饰和动感在整体形象设计中作用非凡。

3."三黑"

"三黑"即黑发、黑髯口、黑靴。在传统京剧人物扮相中,黑色所起到的间隔众色作用和装饰作用十分重要。所有角色的盔头下边缘均以勒黑宽带的形式显露出窄窄的黑色条状发。女性角色,尤其青衣类统一的黑发整齐而规则,头面上贴满五彩的贴片,两鬓长长的鬓角,后面长长而且沉甸甸的过臀披发。

男性的黑髯口同样带有装饰性,有长、有短,有宽、有窄,有稳重、有俏皮。老生的黑色髯口有将场面中强烈刺激的色彩稳定下来。

男性角色配白厚底的黑靴使穿着宽大服装的人物形象沉着而不失轻便。

4. 金、银

传统戏剧服装上的绣花纹样并非星星点点,而是满身遍布,在适合部位疏密有秩,五彩缤纷。在浓彩服装上绣多彩图案,花形饱满但不零乱,多色相配但协调统一,其中大量使用金、银色作为中间色彩元素对整身京剧服装的色彩起到了调和统一的根本性作用。金、银线较绣花线粗而挺,传统的金、银线是用真金白银制成的。在传统戏剧服装上绣金、银线的方法有单根线平摆出纹样,用其他线沿走向依次固定的方式,称"单金"、"单银",有同时将两根金、银线固定的方法,称"对金"、"对银",也有用多根金、银线排金、排银的方法。以金、银线刺绣可采取独立成纹和在彩线绣出的纹样外围圈绣的形式。因此,金银线在整个服装上有的集中体现,也有的延绵不断,贯穿全身。

(四)静态美特点

传统戏剧一般以节奏慢、相对安静的剧目较多,大段的唱腔和身段展示的不仅仅是委婉的音色和步法、眼神的艺术表现力,服装的色彩、图案、样式、细节均有充分展示的机会。因此,服装设计必须放收得当,大效果鲜明、有序,局部细节精致、细腻,使每件传统戏剧服装的艺术性完整。许多戏剧表演艺术家亲自设计演艺服装。例如,梅兰芳每每自己设计,并将经典服装的样式、图案出版成册,供人学习、借鉴,不仅可被长期使用,而且值得永久珍藏。

传统戏剧服装设计理念和特点为所有相对慢节奏、静态展示的艺术表演形式的服装设计提供了很好的范例,并且具有指导意义。

三、舞蹈服装设计特点

（一）动作适应性特点

舞蹈是动态形式艺术表演，即人体以有节奏的姿态、造型、步伐和动作，借助音乐、舞台美术、化妆、服饰等艺术元素，传达具体或抽象肢体动作，表现出人的生活和思想感情，给人以美的视觉效果和欣赏价值。

舞蹈服装的设计基础是人体，人体在活动中有什么样的需求，就会有什么样的服装造型出现。舞蹈服装要求通过选择最适合的材料和独到的板型，必须兼顾舞者活动自如，保证功能性的同时表现服装审美的艺术性。

舞蹈服装设计的方法之一是如何恰当地把握人体与服装之间的空间关系。舞蹈是讲究技艺性的艺术，舞蹈演员需要具备平常人难以达到的各种表演技巧。例如，高跨度的腾空跳跃，急速多圈旋转，柔软地滚翻和慢动作的控制等。因此，舞蹈服装必须通过选择最适合的材料和独到的板型保障舞蹈者动作自如，比生活中更富于空间节奏感。舞蹈服装的设计目的在于用服装与舞蹈技艺配套，塑造出理想的舞蹈形象。

舞蹈服装与其他的表演形式服装不同的地方是对于运动需求的设计。例如，孔雀舞服装上半身，服装以弹力面料和胸衣样式实

现与身体之间紧紧帖服着，表现人体曲线的动人身姿；下半身裙子为塔裙样式，下摆尺寸很大，适合下肢动作需求，表现孔雀开屏时的舒展和舞蹈时的飘逸、灵动。

（二）角色标识性特点

舞蹈是以肢体语言进行艺术表达。观众通过舞蹈演员肢体的空间转换来理解体会其中的韵味。而在表达某一特定的角色时，如何充分体现出角色的身份、地位等特征，仅仅通过肢体语言是无法表达的。借助服装及舞台设计才能充分、准确地展现出来。因此，舞蹈服装设计要通过对结构、色彩、材料等各个元素的把握，实现对角色身份的标识作用。

舞蹈作为独特的艺术形式，具有艺术作品的整体性和欣赏性。舞蹈本身属于视觉艺术的范畴，服装作为其视觉艺术形式的重要部分，起到烘托舞蹈整体艺术氛围的作用。

例如，少数民族独特的舞蹈语汇要靠独特样式的民族服装衬托；《丝路花语》中的乐伎舞者的服装反映出唐代的风格和西域文化的融合；芭蕾舞剧中每个人物的特征首先是通过服装表现出来的……服装设计师对于舞蹈角色的理解和认识是第一位的，丧失了角色标识性的服装设计肯定不会成功。

（三）动态审美性特点

与传统戏剧的相对静态而言，舞蹈是动态的。舞蹈服装是穿着于肢体不断动作甚至

旋转的人体上。因此,舞蹈服装设计的重要特点是实现服装的动态审美意义。

舞蹈在《现代汉语词典》的释义为"以有节奏的动作为主要表现手段的艺术形式,可以表现出人的生活、思想和感情,一般有音乐伴奏。"

1. 时间的节奏与空间的造型

在各种舞蹈中,舞蹈既存在于时间的节奏中,又存在于空间的造型中。服装在空间的造型中充分地展示其迷人之处:材质的合理选择,装饰的巧妙搭配,色彩的合理化运用。服装造型与人体之间随着节奏的变化展现其动感美。所以,舞蹈的服装是有着最充足的生命力的,它永远与健康而柔韧的肢体、迷人的音乐和幻化的舞台一起,奏起最和谐而奇妙的旋律。

2. 局部表现整体

在服装设计中往往以局部表现整体。例如,芭蕾舞服中袖子可以被设计成二条薄而飘逸的纱条,上端固定在肩头,下端连接在袖头上,舞蹈时袖型能够体现得十分完整,且别雅而生动。

3. 重装饰、多元素

重装饰、多元素是动态舞蹈服装设计的又一特点。例如,纯度很高的多色组合在舞蹈设计中经常被使用,亮光光的珠、片也容易被采用,因为在动态中,每一个角色的符号性更强了,过于刺眼的光泽和强烈的色彩刺激在观众眼中停顿的时间很短,来不及像戏剧那样人物大段的唱腔时间让观众慢慢地对于服装样式和图案甚至工艺细节细品味。舞蹈服装的设计元素是与动作元素交织混合在一起的。

4. 不对称的动感表现力

在舞蹈服装设计中,以不对称加强动感的表现力十分重要。例如,长袍的左侧设计为短,右侧长,或者前短、后长,同样完成形象塑造。在许多舞蹈设计中,利用样式的不对称、色彩的不对称、材料和细节的不对称均司空见惯。

5. 不平衡中见平衡

在有些舞蹈服装设计中的不稳定、不平衡设计是成立的,因为在某些舞蹈动作的节奏中可以实现观众的服装与动作的视觉平衡效果。此类动态平衡的设计形式是完全不同于一般文戏或其他静态演出服装设计的,是大胆的、独有的、有视觉冲击力的。

第十二章　新兴服装设计师职能

伴随着信息化时代的到来,实现了从生产型社会转化为消费型社会。因此,各种新兴服装设计师在信息化高度发达,强调产品的营销观念的今天应运而生,他们用不同的工作形式体现着同一个主题——时尚产品市场化。

第一节　服装买手职能

有些服装代理公司,自己不开发产品,没有生产制作部门,以选择代理品牌提供的服装进行销售为主。虽然公司里没有服装设计师,但是会设立服装买手的职位,服装买手在一定程度上不仅起到了设计师的作用,同时还要具备销售人员的市场感觉,是一种营销型的设计师,或被称之为专业买手。在英文中"买手"的职位被译为"buyer",即"买东西的人"。买手并非买来东西自己消费,而是为了保证产品能被卖出去。

一、服装买手职业特点

服装买手职业一般特指成衣买手,服装买手不仅需要良好的审美能力和时尚感觉,同时还需要丰富的市场销售经验以及敏感的市场洞察力。各家服装公司买手职位的工作内容和重点有所区别。

(一)单一品牌营销公司买手职责

品牌服装的产品的设计和制作主要由总公司完成,所以服装品牌的零售商或代理公司所经营的服装产品主要靠这一品牌的总公司统一提供。因此,一般不会设有"设计师",而会设立"买手"的职位。买手为公司担负合理配货的责任。

1."一盘货"设计

买手就是"设计师",只不过"设计"的是"一盘货"。一盘货的概念包括上、下衣的搭配。例如,上衣的外套、衬衫、针织衫等,下衣的裤子、裙子的搭配等。一盘货的概念还包括颜色的配搭。例如,流行色和基础色的配搭。每一款服装的订货数量,每一服装类别订货量的比例,货品更替的时机,促销活动的形式和时间等都涵盖在一盘货的概念之中。

2. 毛利与库存

服装公司考核每位买手的指标只有"毛利"和"库存",毛利不足时公司会亏损,利润是每一个公司存在、发展的基础;库存过大同样会折损毛利,同时也不利于公司资金运转。所以每次订货时买手都会特别谨慎:每一季的服装订货会之前,买手都会准备前一年或前几年相应季节的销售报告分析,并根据以往的销售结果做出本季订货的计划,同时对前一年的业绩及得失做出正确而全面的评价,力争在这一季的订货中取得利润最大化。

3. 买方区域市场需求

总公司一般会给各地前来订货的买手提供许多服装款式,供买手按照各自的市场进行选择。同样品牌的产品在不同地区的市场会有差异。各地顾客的消费习惯和审美不同,地区之间的气候也不同。所以每位买手在订货时,要充分考虑自己负责区域的市场特点,有时同款同色在不同区域的销售差别很大。例如,华北地区以北京为中心,顾客一般比较高大、性格豪爽,喜欢色彩鲜艳,款式简洁的服装;而华南地区以上海为中心,顾客比较细致,喜欢色彩淡雅,款式精致的服装。对于同一款产品,两地的买手在选择尺码、颜色的搭配上会有所差别。总之,买手要买顾客需要的商品,再卖给顾客。

(二)多品牌买手职责

1. 单一品牌搭配补充

服装品牌的零售商或代理公司的买手工作针对的是单一品牌,买手可以选择多种品牌服装产品进行搭配补充。

2. 多品牌服装买手

服装零售卖场需要为顾客提供多样性的商品,尤其在大卖场或者百货公司,买手必须与多家供应商合作,选择出最适合卖场的商品。

买手首先需要了解卖场或百货公司客户的定位。定位包括很多内容:公司的目标客户群特点(客户的收入情况、消费能力、消费习惯、消费心理、审美习惯),公司产品的销售渠道(团购或零售)。买手只有熟悉目标顾客的情况,才能够提供他们需要的商品。一般大卖场和百货公司客户群比较复杂,但也有一定的规律。买手必须较长时间在卖场第一线实践,把握客户群的准确信息,了解其需求,为他们准备抢手的货品,全方位为消费者服务。

(三)选择供应商与卖场合作方式

除了前面提到的工作内容以外,买手还需要"讨价还价",即"谈判"。卖场要与供应商合作,卖场为供应商提供销售场地,供应商则提供货品,合作的方式主要有两种:

1. 流水倒扣方式

一种为流水倒扣方式,就是根据供应商的每月销售总额按预先谈好的点数返给卖场。

2. 进货方式

另一种为进货的方式,供应商提供商品和报价,买手挑选品种,并且根据经验与专业知识同供应商重新确定进价,保证以最优惠合理的价格采购到自己想要的商品。"谈判的重点"就在于这些敏感的"返点"与"进货价",既要维护公司的利益,争取到最低成本,又要使好的供应商能够长久合作。

二、服装买手工作要点

(一)服装买货前

1. 买货计划

首先,研究去年相同季节的销售报告。例如,每个款式每天的销售量(数量和金额),每款不同颜色的销售占比(销售额),每一类别服装的销售占比(销售额)。分析之后,做出今年的买货计划:先制定每一类别的服装的购买占比(成本金额),每一类别服装的款式数量(几种款式)等,再根据公司确定的买货总预算,制定每一款的买货计划。

2. 平均毛利指标

一般公司会制定一个平均毛利的指标,买手定价时要参考这个指标。但平均毛利是平均了正价与打折价之后的毛利。所以买手之前要预先作出促销计划,确定正价毛利与打折毛利,才能确定合适的价格。

(二)服装买货时

1. 签交订单

参加总公司的订货会,认真分析设计师的主题流行趋势的报告;按照每一服装类别的占比和计划款式数量,挑选适合自己市场的款式;制作 MIX AND MATCH 图表,搭配服装及颜色;确定款式后,根据买货预算确定每款的订货量;细分到颜色的订货量,最后交订单。

2. 确定价格

由于买手控制毛利，所以商品的定价也由买手来完成。

3. 确定到货时间

买手订货应注重货品的到货时间，为货品换季的需要计算出合理的时间差。

（三）服装买货后

1. 货品船期

货品的船期也即到货期，买手必须在销售季节到来之前能够完成收货，以保证货品及时入店，完成商品的换季。

2. 货品质量

虽然各品牌总公司方面有专门的"跟单"和检测的人员，但有时收到的货品会与当时订货会上的样品存在一些出入，这也需要买手在第一时间全面了解情况，并立即反映给各品牌总公司，以便及时调整。

3. 店面陈列

每一次换季，都要根据当季商品和设计师的设计理念、流行趋势来重新布置店面。对于店面设计方案，买手在买货时就已经有所考虑，货品颜色搭配、款式搭配都与之相关。所以尽管在陈列方面有专门的人员负责，但换季之前，买手应先与陈列人员交流，确定店面的基本陈列方式。例如，重点货品（订货量大的商品）一般会陈列在店中显眼重要的位置，促进销售；而流行感强的商品则会陈列在形象墙部分，与海报一起强调品牌形象。

三、服装买手必备才能

（一）数据分析能力与眼力

1. 数据分析能力

作为买手，可以不会画设计图，但不能不会绘制数据分析的表格。买手需要学会用EXCEL等软件对各种报表和相关信息进行销售分析。买手不仅要有很强的审美能力和时尚感觉，很重要的就是对数字要很敏感。具备对于数字的敏感性可能是设计专业学生比较薄弱的环节，但是作为买手，这种能力必不可少。

2. 过人的眼力

买手的眼力也是很重要的。一款服装会不会好卖，要能准确估计，这需要丰富的市场经验，同时又要具有一定的服装专业知识。例如，服装的材料、工艺、板型等。拿到一件衣服要能大体判断出使用的是什么面料，辅料品质如何，做工是否讲究，板型是否合体，要能知道进货的价格与衣服价值是否合理，即是否"物有所值"。

（二）精明的头脑

做买手还需要有精明的头脑：成本、毛利、库存等，一切尽在掌握之中。

1. 控制成本

在市场定位条件下，商品的零售定价有一定的限制区域，如果买手买货时，没有很好地控制进货成本，后果是毛利空间减小，有可能导致公司亏损。

2. 控制库存

如果没有控制买货数量，或没有及时补充货底，就有可能造成商品库存过大或畅销商品短货。

3. 控制毛利

订货时，还要学会"砍价"。供应商供货报价时一般都会留出自己的毛利空间，如果按照此报价进货，往往会使买货成本偏高，因此，需要买手运用专业知识和经验，准确地估计到商品的成本，可以有根据地向供应商报出自己能够接受的最低价，合情合理地"讨价还价"。

第二节　卖场服装陈列师职能

卖场中,设计师们将作品呈现给匆匆而过的顾客。能否吸引顾客来到作品面前驻足停留,卖场的陈列师起着至关重要的作用。通过服装陈列师表现出货品的情节性和艺术性,能使顾客产生兴趣、欲望、冲动,并乐于消费。

以前许多服装公司都没有专人来完成店铺设计工作,有的是平面设计师来完成,有的则是服装设计师担任这部分工作,还有的干脆由店长或是销售经理来完成。随着国际品牌的纷纷进入,市场越来越成熟,竞争越来越激烈,店铺形象也成了各个品牌争奇斗艳的焦点,卖场设计则愈发重要了。许多学习服装设计和平面装饰设计专业的学生,在毕业之后又多了一种工作的选择,即卖场陈列设计师。目前很多院校已经设立了服装陈列设计的专业和课程。

一、选择并认识卖场风格

(一)卖场风格定位

陈列师在实施卖场设计前需要先确定卖场风格定位。例如,确定卖场商品为休闲装还是正装、男装还是女装。

1. 休闲与正装风格不同

休闲服装的卖场应该给人以随意、轻松的感觉,可以采用节奏感强的背景音乐;配以对比强烈的色彩和绚烂的灯光;商品折放、正面展示、侧面展示要互相穿插;货架的摆放要在随意中又不失整体感。正装则反之。

2. 男装与女装风格差异

女装卖场的色彩要有女人味;淡蓝加白、红加白、紫红加白、驼色加白、白、黑加白颜色搭配等均为不错的选择,卖场的线条要流畅、

纤细,灯光柔和。而男装则以粗线条、深沉色彩为主。

(二)卖场形象特点

1. 色彩形象特点

有些品牌以色彩作为形象特点,如"E-land"品牌,在装修上采用其服装色彩主调中的红、白、蓝搭配,顾客看到这样的店铺色彩,立即就会辨认出"Eland"的位置。有的品牌没有固定的专用色。例如,专为时尚女性设计的丹麦品牌"ONLY",夸张的色彩就是其特点,卖场中鲜艳的色彩、全身上下搭配时髦的假人模特、不同凡响的海报,都营造出了这一品牌形象,一种年轻女性多变、追求时尚的风格。

2. 独特"招牌"

有些品牌还会配合其设计独特的"招牌"引人注意,奢侈品牌CHANEL将其经典的双"C"高高悬挂,没有几个女性能抵挡她的召唤;来自意大利的"范思哲"将传说中的"美杜莎"作为商标张贴,看到她,就会不由自主地被她吸引;大众的"ESPRIT",以简洁大方的几个英文字母将整个品牌时尚而又国际性的风格诠释得淋漓尽致。

二、服装卖场导向设计

卖场的陈列展示,同样需要经过科学地分析,才能达到较为理想的效果。卖场陈列设计与家居设计不同,不需要考虑居住的条件,但是要求满足顾客的移动和视线的搜寻。

（一）四个区域（顾客静态视觉导向设计）

人体自然站立时,眼睛的高度是最便于

观察的视线高度,顾客的身高直接与商品陈列高度相关。国内男性最佳视线高度是地面向上 160 厘米左右,女性为 150 厘米左右。通常商品应陈列于最易于视线观察且最易于手触摸的区域。一般顾客面对一面墙或一个陈列仓时,按照视线的移动路线,从上到下可以划分成四个区域。

1. 区域一

从地面往上 1.8 米起一直往上的区域为第一区域。这部分区域在顾客的视线向上时能够观察商品,手较难触摸到商品。

2. 区域二

1.35 米到 1.8 米这一区域为第二区域。顾客不需要踮脚或向下弯腰就可触摸到商品的区域。

3. 区域三

70 厘米到 1.35 米这一区域为第三区域。在这一区域中顾客需要略微弯腰向下就能够触摸到商品。

4. 区域四

从区域三再向下到地面的区域。顾客必须前倾甚至蹲下才能触摸到这一区域的商品。

区域二和区域三无疑是"黄金宝地",最能引起顾客注意,同时也是顾客能够最方便、轻松接触到商品的区域。所以,商品的陈列也以这部分区域空间为主,在这个区域内,一般会以上下衣的方式陈列,顾客既可以直接了解产品的搭配效果,又可以同时关注两种商品。

（二）三条路线（顾客动态导向设计）

1. 购买路线

顾客进入到卖场里会沿着陈列师设计好的路线移动,选购商品,这条路线是顾客的购买路线。

2. 促销路线

促销员需要在卖场里招呼、引导顾客,促销员所走的路线,即促销路线。

3. 工作路线

卖场里的商品和一些家具被搬进、搬出时形成的路线，为店铺工作人员的工作路线。

显然，这三条路线以顾客的购买路线最为重要，这条路线越长，顾客在店铺里逗留徘徊的时间就越长，接触商品的机会就越多，购买的可能性就越大。所以在这条路线的设计上，设计师会绞尽脑汁利用店铺里的陈列家具和摆件，巧妙地设计完成这条路线。

4. 对比色搭配

对比色搭配是用冷色、暖色互相烘托。比如，用绿色服装衬托红色服装，用蓝色服装衬托黄色服装。不同色彩的货品摆放在一个陈列架上时，不能冷色和暖色各占50%，最好比例是3：7左右，要注意颜色穿插，如1011101101（1代表暖，0代表冷）。

（三）合理利用"活区"和模特

1. 合理利用"活区"

所谓"活区"是指面对人流方向最容易注意到的区域，反之为"死区"。要把主推款式放在活区，把余下的款式放在死区，可以大大提升销售效果。当然，尽量扩大活区面积，缩小死区是陈列师的设计原则。

2. 控制模特数量

有的陈列师认为利用模特比较容易展示出服装的立体效果，因此在卖场里设立很多模特，这样往往起到相反的效果。模特占用的空间比较大，对于寸土寸金的卖场，恰到好处的点缀是十分重要的。所谓"物以稀为贵"，把最容易卖出的款式穿在模特上，效果最佳。

3. 导购的作用

卖场的营业员（导购员）是服装的活模特，她们的工装往往都是当季主推的款式，理想的穿着效果具有极强的说服力。

三、服装卖场色彩设计

在人类生活的环境里色彩无处不在，人们在观察物体时，首先会引起视觉反应的就是色彩，在服装卖场里亦如此。顾客进入店铺，首先注意到的就是卖场中的色彩，包括店铺装修本身的基调和陈列的装饰品及服装商品的色彩。众所周知，色彩会引起人类心理上的变化，所以店铺的色彩选择不但要与品牌风格呼应，还要能够引起顾客的共鸣，使顾客产生较为强烈的亲近感，成为促使顾客的购买动力。

（一）装修色彩基调

品牌的专卖店里，装修的基调色彩往往会带有较强烈的品牌风格。比如，产品以黑、白、灰无彩色系为设计风格的品牌，店铺里的装修基调往往也选择黑、白等无彩色系，有时会配有明亮的银色和金色点缀卖场，强调高贵、理智而且很酷的感觉；稍微正式的职业装卖场则会选择较为稳重的色调。例如，象牙白色、米色、棕色、胡桃色等；青年品牌则会响应年轻人活泼、浪漫、大胆的性格，店铺多以鲜艳的色彩为主，看似没有固定的色调，五颜六色就是一种风格；浪漫的少女装则往往采用温馨、可爱的粉彩系列。顾客往往还没走入店铺，仅从店铺的色彩风格上就基本可以判断出店铺经营的产品大概是什么样的定位，是否能够从这样的店铺里买到自己所需要的服装。

（二）整体色彩和谐

保持店铺色彩的和谐与均衡十分重要，商品的色彩、照明和道具的设计必须保持调和统一，使店铺在整体上协调。商品是店铺里陈列的核心，商品的色彩配置是否合理将决定整个店铺的色彩是否调和。服饰商品色彩一般比较丰富，如何配置、排列这些商品，是陈列师每季新货上市前必须提前规划好的。很多品牌的商品陈列就是以色彩作为参照依据来设计的。

1. 色相和谐

色彩的三元素除了可以运用于设计服装，在卖场的色彩设计中同样是设计元素。从色相上排列，将邻近色陈列在一起。例如，比较接近的暖色系：鹅黄、橘黄、朱红、米白色、深浅的褐色等就形成了一组完整的陈列组合。

2. 纯度和谐

在色彩纯度方面，一组陈列组合中总会有纯度上的变化。还是以上一组暖色系为例，有纯度比较高的橘黄、鹅黄、朱红，同时还搭配有纯度较低的米白色以及褐色，于是形成一种视觉的平衡，不会觉得很刺激，或是很沉闷。

3. 明度和谐

从色彩明度的角度，同样是这样一组服装陈列，明度上产生变化才会比较丰富。例如，鹅黄色、米白色是明度比较高调的颜色，而朱红、橘黄属于中间明度，褐色比较低调。

（三）商品色彩秩序

商品的陈列顺序也要以人的心理习惯作为参考依据。

1. 侧挂秩序

侧挂的商品，一般是从左向右，体现商品的明度和纯度从高到低，由明亮刺激的暖色系过渡到清淡沉静的冷色系。

2. 正挂秩序

正挂的商品由外到里，表现明度和纯度从高到低，色相由暖到冷。

3. 叠放秩序

叠放的商品则是从上至下，按照商品的明度和纯度从高到低叠放，或者依照色相由暖到冷变化叠放。

如此陈列增强了店内色彩的秩序感，可以使顾客产生舒适感。这样的陈列方式在许多品牌的店铺里都普遍应用，说明这是一种非常保险的陈列方法，也是陈列师必备的基本技能之一。

4. 卖场节奏感

不要只注意色彩秩序，把色系分得太死板。例如，僵化地设计成卖场的左边是冷色，右边是暖色，太不协调，应该注重节奏感。

四、服装卖场光线布置

"光线"左右着人们对色彩的认知，卖场中的光线同样会影响卖场色彩的表现力。照明使用不当就会影响顾客对整个店铺的评价，甚至会直接影响购买欲望。

（一）光线基本功能

1. 照亮商品

店铺里的光线要足够明亮，使客人能够轻松地观察陈列的商品，暗淡的灯光往往会使顾客难以辨别商品的品质，更不可能掏钱购买了。

2. 忠实显色

由于顾客需要清楚的辨别服装的固有色彩，所以为服装照明的主要灯光必须做到"忠实显色"。白炽灯、日光灯等都具有较好的显色性能，可以用做服装照明。

（二）照明方式

店铺的照明必须能够营造空间感、美化环境和追求完美的视觉形象。一般店铺都是一个比较完整的空间，所以店铺中的空间划分除了利用陈列家具的摆放变化之外，灯光的分布也是很重要的手段。服装店里灯光的布局中一般有三种照明方式。

1. 基本照明

基本照明保证店堂内的基本明暗效果，通常采用散光的照明方式，以保证光线分布均匀。

2. 重点照明

重点照明是指用光线较为明亮的聚光灯，投射在主要展品区域，或者展品的某一重要部位，使被照射的区域形成强烈的立体感和空间感,能够首先吸引顾客的注意力。例如,店铺里的陈列人台、品牌标志、主体陈列仓等主体的形象区域。

3. 装饰照明

装饰照明是指利用色彩斑斓的有色光线装饰店铺,丰富展示空间的色彩层次,营造特殊的视觉效果,增强商品的感染力和吸引力。

(三)采光角度

1. 采光角度种类

采光角度也是照明的技巧之一。美妙的照明效果是以合适的照射角度和受光正面与背面的明暗差为条件的。照射角度有顶光、底光、顺光、侧光、逆光等,不同的照明角度被用于不同照明效果的需要。

2. 立体照明

人台陈列或立体陈列品的照明往往是将光源放置在物体的前侧上方,照射角度约为45度,使受光面积与背光面积之间的比例约为 1:2~1:3 之间,这样可以取得较好的明暗面积比例关系,可增加陈列品的立体感,完美地展现物体形象。

3. 平面照明

对于一些平面性较强,细节较多,层次较丰富的陈列品而言,照明原则应该减少阴影面积,采用多角度的照明来消除阴影造成的干扰。

4. 避免"眩光"

为了保证店铺照明的最佳效果,还要避免"眩光"。采取一定的遮挡措施,避免光源裸露。例如,增大眩光源与视线的角度,减少背景与物体的亮度对比,都可以较好控制眩光。

五、服装卖场"平效"与换季陈列准备

(一)注重服装卖场"平效"

每经过一季销售,陈列设计师必须认真评估卖场的"平效",从而评估陈列的效果。因为受场地成本限制,一般品牌的卖场都不会很大。如何利用有限的空间获得尽可能大的销售利润是卖场设计的关键。专业销售人员不仅会考虑店铺的月销售总额,还会注意单位平方米的销售额,即"平效"。如果一个 100 平方米的卖场和一个 50 平方米的空间产生的销售额一样的话,那么两者相比较 50 平方米的店铺平效无疑要大一倍。此时,陈列设计师就要考察 100 平方米店铺存在哪些不良销售因素,其中包括商品陈列是否得当,空间利用是否合理等。

(二)了解换季商品制定策划方案

1. 了解换季商品信息

和设计师一样,陈列师也在不停地为"下一季"商品忙碌着。"换季"意味着一系列的陈列工作将接踵而来。公司里的每位陈列师在进入公司之后都会接受培训,使其能够了解公司产品的市场定位,品牌的形象风格等信息,以便能够在日后的工作中把握住公司的整体理念,出色地完成卖场陈列工作。

陈列师首先要了解公司即将上市的商品信息,包括产品设计理念,下一季的设计主题以及服装搭配方案,这时陈列师需要与服装设计师很好地沟通。如果是由服装设计师来完成陈列工作,则比较简单。新的服装产品在生产之前已经过了一系列策划,包括品类、系列设计,以及设计主题的确定,陈列师必须了解才能将设计师设计的下一季产品按照最初的设想充分展示出来。

2. 制定陈列策划书

根据设计师提供的产品样式、主题内容以及服装搭配等信息,陈列师需要开始制定陈列策划书,并且将陈列策划书提供给销售人员,使他们能直观地了解陈列方法,配合陈列师完成换季工作。

六、服装橱窗陈列设计

橱窗陈列设计也是店铺设计的重要部分,如同女性化妆,脸当然是首先需要粉饰的部位。橱窗正是店铺的"脸面",可以展示品牌的格调,吸引过往的行人。如何最大程度的美化门脸,成为每位陈列师最具挑战性的工作了。

(一)展示品牌形象、合理选择商品

橱窗设计完全以展示品牌形象为主,根据品牌当季的主题与品牌形象风格,陈列师将尽情地发挥想象力,目的是要吸引路过顾客的眼球。

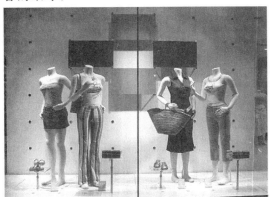

橱窗陈列展示的成功与否,商品的选择占很大的比重。商品是否能够突出当季品牌的主打风格,服装种类搭配是否平衡,服装的搭配是否和谐等都是陈列师需要考虑的。

(二)设计视线焦点营造立体感与空间感

1. 设计顾客视线焦点

人在观察东西的时候往往会由上往下看。因此,橱窗陈列的视觉焦点要确定,将核心的商品摆在焦点位置上,将更容易被顾客视线捕捉到。

2. 赋予商品立体感

橱窗里的商品在款式搭配上应注重穿着的层次感,富于变化而产生立体感,使橱窗的展示有深度,有魅力。

3. "留白"保留空间感

橱窗不是货架,橱窗设计中很重要的一点是"留白",即保留空间感。留有一定的空白地方不等于是浪费,而是引导顾客的注意

力尽可能的集中到重点位置上来,尽可能地突出陈列重点。摆放过多的商品反倒会给人眼花缭乱的感觉。

第三节　网络服装经营设计师职能

一、网络服装经营模式及其优劣

(一)网络服装经营模式

"e 时代"发展至今,产生很多新兴的产业模式。目前有:B2B、B2C、C2C。

1. B2B (Business to Business)模式

B2B(在英文中的 2 的发音同 to)是企业与企业之间通过互联网进行产品、服务及信息的交换。例如,阿里巴巴等。

2. B2C(Business to Customer)模式

B2C 的 B 是 Business,意思为企业,C 是 Customer,意思是消费者,所以 B2C 是企业对消费者的电子商务模式。淘宝现推出的淘宝商城就是 B2C 模式的体现。

3. C2C(Customer to Customer)模式

C2C 是个人向个人销售的经营模式。例如,E-bay 和淘宝为代表的网络服装经营。

新兴的产业模式出现的同时带动了新兴职业的产生。网络服装经营者和设计师亦为其中之一。

(二)网络服装经营优势

1. 低成本、低售价——竞争力的保证

网络经营相比较实体店减少了店面、装潢和销售人员等成本支出。利润倍率相对于实际店铺少。低价则成为其优势之一。在 PPG 一度火爆销售的诱惑之下,一夜之间许多大大小小服装企业投身网络销售,更有服装巨头也争相投资服装网络经营。例如,"报喜鸟"旗下的 BONO、"雅戈尔"旗下的 VAN-CAL 等。在各大品牌的竞争下,商品的价格战打得猛烈异常,更有商家采取几乎成本销售(零利润)甚至亏本销售的策略,以争取客户群和广告效应。

2. 库存少、物流周期短——资金流动快

网络经营的展示空间就是网站和画册,所以不需要大规模的备货。一般 B2C 模式下拥有基本起定量即可。只要满足前期的销售,及时把握销售动态,保证及时补单。C2C 模式下更是有单件或者拿全码的商品就可以满足经营的需要。网络经营将备货、库存都是集中在一个地方,由统一的地点、统一的配货人员发货给客户。所以相对于实体店铺,网络经营具有反应更快捷的特点。

3. 客户多——销售渠道广

传统的实际店铺单位时间能够容纳的客流量是有限的,而且非常具有地域的局限性。网络销售的优势就是同时可以允许众多客流,而且也可以允许不同地域的人进入店铺选购。以淘宝商城 B2C 模式为例,淘宝网每天光顾消费者更是达到 800 万人次,人流量相当于近 800 个大卖场,而且网络购买是一种新兴的购买形式,它会随着网民人数的增多,网络购买客户也会不断增多。

4. 提前预售——不受备货量、货架量制约

实体销售必须有服装挂在店面里,网络销售则只需要有照片即可。基本上只要具有新货品批量生产前的一件实样,将其拍摄成彩色照片放在网页上或者登在画册中就可以接受客户预定。

5. 全天候运作——不受销售时间限制

电子商务只要系统在工作,几乎可以 24 小时 365 天全部在运作,而且货品交易数量

也没有任何限制。

(三)网络服装经营劣势

1. 缺少真实的感官刺激

顾客不能亲身体验面料的触觉。同时，因为所凭借的媒介是电脑，所以每台电脑屏幕的色差也为网络销售带来弊端。以往实体品牌每年的广告册只需要挑选几款主推的服装进行拍摄。然而网络销售则需要将所有的产品都参加拍摄。并且需要正、反、侧全方面展示成像。更有细节、卖点展示。网络销售的产品拍照还需要专业的摄影技术支持，在某种程度上，只要照片好，卖得就会好。

2. 商品不能试穿

服装并不像电脑一样具有标准的尺寸规格配置。尽管按照国家有关标准依据人体的身高和胸围决定服装的"号"与"型"，但是服装的局部尺寸和搭配是灵活的，每个公司都使用自己的服装尺码、板型和尺寸配置。有些公司甚至对于同一样式的服装也会分A、B板，或者尺寸按系列设计产品规格。客户并不能像在实际店铺里那样把相中了样式的不同尺码的服装都一一试穿。所以，在网络销售中必须要求销售者详细地标明服装各主要部分的详细尺寸和精确的测量方法。同时也要求客服人员具备完善的服装知识以应对任何顾客的提问。

3. 换季销售劣势

在传统的概念中，网络销售即等同于低价，正因为网络销售的倍率低，所以在换季销售的时候实体店铺在打五折、四折甚至更低折扣的倾销政策之下网络销售并不具备竞争优势。当顾客希望购买的商品在两种经营模式的实际到手价格相差不多的前提下，人们仍旧更倾向于在实体店铺中购买。

4. 不能即时销售

网络销售并不能像实际店铺一样，现买现拿，仍有一段的商品运输时间，因此，购物者的热情受到一定程度的磨砺。

二、网络服装个体经营特点

(一)网络服装个体经营准备

1. 网络服装市场定位

网络服装经营者先要在认真调研的基础上明确网络服装经营的合理的市场定位。即要卖什么、目标客户的年龄层是多少、目标客户的兴趣爱好、出入场合等。准确而合理的市场定位是网络服装经营成功的关键。

2. 借助网络平台经营

个体服装经营大多发展于品牌创始初期，多需要低成本、多客户和好的网络平台做依托。所以一般最开始的时候都会借用淘宝网或者拍拍网、易趣等平台。目前这些平台都不要店面费用，当然如果希望自己的商品经常被人看到，可以买这些平台的广告位、搜索关键词等，平台的服务人员会详细为你解说。在专门的网络淘宝大学里面也有很多卖家发表的经验和感言，也有专门的平台服务人员讲述各自的功能。淘宝网还经常举行讲座，可以登录相关平台留意各个网点的培训时间。这些平台具有稳定的客户群，也会定期做网络广告推广以吸引更多的顾客。

(二)网络服装个体经营顾客群

在登陆服装个体经营网络的顾客群中可以分为两类，即目标商品明确、商品选择性强的顾客群和偶然性强的顾客群。

1. 目标商品明确、商品选择性强

这类顾客都是有目的性的上网，举个例子：我想买内衣，那么我会在搜索频道中直接输入"内衣"，那么其他的项目就被过滤掉了。然后才在这些项目过滤产地、过滤价格等。因为借助的是一个网络平台，这个平台大到房产小到螺丝，都可能涉及。

2. 偶然性强

因为网络服装个体经营借助的是一个平

台,所以网络上面的类别五花八门,商品丰富多样。可能输入内衣出现一万多个商品。在没有广告位、关键字排名的优势下一般商品排序是按商品的结束时间来排列的。越是快要结束的商品,排序越靠前,成交机会也越大,当然一般页面上也有价格排序等功能。

(三)适合网络个体经营服装特点及类别

1. 适合经营服装特点

网络服装个体经营所具有的人力和物力是有限的,所以最好选择单个个体可以实现组织货源并且销售的商品,或者选择工艺和原材料容易购买的商品。例如,内衣因为钢圈等原材料购买不方便所以不适合个体经营。

允许少量购买的商品很适合网络服装个体经营。这种商品正因为是少量生产的才会更具有个性化的特点,但是其弊端也同样突出,需要自己解决。例如,在商品上的 logo 不容易体现。

尺寸覆盖率高的服装适合网络服装个体经营,既便于网络上顾客的浏览和选择,又可避免售后造成不必要的麻烦。

2. 适合经营服装类别

整体自主设计的休闲、运动、户外服装,经典样式的制服、睡衣,针织毛衫、内衣裤、帽子等,均适合在网络经营。

局部设计的服装也适合网络个体经营。例如,手绘图案的 T 恤衫、手绘纹样的布鞋、烫画的服饰品等。

各种饰品也是网络经营适合商品,虽然小饰品单件商品的利润有限,但是年轻人对饰品的购买热情和不断的需求可以使饰品的销售经久不衰。饰品在服装的整体搭配中作用不可低估,因为购买饰品而连带选择搭配服装的案例不胜枚举。

三、网络服装公司经营特点

(一)团队运作、受众面宽

1. 分工详细、各负其责

服装公司组建电子商务的团队,会安排专门的人员负责网络服装经营需要的各个项目类别,所以也会按本公司的经营项目设计网页,并且派专人负责售后服务、物流等工作。

2. 宣传力度大吸引顾客多

登陆服装公司网站的顾客大多是通过公司广告、宣传册或者优惠券途径所吸引过来的,所以其目标心理只是尝试或者观摩一下。但是,只要顾客肯来观看公司的产品,企业就已经获得了成功的一半。所以,如何吸引顾客,是公司模式需要解决的首要问题。顾客登录网站,则说明他已经对某类产品感兴趣,甚至可能是以购买为目的而来。

(二)品牌运作操作规范

1. 品质保证价格低廉

一般网络服装经营公司具备强大的备货能力,也具有品牌运作的特点。可以将商品加入 logo,强化品牌概念。公司运作,能够拿到比较好的进货价格同时保证品质。

2. 货源充足范围宽泛

网络服装公司经营的适合商品很多,只要具备网络经营商品原则,其范围宽泛。因为货源充足,货品量的保证,使得网络集团购买便利而双赢。

四、服装网络经营原则

(一)收款、物流以及退、换货原则

1. 收款方式

在网络服装经营中顾客的货款支付和商家的发货次序、方式有几种,均以确保双方利

益和便利为原则。例如,采取支付宝、款到发货、货到付款(适合同城交易)、见面交易、邮局汇款等各有优劣,可以根据自己的经营特点和顾客需求选择。

2. 物流周期

一般网络服装经营中商品的快递周期为1~3 天;平邮为 3~15 天。

3. 退、换货原则

根据网络服装经营公司或者个人可以接受的范围制定退、换货原则,并且事先公告,合理的退、换货原则既服务于顾客,满足其合法权益,又确保使自身的损失降到最低限度。

(二)网络服装品牌经营原则

1. 坚持网络品牌经营原则

如同现实生活中的实际铺面经营,无论个体或者公司的网络经营者只有坚持品牌经营才能获得持久的、可持续发展的可能性。只顾一时赚钱不考虑后果的所有做法是不可取的,目光短浅的。

2. 网络品牌经营策略

一个完整的品牌拥有自己完善的 VI 系统,设计自己的 logo,在网页中强调自己的logo 有益于体现网络品牌形象和合理的市场定位。

建立自己网页,根据产品特色和消费者需求确定网页风格。网页设计的条件需要有品牌来历、产品分类、售后服务、会员政策、优惠促销活动等必需的几个大项。

为了强化品牌概念,网络服装经营的产品、商品包装、网页等都需要印上品牌 logo。

五、服装电子商务设计师职责

网络服装经营设计师的主要职责在于服装商品设计和选择、商品展示等。具有较强能力的设计师还会参与或者指导网页设计、经营活动及相关事务等。

(一)服装商品设计和选择

网络服装经营设计师和实体店铺的服装设计师功能是相通的。但是由于经营平台的特殊性,他所考虑的产品卖点必须是能够通过图片展示出来的,而且也需要加入丰富的网络语言形式以使展示润色。

1. 服装面料选择

网络服装经营设计师在设计服装或者选择服装时,面对面料的确定问题不仅需要考虑到面料本身在服装造型中的效果,还需要考虑到作为网络经营服装的拍摄效果。如果无法用图片展示出商品的材料特点,即使说得天花乱坠也徒劳。

2. 服装款式设计

网络服装经营设计师自主开发的新产品款式必须特点明确,与一般经典样式区分明显。如果仅仅将领型稍微调整了 0.5 厘米,对于处在网络中的顾客而言并不能够看得出来。网络上销售业绩比较好的产品几乎都是有卖点的。比如,搭配效果合理、款式新颖、颜色出跳等。在图片上吸引眼球的商品才可能好卖。

(二)网络服装商品展示要点

网络服装经营是凭借网络平台构建的运营模式。在网络服装经营中,因为顾客不能亲身感触商品,网络服装经营设计师必须在商品展示上下工夫,追求全面、准确、动人的展示效果,用有效的网络语言和画册来形容商品的手感和穿着效果。

1. 图片展示

图片或者照片是在网络服装经营中必需的展示形式。照片的好坏直接影响顾客的购买欲。

(1)整体展示:可以借助模特展示(正背面),将商品平摊展示(正背面),必要的造型展示,主营商品与其他配饰的搭配展示等。

(2)局部展示:细节展示——锁眼、面料

肌理、商标、缝线颜色等;卖点展示——绣花、产地标等。

2. 必要说明

(1)号型说明:包括服装商品的尺码表、测量方法图示等。

(2)材质说明:包括成分说明。例如,面料的纱支、克重等面料知识,告知顾客面料的价值。另外,还需要具备商品的洗涤说明、保养方法等。

(3)优惠政策公告:在不同时期利用各种优惠政策是网络服装经营的必要手段。例如,商品的打包购买优惠政策、积分会员服务等。

3. 注意事项

由于网络服装经营的特殊性,产品虽然没有货架的限制,但是考虑到季节的特殊性。不适合当季销售的产品,不适合在网页上显示。促销活动也是有时间限制的,每个时间段的促销内容都是不一样的。

第四节　个人形象设计师职能

个人形象设计师是近年兴起的行业。形象设计师运用各种设计方法,对人的整体或某部分形象进行设计再塑造,主要工作是按照一定的目的,通过与顾客沟通、相关专业测试等手段,发掘其内在的个性,并根据顾客自身的实际情况,从化妆、发型、色彩、衣饰搭配等多个方面对其进行整体的包装造型。个人形象设计师又可细分为发式设计师、妆面设计师和咨询师三类。

一、发式设计师职能

发式设计师主要工作是在了解顾客的前提下为顾客做出相应的发型造型。

(一)发质分类及特点

作为一名发型设计师,在给顾客设计发型造型前,首要任务就是了解顾客的发质以及顾客的设计诉求。

根据头发的质地可将其分为钢发、绵发、油发、沙发、卷发等五种。

1. 钢发

钢发比较粗硬,生长稠密,含水量也较多,有弹性,弹力也稳固。

2. 绵发

绵发比较细软的头发,缺少硬度,弹性较差。

3. 油发

油发的油质较多,弹性较强,抵抗力强,弹性不稳定。

4. 沙发

沙发缺乏油脂,含水量少。

5. 卷发

此种头发弯曲丛生,软如羊毛。

(二)发式分类及特点

根据顾客的设计诉求,大致可将发型分为日妆、晚妆、舞台妆三种。

1. 日妆发型

日妆发型造型讲求自然、精致。搭配的头饰可以有很多小细节,但应相对含蓄。

2. 晚妆发型

晚妆发型可以根据晚礼服的风格来设计,比日妆的发型稍作夸张,其体积感可比日妆稍大,还可以配用很多绚丽的头饰。如,色彩艳丽或闪亮的簪子、发夹等。

3. 舞台妆发型

舞台妆的发型造型应根据其演出内容以及演出服装来设计,舞台妆的发型是三类发

型中最夸张的,因为艺术中的人物造型应源于生活但高于生活,所以适当的夸张是很必要的。

(三)发型设计

1. 短发设计

在短发中,有波波头、莫西干头、寸头等几款很经典的发型。

波波头是 bob 的音译,bob 在英文中就是剪短(头发)的意思,现在我们常把很齐的短发称作波波头,齐齐的刘海、齐齐的发髻线就是典型的波波头。

莫西干头是 mocig hair 的音译。莫西干是北美地区的一个印第安民族,莫西干族人留的发型就是莫西干头。这种发型属于朋克(Punk)造型中最经典的发型。

男生留的寸头分为"毛寸"和"板寸",毛寸留得稍微有些长,留有碎发,打点发胶后效果很好。板寸就简单得多,头发很短,中规中矩,部队新兵都是这种头型。

2. 长发设计

长发大致又可分为直发和卷发两种,卷发又可细分为 S 卷、C 卷等。

长发可以做出各种造型,也便于用各种饰物装点。如,奥黛丽·赫本经典的闪亮公主冠加上盘发,让人过目难忘。

(四)发型和脸型的关系

1. 圆脸发型

圆脸的额前不可留浓密的刘海,可以采用分缝法,以破圆显露额角,顶部头发应梳得松散高耸,以产生加长和改变头型的感觉。两侧头发必须收紧服帖,避免隆起,可以梳成垂直向下的长直发型。即使烫头、发卷也应大些,设计成不对称,带斜波纹为好。

2. 方脸发型

方脸型应采用以柔克刚,以圆破方的办法。额前两角采用刘海遮盖,刘海应采用不对称的,避免使用直刘海,顶发应蓬松高耸,

两腮以圆弧形(不宜平直线条)发式紧贴,有削弱下脸方正的作用。

3. 长脸发型

长脸应避免把脸全都露出来,应留丰厚的刘海以遮住前额,使脸的纵向长度有所减弱,两侧的头发应有蓬松感,或烫成大波浪,顶部头发应尽量压低。不要留长发,最好剪短些。

4. 三角脸发型

三角脸的发型设计原则是加宽前额部,收紧下轮廓,用刘海遮住发际的尖端,将额前两角的发根朝上推紧或将两侧鬓发横向拉开,使前额尽量开阔,两腮处头发收紧并向脸部靠拢,以遮掉过宽的两腮。

5. 倒三角脸发型

倒三角脸的设计原则是收紧上轮廓,两侧头发放松。用前额头发遮盖两个额角,以收紧上轮廓,面庞两侧的头发要适当向后梳,梳紧些,发型下轮廓线应粗乱蓬松,顶部头发也不能太少,以免产生菱形感觉,发型轮廓应是椭圆形。

6. 菱形脸发型

菱形脸的设计原则是放宽两头,收紧中间。额前剪出刘海,以遮盖过尖的前额,不应留中缝,以免突出菱形结构。太阳穴以上的头发应蓬松一些,向外展开,突出的两腮处收紧些。

7. 椭圆脸发型

椭圆脸被认为是标准的脸型,可以梳理任何发型。

(五)发色与肤色的关系

1. 黑色头发

黑色头发属于纯度较高的发色,装饰性强,可与任何肤色相搭配。

2. 深棕色头发

深棕色头发纯度相对较低,适宜任何肤色,尤其是偏白的肤色。

3. 浅棕色头发

浅棕色头发纯度也相对较低,较为适合白皙或麦芽肤色,以及古铜肤色。

4. 铜金色头发

铜金色也属于纯度较高的颜色,这种颜色的头发比较适合白皙或麦芽肤色,也很适宜肤色微黑的女士。

5. 红色头发

红色头发纯度也相对较低,适合自然肤色或白皙皮肤,也很适合肤色偏黄的女士。

(六)染发与造型的关系

从整体上来看,染发可分为两种,一种是模仿自然发色的染色,另一种是创造性的染发。

1. 仿自然色染发造型设计

(1)黑色头发

黑色头发发型适宜选择较为自然的造型。

(2)深棕色头发

深棕色头发发型最好选择淑女式的直发或微卷的长发、大方的齐耳短发。

(3)浅棕色头发

浅棕色头发适合清爽有动感的短发、亮丽的大波浪长卷发造型。

2. 创造性染发造型设计

(1)铜金色头发

此种发色可选择时尚造型的短发、有层次的齐肩直发。

(2)红色头发

红色头发适合有活力的短发、中长直发或卷发等发型。

除了上述几种发色,在创造性的染发设计中,各种人造的发色都是十分前卫、流行的,白色、蓝色、绿色、紫色,应有尽有,并且可以结合条染、片染等多种染发手法,达到各种不同的效果。

(七)头发养护及定型设计

1. 洗发

(1)洗发前应先用木梳梳去头发上的污垢,并将头发梳顺。

(2)洗头的水应在 37℃～38℃最适宜。水温太高容易伤害头发与发丝,过低的水温又无法洗净油腻和残留物。

(3)将洗发水按摩至起泡后才涂在头发上,不要直接倒在头发上。

(4)不要大力用指甲抓头发,用尖的指甲抓头,只会刺激头皮屑的产生,应该以指腹轻柔地按摩,可止痒又有助于血液循环。

洗头时最忌动作粗鲁,因为头发在潮湿状态中是很脆弱的。

(5)洗头发时,不宜将发丝相互搓洗(或是洗好后,用毛巾拼命搓干),要洗净头发,最好以手指轻柔地抚揉每一束发丝,顶着它生长的方向,将脏的泡沫挤掉,头发自然会恢复清洁。

(6)洗好后要彻底冲净洗发水,洗发后冲水花的时间应是洗发的两倍。否则洗发水中的碱性成分残留在头皮和头发上,会损伤头发产生分叉、头皮屑等现象。

2. 润发

护发素的功效之一就是用来闭合毛鳞片,闭合不好,热风、阳光就更容易伤发,不可指望用些免洗的护发素来弥补,更要命的是这种伤害是累加的。

(1)用护发喷雾时,建议保持远距离使用,因为这样才可以喷得均匀,令全头闪亮。

(2)护发油和免水精华素可以在替头发造型前涂在燥的发尾上。

(3)涂搽发膜要开离发根两寸,以指腹按摩,营养才不致封住头皮。

3. 吹风

洗完头后就用毛巾大力搓揉头发,并马上使用吹风机的处理方式,会加速头发的受损、分叉、毛躁,对头发非常不利。

洗完头后，应先用手轻轻挤掉水滴，再用一条吸水性较强的手巾拍一拍头发，吸掉大部分的水分，再用宽齿梳将发尾轻轻地分开，慢慢往上梳至发根部分，等头发半干时，用吹风机吹整，这样才不会使毛鳞片因热风吹袭而受伤。

（1）不要逆发而吹

整理发型时，要把吹风机高举，顺着头发毛鳞片的方向由上往下吹整，发丝就会显现出光泽。

（2）风力要有变化

利用不同的风力来塑造发型。吹发根时用中挡风，吹发尾时可把风力加强一挡。

（3）热度要随时调整

不要用热风吹发根，这会使发型变得扁平。当用圆卷梳卷起发丝时用热风，在拿开梳子前，再换上冷风以固定发型。

（4）造型品用量要适度

使用太多的造型品，会加重秀发负担而使之塌下来，更会"吸引"灰尘。可在吹发前，把喷雾喷在手心，然后抹在头发表面。

（5）头发不可过湿

头发太湿不宜造型，最好在4分干时开始吹风造型。

吹风机的功率不要太大：居家吹风造型，可以说吹风机功率越大对头发的伤害也越大，一般来说500～700W的风筒最适于居家造型。高瓦数的吹风机虽然造型效果好，但热风冷风相结合：用吹风机造型时，要在吹出造型上时马上用冷风定型，才不会损伤发质；风筒口离头发要保持10公分的距离，不能在一个地方长时间地吹，头发表面的鳞片要边吹整边梳理才顺滑有光泽。

二、妆面设计师职能

妆面，即面部化妆。据传，我国在西周时，就有妇女"傅粉以饰面"的妆饰。春秋战国时，将粉染成红色，著于颊上，以修饰面容。之后，又产生了许多脂、粉、膏、泽之类的化妆品，于是，涂脂擦粉、点胭注膏便成了古代妇女装饰的一部分。随着社会的变迁，风俗的易化，以后把金翠珠玉经加工后，再剪、刻成各种图形贴在面上，便产生了"金钿"、"翠叶"等面饰。

在给顾客做妆面设计之前，应先明确顾客的皮肤、五官的特征，以及顾客的设计诉求。

（一）皮肤分类及特点

通常，我们把皮肤分为三种，即油性、中性和干性。但从医学美容的角度，可以将皮肤分为六种类型。

1. 油性皮肤

油性皮肤的特点是皮肤粗厚，毛孔明显，部分毛孔很大，酷似橘皮；皮脂分泌多，特别在面部及T型区可见油光；皮肤纹理粗糙，易受污染；抗菌力弱，易生痤疮；附着力差，化妆后易掉妆；较能经受外界刺激，不宜老化，面部出现皱纹较晚。

2. 中性皮肤

皮肤平滑细腻，有光泽，毛孔较细，油脂水分适中，看起来显得红润、光滑、没有瑕疵且富有弹性。对外界刺激不太敏感，不宜起皱纹，化妆后不易掉妆。多见于青春期少女。皮肤季节变化较大，冬季偏干，夏季偏油。三十岁后变为干性皮肤。

3. 干性皮肤

肤质细腻，较薄，毛孔不明显，皮脂分泌少而均匀，没有油腻感觉。皮肤比较干燥，看起来显得清洁、细腻而美观。这种皮肤不易生痤疮，且附着力强，化妆后不易掉妆。但干性皮肤经不起外界刺激，如风吹日晒等，受刺激后皮肤潮红，甚至灼痛。容易老化起皱纹，特别是在眼前、嘴角处最易生皱纹。

4. 混合性皮肤

同时存在两种不同性质的皮肤为混合性皮肤。一般在前额、鼻翼、部（下巴）处为油性,毛孔粗大,油脂分泌较多,甚至可发生痤疮,而其他部位如面颊部,呈现出干性或中性皮肤的特征。

5. 敏感性皮肤

皮肤细腻白皙,皮脂分泌少,较干燥。其显著特点是接触化妆品后易引起皮肤过敏,出现红、肿、痒等。对烈日、花粉、蚊虫叮咬及高蛋白食物等也易导致过敏。

6. 问题性皮肤

患有痤疮、酒糟鼻、黄褐斑、雀斑等在生活中影响美容,但没有传染性,也不危及生命的皮肤,统称为问题性皮肤。

(二)五官特征及分类

每个人的五官及其分布位置都各不一样,散发出的风格当然也各不相同。有的人给人感觉很文雅,有的人则是看起来很开朗或很悲伤。就算是同年龄的人,有的人感觉就很年轻,有的人感觉很老气。

从整体上来看,人的五官大致可分为三种类型。

1. 标准型

此类人五官符合大众审美,鼻子挺直,眼睛深陷,嘴唇丰满。给这类人化妆时若无特殊要求,淡妆即可。

2. 五官过于突出

此类人常常是眼球过于深陷,鼻子过于挺拔,颧骨过高,嘴唇过厚。给这类人化妆应尽量淡化其突出的特征,如眼影可选用较浅的颜色,鼻梁无须用浅色粉底,也不必突出颧骨,唇线可略往里收。

3. 五官过于扁平

五官过于扁平的人从侧面看鼻子不够挺直,眼球相对突出,嘴唇过于单薄。化妆时可选用深色系的眼影,使眼窝更为明显,鼻梁和鼻翼处的粉底颜色可以拉开,唇线可略往外扩张,使嘴唇相对饱满。

(三)妆面设计原则

1. 日妆

日妆也称生活妆、淡妆,用于一般的日常生活和工作。日妆常出现在日光环境下,化妆时必须在日光光源下进行。妆色宜清淡典雅,自然协调,尽量不露化妆痕迹。

2. 晚妆

晚妆一般也被称为宴会妆,用于夜晚、较强的灯光下和气氛热烈的场合,显得华丽而鲜明。妆色要浓而艳丽,色彩搭配可丰富协调,明暗对比略强。五官描画可适当夸张,面部凹凸结构可进行适当调整。晚妆可藏缺扬优,掩盖和矫正面部的不足。化妆浓重而立体是晚妆的最大特点。

(1)妆色浓艳

由于晚间社交活动一般都在灯光下进行,且灯光多柔和、朦胧,不易暴露出化妆痕迹,反而能更加突出化妆效果。如果妆色清淡,就显不出化妆效果。因此,晚妆应化得浓艳些,眼影色彩尽可能丰富漂亮,眉毛、眼形、唇形也可作些适当的矫正,使其更显得光彩迷人。

(2)引人注目

晚间化妆,一般是出于应酬的需要,处在一种特定的环境中,它给化妆创造了一种愉悦的心境和良好的氛围条件,能使人产生一种梦幻般的感觉,这是施展个人化妆技能的极好时机。因此,化晚妆时可在不超越所允许的范围内,充分发挥自己的想象力,把自己打扮得更加漂亮,更具磁力,更引人注目。

(3)清晰明丽

由于晚间灯光比白天弱,妆面要化得比白天清晰、明亮些,否则就达不到化妆效果。

3. 舞台妆

舞台妆相对于晚妆来说,应该更加夸张、突出剧情中人物的特性。与日妆、晚妆完全不同的是舞台妆可以不用过多考虑化妆对象本身的特性,而应多多遵循剧情人物特征。

还可以用各种手段完全改变某些部位,如加高加大鼻子,使整个脸形变胖一圈等。

(四)妆面色彩设计

妆面的色彩设计应根据设计对象不同时间、场合需求而整体策划,再进一步做深入细节设计。

1. 底色设计

妆面的底色可以根据设计对象本身肤色的冷、暖色调来设计,肤色偏冷的顾客选用的粉底颜色也应该偏冷,反之则应用暖色系粉底。也可以用现在很流行的偏棕的底色来做出完全不同效果。

2. 色彩搭配

妆面的色彩搭配可根据日妆、晚妆和舞台妆的不同需求而定。通常日妆多选用邻近色彩,这样使得妆面具有层次感而又较为含蓄。如,咖色系、粉色系等。晚妆则适合用对比色表现。如,红色和绿色、黄色和紫色。舞台妆可以选用在色相环中完全处于对立位置的补色,来表达更为强烈的效果。如,黄色和蓝色。

3. 色彩统一

在设计妆面时,用各种同类色、对比色和补色搭配,把握好色相的冷暖关系。其中最重要的是将各种色彩统一起来,使得整个妆面显得协调。

4. 前卫妆面

在很多场合都可以给设计师充分发挥的余地,如晚妆可以化成夸张的烟熏妆来突出哥特风格。再如化装舞会中,设计师可以充分发挥创造力,根据特定的角色将设计对象化妆成为猫女、法老、外星生物等各种不同角色。

(五)妆面素描调整

任何一种色彩都有色相、明度、纯度三个特征,三者同时存在,密不可分。在化妆面时,虽是用各种颜色来化,其实是在找色彩的素描关系。

1. 底色明度分布位置和立体感设计

为了让脸部看起来更有立体感,可以使用高光粉。特别是要上镜的妆面和在灯光比较暗的环境下高光是必不可少的。

化完妆后在 T 字部位刷上高光粉,也就是在我们的眉骨周围和鼻梁上、下眼睑部位擦,这样可以让整个妆面更加完美,而且对于鼻形高光粉也可以起到强调轮廓的作用。

先在鼻侧涂上灰色的阴影粉,当然只要起到一点阴影的作用就好了,不可过于明显。调整好鼻子的轮廓后在鼻梁上擦上高光粉。圆脸形的和下巴不够尖的,也可以在下巴处擦上一点高光粉,这样也会在视觉上让下巴更尖一些。

2. 如何用重色提神

在妆面的多处可以用重色提神。如,在眼部造型时,可以用眼线适当地矫正或夸张眼睛形状,线条可适当加粗。再如做唇部造型时,可以先用粉底或遮盖霜涂敷在唇的边缘,用唇线笔勾画轮廓,也可矫正或夸张唇形。

3. 白色提亮

白色提亮就像绘画中的高光,在做眼部造型时,可以在眉骨处扫上珠光白等高亮的颜色,增强眼部的凹凸结构效果。

(六)妆面装饰细节设计

在做妆面造型设计的过程中,有一些小工具可以使细节做得更精致。

1. 双眼皮贴

双眼皮贴可以将单眼皮打造成为双眼皮,也可以起到对称的作用。很多人的眼皮都不对称,有的一双一单,有的一边双一边多层。双眼皮贴可以很轻松地将双眼做成对称造型。

2. 透明眉定型液

散乱而无型的眉毛,要用修眉剪刀和眉毛钳进行修理,之后再用透明眉定型液来梳理眉毛走向。用透明睫毛膏沿眉头至眉梢的方向抹刷,调整眉毛走向。瞬间给眉毛增加醒目效果。也可用透明睫毛膏代替透明眉定型液。

3. 假睫毛

假睫毛比睫毛膏更能夸张睫毛的长且浓密的效果。粘贴假睫毛时要与自身睫毛浑然一体。

4. 贴片

就像中国唐代和西洋洛可可时期流行在脸上、身上贴花钿和痣一样,现在也有各种形状的小贴片,可以根据造型设计需求贴在脸上或身上。

5. 带色博士伦

改变黑眼球的颜色,带有颜色的博士伦不仅可以使其更加黑亮,还可以使其变成蓝色、黄色、绿色……

三、形象咨询师职能

形象咨询师主要是从个人整体风格、色彩、搭配等方面着手,为顾客提供此类咨询服务。

(一)发式、妆面和服装的协调

发式、妆面和服装的协调是整个形象设计中很重要的一个环节。这三个部分即使单独看每部分都做得尽善尽美,但若放在一起不协调,是犯大忌的。

咨询师应在顾客做妆面、发型和挑选服装之前对其有一个整体风格的定位。在发型和妆面完成之后,咨询师应有能力对其局部做一些调整,并做好服装、配饰的搭配。

1. 色彩呼应和节奏对比

色彩与服饰的颜色协调,应注意以下几点。

(1)穿着浅色如粉色系列的服装,在化妆时色彩应该素雅,与服装的颜色一致。

(2)着深色单一色彩的服装,可选择邻近或同色系的彩妆搭配。比如着绿色或 蓝色服装,可选择对比色系的彩妆,如大红色、橙色来搭配。

(3)着黑、灰、白颜色的服装,可选择较鲜艳、较深、无银光的彩妆来搭配。

(4)着红色系有花纹图案的衣服时,可选择图案中的主要色彩或同色系但深浅不同的色彩来搭配。

(5)穿着有花纹图案的服装,其中主要色彩是蓝、绿系,则化妆色彩可采用对比或对比同色系的色彩来搭配。

(6)眼部化妆的色调,可选用与服装相同或对比色来搭配。

此外,把握色彩的面积大小和出现的频率、位置是控制节奏的关键因素。如盘头的发簪、口红和下半身的一字裙、小巧的手包都选用同一种红色,发色、眼影和上衣选用黑色。

在做完发式和妆面之后,着装和配饰是整体人物造型中接下来的工作环节。

2. 选择成衣和搭配设计

成衣的风格在最初已经确定,此时应在总体思路的指导下逐一完成。如,发式和妆面都选择较为刚性、硬朗的造型,则应选择直线条的服装以及硬朗风格的项链、手镯等。若发式和妆面棱角不太分明,则可选择较圆造型的服装进行搭配。再如,简单的发式和妆面,搭配简单线条的服装,此时可以选择较为引人注目的项链来形成焦点。

此处的服饰主要指箱、包、鞋、帽等。虽然从整体上看,服饰品占的面积不大,但可以起到点缀的作用,是整体造型中重要的组成部分。如,黑色盘发、烟熏妆和黑色晚礼服搭配一个金色晚礼包,可谓万黑丛中一点金。再如,选择盘发、露肩小礼服的造型,则可以搭配长款手套。

(二)配饰选择指导

饰品是建立在服装设计基础之上的产

品,起着衬托服装及着装者的作用。所以,饰品选择与应用设计与其搭配服装用途和佩戴者出席的场所密不可分。

1. 高档社交场所饰品特点

年龄在 28~45 岁,拥有高收入的成功人士、演艺界明星崇尚自由舒适的生活,追求高品位,喜欢逛高档购物场所,并经常参加私人及商业聚会,对产品的设计和品质有很高的要求。针对这部分人的交际场所需求,饰品应给人一种雍容华贵的感觉,其特点应是华丽、夸张、炫耀,追随时尚潮流,用料上乘,工艺精细,能够体现其高尚的品质,有较高的设计含量。

2. 高级白领职场饰品特点

年龄在 25~35 岁,拥有高收入的职业经理人、高级白领、私营业主等受过高等教育,崇尚自由舒适的生活,追求高品位,喜欢品牌产品,与众不同,经常参加商业聚会,经常出入高档购物场所、影剧院、咖啡厅等。既需要满足个性的要求,又需要体现职场的需求,职场白领对产品的设计和品质有较高的追求。职场饰品适合在办公室、休闲场所等多种场合佩戴,可与经典名牌的职业装、商务休闲装搭配,能给人一种成功自信的感觉。

3. 生活化休闲饰品设计特点

生活化休闲饰品适合年龄 25~30 岁,拥有较高收入的女性。她们崇尚舒适美好的生活,喜欢装扮自己,经常参加私人聚会,喜欢逛街、旅游,对产品的质量和价格有较高的要求,在可以承受的价格空间内选择自己喜欢的物品。她们多为公司职员、个体经营者,曾受过中、高等教育,喜欢款式好看,价格合理,质量优良的产品。生活化休闲饰品较适合于

家庭休闲或上班时使用,与休闲装或普通工装相配,款式柔美精巧,富于变化,给人赏心悦目的感觉,能够体现佩戴者的性格和爱好。

4. 个性化饰品特点

此类饰品适合年龄 25~35 岁,拥有较高自由收入的女性。她们多为自由职业者、艺术创作人员,是流行时尚追逐者。她们喜欢装扮自己,有独到的审美观点,有较高的文化体验和追求,经常参加私人和文化聚会,喜欢在酒吧、迪厅等场所交友。她们喜欢自由、松散的生活方式,有独特的生活认识,对产品的质量、款式和工艺有较高的要求。个性化饰品适合于迪厅、酒吧或郊游等场所佩戴,常与牛仔服或个性休闲服装搭配,给人与众不同的感觉。产品前卫,个性粗犷、夸张,能够体现佩戴人群独特的个性特征。

(三) 流行与形象设计

人物形象造型的整体风格和各种细节都是在受到流行趋势的影响下不断变化的。

1. 发式、妆面、服装、饰品同时变化

在当今多元化社会,我们可以同时接触到多种流行风格。在同一类风格中,发式、妆面、服装、饰品都是自成体系的。如,哥特风格的妆面绝不可搭配波西米亚的裙子或手包。整体风格的变化是在每个细节的变化中体现出来的。

2. 创造流行

我们每个人都可能成为流行的创造者,根据自己的个性、特征选择适合自己的风格。穿出自己独特的风格和美感,能够影响周围的人,带动一方流行。

第十三章　服装设计师性格与入职准备

第一节　服装设计师双重性格——异想天开与脚踏实地

一、热爱生活是设计原动力

（一）本原服装情感意义

在一贫如洗的少数民族村寨，当你询问村民其民族服装来历时，他们都会满腔热情地向你讲述关于服装的故事。笔者在20世纪80年代末的少数民族采风中深深感受到，生活在艰苦条件下的人们对于服装心理上的依赖和需求。因为服装记载着人们最热烈的情感，这里面既包含着男女之情，也蕴含着母子之爱。人们通过花鸟鱼虫、寓言传说、民族的图腾和徽记表达对于美好生活的憧憬。从斑斓的服装色彩上，从精美绝伦的手工刺绣中，我们看到的是人们通过衣服展现的内心独白，服装对于他们来说，不仅是遮风避雨的铺盖，还是女子在嫁人时可以荣耀的嫁妆，还是妈妈对孩子最深爱意的表达。在广西金秀县大瑶山里的"花篮瑶"（瑶族支系）妇女每天早晨出去劳动之前，都要穿戴整齐，背上花竹篓，一路和人打着招呼去地头干活；干活时再换上破旧的衣服；劳动休息间还不忘绣花缝衣；收工时也要换一套回家的"路服"。花篮瑶居住的寨子没有多少人家，他们在山路上遇到的人也寥寥无几，然而服装为他们带来了自娱、自尊和自信。这是其他任何方式所不能代替的。在不同的场合穿着不同的服装，已成为他们生活中重要的内容。他们对于着装的热情，体现着对生活的热情、生命的热情。这种热情打动了所有去过少数民族山寨人的心。这种热情给予了每一个服装研究者以巨大的动力。

（二）设计师必备热情

对于生活的热情也是每一个学习服装设计的准设计师们必备的基本素质，是必须始终保持的人生态度、工作态度。保持热情是健康的标志，它是服装设计的原动力，它可以呼唤无限的设计潜能，产生无穷的创造性，也是服装设计师设计生活、设计生命的重要手段。

一位日本心理医生在探讨人的基本心理需要时，举过这样一个例子：一个身患绝症、饱受病痛折磨的妇人，在对生命丧失了信心之后，她拒绝亲人的照顾、服药和进食。但当好友带来了她最喜爱的和服时，她的眼中却有了神采，脸上露出了微微的笑容，这使得在场的人都迷惑不已。心理医生经过分析和研究得出论断：病人在和服上寄托了最为真挚和美好的情感以及对生命的迷恋。此时的和服已超越了物质上的作用，成为人最好的精神寄托。这也正是服装设计师所追求和希望的。

二、服装设计师必"异想天开"

（一）跨越性与超越性

服装设计师的"异想天开"表现在对于最

新科学技术成果的关注和应用的热情,无论其是否属于服装或纺织领域之内,跨越领域的尝试,常常碰撞出更灿烂的火花。

异想天开是具超越性的,其形式、内容往往在服装领域为异端、怪端。因此,需要多学科的协同合作,服装设计师的异想为不断开拓的高科技研究提供着新的课题和新的方向。

(二)阶梯式与跳跃式

服装的发展就是在这样的阶段性、阶梯性的特征中完成的。其中,服装设计师的异想天开作用是原动力,是高瞻者的指引,是试图改变人们观念、消费和生活的原创。

一位西方的社会学家在刚跨入 21 世纪的一次被采访中,当记者问到如果仅有一个愿望是什么? 学者回答:最希望通过一本畅销的时装杂志来了解百年之后下个世纪的社会变化。因为女人的着装形象地呈现着时代的变迁、科技的发展、生活观念的更新、社会审美的变化。人们的着装是整个社会全方位变化的缩影。人类着装的变化看似自然容易,但却是最难预见的。人类着装的改变是阶段性的、跳跃式的,其速度之快往往是人们始料不及的。服装设计师应是走在时代前面的人,是具有最扎实的审美素养和敏锐时尚感受力的人,他们最能够揭示大众内心的所思所想,并将其淋漓尽致地展现出来。

服装设计师应该是最勇敢的人,在设计状态中无视规律、无视秩序,不受任何戒律的束缚,异想天开,胆大妄为,成为创造新世界的先行者。

三、服装设计师必脚踏实地

服装设计师并非空想家,而是实干家。服装设计的原定义即具有将服装按设想实现计划全过程的意义。服装设计师的异想天开是需要成为现实的,需要经历将不可能变为可能的过程,需要脚踏实地的基础和前提。

(一)以掌握服装学科知识为根本

服装学具有综合性学科的性质,它具有系统和发展的学科特点。首先,服装具有物质属性。服装的物质属性表现在其构成的元素上:材料、色彩、款式、结构、细节等。服装被人穿着时具有造型、形态的特点。研究服装的物质性需要严谨的思路和务实的作风。

1. 服装形成过程具有很高技术含量

通过对服装材料的扩散与重新组合,使其具有对人体的包容性;通过打板、剪裁与缝纫,使之适合人体体型的曲面特征;同时对服装裁片施以物理的、化学的工艺方法与手段,改变其局部的形状与性质。与此同时,还需要实现服装的理想造型与穿脱方便和穿着舒适的综合目的。服装是人类生存赖以解决的生理需求之必须。

2. 对于着装人的研究跨多学科

服装是为人所穿用的,研究人即着装者是非常重要的、颇具难度的。

人的客观条件是需要研究的。例如,人的静态体型特征、结构、肤色、毛发等;又如人的动态特征,各关节活动量;再如,人的生命特征:呼吸、出汗、舒适性指标等。

对于人的客观条件的研究是完成服装功能性设计的重要依据。对于人的主观条件更需要研究。人的生活是多层面的,每一生活状态的着装又是多种多样的。不同人在不同时间、不同地点和不同场合及达到不同目的所选择的服装是不可能相同的。人的主观需要是不断变化着的,人的着装现实与实现自我价值相关,其中包括自娱、自赏,又包括对他意识、社会意识,即道德、风俗、法律等。人的着装心理是复杂的、多变的。对此研究的过程无疑对于服装标识性、象征性,即审美性设计有着重要的、决定性的作用。

服装具有的精神性意义是不可忽视的。人类的生存不仅仅需要解决生理的基本需求,心理的需求也具有同样的意义。服装同时也是人类赖以生存的心理需求之必须。研究服装的精神意义同样需要服装设计师对生活的细微地体察。

3. 赋予服装健康美的灵魂

爱美之心人皆有之,服装审美的本质是通过服装体现人的生命健康美、生活健康美,而不是无病呻吟、矫揉造作。服装设计师虽然可以利用形式法则理性地完成服装审美,然而,必须给予设计作品以灵魂,否则不可能创造出带有生机勃勃的、无限魅力的动人之作。

服装审美是不断变化的,任何法则都可以打破和反叛。审美时尚在流行的变化中不断改变着,服装美的设计永无止境。流行也是有规律的、可把握的。服装设计师不仅是流行的追逐者,而且应该成为流行的驾驭者和引导者。

4. 沟通、表达能力是不可忽视的

在当今社会中,人与人的合作需要紧密而快捷。设计的实现靠团队所为。服装设计师的表达方式除需要语言和文字之外,还需要利用绘画的技能绘出彩色效果图,利用制图的方式准确地表现服装的结构、工艺和局部处理方法,用以指导服装生产各环节工人的工作,以及对于服装材料采购和销售环节的指导作用。

5. 对于服装的历史必须了如指掌

了解历史是诠释今日的依据,而且人类的发展同样是脚踏实地的。人类服装的发展是在历史和今日的推动下完成的。在今后的生活中,历史可以再现,新与旧、时尚与传统是相辅相成的,服装在绝对变化的过程中具有规律性,并且依循着不变的人的基本着装动机和人体适应性原则。

6. 了解商品运作环节和规律,掌握市场

服装在现代社会中不仅表现为人穿着的一面,其商品属性亦甚为突出。因此,服装设计师必须更透彻地了解服装商品运作的环节和规律,掌握市场,从立足于服装市场的角度出发去思考服装设计的每一个环节。服装设计师对于服装的价格预算,流通环节设计及服装商品陈列,服装展示设计都应该付出满腔热情,并且以全面的思维方式和科学的知识结构应对服装市场变化,最终达到服务消费者的目的。

(二)以联系多学科知识为基础

服装学与其他学科的交叉和渗透是十分普遍的,一名成功的服装设计师必须在掌握服装学核心知识的基础上广泛地涉猎其他学科的内容。只有站在众多学科的高度和交叉点上理解和认识,才能够真正学懂和掌握服装学的核心知识。

1. 从服装的物质性出发

服装材料是服装设计师使用的对象,而站在交叉学科的高度,著名设计师三宅一生从研究和创新纤维开始,创造出带有普利兹(pleets)褶的材料,从而完成了体现东方的衣概念的系列服装造型,不仅赢得了市场,而且征服了无数不同国界的业内人士。如此成功的服装设计师亦不胜枚举。服装材料学离不开纺织材料学基础,服装色彩学离不开色彩学基础;服装机械原理、服装制图学、服装市场学、服装结构造型学,同样是以机械学、机械制图、市场学、人体工学为基础而独辟蹊径。在信息时代中,掌握计算机相关操作技能已成为服装设计师之必须。

2. 从服装的精神性出发

服装的精神性同样是以人类学、民族学、经济学、历史学、美学、流行学等学科为基础,发展出服装美学、服装流行学、服装史学等。

有些服装设计师下意识地将日常的设计品种作为设计界限,从而使自己把握的内容越来越少,设计思维越来越窄。如今,社会生产的发展产生了社会化职业细分的趋势,服装设计师的职业也越发细分。往往一名设计师在某个服装企业设计某一种风格的服装,或者某品种鞋、包。产品的局限之下,不应该成为服装设计思路的制约。

服装设计的成功在于服装设计师设计概念的科学性，而并非是对单纯的设计元素的把握。而服装设计概念的科学性建立在服装学科综合性的根本之上，建立在与众多学科相互联系、相互约束的基础上，服装是与人类关系最紧密的物质形式。人生活的众多层面以及所涉及的知识都是服装设计师需要关注和学习的内容。服装设计师脚踏实地的作风使异想天开得以实现，而且使异想天开有根据、有信心，并非无源之水，并非痴人妄想。

（三）注重细节　决定生存

服装设计的全过程中，有异想天开、大刀阔斧的思绪，有创造浪漫的手段，然而在具体方案确定和落实的过程中，实际上是一遍又一遍的斟酌和定夺，一遍又一遍的调整、再调整，服装设计是取和舍的选择，是度的把握，是分寸的掌控。服装的统一美出自调整，服装风格的产生往往就在取舍中，服装的动人之处就在于分寸之中、尺度之中。服装的构成是严谨的，所有细节都需要设计到位，有些服装设计师仅仅将某些突出的元素加以设计，而将很多问题交给他人自行处理。例如，将材料的选择工作交给采购人员，将辅料的搭配交给年轻人，将裁剪、制板、缝制和锁缀工作交给服装加工人员，如此设计怎样达到原设计预想？除非原设计预想是模糊的、不确定的，除非作为设计师的知识结构是不合理的，设计理念是欠缺的，设计方法是不全面的。总之，如此的设计师是不称职的。正是因为这种不称职的存在，我们才需要学习，需要规范，需要完成多种性格的集于一身。

服装设计师的工作是惊天动地的，同时又是最普遍、最平凡的；服装设计过程即浪漫、美好，同时也琐碎、繁杂。服装设计师必须细腻、周密、事必躬亲，将千万变化把控于掌握之中，服装设计师是最辛苦之人、最严谨之人。真正优秀的设计作品必然以细节取胜。

第二节　　准服装设计师入职准备

一、客观与主观准备

准服装设计师职业准备应从两方面入手，即职业人才市场的需要和设计师自身条件的具备。当两方面碰撞并且产生火花之时，机会即形成了。

（一）人才市场咨询

市场即人才市场，人才市场的信息渠道是很多的，应该在最短时间内掌握大量信息，并进行分析、筛选。

首先需要了解服装设计师职业的种类、相关工作，尤其关注新型服装设计师的市场正随着中国经济乃至世界经济的发展而不断涌现出新的职业形式。

处于信息时代，各种渠道的职业信息，人才信息是很丰富、快捷的。

1. 网络

现在大型的人才招聘网站繁多，不同类型、层次、针对不同对象的网站层出不穷。甚至绝大多数的门户网站已经开辟了独立的招聘专栏。现阶段较为热门的网站有智联招聘网、528招聘网、中华英才网、51job网、前程招聘网等。就服装专业来讲，已经成立的有服装人才网等专业性网站。如，中国皮革网、中国服装网等。学校内的人才信息告示、网站等。

对于现在的网络时代，网上招聘和应聘不失为一个经济又实惠的方式，你只要到相应的网站上，根据网页的要求将自己的信息填写完整，简历填写清晰并存储，就可以根据自己的需要进行电子文件的投递,既方便又快捷,同时可以完整地了解多家公司,并进行对比。并且,很多网站根据需求可以同时填写多份不同意向简历,这样就可以扩大就职面,活跃思路。

当然,在填写电子简历时,一定要使自己的简历编写得较为实用。用人单位发布了招聘启事后,每天都会收到几十份到几百份甚至几千份的简历,他们没有足够的时间去逐个筛选,通常发现有一到两个点不满意就把简历翻到下一个了。所以在填写简历时一定要先明确自己的职位意向,并在仔细阅读用人单位的招聘启事后,根据实际情况投递。求职简历千篇一律投递,只会无功而返。

2. 报刊

人才招聘信息较集中的专业报刊有《服装时报》信息版、《中国服饰报》信息版等。

3. 人才招聘会

用人单位寻找人才的方式也是准设计师寻找职位的机会。例如,集中的人才洽谈会,学校内的用人单位招聘会,来自于师兄、师姐的服务单位的信息等。

(二)立志要及早 择业需提前

一个学生走向职业就是走向社会,走向市场。学习服装设计的学生在完成学业时需要思考许多问题。如何选择职业?包括职业方向、职业地点、职业的具体位置等。择业如同一个系统工程,需要认真做好准备,因为机会总是偏爱那些准备好的人。

服装设计师的具体的位置如同社会坐标中的一个点。希望成为服装设计师并且占据此位置的人必须首先确定目标,并且朝此目标努力。成功者肯定需要经历许多困难、障碍,遇到众多竞争者。争取的过程也可能直接,也可能走迂回之路;争取的时间或长或短不尽相同。有些人在此过程中忽然发现自己所定的目标并不那么重要了,于是随遇而安,改变初衷;有些人不断地从感性到理性调整

着,将可能性、可行性放在第一位;还有些人不改初衷,朝着既定的目标职位付出不懈的努力。

对于初出校园的准设计师而言,做好职业准备是应该在学校期间就必须着手进行的综合作业。这份作业不用交给某一位教师,当踏出校园以后,作业仍在延续着。它是由两部分组成的,一份留给自己,它记录着人生重要的思考;另一份作为求职资料可以影响所求职业的决策人,充分展示你的职业思考和职业能力。有无职业准备,在人才市场上所遇到的境遇是不同的,尽可能客观地剖析自己,尽可能客观地认识职业需求,尽可能准确地定位职业目标,通过职业准备力求职业之路走得坚实、稳妥。

职业准备不仅仅需要在入职之前认真去做,而且在入职之后的初期阶段也要认真完成,因为准服装设计师进入角色,进入工作状态需要完成这一必须阶段。

(三)调整择业心态

1. 摆脱矛盾、勇敢面对

仅仅为了赢得信息、赢得时间而四处奔波,疲于洽谈的方式是不可取的,有些人在几个招聘会中,看到求职者的人海和岗位的短缺,以及用人单位坚持的不可能达到的条件。例如,应聘者必须具备两年以上工作经验等。求职的疲惫和沮丧使得热情大减,甚至有些人的职业信心也随之动摇。因此,在四处奔波之前,需要从多方面做好自身准备。

面对择业,大学生的心理是复杂多变的。一方面为自己即将走向社会,将自己所学的知识和本领奉献给社会,实现自己的人生价值而感到由衷的高兴;另一方面也常常表现出矛盾的心理。所以调整好择业心态,做好充分的心理准备,积极参与竞争,勇敢地迎接挑战,在择业过程中是非常重要的。

2. 知己知彼贴近目标

大学生择业要知彼知己。知彼就是要了

解择业的社会环境和工作单位,正确认识面临的就业形势,了解社会需要什么样的大学毕业生。知己就是实事求是地评价自己,对自己有个正确的认识。要客观、正确地认识自己德智体诸方面的情况,自己的优点和长处,缺点和短处,自己的性格、兴趣、特长。要明白自己想做什么和能做什么,社会又允许你做什么。只有这样才能逐步进入择业角色,贴近择业目标。

3.择业五要

(1)选择适当的就业目标。一个人的择业目标应和本人具备的实力相当或接近。

(2)避免理想主义,及时调整就业期望值,不刻意追求最满意的结果。

(3)避免从众心理,一切从自身的特点、能力和社会需要出发,不与同学攀比。

(4)克服自卑、胆怯的心理,树立自信心,树立敢于竞争的勇气。

(5)不怕挫折。遇到挫折,不消极退缩,采取积极的态度,勇于向挫折挑战。

(四)增强求职信心

审视自己的能力、知识结构、特长;审视自己的性格,与人沟通的能力,与人合作的能力、责任心等;审视自己的偏爱,在浩瀚的服装世界中,各类别服装风格是迥然不同。例如,晚礼服或街市休闲装;中老年套装或少女装等。每个人肯定有自己的偏爱。只有具备好感时方可投入设计的热情,热情的设计方可传递给消费者感情,才可打动消费者。

即使不能确定偏爱,也可以分析出自己的不爱或者某种不适合,从中找出可能喜欢的方向或范围。

审视自己的目的在于最大程度的客观性评估。从而进一步调整自己的职业目标,使争取的职位可能性大大增加,求职的自信心大大增强。

审视自己的目的在于中、长线地进行职业思考,不应把求职看成急功近利的事。因

为匆匆的入职会带来很多麻烦,而成功必然是短暂的。更何况没有准备的入职成功概率是很低的。

二、锁定目标、主题调研

锁定目标职位具有主动性和被动性两种类型,而且两种类型也相辅相成。所谓主动性职业目标的锁定,一半出于偏爱加可能;而被动性目标职位的锁定,机会第一。由于种种原因而形成机会,而且此机会在自己喜欢的职业范围之内。

职位目标被锁定之后,立即去递简历洽谈是不可取的,除非时间紧迫到不允许做实质性准备的程度。

实质性职业准备是指职业准备的核心内容和围绕核心内容展开的专题调研。

(一)目标企业状况调研

假如目标职位是某一品牌的服装设计师或者助理服装设计师,那么调研专题便随之产生了。应先了解品牌基本概念:

1.目标市场、目标消费群;该品牌的历史、品牌文化、品牌形象、品牌风格、经营范围;

2.经营该品牌产品的商店位于本城市的位置、特点、销货状况;

3.品牌产品货场的装修特点、氛围与大商场的关系;

4.品牌产品货场的货品摆放特点;

5.本季的产品结构、产品数量、产品搭配特点;

6.该品牌本季产品的材料和辅料特点及搭配,畅销款具体样式、细节设计特点;

7.该品牌本季产品的主色系及装饰色特点;

8.该品牌本季产品的设计主题及设计概念分析;

9.该品牌上一季、再上季产品信息及销

售情况；

10．寻找和分析该品牌的榜样品牌和主要竞争品牌；

11．该品牌的榜样品牌的全部信息；

12．该品牌的竞争品牌的全部信息。

（二）目标岗位特点调研

几乎每家企业、公司对于服装设计师职责的要求是多种多样的，各不相同。因此，主题调研是不可或缺的，是很有必要的。

对于初始进入角色的服装设计师而言，职位的考验是严峻的。一般三个月的试工期结束之时，能者留而欠缺者去，人才市场的检验是客观的、无情的。准服装设计师的职业准备是直接的成长过程，是不可忽略的。

在服装设计师岗位上还存在如此现象，即当岗位确定之时，此岗位的职能会随之确定。为此岗位招聘的过程是"因事设人"。但是，当某个人承担此职责时，由于个人风格、能力、智慧、办事节奏等存在较大的差异，因此，工作的管辖范围也会出现不同的延伸。工作效率也不相同。每一位服装设计师的工作实质上的差异很大。在企业的日常运作过程中，工序的链接是连续的，工作运转则正常。服装设计师岗位不可缺少，个人的能力和主观能动性在不断运转中发挥着积极的作用。此时，可以表现出此岗位的"因人设事"。因此，当企业招聘特殊人才，或高级人才时亦有爱才、惜才而因人设事。有目的地培养新人或亲朋也可能如此。服装设计师的不断成长、成熟，也表现在对于工作职责的加强和逐渐形成的不可替代的作用和个人的人格魅力。服装设计师的成就是不可估量的。在职业准备的内容中，除了适应岗位要求所做的准备之外，延伸是不受限制的。

（三）目标工作职责解读

1．接触顾客入手

某些品牌企业的服装设计师刚刚进入岗位时，主要的工作是直接接触顾客，到产品销售货场卖货。因此，货品摆放陈列、货品搭配的能力是马上派用场的。在货场中，设计师每天与物打交道，与人打交道。对于产品的风格、款式特点、规格尺寸、色彩系列的认知会在不长的时间内完成；对于顾客的心理、购物的情绪、试穿的要求，产生直接的认识，对于主要顾客群的年龄、职业、经济能力、性格特点、穿着习惯等达到某种把握；对于本品牌的营销策略及特点形成基本认知；对于本品牌货场和其所在的商场氛围、装修风格、客流量、周边货场的经营内容、品牌风格等形成较完整的理解；对于自己企业的货场负责人及同仁们的合作达到和谐与融洽。

如此方式现在已被许多品牌企业认同，他们对初始进入服装设计岗位的人在货场实习的时间与工作形式也不尽相同。有些企业还要求服装设计师必须在货场工作满一年，并且必须有能力做到店长的位置，取得较熟练的货场经验方可以真正负责产品的设计开发工作。

2．生产环节入手

有些企业的服装设计师需要从熟悉产品开始，但是最初的工作方式却不尽相同。从产品生产环节入手，也可以使服装设计师对于产品的认识更加细微、全面。具体工作往往是"跟单"，协助抄写"生产通知单"，或协助验收产品的工作。当企业在一季节的服装设计工作基本结束之后，被选用的设计款则被确定为产品，按照产品的生产流程进入生产阶段，直至产品完全合格地生产出来，并且被验收，进入流通环节。在这一过程中，为了确保服装设计的意图正确、完整地被生产环节贯彻实施，往往需要服装设计师编写生产通知单、"跟单"和验收产品。此项工作某些企业可能让有经验的职工执行。

3．材料入手

有些品牌企业要求刚刚入职的服装设计师跟着有工作经验的服装设计师做辅助性工

作。例如,跑面料市场、选择料样、搭里布、配扣子、找辅料等。从服装的材料供应市场入手,从熟悉材料、辅料开始,从熟悉自身企业到各种材料市场的路线开始,从学习与面料、辅料供应商打交道开始。

如此做法常常被许多品牌企业所使用,其目的在于使服装设计师从开始工作之日起便认识到在产品设计中材料是最重要的。训练一双慧眼从材料中寻找灵感,寻找新鲜感,寻找卖点。

4. 单品设计入手

有些品牌企业直接考察刚入职的服装设计师的单品设计能力。他们将面对一块块公司曾经使用过的面料或纺织品推销商拿来的面料,并且被告知此季节本品牌的设计概念和设计主题,然后拿起画笔,在短时间内画出一款又一款服装样式的效果图。一沓沓的效果图被一张又一张否定,有些图则被一次又一次修改。许多环节将给他们的图纸提供宝贵的意见。例如,营销人员、成熟的设计师和领导。

5. 全面服务

特色时装店大堂设计师的要求另有特点,直接面对顾客、为顾客设计样式的服装师必须首先具备与顾客交流、沟通的能力。要在较短时间内了解顾客的需要、心理;目测顾客的气质、体型、体态;与顾客交朋友,取得顾客的信任与好感。

定制服装公司大堂服装设计师还必须当着顾客(服务对象)将服装设计图快速画好,并且必须画得漂亮,将设计要点准确地表现于纸面,使顾客能直观地看到设计意图,理解设计内容,体会设计效果。每张设计图都需要根据顾客的意见及时修改,反复修正,多次调整,以使顾客满意。

另外,大堂设计师必须熟悉本店堂的各种材料,以及店中材料与其他材料的搭配效果;必须熟悉色彩规律,熟悉每类服装的典型样式及变化细节所达到的效果等,总之,需要

全面上手,综合服务。

三、以不变应万变

无论进入品牌企业还是自营小店,所有的服装设计师还必须承担共同的责任,需要具备共同的能力、素质。在市场经济中,服装设计师首先要加强市场意识,有能力使产品增加设计附加值,赢得消费者,赢得一方市场。为此,准服装设计师必须做好相应的准备。

(一)"切入"职位

1. 市场瞬间万变企业不停运转

市场是瞬间万变的,企业是不停运转的,运动中的企业围绕着运动中的市场、运动中的社会在运转。一名准服装设计师走出校门时,无论其学到了多少知识,只要其状态是静止的,结果肯定不能入行,肯定会经历跌跌撞撞。

2. 求职者要动起来且寻找目标

只有具备两个条件才能成功,一是使自己运动起来,而且具有某种速度;二是找到一"点",运动着的"点",即服装设计师职业岗位。同时,需要不断调整好自己的运动速度,与社会的、职业的运动速度相适应,然后寻找适当的时机,"切入"进去。

3. 伺机切入

准服装设计师的入职如同一切物体的运动规律,作"切入"之姿态,寻"切入"之点,伺"切入"之机会,就是最切合实际的准备。

(二)强化市场意识

1. 了解服装市场

了解服装市场是服装设计师的基本功。无论使用何种方式,取得较全面、客观的咨询数据,从而做到对某具体服装市场的了解,对整个服装市场宏观的基本了解和熟悉,对服装业目前发展过程中的热点问题的了解等。

并且对服装市场产生推断或某种预见,这些是准设计师职业准备的最重要的内容。

2. 把握流行趋向

时尚流行是影响人们审美的巨大力量。敏感地意识流行,找到流行的元素和细微变化,把握住流行的趋向性和规律性,摸到流行的脉动是实现服装设计,并且实现能够进入市场的产品设计的关键问题。因此,在准设计师的入职准备中,不仅要以汇集资料、调研等方式获得本年度的流行信息,而且要具备预测性。准服装设计师由于市场经验不足,工作阅历不够,可以通过若干相关资讯的搜寻而综合分析,做出思考。

3. 长期摸索,体察规律

对某权威机构发布的流行趋势报告的连续性、系统性资料,必须搜寻连续三年以上的流行报告。准设计师的专业学习时间往往超过三年,他们可以将生活的、学习的经验,从下意识地、不自觉地感受,上升到规律性流行现象对应信号的高度;将支离的个别经验上升成普通、系统的认识。

将流行趋势报告对照当年世界和中国发生的十件大事,可以发现许多相关信息,从中领悟一些问题。

4. 高、中、低端市场调研

针对某一城市的服装市场规律的调研对把握流行是十分有效的。其具体方法是分别选择高、中、低档市场,调研产品的装饰材料、造型款式、色彩及材料特性等。调研中会发现,低端消费市场的信息量最大,反应最敏感、最热情,形式最夸张、最突出;高端消费市场最矜持、最骄傲,选择性最强,但是在有限的选择中所采取的形式最巧妙,其中反映出的成熟感和高品质具有很强烈的诱惑力;中端消费市场是最复杂的,各品牌采取自己的方式投消费者所好,仿佛睁大眼睛盯住顾客囊中之币,当然取之有"道",在中档消费市场的产品中最明显地看到对于高端的借鉴和对于低端的运用,有时甚至是照搬。无论从材料、工艺和装饰的选择上都表现着成本的斟酌和利润的追求。把握主流市场产品,设计师需要有大学问。

在高、中、低不同市场上的相互作用、相互影响中完成服装流行的演变和延伸,实现新一轮流行的形成,细心的准服装设计师是可以点滴地体察出来的。

（三）提高专业技能完善自身条件

1. 服装效果图、电脑绘画与结构制图

服装效果图是服装设计师必须掌握的工作工具,若有欠缺必须及时训练,快速提高。作为准服装设计师在短时期内快速提高绘制服装效果图的能力并不难,只要确立目标,付出努力,可以立竿见影。

服装效果图有两方面的作用。一方面争取决策方认同,决策方可能是顾客、用户,也可能是领导或其他参与定夺设计方案的人员。另一方面要面对下达方,即原材料的进货人员和生产环节的裁剪、缝制、辅助工序等,而且要成为产品验收的依据,甚至作为商品陈列和售货配搭的依据。

服装设计师应具备熟练应用电脑软件,快速绘制服装效果图的能力。无论是在品牌服装企业的设计环节中,还是在定制服装企业为顾客当面设计图样或者参与产品订货招标的环节中,采用电脑服装设计打印服装设计图的要求都是必不可免,不可以用其他方式替代的。

为准确、全面地表达服装设计细节,画好服装结构示意图和服装细节工艺图更为重要、更加实用。画清服装上的省道、分割线位置;画好明线宽度、扣位;标注口袋位置、大小;写出各部位尺寸规格;注明缝份处理方法等,需要清晰而规范,使服装设计图真正达到服装生产范本的标准。

2. 全面技术,注重细节

服装设计师的责任是很重的。做好此项工作,需要透彻地理解设计意图,吃透各个细

节部分的设计,其中包括从材料、色彩、辅料(线、扣、标牌、衬布等)、款式(样式、工艺、装饰工艺、规格等)均需要不差分毫地理解,并且贯彻落实,保证生产环节中问题的及时发现、及时沟通;保证产品的质量尽可能提升;保证产品的生产周期尽可能缩短,按时完成;因此,可以避免不应发生的问题和费用,确保合格产品顺利进入市场,由此而确保企业下一季的收益。

服装设计师在完成此环节的工作中还需了解服装生产环节的流程,并且对生产细节中可能出现的问题做到心中有数,当遇到技术问题时,服装设计师应该是技术的内行和专家。

3. 人格完善

服装设计师在各环节的工作中还需要具备很强的责任心,以企业主人翁的态度全权负起责任来,出现任何问题,如质量问题时都有办法解决,或者及时沟通各方信息,找到解决问题的方法。不计较工作时间,任劳任怨为完整地体现出设计效果而尽心尽力。

服装设计师与他人合作的精神也是十分重要的,有时甚至是至关重要的。在一个企业中,成功往往存在于"人和"之中。一名准服装设计师可以快速进入工作状态,找到自身差距,在学专业知识的同时学会做人。

(四)尝试性设计储备

1. 针对性很强的实战设计

所谓尝试性服装设计并不包括在专业学习期间的服装设计作业,服装设计各种赛事的参赛作品或为某些企业、公司所作的委托设计方案。尝试性服装设计应该是为了入职后所进行的主要工作内容提交的准备方案,是在上述各项入职准备的基础之上,进一步引发职业思考。例如,实战设计。

如果目标职位是品牌服装设计师,那么此项尝试性设计内容则必然是下季度产品设计的部分方案;如果目标职位是服装自营小店的服装设计师,那么尝试性服装设计则是小店中将要展示销售的服装风格概念、套数、系列等服装设计方案;如果目标职位是服装定制公司的服装设计师,那么尝试性服装设计则是各种职业工装、各大酒店职业服装的资料库和设计稿。

2. 形式不拘发挥优势

尝试性服装设计的形式不拘,以最大限度地发挥自己的优势,最大限度地贴近目标职位要求为原则。尝试性服装设计实质是一份综合性报告,从中不仅反映出准服装设计师即将担任的工作、服装设计的能力,而且反映出对于此职位职责的多方位的理解,反映出准服装设计师的思维方法和综合素质,是争取高起点工作的第一步。更重要的是以尝试性服装设计为新的起点,实实在在地学习和实践,努力实现服装设计水平的点滴提高。尝试性服装设计将在工作实践中及时地得到验证或修正。完成尝试性服装设计的过程即准服装设计师表现出在参与社会性工作之前,真正"跑"起来,"运动"起来,朝着即定的职业目标做出的伺机"切入"的姿态。

(五)自我推荐

必要的自我推荐包括学习简历、工作时间简历的个人基本情况介绍,包括学位证书及各种资格证书。例如,英语及其他语言级别证书、能力证书,计算机等级证书、服装技术等级证书,以及在各类赛事中的获奖证书等。

1. 实事求是、少而精准

自荐材料的内容应注意少而精准、实事求是的原则,使用人单位对求职者的情况一目了然。因此,各种材料汇总成表格,也不失为一种好形式。或者以其他更简明扼要地说明问题的形式即可。此类文字材料应该以中英文对照的形式完成。各种证书的复印件必须清楚有效。获奖证书应附录作品图及照片,力求完整。

2. 设计形式突出特色

在自荐材料中,还需要有展现自己设计才华的部分,或照片、或图标、或光盘、或实物,应该以新颖的、引人注目的、不拘一格的形式,以加强作品的表现力,力求给观看者留下深刻的印象。

3. 调换角色、换位思考

在整份材料的设计过程中,应该首先调换角色、换位思考,从观看者角度去安排材料的内容、形式、先后次序及重点项目等。此材料的目的在于力求客观,其作用也是客观的。此材料没必要包罗万象、面面俱到,或者过于复杂,否则效果事与愿违。

第三节　服装设计师职业准备案例

一、优秀学生求职案例

具备热情、阳光、智慧、梦幻、理想,并且踏实、努力、自强的优秀学生在各自摸索完成了职业准备的过程中获得了自信,同时也获得了职位,获得了服装设计师工作的乐趣与艰辛。在此选择了几位同学的职业思考与感受,其真实、朴素,各自具有不同的特点和很强的针对性。他们的职业思考、感受与每一位学习者更为贴近,具有榜样的魅力。

(一)设计师就业需要热情和耐心
——高阳(北京服装学院服装艺术设计专业 2003 届本科毕业生)

高阳在校学习期间学习成绩优异,设计能力突出。曾多次获得国内最具权威的服装设计赛事的最高奖项。他充满阳光和职业精神,2003 年赴意大利学习,同年竞聘世界著名服装品牌的设计师职位。他通过扎实的基本功和认真的准备,在 2000 名各国竞争者中脱颖而出,成为两名被面试者之一,面试后成为唯一的被录用者。与此同时,他还曾收到另外世界著名品牌服装设计师的准录面试通知。在步入服装设计师岗位之后表现出敏锐、干练和独当一面的能力。2004 年回国,以充分的准备再次竞聘到著名意大利品牌公司,承担了较高起点的运动时装设计师的工作。

我想,无论什么行业的人,只要热爱自己的事业,就已经获得了成功的一大半;如果再加上对生活充满敬仰与热情,那在人生的道路上基本就是无敌的。在这里,我所能花点时间和篇幅告诉你的,只是一些我获得机会的经验,或者只能说是经历,希望这些能给踌躇满志的你带来一点灵感和启示。

1. 意大利求职的幸运儿

我第一次正式参加工作是在意大利,也是最令我难忘的一次。

在罗马上学期间,我在一本意大利《VOGUE》杂志上看到一个比利时品牌的时装广告,这是我从高中起就关注的一个设计师品牌。于是我上网去看了一下他们的网站。结果发现他们的公司就在意大利,而且他们想要一些新的设计师。

就这样我给他们公司的联系人发去了一个简历,然后把我得意的作品一起 e-mail 了过去。当时我刚到意大利一个多月,意大利语只会说"你好"和"再见",英语也是需要手势的辅助。发完简历觉得自己更像是做了一个恶作剧,自己都忍不住觉得好笑。

然而,一个小雨的午后,我正逃课在梵蒂冈的广场坐着,手机响了,那是我的第一个工

作电话。那边先是花了好久才让我明白他们是谁,因为电话里看不到对方,又没有语境,所以我几乎什么都没有明白,我只告诉他们我的英语不好,等一下叫同学再回给他们。就这样,我居然得到了我的第一份面试的机会。

我跟他们约好了一周以后见面细谈,然后我就开始疯狂地看《Friends》补习英语,然后我开始给自己布置了一些设计。我想语言不好,我就得用更大的诚意和热情来弥补,于是我开始以他们下一季的产品为主体,开始做一系列的设计。

Dirk Bikkembergs 这是一个比较特殊的品牌,他是以阳刚强硬的风格而成名,后来又改做运动风格时装,然而在风格转变之后,品牌形象在业内和市场上的反映大不如从前。与他同时的另外两位比利时设计师 Ann Demeulemeester 与 Dries Van Noten 却在时装界大放异彩,所以,我觉得对于他们品牌来说,最重要的是要找回他们以往的风格。于是,我开始按照他们过去的风格做了一个 10 款的小系列。这样我就满怀信心地去面试了。

面试可以说很顺利,但又不像我想象中的那样成功。我得到了他们 3 个月的试用机会,可是我满怀信心的作品却没有获得我想象中的效果,他们只是说很漂亮。我当时是有一点点失望,可是很快我就被巨大的喜悦淹没了。要知道,这对我来说是一次真正的梦想成真,而且,找到这份工作意味着我在意大利昂贵的生活费用完全被免除了,这里的公司在试用期期间承担所有的生活费用,还提供公寓和汽车。

之后我在公司的工作中才发现,作为一个服装设计师在欧洲求得一份职业是一件十分困难的事情。我们公司的设计师信箱里到了周末通常都是五六十封的求职邮件,再加上随时寄来的实物,光是看设计师求职信都是一项巨大的工作,我们这里还算是二流的

设计师品牌,其他一流的品牌就更不敢想了。这些求职的设计师绝大多数都是著名服装院校毕业的学生,其中也不乏一流时装品牌工作经验的人。

起初我觉得我是走了好运,可是后来我发现这些求职者的求职信当中大概只有一半是随邮件附上了作品的,这一半里面又有一大半只有少少的几张作品。而且,以前在心中奉之为神灵一般的圣马丁艺术学院的学生也并非个个都是大师,反而大多数只是空有大师派头的学生。并且,有九成的求职者寄来的作品都是与市场完全无关的设计,通过作品根本没有办法对设计师做市场能力的判断,所以,我想,我大概是胜在了有的放矢之上了吧。

2. 第一次设计的职业思考、努力与自信

然而与生活上的如释重负相反,我的新工作进展并不十分顺利。之前对公司产品风格问题的猜测根本不对,与我所想的相反,他们不但没有意识到自己产品风格的问题,反而非常坚持现在的方向。所以我当时得到的最大一个认识就是,一个品牌开始出现问题并不是偶然的,欲罢不能的,而是非常必然,甚至一厢情愿的。

所以,我不得不又去重新认识他们现在的风格。然而问题在于,与过去他们一目了然的阳刚风格相反,现在他们的路线显得十分混乱,在我看来,女装首席设计师对形式与风格的关系缺乏专业性的认识,而且设计基础还有很大问题,很多设计甚至像学生作品,设计总是停留在非常表面的基础上。

我想,对于风格的把握是一个成功设计师最需要注重的一点,而且这也是最难去把握的一点,许多风格之间的关系都是类似但又有本质上的差别,而这就是需要设计师在形式上给予定位和区分的。比如,女装的阳刚很容易与粗野发生混淆,豪放和性感又容易显得无知和淫贱。然而,这些在我们公司的设计当中屡屡理直气壮地发生。

在与我的合作过程中,女装首席设计师总是对我的设计说"NICE",但是却很少用我的图稿。后来,慢慢的她又将大量的绘图整理的工作压到我的身上,于是也从一开始的自娱自乐彻底的沦为了绘图机器。

在这当中我对自己的处境有过许多的想法,然而却终因为语言问题而无法解决,更有一些因为文化和规则的不同,许多疑惑我到现在也不能肯定对错。当然,大到一个社会,小到一个公司,不如意的事情多多少少都是会有的。其实现在想起来,我倒觉得他们没有重视我的设计,不论是有意还是无意都是他们的一大损失,对我来说却是一个成长的经历。

令我感到意外的是,在这三个月并没有成果的试用之后,我居然得到了正式的合同。我也从女装部转到直接由 Dirk 本人指导的男装部。然而,在男装部门的工作却更加的不顺利,我在设计上对他们风格的要求开始有些不知所措,设计慢慢变得很累,在他们看来我对他们的风格连门也没有入。半年之后,我主动提出了辞职。

3. 年轻设计师需要时间和机会

我的好朋友是北京一家国际运动品牌代理公司的设计师,经过他的介绍,我得到了另一份面试的机会。

与我在意大利面试一样,面试之前我为他们准备了一系列的设计。这次的工作与在意大利时不同,我根本不能通过我设计的图稿取得最初的信任。当然,我还是十分顺利地得到了这一份工作,但是,完全是因为别人强烈的推荐。

对于中国的企业家来说,他们所面对的问题在于他们完全不懂设计,即使这样,他们也不愿意去轻易地相信一个设计师,尤其像我这样年轻的设计师。如果看不懂设计作品,要去评价一个设计师的好坏,的确是一件非常困难的事情。相反的,对于设计师来讲,我们需要时间,争取自己的机会。

4. 保持创造美的热情和捍卫美的责任心

我觉得一个设计师,最重要的是要有创造美的热情和捍卫美的责任心。但是,社会的竞争要求我们的却不只是这些。在很多时候,我感觉我更像是要变成一个专职的推销员,不善言辞就会在第一轮就被淘汰。

在我看来,在中国的市场,想获得暂时的盈利并不是一件困难的事情,在国内,经常会有一个品牌在一段时间变得很成功而又在不久之后消失。换句话说,做服装买卖不难,难在怎样做一个真正的品牌上。其实大牌和小牌都能赚钱,差别在于,大牌能做几代人,而小牌只能做一时。

和绝大多数著名品牌不同,一般的服装品牌老板经营服装只是为了获取利润,他们要的只是市场份额,但是纯粹从商业的角度很难给一个真正的品牌创造必要的文化氛围。通常,我们要用品牌去代表一种形象就必须要有所坚持,有坚持就要有取舍。但是,在现在的公司,我所面临的问题是,老板不愿放过任何一个有可能盈利的款式,这样给整个品牌经营带来的必然是产品的混乱,大量的抄袭为品牌盈利的同时也在自断后路。然而,大家好像都沉浸在这种焚林而猎,涸泽而渔的盈利当中。

5. 独立思考,透过市场现象获得设计师的客观正确判断

通常一个品牌都会对自己的消费群有一个定位,这个定位是非常有必要提出并执行的,通常一个定位准确与否,市场反映准确与否才是判断一个品牌是否经营成功的标志,然而这些在大环境盈利的情况下就很少有人再去关注这个问题。比如我现在的公司,消费者与产品的事先定位出现了一个误差。在多次对市场的调查中我们发现,我们的消费者大多数并不是我们事先设想的青年人,而是中年人。在中国,35岁以上的大多数人并没有真正的时尚,他们的时尚各式各样,无辑可寻,也就是说这些时尚没有长期的商业利

用价值。他们的购买的确在一定程度上满足了销售数字上的增长,但作为设计人员,应该对这种现象有一个客观正确的认识。

6. 成功的设计最终会变成商业回报,设计师对于时尚的认识与商家殊途同归

以设计的眼光来看,时尚是一种文化现象。时尚的服装必然源于时尚的生活方式。举个简单的例子,生活中人们越来越关注健康,运动的生活方式开始流行,运动服自然就会流行。然而对时尚的分析到这一步显然远远不够,比如我做的是运动服,那么在所有的这些运动中什么样的运动最时尚呢?做什么运动的人最时尚呢?什么样的运动将会变得时尚呢?每一个已经发生的现象或每一个将要发生的现象都是一个设计师要去分析的,这些分析的结果都将会直接影响设计师对产品的设计,成功的设想和计划最终会变成商业上的回报。设计师在时尚的认识的结果上与商家其实是殊途同归了。

7. 心中有理想、有责任、有坚持、有热情,我们的天地迟早会来

在这几年的工作当中我经常会感到迷惑和困难,前进的道路永远是曲折的,其实我已经算是幸运的了,可是不管怎样,心中有理想、有责任、有坚持、有热情,我们的天地迟早会来。

(二)寻找理想和现实的契合点
——张媛媛(北京服装学院服装艺术设计专业 2004 届本科毕业生)

张媛媛曾在校期间曾参赛,其设计作品多次获奖,毕业设计成绩优异,在其求职过程中为实现成为服装设计师的理想,不图眼前的报酬、工作环境、待遇等条件,夜以继日,奔波忙碌。柔弱中透出坚韧,朴实中透出睿智。经历数月广州的企业实习直接参与了企业秋冬产品订货会的大量产品设计。企业实习的磨砺与认同为其进入服装设计师职位目标打下了坚实基础,做好了全方位的准备。

我是北京服装学院 2004 届毕业生,从在校学习到进公司上班短短几个月的时间让我感受到了很多学校所不能给予我的"知识",也体会到了工作的乐趣与辛苦。

在学校和在公司实际进行产品设计存在很大的差别。在学校里对服装设计的认识无非就是跟随世界时尚的感觉,做随心所欲的设计,不需要考虑实现度,不需要计算成本,更不需要别人穿着它逛街,我们要追求的是新、是奇。我们可以大玩解构也可以天天痴迷于奢华的洛可可。这一方面使我们的思维最大限度地拓宽了,可也使得我们的想法如天马行空不切合实际的市场需要。当我进入公司做设计的时候,我感触最深的是一个"契合点"的把握。我说的"契合点"包括三个方面:

1. 设计与时尚的契合

我们的职业是与潮流和时尚紧紧连在一起的,国外流行什么,国内又流行什么?通常我们只注意看国外大牌的发布却很少注意国内正在流行的东西。因此,在做设计之前我转遍了广州所有的购物场所,有红棉、白马等批发中心,也有档次较高的天河城和广百百货等。它的意义在于使我了解在国内是以一种什么方式去理解时尚的,又是如何表达的。

在大的世界流行趋势下我的设计空间有多大。在已知的表达方式中用自己的眼光去辨别它,目的是产生自己的表达方式,不同于别人的却反差不大的更为消费者所接受的。在对市场的调研中我发现今年的流行细节是在简单的款式上进行较复杂的手工钉珠等装饰,所以在这次的马甲系列中,我运用了在毛上贴皮的工艺进行了一系列的设计。

2. 设计与消费者的契合

在这次制作的订货会产品中有一组狐狸毛皮与反绒搭配的马甲系列,虽然很好看但是反映并不是很好。原因是反绒非常不耐脏,又不好打理,所以最后都换作了光皮。从这一点不难看出要做出好的设计往往要多替消费者考虑,把自己放在他们的角度去看待自己的产品,它是否适穿?它是否容易打理?是否价格太高?

3. 设计与老板的契合

设计与老板的契合往往是让我们最头痛的问题。很庆幸我的老板是个很开明很容易接受新鲜事物的人,她会很全面很细心地倾听我的想法,然后表达自己的意见和建议,跟她沟通我感觉很舒服,但是即使这样我们之间也会有分歧。我明白这就是市场与设计之间的分歧。几乎每个老板的市场经验都会比我们刚出校门的学生丰富很多,在沟通的过程中产生分歧是很平常的,我们不应该厌烦,而更多的应该是理解、思考和改进,但是我们心中应该清醒地认识到,这样的改进是迎合市场而并非妥协于老板。

制作作为设计的延续也是一个再创造的过程,是很辛苦的。很多稿纸上头脑中没有完全清晰的想法却必须在手头上实现。不管是辅料的选择,还是成品的制作都存在很大的理想和现实的差距。我们要做的就是不停的修改我们原来的方案。在赶货期间,我和我的同事天天都会加班到很晚,不止一次的尝试修改,只为达到最理想的结果,这一方面说明我们的经验不足,但从另一方面来说,不

管在什么时候我们都应该不断地进行尝试,这次这样不行,但是有了这次的经验,也许下一次会用得到呢?

我想,在最开始的几年里,我们重要的是积累,积累经验、积累生活,有了这样的积累,我们才能在将来的工作中更加游刃有余。我们也不应该有太多生活条件的要求或者抱怨,如果它是适合你发展的就留下来,如果不是就离开它。考虑太多会迷失自己的,因为刚刚步入社会的我们只有一个共同的目标,那就是让自己在最短的时间里成长起来,不是吗?

（三）我的服装设计梦想

——李晓璞（北京服装学院形象设计专业 2004 届专科毕业生）

李晓璞所学专业以服装、发式以及妆面的整体形象设计为特点。在校学习期间，作为服装设计课程的课代表尤其偏爱民族风格的时尚设计，原打算进入一家高档的时装定制公司实习却屡遭拒绝。然而数月之后，当她做好一系列准备，拿着自己的简历和作品直接到该公司应聘时，其设计能力和对于此方面的认识即刻被认同，并得到大堂设计的职位。在工作中直接面对顾客，现场画图，进入状态很快。

每个人都有一个美丽的梦想，从小听缝纫机声长大的我一直就梦想着我的天堂有色彩斑斓的漂亮服装。一路走来，从 1997 年开始学服装设计到大学的人物形象设计，我一直在为实现我的梦想而努力！

1. 实习遭拒绝

我一直都非常喜欢民族服饰，所以我想毕业后找一家民族风格的公司，在实习的时候，我从网上找了一家很好的民族风格的服装公司，非常想到那家公司实习，我给他们打电话想咨询一下情况，可当他们知道我是应届生，不问我是本科专科立刻就回绝了，他们说不要应届生，我非常着急，想让蒋金锐老师帮我推荐，蒋老师让我先把准备工作做充分再去应聘。

2. 按照老师指导做调研

这时我们开了准设计师的课程，导师正好是蒋老师。在她的指导下，我从理性的角度思考了很多市场相关问题。我开始根据老师的要求对民族风格的服装公司做详细的调查，希望自己能尽快了解市场，以便毕业后能顺利走向社会。

首先，我上网查了所有民族风格的服装公司的基本资料，并从中选出具有代表性的公司作为重点调查对象。

之后，我开始用课余时间跑市场，我把这些公司新一季度上市的新款做了详细调查，也做了对比和分类，还暗中记下了新款服装的款号。

此后，我每天放学后去蹲坑，调查哪款服装比较受欢迎。最后我把一些走俏的服装款式做了总结。做了这些调查后，我发现在学校学的知识还很不够，通过这些调查我增强了设计和市场接轨的意识，我的专业知识水平得到了整体提高，并且明确了以后的发展方向。我找到了民族服饰和市场碰撞的方法和原则。这为我毕业后顺利找到工作奠定了基础。

3. 不图经济回报，抓住实践机会

我想再找一家公司去实习，以提高自己的专业知识。比较幸运的是正巧这时我的一个朋友要做一场把艺术家的作品和服装结合起来的服装秀，邀我去设计。我当时就答应了，毕竟这样的实践机会非常难得。我并不图有什么经济回报，只希望通过努力来体现自己的能力。那场秀的十二套服装，是我和一个女孩及一位瑞士的设计师的共同设计的。在定稿之初，我们都设计了很多稿，我的设计图是最多的，因为我知道勤奋可以使人成功。所有的设计图都是由蒋老师指导的，从设计、定稿、选料、立裁，到和印染厂联系，往面料上印作品，到最后的制作，每个细节我都做得很认真，最后成衣效果非常好。发布会那天秀场上来了许多艺术家和社会名流，还有我的老师和我的同学们，我们的作品得到了老师和同学们的认同和鼓励。在这之后的几天，我们设计的所有服装还被台湾一家基金会高价收藏。这次发布会让我感觉离设计师更近了，似乎都已经触摸到了。我的这些设计不是一次性顺利完成的，在设计上的一些细节问题得到蒋老师的指导和修正。事实证明，平日的设计课程上所作的训练为这次设计做好了充分地准备。有了这次的经验

之后,我的实践能力又一次得到了提高,这为我毕业后走入社会打下了坚实的基础。

4. 全身心投入毕业设计

我的毕业设计又给了我一次实践的机会,我用棉麻的料子和一些民族的元素进行有机结合,并与流行碰撞,学校要求每人设计两套组成系列,而我做了五套,从打板到制作的每一个环节及所有手工针织的佩饰都是自己独立完成的。大部分都很实用,可以平时穿着,而且吸引力极高。在设计的过程中,蒋老师都一一作了指导,提了一些怎样把素色和花进行合理搭配,以及怎样把点线面进行有机结合的意见,我都做了修改。

5. 在曾遭拒绝的企业成功应聘

毕业前我又到之前想去实习但没有成功的那家民族风格的服装公司去应聘,我结合那家公司的风格详细认真地调研了市场。我先上网查找关于那家公司的资料,去他们店面实地调查他们的设计风格,这几乎成了我那段日子的全部!当充分准备好之后,我在那家公司网站上投了一份简历,这时的简历格式很简单,但内容却是沉甸甸的。投完简历的几个小时后,我便接到面试通知。我高兴极了,因为自己并没有被否定。

前一段的各种努力使我做到了心中有数。进那家公司时他们问了我的一些经历,并让我当场结合她们的风格,设计礼服、旗袍、套装三款服装,对于画了多年画且已充分调查了市场的我来说,这已经难不倒我了!结果是当场录用。因为这个社会是运动的,所以我也在进入社会之前让自己运动了起来,这样才能比较顺利地进入了这个社会。经过面试和当场设计后那家公司同意录用我。并让我第二天去上班,我告诉她们我的毕业设计还没做完(那时我正在做毕业设计),应聘时正是我要尽全力做毕业设计的时候,公司答应我可以放心地去做,等做完毕业设计后再去她们那儿上班!她们等着我!

6. 没有做不到的,就看你是否真有理想

在整个应聘过程中我始终坚持一个信念,那就是蒋老师说过的一句话:"一个人不管想做什么就一定能做到,就看你是不是真有理想。"

我坚信,如果真有理想,就一定能成为优秀的设计师!这是我这次应聘成功和我以后做任何事的一个信念,希望能和大家共勉!

二、自己创业筹办自营小店案例

陈辉北京服装学院 2005 届服装设计短训班结业生。陈辉在大学本科学习物理专业,但是总感觉对服装设计专业很有兴趣,而且始终放不下。所以,在工作一段时间之后,放弃了在深圳的很好的条件到北京服装学院进修。在即将结业之时,她决定回到家乡开创一家服装小店自己经营。为此,无论结业设计实习、表演,还是结业后的思考、实践,都围绕着这一主题做必要的市场调研和较周密计划,并写出筹办自营小店报告。

(一)服装市场调研

1. 商圈设定

商圈是指一定商业区的顾客吸引力所覆盖的范围。对各具特色的服装店来说,并不是只选择房租最贵的商业区就是自己的黄金地段,还要看自己经营的品种、规模、档次及消费对象。按店铺所处商业氛围划分,有以下几种:

(1)中心商业区

中心商业区大多位于城市的中心地带,房租价位也最高。该区的主导力量是大型商场和各种专卖店,适宜开服装专卖店或高品质的定制店,以及大型商场中的"店中店"。如北京的"王府井"、"西单"等。

(2)次繁华区

次繁华区一般位于中心商业区的外围,虽然客流量没有中心商业区那么大,但交通

比较便利,适合开设规模中等、情调优雅的服装店。另外,在一些大型商务中心或行政区,也可开一家顾客对象明确的小时装店。

(3)群居商业区

群居商业区是指已成规模的服装店集中的区域。店的大小取决于自己的资金能力,但最重要的是销售的产品要对位。如,北京的"女人街"、"隆福广场"等。

(4)居住区小店

高级住宅区宜开小规模的高级服装店或定制店。大学区适宜开个性服装店或运动装专卖店。普通住宅区适宜开居家或休闲服装店。

2. 分析竞争对手的定位、生意状况、特色、不足等

首先要调查竞争店的店铺地点以确定自己开店的地点与政策。许多成功的服装特色店铺与其竞争对手毗邻而立,利用其原有顾客资源为自己打开了市场。其次应了解竞争对手的产品结构、类型、价格、市场占有率等,由此来决定自己店铺的产品类型与风格。进一步考察店铺周围环境好坏,应对交通条件是否方便,周围设施对店铺是否有利,服务区域人口情况等做详细调查。

(二)确认经营方向

确定面向对象,同时还需要根据个人的兴趣与特长确定自己的经营方向。

1. 如果具有服装设计的专业背景,对时尚敏感,可考虑个性定制店,以度身定制礼服、中装、婚纱或职业装为主。小店宜走中高端路线。除服装外,还可提供色彩、首饰搭配等服务。

2. 如果爱好精致、有品位的物品,可考虑精品服饰店、品牌加盟店、二手精品店。包括女装、男装、正装、休闲装、内衣、配饰等。小店宜走中高端路线。

3. 如果你个性热情、充满创造力,可考虑经营时尚服饰店。包括韩国、日本等潮流服饰店、运动休闲服饰店等。商品价格宜中等。

4. 如果你个性敏感,有爱家、恋家情结,开个童装店或者家纺用品店也许不错。商品价格宜中等。

5. 如果你常常跟着感觉走,时时设身处地地为人着想,外贸服装、平价服装店会是一个好的选择。宜走低价路线。

(三)确认店铺形式

1. 根据经营方式

(1)店中店

店中店位于大型百货商场或城市主要服装商城。定位高、中、低端全有。

(2)专卖店

专卖店位于城市主要商业区或办公区主要街道,交通便利性好。一般定位于中高端市场。

(3)旗舰店

旗舰店位于高级酒店或超大型商业中心,以国际大牌多见,定位于高端消费者。

(4)楼中店

楼中店位于高档写字楼里,一般定位于中高端市场,以白领女性为主。

(5)街边店

街边店位于各类街道两侧。一般定位于中低端市场。

2. 选择开店方式

(1)自营

适合与过去工作经验有关,并曾担任经营管理职务者。

(2)合伙

合伙投资开店,日后须有面对股东意见分歧与权责划分的勇气。

(3)加盟(由总部提供开店资源)

若无经验,选择合适的加盟体系,从中学习管理技巧,也不失为降低经营风险的好方法。

（四）开、盘店与选址

1. 开店与盘店优劣之比较

从开业筹备来比较，盘店肯定是最省力的，诸如执照申请等都可吃"现成饭"，而开店则不同，必须从零开始。

从客源、投资和资金运用来比较，盘店有优势。因为原来的店有自己的固定客源，不用投入太多资金，且马上有现金收入供周转。开店最大的问题就是初始阶段的客源，需要时间来培养；而且还要投入，不光是开店所需资金的投入，更需要现金周转。

从其他方面比较，盘店的风险就大得多。比如，老店的债务、税务等财务问题，合同等法律问题，设备的质量问题……

2. 小店选址

店铺的形状分为不规则与规则两种，以不规则为佳，能吸引追求时髦的顾客，利于名声的传播。

如果店址是在一个拐角处，前后开两扇门，面对两条街，这样较好。店面的走向关系到通风、日照等各方面，以南北走向为佳。店面的空间是顾客进店的第一感觉，不能过于拥挤与空荡，并要有一定高度以保证空间及视觉效果。

尽快拿下看中的店面。

（五）开店谈判须知

1. 谈好房租价格

对于开店来说，房租往往是最大的一块固定成本，在与房东谈价前，先自定一个能接受的最高价，这个价位必须是：

（1）你觉得自己有把握负担，尤其是在必须一笔付清数年租金的情况下；

（2）预算一下，估计有钱可赚；

（3）向附近类似的门面打探一下，价位也基本一致，说明比较合理。然后再依据这一自己设定的最高房租价格，比较房东给出的房租价格，权衡后进行砍价谈判比较容易成功。

2. 谈好缴付方式

缴付房租有多种方式，一般最常见的有按月结算、定期缴付和一次性付清三种。如，房东除固定月租外，还要根据你的经营状况分享一定比例的利润，可以采用按月结算的方法，这样能及时结算；有的门面房定下一年或两年的租金后，再要续租的话，常常要按一定的比率逐年递增，这种情况下最理想的租金缴付方式是每半年或一年集中缴付一次，这样一旦有了新的店面或有转业的意向，就不会损失保证金了；还有的店面是长期定租的，一租就是十年二十年，如果你有足够的资金且看好你选定的店面，也可以一次性全部付清，这样既可免除门面半途被别人高价挖走之虞，也能不受涨租的影响，节约不少租金，因为从长远看，门面的房租总体是呈上升趋势的。

3. 谈好附加条件

与房东谈判，除了谈租金外，还要注意谈妥有关的附加条件，也可以使你节省不少开支。首先，你在租房前应对店面内现有的情况，包括装修状况、设备状况等都了解清楚。然后通过谈判，要求房东在出租前对门面房进行基本的整修。如，拆除原有已报废无法再利用的设备和装修，对店面的房顶、地板、墙壁作基本的修缮，添置或维修水电设施等，或者要求房东承担相应的费用，在租金中予以抵扣。总之，要尽量争取节省开销。同时，也可以通过谈判要求免付押金。一些黄金地段的门面房押金往往也是比较可观的，对于资金紧张的创业者来说，是个不小的包袱，如果谈得好，完全可能卸掉。另外，还可以通过谈判要求延期缴付房租。尽量压低初期的租金，待一段时间生意走上正轨后，再按标准支付，并补足前期的差款。只要你言辞恳切、入情入理地给房东分析，并能主动限定延期期限，有些通情达理的房东会答应的，也可以为创业初期减轻不少经济负担。

（六）店面设计

1. 外观设计

外观是店铺给人的整体感觉，体现了店铺的档次与个性。从整体看，可分为现代与传统两种风格。现代风格传达时尚、新鲜的心理感受，体现了服饰的潮流性。传统风格给人以古朴、敦厚的感觉，凝聚更多的文化底蕴。如果服饰店经营的是有民族特色服饰或仿古服饰，可用之。店名一般凸显本店的风格与定位，其招牌多置于店门入口上方或实墙面。如，挂式、直立式、灯箱、壁式等。

2. 风格设计

店面装修风格多样，有前卫的、现代的、高雅的、活泼的、简约的、民族的、纯朴的等等不一而足，应根据不同的服装风格，选择相适应的装修风格。

3. 入口设计

入口设计主要为了诱导人们的视线，一般分为封闭式、半开放式、敞开式三种。

4. 店面色彩设计

服装风格决定了店面色彩，包括墙面、形象板、道具、灯光、门头、形象字、装饰品等色彩，墙面较保险的颜色是白色或奶油色，灯光颜色可选暖、冷色。门头颜色尽量区别左右，一般多选择红色、黄色、白色、橘黄色、黑色等。

5. 店面分区设计

店面可划分为下面几个区域：橱窗、货品陈列区、收银区、试衣间等，分区中要留有一定的通道和距离形成 U 型，使顾客可最大范围地看到所展示服装的款式特点、搭配性及色彩协调性。

6. 橱窗设计

橱窗应尽量靠近门前或者是靠近人流主道，且没有遮挡物，同时要突出店铺所经营服装的特色。

7. 货品陈列

货品的陈列和布置是店铺的形象，可吸引更多的顾客光顾。其布置的原则与方法不再赘述，需注意同一色搭配、对比色搭配、合理利用活区、节奏感等陈列技巧。

8. 收银区

收银区一般布置在背景板前面，宜选择与店面颜色相融的色彩。

9. 试衣间

试衣间要注重私密性、安全性，同时尽量满足明亮、宽敞等必要条件。

参考资料

［1］　林杏光等主编《现代汉语辞海》人民中国出版社 1994 年 6 月版
［2］　辞海编辑委员会编《辞海》上海辞书出版社 1980 年 8 月版
［3］　中国社会科学院语言研究所词典编辑室编《现代汉语词典》商务印书馆 1995 年 6 月版
［4］　中国标准出版社编辑一室编《服装鞋帽标准汇编》中国标准出版社 1992 年版
［5］　马奇主编《中西美学思想比较研究》中国人民大学出版社 1994 年 12 月第一版
［6］　《文史知识》编辑部编《儒・佛・道与传统文化》中华书局 1990 年 3 月第一版
［7］　罗丹《罗丹艺术论》中国社会科学出版社 2000 版
［8］　沈从文《中国古代服饰文化研究》商务印书馆 2005 年版
［9］　王受之著《世界时装史》中国青年出版社 2003 年
［10］　李当歧《西洋服装史》高等教育出版社 1995 年 9 月 第 1 版
［11］　卞向阳主编《国际名牌服装备忘录》中国纺织大学出版社 1997 年
［12］　李当歧《服装学概论》高等教育出版社 1999 年
［13］　杨阳编著《中国少数民族服饰赏析》高等教育出版社 1994 年 7 月版
［14］　程启、荀秉志编译《女装构成》轻工业出版社 1989 年 9 月第一版
［15］　沈雷主编《针织服装设计与工艺》中国纺织出版社 2005 年版
［16］　吴飞编《店铺陈列》中国纺织出版社 2004 年版
［17］　《国际纺织品流行趋势》中国纺织信息中心
［18］　http://pantone.com
［19］　www.google.com
［20］　www.e56.com.cn
［21］　中国经济网
［22］　新华网
［23］　娜丽罗迪设计事务所
［24］　北京千艺千惠化妆品有限公司/北京千艺千惠美容艺术学校

致　谢

　　在编写过程中，本书得到了许多朋友热忱而无私的帮助，使得本书能够顺利出版。在此诚恳地向胡康、骆莉莉、高阳、徐惠卿、赵碧丽、李晓璞、张媛媛、宋姗姗、陈辉、丁艺琴、王婕萍、高速进、刘劲松、王瑾、左时、刘一舟、甄彦、王奕为、师彤、石瑞伶、卢存伟、赵梁、赵勇、卢科、卢言、钟漫天、刘小昱、彭艳琴、陈德齐、杜智勇等表示由衷的感谢！此书中收录的学生作业有：陈莹、陈妍、刘知、姜艳瑛、张欣欣、刘子嘉、郭小雯、阚娴、陈艳波、徐清秀、张琳、邓君、李霞、周云及北京服装学院部分学生作业。